郑阿奇 主编

高等院校程序设计规划教材

Java EE
教程（第2版）

清华大学出版社
北 京

内容简介

本书介绍 Java EE 系统开发，首先在第 1 章介绍 Java EE 开发环境，包括 JDK、Tomcat 和 MyEclipse，通过一个小例子介绍开发过程；然后介绍 Java EE 开发基础，包括第 2 章网页设计基础、第 3 章 JSP 基础和第 4 章数据库(MySQL 和 SQL Server)应用基础；在此基础上介绍 Java EE 的三个重要框架，包括第 5 章 Struts 2 应用、第 6 章 Hibernate 应用、第 7 章 Spring 应用、第 8 章 Struts 2、Hibernate 和 Spring 的整合以及第 9 章 Ajax 应用；第 10 章从模块开发角度介绍网上购书系统。本书每章后面给出思考与实验题。附录 A 为本书实例数据库样本。

本书可作为大学本科和高职高专相关课程教材和教学参考书，也可供从事 Java EE 应用系统开发的用户学习和参考。

本书免费提供教学课件、部分关键内容分析视频、程序源代码和没有冲突的 Jar 包，可从清华大学出版社网站(http://www.tup.com.cn)下载。

图书在版编目(CIP)数据

Java EE 教程/郑阿奇主编. —2 版. —北京：清华大学出版社，2018(2022.3重印)
(高等院校程序设计规划教材)
ISBN 978-7-302-49472-0

Ⅰ. ①J… Ⅱ. ①郑… Ⅲ. ①JAVA 语言—程序设计—高等学校—教材 Ⅳ. ①TP312.8

中国版本图书馆 CIP 数据核字(2018)第 020912 号

责任编辑：张瑞庆
封面设计：常雪影
责任校对：时翠兰
责任印制：刘海龙

出版发行：清华大学出版社
网　　址：http://www.tup.com.cn，http://www.wqbook.com
地　　址：北京清华大学学研大厦 A 座　　**邮　　编**：100084
社 总 机：010-83470000　　**邮　　购**：010-62786544
投稿与读者服务：010-62776969，c-service@tup.tsinghua.edu.cn
质量反馈：010-62772015，zhiliang@tup.tsinghua.edu.cn
课件下载：http://www.tup.com.cn，010-83470236
印 刷 者：北京富博印刷有限公司
装 订 者：北京市密云县京文制本装订厂
经　　销：全国新华书店
开　　本：185mm×260mm　　**印　　张**：27.5　　**字　　数**：667 千字
版　　次：2012 年 6 月第 1 版　2018 年 5 月第 2 版　　**印　　次**：2022 年 3 月第 5 次印刷
定　　价：59.99元

产品编号：077482-02

高等院校程序设计规划教材

前言

由于 Java EE 技术的优越性，采用 Java EE 进行 Web 开发已经成为一个潮流，“熟悉 Java EE”是 IT 企业招聘信息出现得最多的词之一。

为了适应形势需要，许多高校的不少专业都开设了 Java 和 Java EE 开发课程。

本书首先介绍 Java EE 系统开发，包括第 1 章的 Java EE 开发环境 JDK、Tomcat 和 MyEclipse，通过一个小例子介绍开发过程；然后介绍 Java EE 开发基础，包括第 2 章网页设计基础、第 3 章 JSP 基础和第 4 章数据库(MySQL 和 SQL Server)应用基础；在此基础上介绍 Java EE 的三个重要框架，包括第 5 章 Struts 2 应用、第 6 章 Hibernate 应用、第 7 章 Spring 应用、第 8 章 Struts 2、Hibernate 和 Spring 的整合以及第 9 章 Ajax 应用；第 10 章从模块开发角度介绍网上购书系统。书中每章后面给出了思考与实验题。附录 A 为本书实例数据库样本。

本书介绍的每种技术都从最基础的例子着手，一步步地引导读者学习和应用这些技术。为了让读者能够看得懂、学得会，教程所有示例都已调试通过。

本书开发环境为 32 位 Windows 7、JDK 8.0、Tomcat 9 以及 MyEclipse 2017。

本书为任课教师免费提供教学课件、部分关键内容分析视频、系统所有源代码和没有冲突的 Jar 包，需要者可从清华大学出版社网站(http://www.tup.com.cn)上下载。

本书可以作为大学本科和高职高专相关课程的教材和教学参考书，也可供从事 Java EE 应用系统开发的用户学习和参考。

本书由南京师范大学郑阿奇主编。参加本书编写的还有丁有和、顾韵华、刘启芬、陶卫冬、郑进、刘建、刘忠、周怡君、刘博宇、孙德荣、周何骏、周怡明等。

由于我们的水平有限，书中疏漏之处在所难免，敬请读者批评指正。

意见和建议可反馈至作者邮箱：easybooks@163.com。

编　者

2018 年 1 月

目录

CHAPTER 第1章

Java EE 简介

1.1 Java EE 概述

1996 年,Sun Microsystems 公司推出了一种新的完全面向对象的编程语言,命名为 Java。根据不同的应用领域将 Java 语言划分为以下三大平台。

(1) **Java Platform Micro Edition**:简称 Java ME,即 Java 平台微型版。主要用于开发掌上电脑、手机等移动设备使用的嵌入式系统。

(2) **Java Platform Standard Edition**:简称 Java SE,即 Java 平台标准版。主要用于开发一般台式机应用程序。

(3) **Java Platform Enterprise Edition**:简称 **Java EE**,即 **Java 平台企业版**。主要用于快速设计、开发、部署和管理企业级的软件系统。初学 Java 语言一般使用 Java SE,而 Java EE 是目前开发 Web 应用(特别是企业级 Web 应用)最流行的平台之一。

1.1.1 Java EE 传统开发

1. HTML

万维网上的一个超媒体文档称为一个页面(page)。作为一个组织或者个人在万维网上放置开始点的页面称为主页(homepage)或首页,主页中通常包括指向其他相关页面或其他节点的指针(称为超级链接),是一种统一资源定位器(称为 URL)指针,通过激活(单击)它,可使浏览器方便地获取新的网页。在逻辑上将视为一个整体的一系列页面的有机集合称为网站(website 或 site)。

超级文本标记语言是标准通用标记语言下的一个应用,也是一种规范和标准,超文本标记语言通过标记符号来标记要显示的网页中的各个部分。网页文件本身是一种文本文件,通过在文本文件中添加标记符,可以告诉浏览器如何显示其中的内容(例如,文字、表格、图片等以及它们的位置、格式等)。浏览器按顺序阅读网页文件,根据标记符解释和显示其标记的内容,对书写出错的标记将不指出其错误,且不停止其解释执行过程(编制者只能通过显示效果来分析出错原因和出错部位)。

"超文本"除了描述文本,还可以描述表格、图片,甚至声音、音乐、动画、视频、程序等非文字元素。

HTML 发展经过下列阶段。

超文本标记语言(第一版)——在 1993 年 6 月作为互联网工程工作小组(IETF)工作草案发布(并非标准)。

HTML 2.0——1995 年 11 月作为 RFC 1866 发布，于 2000 年 6 月 RFC 2854 发布之后被宣布已经过时。

HTML 3.2——1997 年 1 月 14 日，W3C 推荐标准。

HTML 4.0——1997 年 12 月 18 日，W3C 推荐标准。

HTML 4.01(微小改进)——1999 年 12 月 24 日，W3C 推荐标准。

HTML 5——2014 年 10 月 28 日，W3C 推荐标准。

2. XML

XML 是可扩展标记语言，是一种用于标记电子文件使其具有结构性的标记语言。通过标记，它可以用来标记数据、定义数据类型，是一种允许用户对自己的标记语言进行定义的源语言。这些特性使得它非常适合于 Web 传输。同时它提供统一的方法来描述和交换独立于应用程序或供应商的结构化数据，是 Internet 环境中跨平台的、依赖于内容的技术，也是当今处理分布式结构信息的有效工具。早在 1998 年，W3C 就发布了 XML 1.0 规范，使用它来简化 Internet 的文档信息传输。

3. JSP

JSP(Java Server Pages)是由原 Sun Microsystems 公司(现已被 Oracle 公司收购)倡导、许多公司参与一起建立的一种动态网页技术标准。JSP 是在传统的网页 HTML 文件(*.htm，*.html)中插入 Java 程序段(Scriptlet)和 JSP 标记(tag)，从而形成 JSP 文件(*.jsp)。用 JSP 开发的 Web 应用是跨平台的，既能在 Linux 下运行，也能在其他操作系统上运行。

JSP 技术使用 Java 编程语言编写类 XML 的 tag 和 scriptlet，来封装产生动态网页的处理逻辑。网页还能通过 tag 和 scriptlet 访问存在于服务端的资源的应用逻辑。JSP 将网页逻辑与网页设计和显示分离，支持可重用的基于组件的设计，使基于 Web 的应用程序的开发变得迅速和容易。

Web 服务器在遇到访问 JSP 网页的请求时，首先执行其中的程序段，然后将执行结果连同 JSP 文件中的 HTML 代码一起返回给客户。插入的 Java 程序段可以操作数据库、重新定向网页等，以实现建立动态网页所需要的功能。

JSP 与 Java Servlet 一样，是在服务器端执行的，通常返回给客户端的就是一个 HTML 文本，因此客户端只要有浏览器就能浏览。

JSP 的 1.0 规范的最后版本是 1999 年 9 月推出的，同年 12 月又推出了 1.1 规范。目前较新的是 JSP 1.2 规范，JSP 2.0 规范的征求意见稿也已出台。

JSP 页面由 HTML 代码和嵌入其中的 Java 代码所组成。服务器在页面被客户端请求以后对这些 Java 代码进行处理，然后将生成的 HTML 页面返回给客户端的浏览器。Java Servlet 是 JSP 的技术基础，而且大型的 Web 应用程序的开发需要 Java Servlet 和 JSP 配合才能完成。JSP 具备了 Java 技术的简单易用、完全面向对象、具有平台无关性且安全可靠、主要面向因特网的所有特点。

自 JSP 推出后，众多大公司（如 IBM、Oracle、Bea 公司等）都支持 JSP 技术的服务器，所以 JSP 迅速成为商业应用的服务器端语言。

JSP 可用一种简单易懂的等式表示为：**HTML＋Java（脚本）＝JSP**。

4. Model 1 开发模型

采用 JSP 技术构成 Web 应用可以选择不同的模型来开发实现，Java EE 传统开发采用的是 **Model 1 模型**。

那么，什么是 Model 1 模型呢？

在使用 Java 技术建立 Web 应用的案例中，由于 JSP 技术的发展，很快这种便于掌握和可实现快速开发的技术就成了创建 Web 应用的主要技术。JSP 页面中可以非常容易地结合业务逻辑（jsp：useBean）、服务端处理过程（jsp：let）和 HTML（XHTML），在 JSP 页面中同时实现显示、业务逻辑和流程控制，从而可以快速地完成应用开发。现在很多的 Web 应用就是由一组 JSP 页面构成的。这种**以 JSP 为中心**的开发模型称为 **Model 1**，如图 1.1 所示。

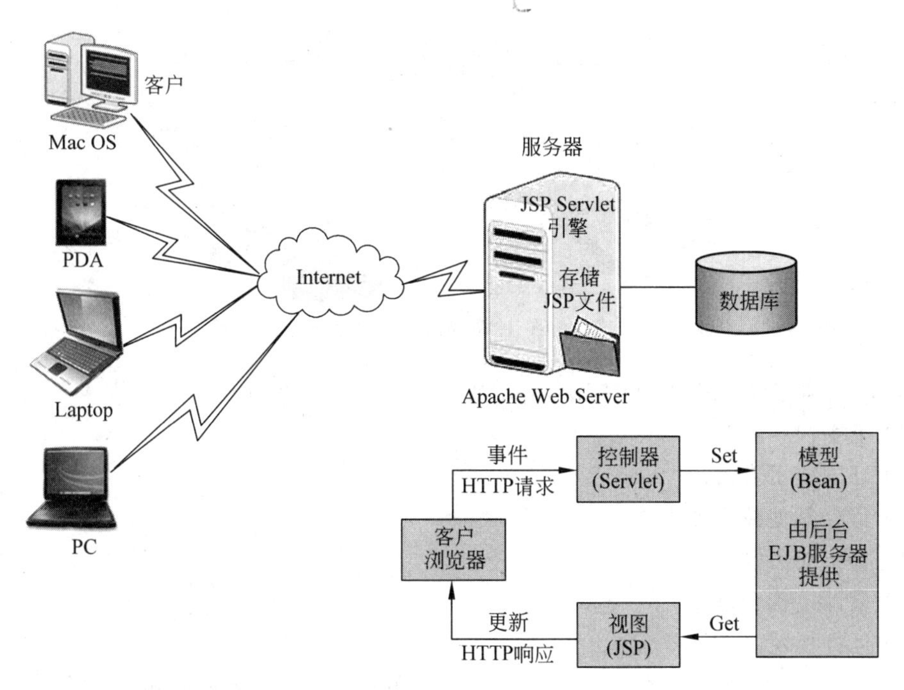

图 1.1　Model 1 模型

当然这种开发模式在进行快速和小规模的应用开发时的确有非常大的优势，但是从工程化的角度考虑，它也有一些不足之处。

（1）应用的实现一般是**基于过程**的。一组 JSP 页面实现一个业务流程，如果要进行改动，必须在多个地方进行修改，这样非常不利于应用扩展和更新。

（2）由于应用不是建立在模块上的，**业务逻辑和表示逻辑混合**在 JSP 页面中没有进行抽象和分离，所以非常不利于应用系统业务的重用和改动。

考虑到这些问题，在开发大型（企业级）的 Web 应用时必须采用不同的设计模型——**Model 2**，也就是接下来要介绍的 Java EE 框架开发。

1.1.2 Java EE 框架开发

1. MVC 思想与框架

早期的 Web 应用全部是静态的 HTML 页面，把一些个人信息呈现给浏览者。在 JSP 大行其道的时代，整个 Web 应用**全部是**由 JSP 页面组成的，将控制逻辑和显示逻辑混合在一起，导致代码的重用性非常低，而且还不利于维护与扩展。开发人员看出这种开发模式不是长久之计，便提出了 MVC 的思想。

MVC 即 Model（模型）、View（视图）、Controller（控制器）。视图层负责页面的显示工作，而控制层负责处理及跳转工作，模型层负责数据的存取，这样它们的耦合性就大大降低，从而提高了应用的可扩展性及可维护性，如图 1.2 所示。虽然如此，程序员还是有很多工作要做，而且代码的书写也没有一定的规范，不同的程序员可以写出不同的代码，这对于扩展及维护是非常不方便的，这个时候**框架**也就呼之欲出了。

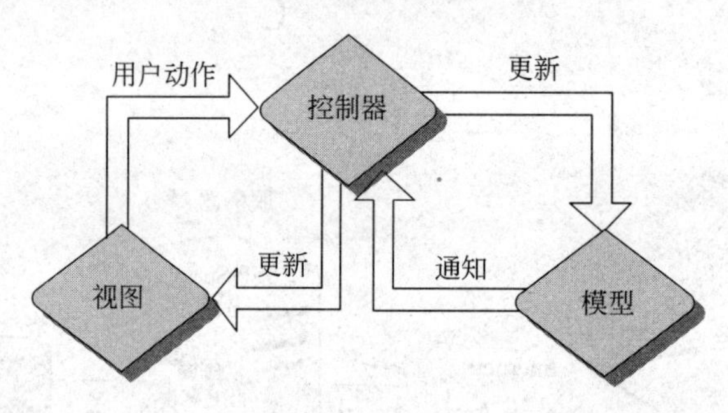

图 1.2 MVC 思想

作为一个框架，如果要应用广泛，一定要具备以下 6 个特点。

（1）上手快。

（2）好的技术支持。

（3）整合其他技术能力强。

（4）扩张能力强。

（5）设计结构合理。

（6）运行稳定。

只有具备了上述特点，才能算得上是一个好的框架，才能被程序员认可及应用。Java EE 中的框架很多，本书将着重介绍三大主流框架——**Struts**、**Hibernate** 和 **Spring** 以及它们相互之间整合应用的基本知识。

下面先来简要介绍这三种框架，让大家有一个初步的印象。

2. Struts 框架

Struts 是开源软件，最早是作为 Apache Jakarta 项目的组成部分。MVC 模式的提出改变了程序的设计思路，但代码的规范性还是很差，使用 Struts 的目的是为了帮助程序员减少在运用 MVC 设计模型来开发 Web 应用的时间。如果想混合使用 Servlet 和 JSP 的优点来建立可扩展的应用，Struts 是一个不错的选择。

Struts 本身就实现了 MVC 模式，具有组件的模块化、灵活性和重用性的优点，同时也简化了基于 MVC 的 Web 应用程序的开发。从应用的角度来说，Struts 有三大块：Struts 核心类、Struts 配置文件及 Struts 标签库。

就 Struts 本身的发展来说，从以前的 Struts 1 发展到 Struts 2，目的都是为了给程序员一个好的框架来开发应用软件。本书讲述的是 Struts 2。

3. Hibernate 框架

Hibernate 也是一个开放源代码的框架，它对 JDBC 进行了非常轻量级的对象封装，把对象模型表示的对象映射到基于 SQL 的关系数据模型中去，使得 Java 程序员可以随心所欲地使用**对象编程思维**来操纵数据库。

目前的 Java EE 信息化系统通常采用面向对象分析和面向对象设计的过程，系统从需求分析到系统设计都是按面向对象方式进行的。Hibernate 可以应用在任何使用 JDBC 的场合，既可以在 Java 的客户端程序使用，也可以在 Servlet/JSP 的 Web 应用中使用，最具革命意义的是，Hibernate 可以在应用 EJB 的 Java EE 架构中取代 CMP，完成**数据持久化**的重任，这样就不用再为怎样用面向对象的方法进行数据的持久化而大伤脑筋了。

4. Spring 框架

Spring 框架是由 Rod Johnson 开发的，2003 年发布了第一个版本。它是一个从实际开发中抽取出来的框架，完成了大量开发中的通用步骤，从而大大提高了企业应用的开发效率。

Spring 为企业应用的开发提供了一个轻量级的解决方案。其中，依赖注入、基于 AOP 的声明式事务管理、多种持久层的整合与优秀的 Web MVC 框架等最为人们关注。Spring 可以贯穿程序的各个层之间，但它并不是想取代那些已有的框架，而是以高度的开放性和它们紧密地整合，这也是 Spring 被广泛应用的原因之一。

以上简单介绍了这三种框架，后面会从 JSP 开始由浅入深地对这三种框架的具体应用做详细介绍，这里大家只要有一个初步印象就可以了。

1.2 Java EE 开发环境的构建

1.2.1 JDK 的安装与配置

Java EE 程序必须安装在 Java 运行环境中，这个环境最基础的部分是 JDK，它是 Java SE Development Kit(Java 标准开发工具包)的简称。一个完整的 JDK 包括了 JRE(Java 运行环境)，是辅助开发 Java EE 软件的所有相关文档、范例和工具的集成。

Oracle 公司定期在其官网发布最新版的 JDK，并提供免费下载。JDK 下载、安装及配置的整个过程、步骤如下。

1. 访问 Oracle 官网 Java 主题页

Oracle 官方的 Java 页网址为 http://www.oracle.com/technetwork/java/javase/downloads/index.html，如图 1.3 所示。

单击 Java SE Downloads 下的图标，即可进入 JDK 的下载页面。

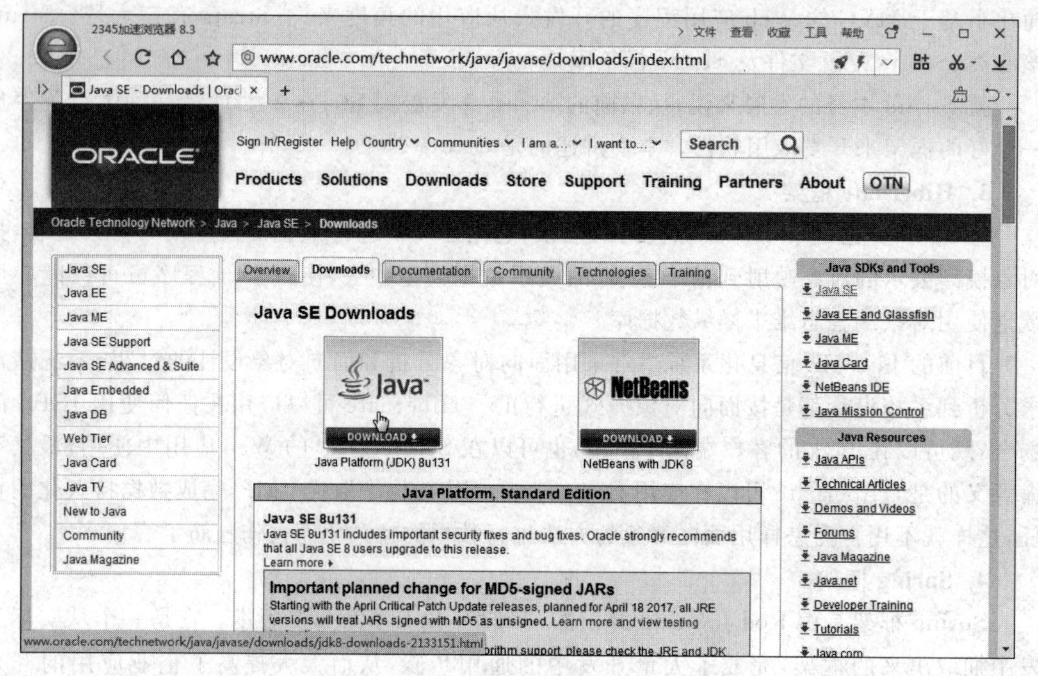

图 1.3　Oracle 官方的 Java 页

2. 选择合适的 JDK 版本下载

下载页面的中央有选择链接区，列出了适用于各种不同操作系统平台的 JDK 下载链接，单击选中 Accept License Agreement，即可根据需要下载合适的 JDK 版本，作者所用计算机的操作系统是 32 位 Windows 7 旗舰版，故选适用于 Windows x86 体系的 JDK，单击 jdk-8u131-windows-i586. exe 链接开始下载，如图 1.4 所示。

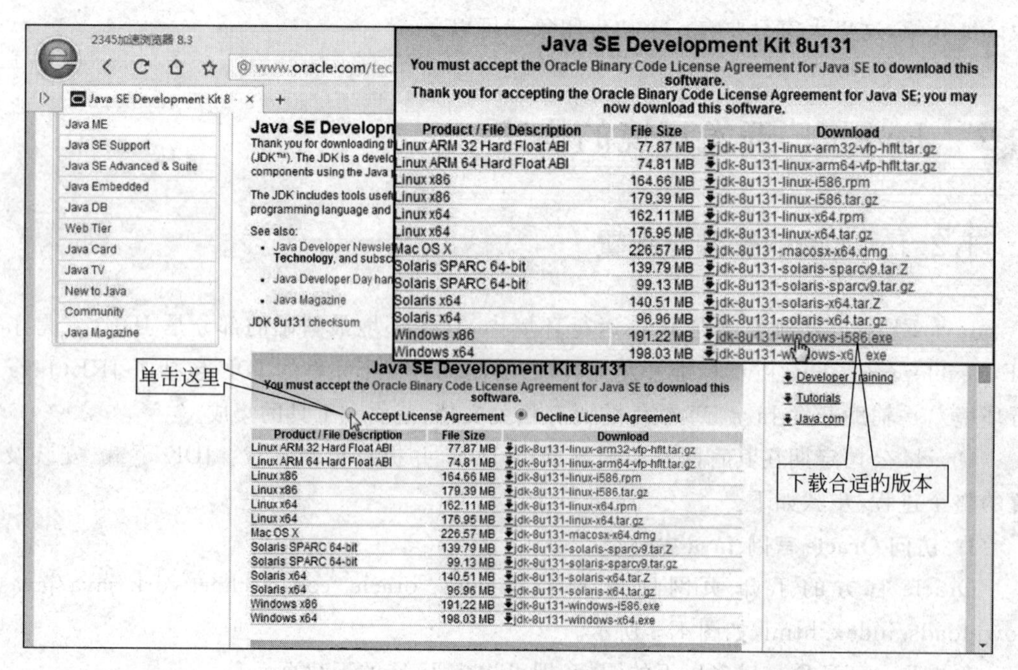

图 1.4　选择要下载的 JDK 版本

下载得到的安装可执行文件名为 jdk-8u131-windows-i586.exe，该文件大小约190MB，由于 Oracle 官方对页面访问流量的控制，为提高下载速度，建议读者使用迅雷等第三方下载工具。

3. 安装 JDK 和 JRE

双击下载得到的可执行文件，启动安装向导，如图1.5所示。

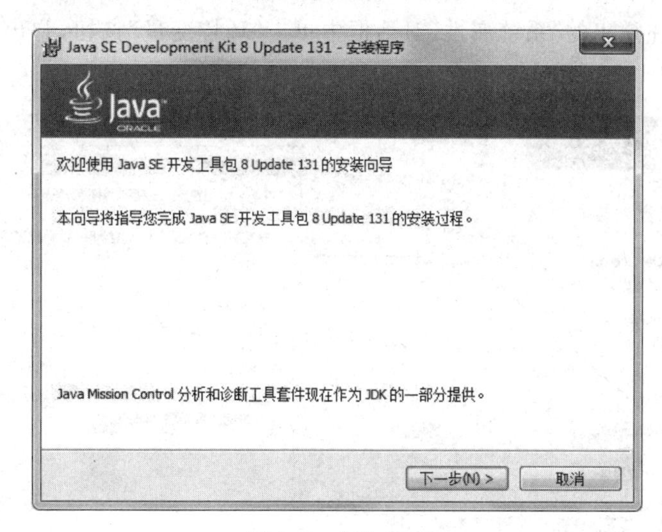

图1.5　安装 JDK

单击"下一步"按钮，按照向导的指引操作，安装过程非常简单(这里不展开叙述)。本书将 JDK 安装在默认目录 C:\Program Files\Java\jdk1.8.0_131 下。

安装完 JDK 后，向导会自动弹出"Java 安装"对话框接着安装其配套的 JRE，如图1.6所示。系统显示 JRE 会被安装到 C:\Program Files\Java\jre1.8.0_131 目录下，保持这个默认的路径，单击"下一步"按钮开始安装，直到完成。

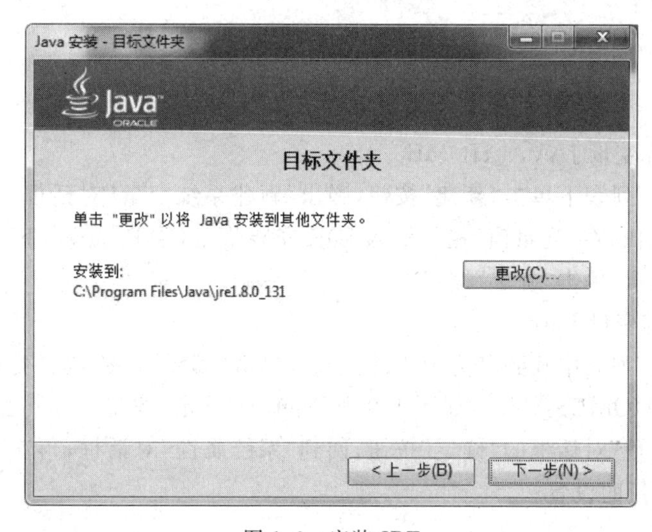

图1.6　安装 JRE

4. 设置环境变量

完成后还要通过设置系统环境变量,告诉 Windows 操作系统 JDK 的安装位置。下面介绍具体设置方法。

(1) 打开"环境变量"对话框

右击桌面上的"计算机"图标,选择"属性"选项,在弹出的控制面板主页中单击"高级系统设置"链接项,在弹出的"系统属性"对话框中单击"环境变量"按钮,弹出"环境变量"对话框,操作过程如图 1.7 所示。

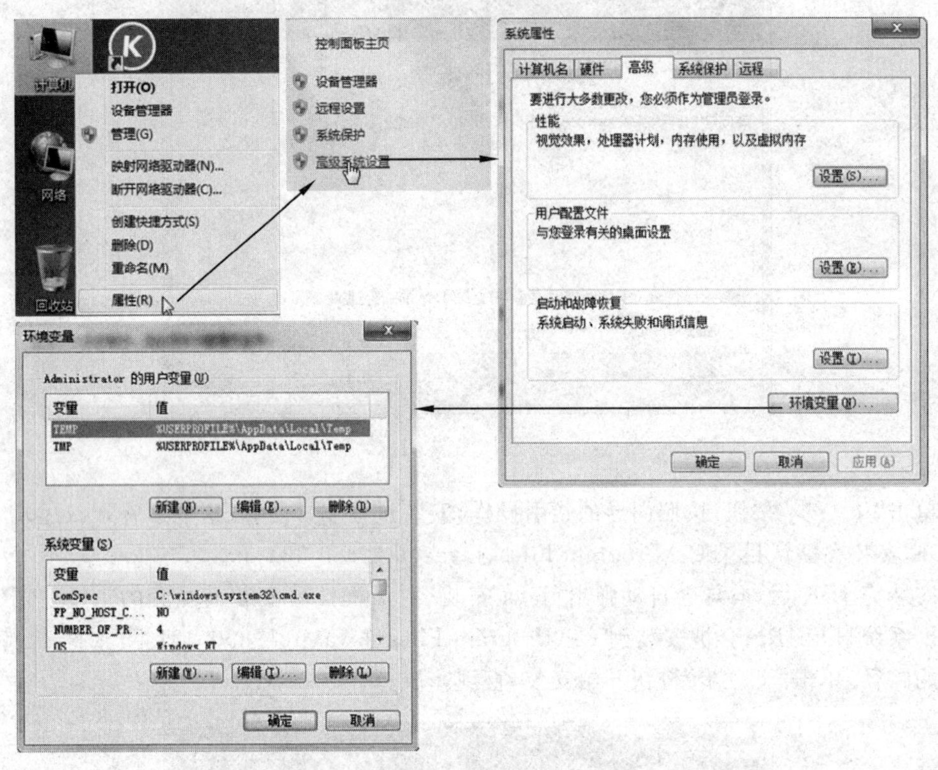

图 1.7 打开"环境变量"对话框

(2) 新建系统变量 JAVA_HOME

在"系统变量"列表下单击"新建"按钮,弹出"新建系统变量"对话框。在"变量名"栏中输入 JAVA_HOME,在"变量值"栏中输入 JDK 安装路径 C:\Program Files\Java\jdk1.8.0_131,如图 1.8 所示,单击"确定"按钮。

(3) 设置系统变量 Path

在"系统变量"列表中找到名为 Path 的变量,单击"编辑"按钮,在"变量值"字符串中加入路径%JAVA_HOME%\bin;,如图 1.9 所示,单击"确定"按钮。

单击"环境变量"对话框的"确定"按钮,回到"系统属性"对话框,再次单击"确定"按钮,完成 JDK 环境变量的设置。

5. 测试安装

读者可以自己测试 JDK 是否安装成功。选择任务栏"开始"→"运行",输入 cmd 并按 Enter 键,进入命令行界面,在命令行输入 java -version,如果配置成功就会出现 Java 的版本信息，如图 1.10 所示。

图 1.8 新建 JAVA_HOME 变量

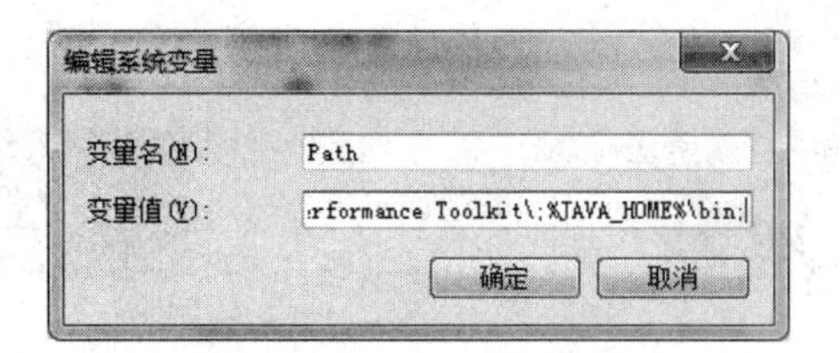

图 1.9 编辑 Path 变量

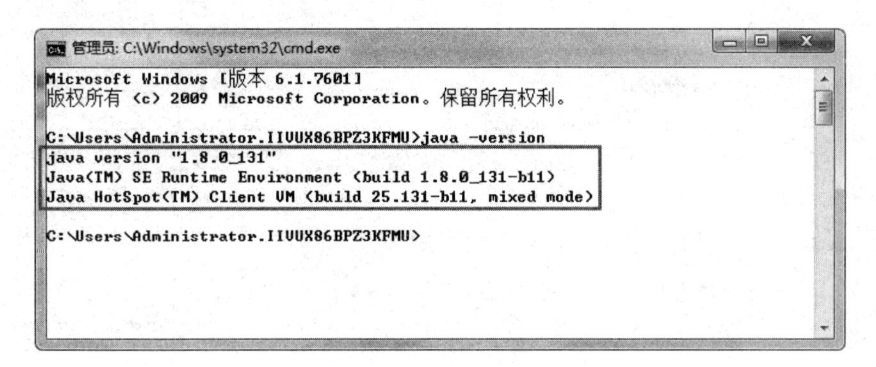

图 1.10 JDK 安装成功

至此，JDK 的安装与配置就完成了。

1.2.2 Tomcat 的安装与配置

Tomcat 是著名的 Apache 软件基金会资助 Jakarta 的一个核心子项目，本质上是一个 Java Servlet 容器。它技术先进、性能稳定，而且免费开源，因而深受广大 Java 爱好者的喜爱并得到部分软件开发商的认可，成为目前最为流行的 Web 服务器之一。作为一种小型、轻量级应用服务器，Tomcat 在中小型系统和并发访问用户不是很多的场合下被普遍采用，是开发和调试 Java EE 程序的首选。

Tomcat 的运行离不开 JDK 的支持，所以要先安装 JDK，然后才能正确安装 Tomcat。本书采用最新的 Tomcat 9 作为承载 Java EE 应用的 Web 服务器，Tomcat 下载、安装的步骤如下。

1. 访问 Tomcat 官网

Tomcat 官方的下载网址为 http://tomcat.apache.org/download-90.cgi，如图 1.11 所示。

单击页面左侧 Download 下的 Tomcat 9 链接，进入 Tomcat 9 的软件发布页。

2. 选择下载所需的软件发布包

Tomcat 的每个版本都会以多种不同的形式打包发布，以满足不同层次用户的需求，如图 1.12 所示为 Tomcat 9 的发布页。

其中，Core 下的 zip 项目是 Tomcat 的绿色版，解压即可使用(用 bin\startup.bat 启动)，而“32-bit/64-bit Windows Service Installer”(图 1.12 中框出)则是一个安装版软件。

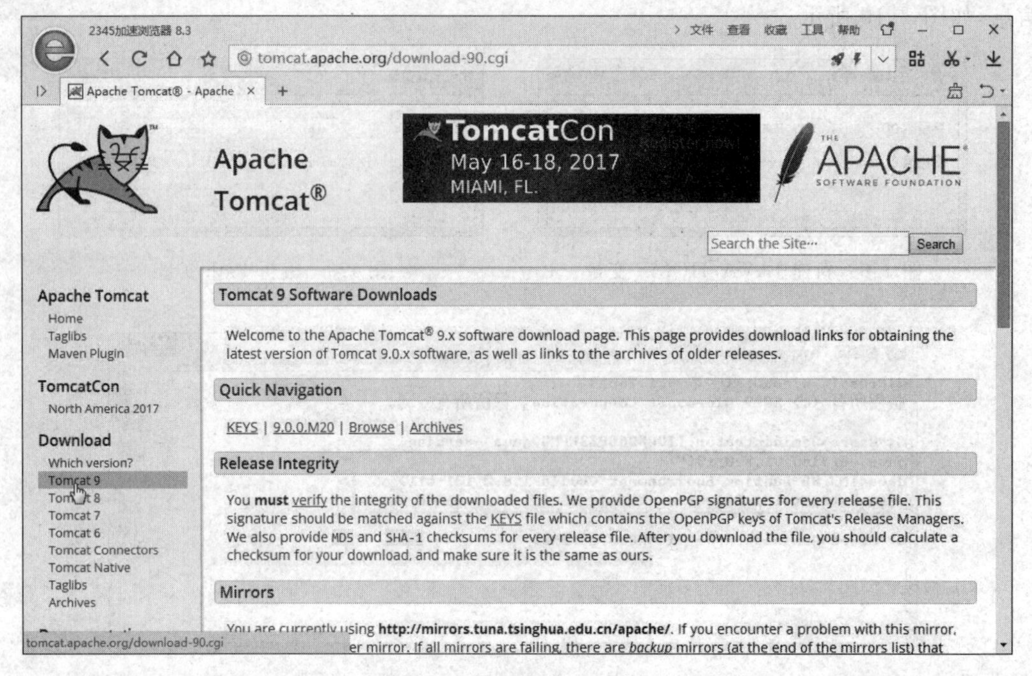

图 1.11　Tomcat 官方下载页

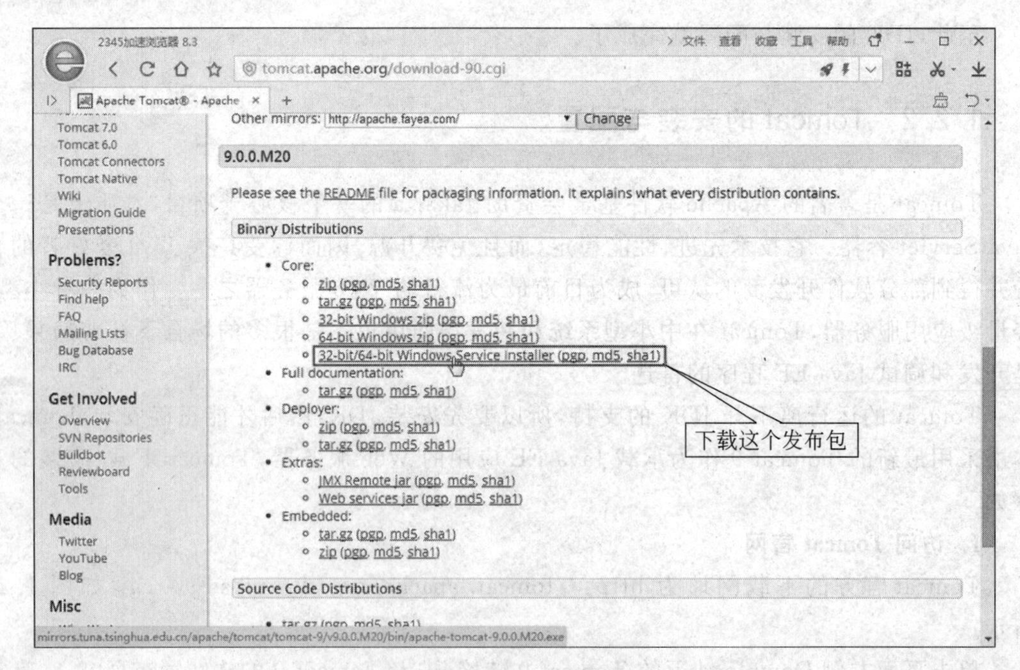

图 1.12　Tomcat 9 发布页

建议 Java 初学者使用安装版，下载获得的安装包文件名为 apache-tomcat-9.0.0.M20.exe。

3. 安装 Tomcat

双击安装包文件，启动安装向导，单击 Next 按钮，在向导 License Agreement 页单击 I Agree 按钮同意许可协议条款，如图 1.13 所示。

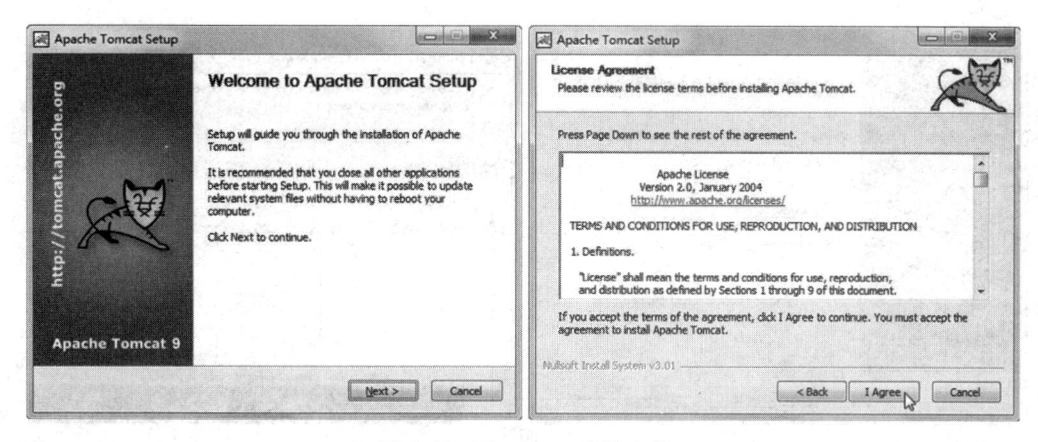

图 1.13　Tomcat 9 安装向导

跟着向导的指引操作，接下来两个页都选择默认设置，连续两次单击 Next 按钮。

在 Java Virtual Machine 页，请读者留意一下路径栏里填写的要是自己计算机 JRE 的安装目录 C:\Program Files\Java\jre1.8.0_131，如图 1.14 所示。确认无误后再单击 Next 按钮继续，直到完成。

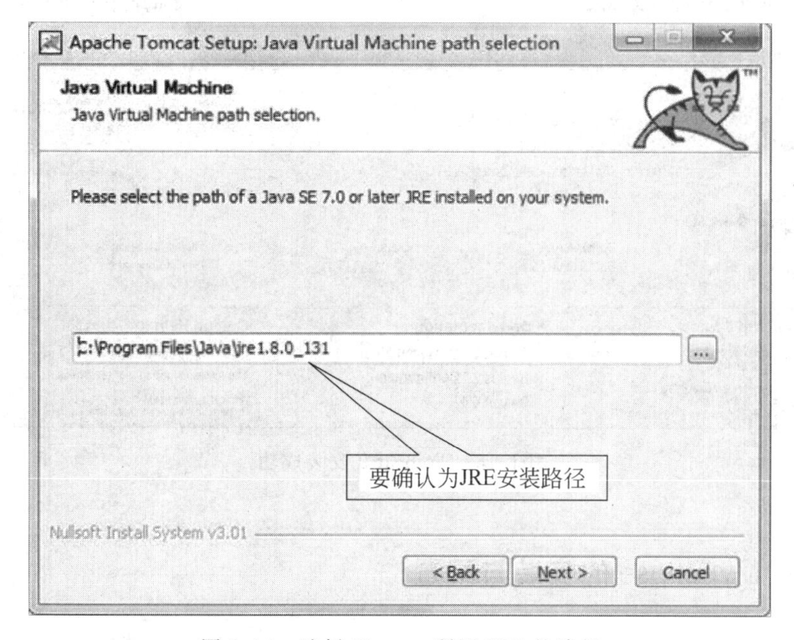

图 1.14　选择 Tomcat 所用 JRE 的路径

4. 测试安装

在安装完毕后，于向导的 Completing Apache Tomcat Setup 页勾选 Run Apache Tomcat 项，以保证 Tomcat 能自行启动，单击 Finish 按钮，在计算机桌面右下方任务栏上出现 Tomcat 的图标，图标中央三角形为绿色表示启动成功，如图 1.15 所示。

打开浏览器，输入 http://localhost:8080 并按 Enter 键，若呈现如图 1.16 所示的页面，则表明安装成功。

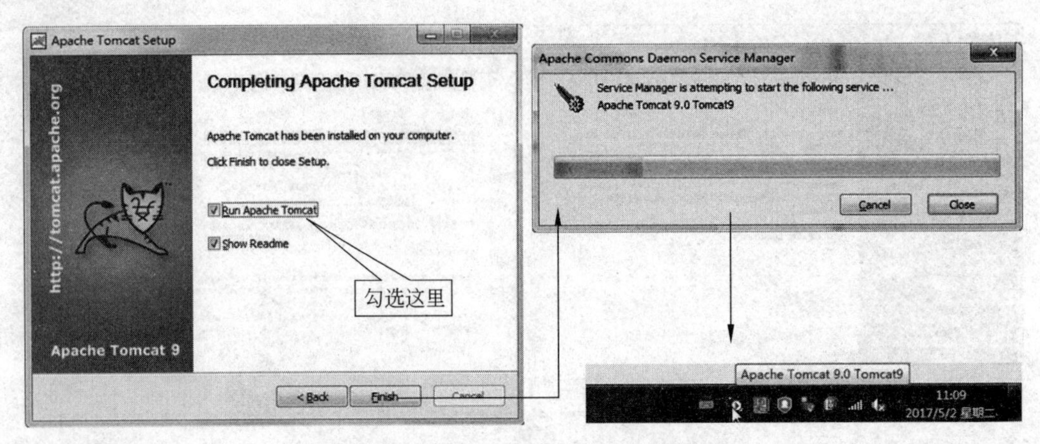

图 1.15 安装完初次启动 Tomcat

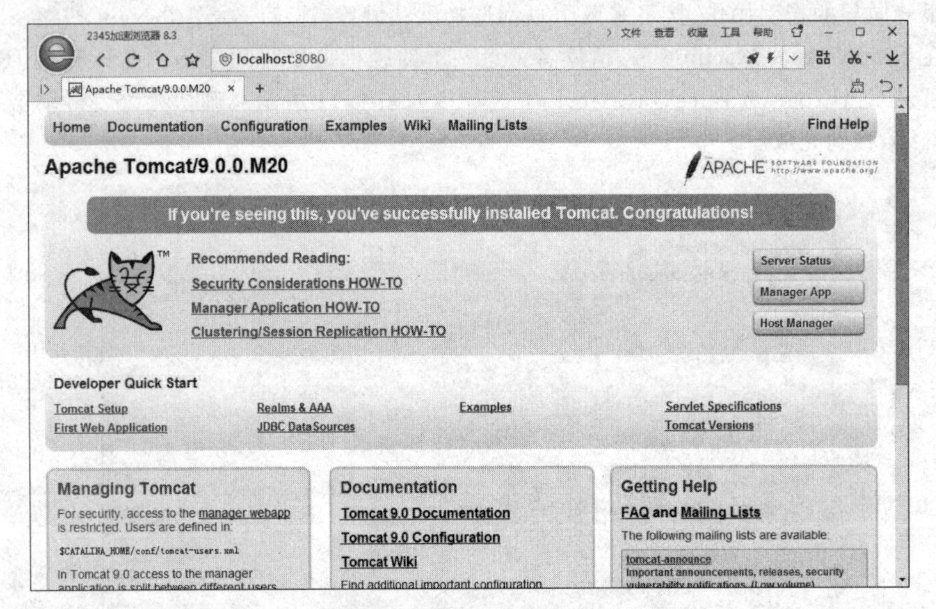

图 1.16 Tomcat 9 安装成功

1.2.3 MyEclipse 的安装与配置

MyEclipse 企业级工作平台(MyEclipse Enterprise Workbench，简称 MyEclipse)是对原 Eclipse IDE(一种早期基于 Java 的可扩展开源编程工具)的扩展和集成产品，作为一个极其优秀的用于开发 Java 应用的 Eclipse 插件集合，其功能非常强大，支持也很广泛，尤其是对各种开源产品的支持非常好。利用它可以在数据库和 Java EE 的开发、发布以及应用程序服务器的整合方面极大地提高工作效率。它是功能丰富的 Java EE 集成开发环境(IDE)，包括了完备的编码、调试、测试和发布功能，完整支持 HTML/XHTML、JSP、JSF、CSS、JavaScript、SQL、Hibernate、Spring 等各种 Java 相关的技术标准和框架。

本书使用的是 MyEclipse 官方发布的最新版 MyEclipse 2017 CI 系列，其下载、安装和初始配置的步骤如下。

1. 下载安装包

目前，由北京慧都科技有限公司与 Genuitec 公司合作运营 MyEclipse 中国官网，网址为 http://www.myeclipsecn.com/，专为国内用户提供 MyEclipse 软件的下载和技术支持服务，进入其下载主页，单击 Windows 图标下的"离线版(1.54gb)"链接，如图 1.17 所示。

图 1.17　MyEclipse 中国官网下载主页

这里下载的是离线版安装包，文件名为 myeclipse-2017-ci-4-offline-installer-windows.exe，文件大小为 1.56GB。

2. 安装 MyEclipse

双击执行离线安装程序，启动安装向导，单击 Next 按钮，如图 1.18 所示。

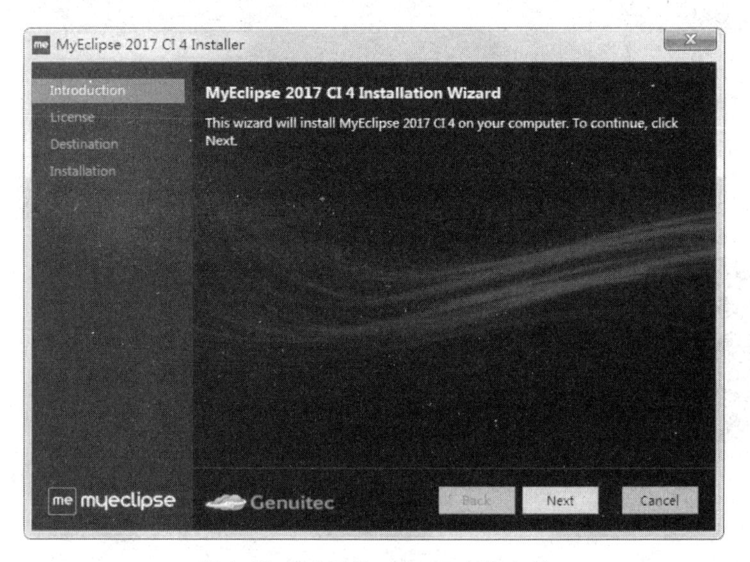

图 1.18　MyEclipse 2017 安装向导

在向导License页勾选I accept the terms of the license agreement同意许可协议条款，单击Next按钮继续，接下来的每一步都采用默认设置（不再展开叙述），直至最后安装完成，在Installation页确保已勾选了Launch MyEclipse 2017 CI，再单击Finish按钮结束安装过程，如图1.19所示。

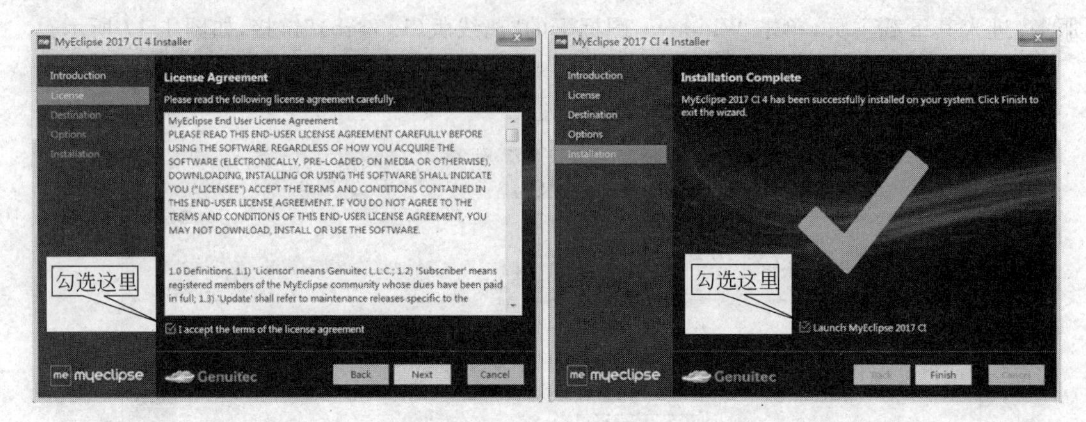

图1.19 安装过程中的几个操作

3. 初次启动

安装一完成，MyEclipse 2017就会启动，初次启动时会弹出Eclipse Launcher对话框要求用户选择一个工作区（Workspace），也就是用于存放用户项目（所开发的程序）的地方，这里取默认值即可，默认的工作区所在目录路径为C:\Users\Administrator\Workspaces\MyEclipse 2017 CI，如图1.20所示，为避免每次启动都要选择工作区的麻烦，可勾选下方的Use this as the default and do not ask again，单击OK按钮，开始启动，出现启动画面。

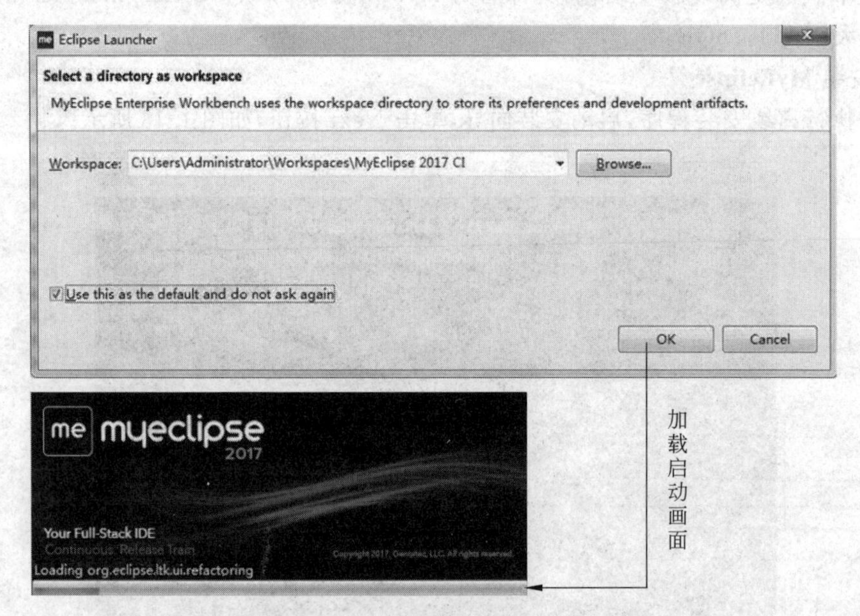

图1.20 初次启动MyEclipse 2017

4. 初次使用须注册

自 MyEclipse 2014 之后，Genuitec 公司加强了知识产权保护，普通用户很难再得到免费的破解版。MyEclipse 2017 默认只提供用户 7 天的免费试用体验期，一旦过期，将无法继续使用。为延长软件使用期，在初次使用 MyEclipse 前须注册一个免费邮箱账户，注册方法如下。

（1）初次启动软件时出现一个模式对话框，单击右下角 Start Trial 按钮，填写 3 个栏目的注册信息（内容可随意），再次单击 Start Trial 按钮，如图 1.21 所示。

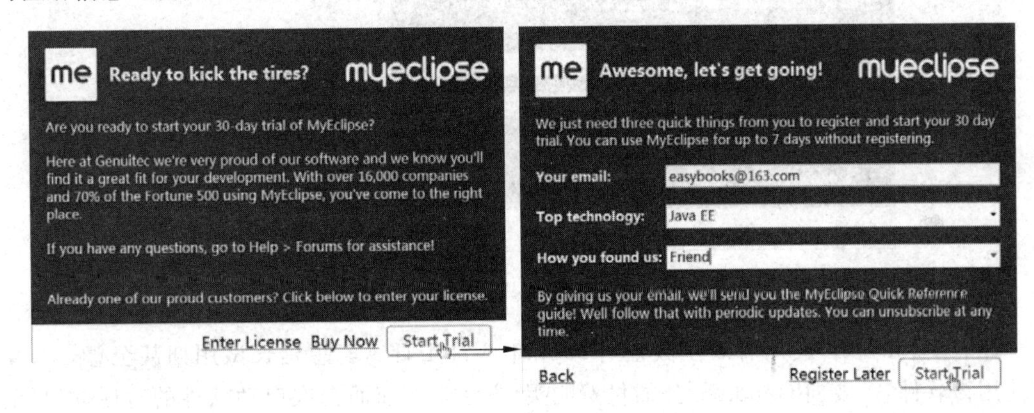

图 1.21　注册邮箱账户

（2）出现 MyEclipse 2017 的开发环境初始界面，如图 1.22 所示。

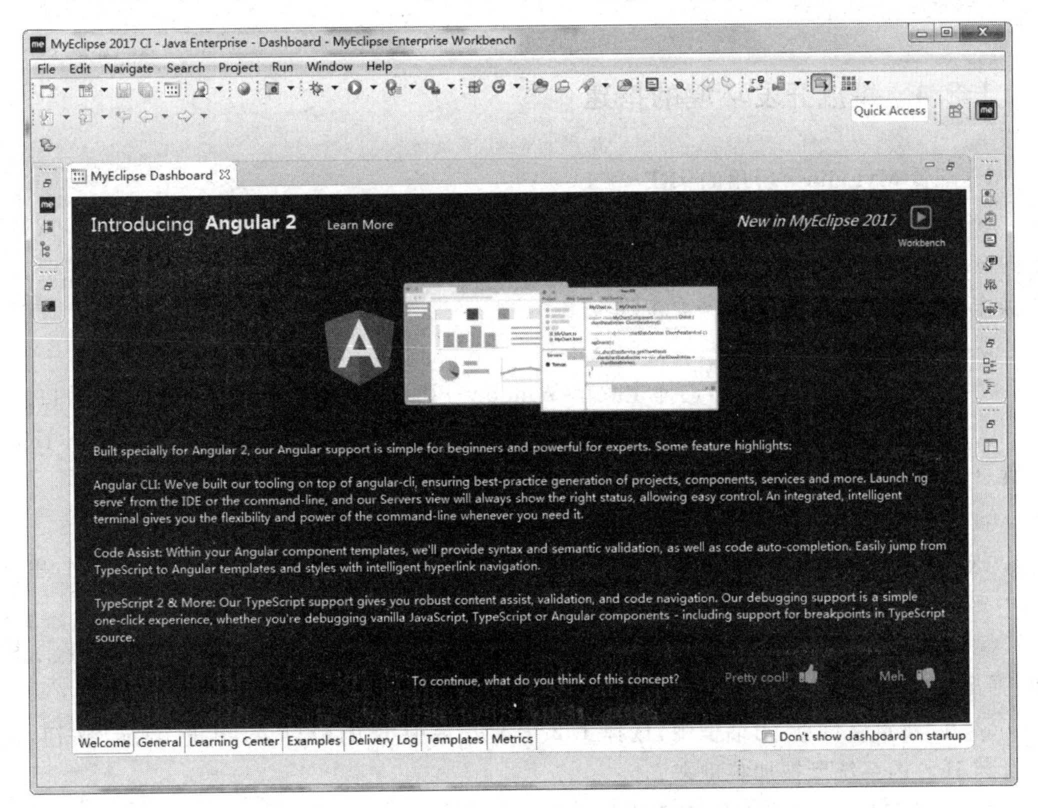

图 1.22　MyEclipse 2017 开发环境初始界面

其默认显示的是 MyEclipse Dashboard 的 Welcome(欢迎)页，读者也可切换查看其他分页的内容。

(3) 关闭 MyEclipse Dashboard，选择主菜单 Help→Subscription Information，出现一个模式对话框，从中可看到软件试用期为 30 天，并提示过期日期，如图 1.23 所示。

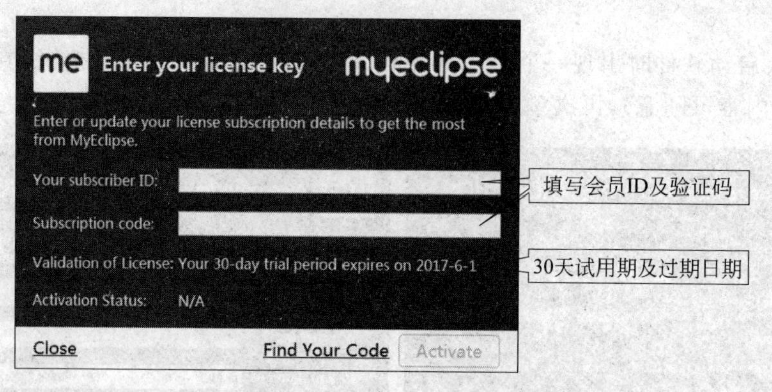

图 1.23 延长 MyEclipse 2017 使用期限

作者安装的软件使用有效期截止到 2017 年 6 月 1 日。若想延长试用期甚至想永久免费使用该软件，需要向 Genuitec 公司付费购买，方法是在前面初次启动软件的对话框(见前图 1.21 左)底部单击 Buy Now 链接，就可以进入申请付费流程(略)；若用户已经购买，单击 Start Trial 按钮后就可以直接跳到图 1.23 界面去填写会员 ID 及验证码，完成后单击 Activate 按钮激活软件。

1.2.4 集成开发环境的搭建

1. 配置 MyEclipse 所用的 JRE

JRE 是 Java 的运行环境，因此运行 Java EE 程序的时候需要 JRE。在 MyEclipse 2017 中内嵌了 Java 编译器，但这里指定使用 1.2.1 节安装 JDK 8 的 JRE，需要进行手动配置，具体操作步骤见图 1.24 中的①～⑩标注。

说明如下：

① 启动 MyEclipse 2017，选择主菜单 Window→Preferences，弹出 Preferences 窗口。

② 展开窗口左侧的树状视图，选中 Java→Installed JREs 项，右区出现 Installed JREs 配置页。

③ 单击右侧 Add...按钮，弹出 Add JRE 对话框。

④ 在 Add JRE 对话框的 JRE Type 页，选择要配置的 JRE 类型为 Standard VM，单击 Next 按钮。

⑤ 在 Add JRE 对话框的 JRE Definition 页，单击 JRE home 栏右侧的 Directory...按钮，弹出“浏览文件夹”对话框。

⑥ 在“浏览文件夹”对话框中，选择 1.2.1 节安装 JDK 的根目录，单击“确定”按钮，可以看到 JRE 的系统库被加载进来。

⑦ 在 JRE name 栏中，将 JRE 的名称改为 jdk8。

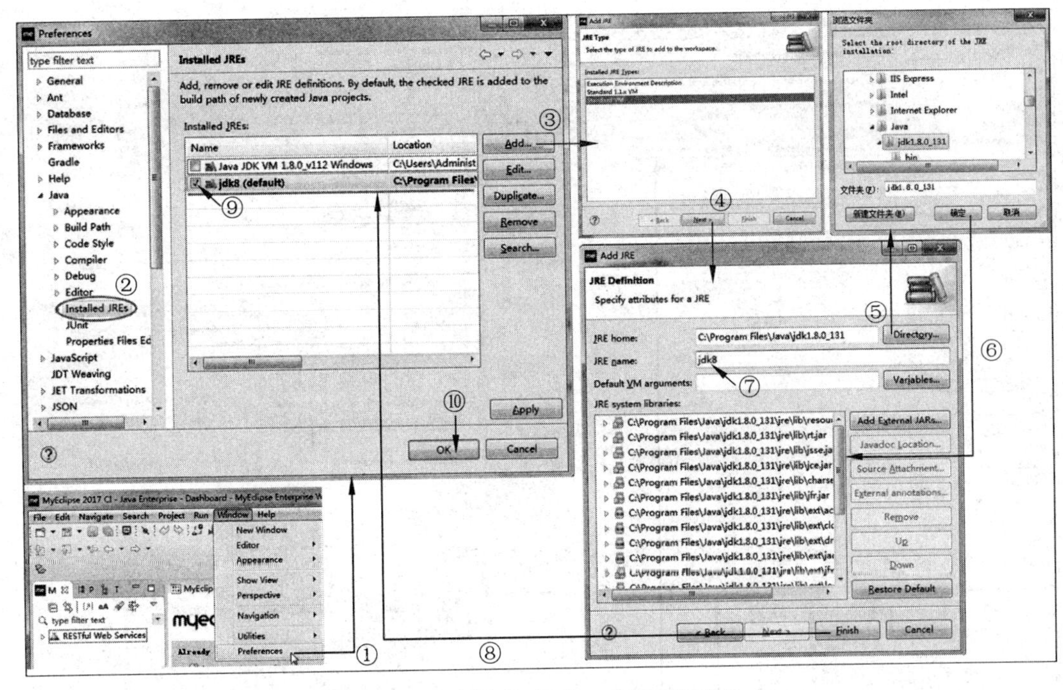

图 1.24　配置 MyEclipse 2017 的 JRE

⑧ 单击 Finish 按钮，回到 Preferences 窗口，可以看到在 Installed JREs 列表中多出了名为 jdk8 的一项，即为本书所安装的最新 JDK。

⑨ 勾选项目 jdk8 前面的复选框，项目名后出现(default)，同时整个项的条目加黑，表示已将 1.2.1 节安装 JDK 的 JRE 设为 MyEclipse 2017 的默认 JRE 了。

⑩ 单击 Preferences 窗口底部的 OK 按钮，确认设置。

2. 集成 MyEclipse 与 Tomcat

MyEclipse 2017 自带 MyEclipse Tomcat v8.5 服务运行时的环境(即运行 Java EE 程序的 Web 服务器)，但本书不用它，而是使用我们安装的最新 Tomcat 9，并需要将其整合到 MyEclipse 环境中来，具体操作步骤见图 1.25 中的①～⑩标注。

说明如下：

① 在 MyEclipse 2017 开发环境中，选择主菜单 Window→Preferences，弹出 Preferences 窗口。

② 展开窗口左侧的树状视图，选中 Servers→Runtime Environments 项，右区出现 Server Runtime Environments 配置页。

③ 单击右侧 Add...按钮，弹出 New Server Runtime Environment 对话框，在列表中选择 Tomcat→Apache Tomcat v9.0 项。

④ 勾选下方 Create a new local server 复选框。

⑤ 单击 Next 按钮，进入 Tomcat Server 页，配置服务器路径及 JRE。

⑥ 单击 Tomcat installation directory 栏右侧的 Browse...按钮，弹出“浏览文件夹”对话框。

⑦ 选择本书安装 Tomcat 9 的目录(笔者装在 C:\Program Files\Apache Software

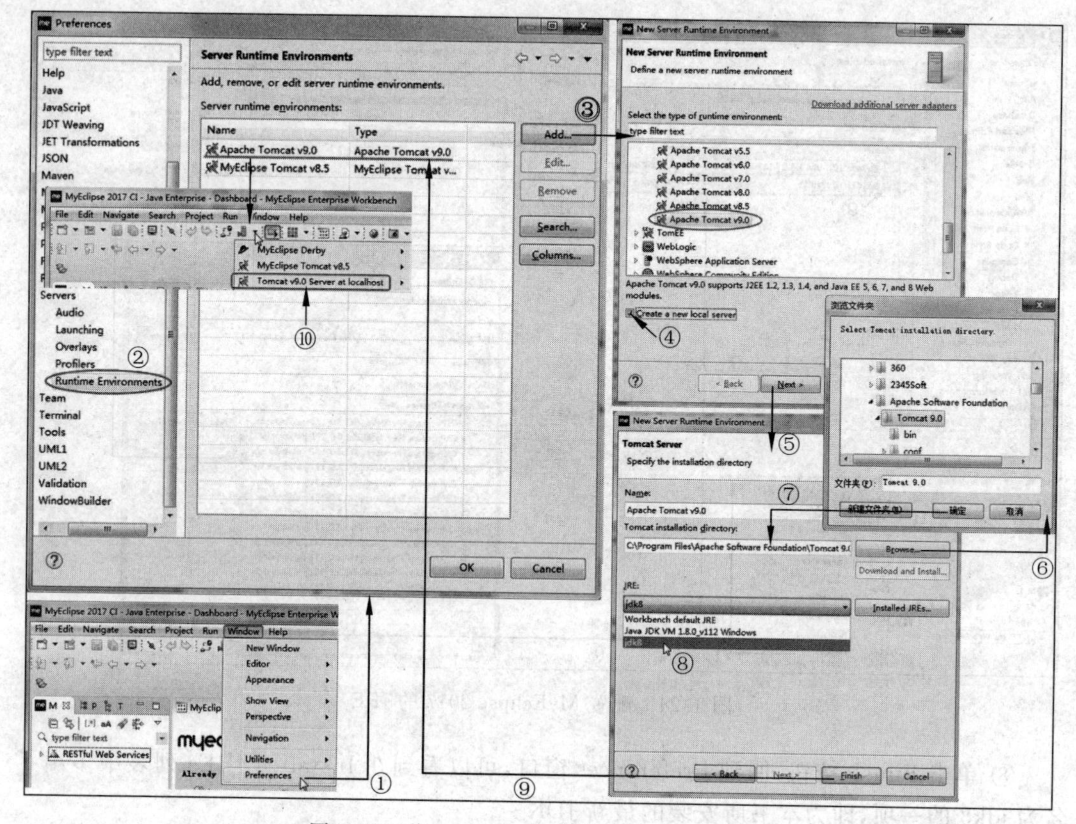

图 1.25　将 Tomcat 9 整合进 MyEclipse 2017

Foundation\Tomcat 9.0 中)，单击“确定”按钮。

⑧ 设置 Tomcat 9 所使用的 JRE，直接从 JRE 下拉列表中选择图 1.24 中所配置的 jdk8 即可。

⑨ 单击 Finish 按钮，回到 Preferences 窗口，可以看到在 Server runtime environments 列表中多出了名为 Apache Tomcat v9.0 的一项，即为本书 1.2.2 节所安装的 Tomcat 9。单击 Preferences 窗口底部的 OK 按钮，确认。

⑩ 回到 MyEclipse 2017 开发环境，此时若单击工具栏上复合按钮右边的下箭头，会发现在最下面多出了一个 Tomcat v9.0 Server at localhost 选项，这表示 Tomcat 9 已成功地整合到 MyEclipse 环境中了。

整合以后就可以通过 MyEclipse 2017 环境来直接启动外部服务器 Tomcat 9，方法是单击 MyEclipse 工具栏复合按钮右边的下箭头，选择 Tomcat v9.0 Server at localhost→Start，单击并稍候片刻，在主界面下方的子窗口 Servers 页看到服务已开启，切换到 Console 页可查看 Tomcat 的启动信息，如图 1.26 所示。

打开浏览器，输入 http://localhost:8080 并按 Enter 键，将出现与前文中图 1.16 一模一样的 Tomcat 9 首页，这说明 MyEclipse 2017 已经与 Tomcat 9 紧密集成，一个完善的 IDE 环境就这样搭建好了！

本书就将在这个集成环境下开发 Java EE 应用。

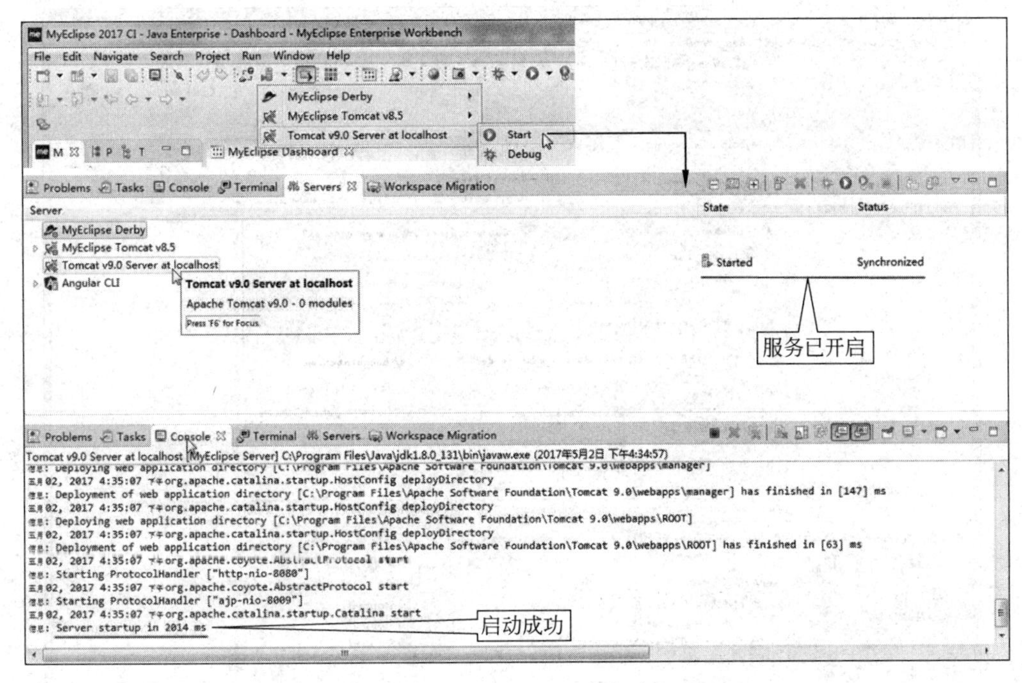

图 1.26　用 MyEclipse 2017 来启动 Tomcat 9

1.3 MyEclipse 2017 开发入门

1.3.1 MyEclipse 2017 环境介绍

在 Windows 下选择“开始”菜单→“所有程序”→MyEclipse→MyEclipse 2017→MyEclipse 2017 CI，启动 MyEclipse 2017 环境，其集成开发工作界面如图 1.27 所示。

作为 Java EE 环境的核心，MyEclipse 2017 是一个功能十分强大的 IDE(Integrated Development Environment，集成开发环境)。与常见的 GUI 程序一样，MyEclipse 也支持标准的界面元素和一些自定义的概念。

1. 标准界面元素

(1) 菜单栏

窗体顶部是菜单栏，它包含主菜单(如 File)和其所属的菜单项(如 File→New)，菜单项下面还可以显示子菜单，如图 1.28 所示。

(2) 工具栏

位于菜单栏下面的是工具栏，如图 1.29 所示，它包含了最常用的功能。

图 1.29 特别标示出了服务器部署、启动按钮，这是今后开发时最常用的，通过该功能可将项目部署到指定的软件服务器上。

(3) 状态栏

状态栏位于整个 MyEclipse 开发环境的底部，其中被分隔条划分成两个以上的区块，

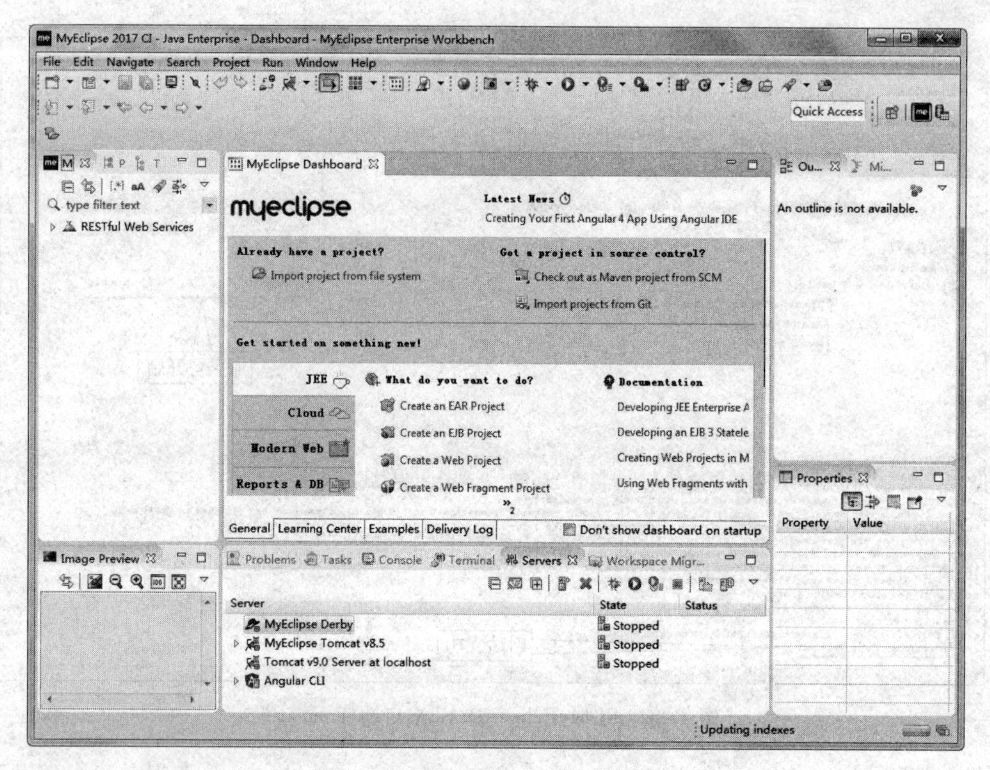

图 1.27　MyEclipse 2017 主界面

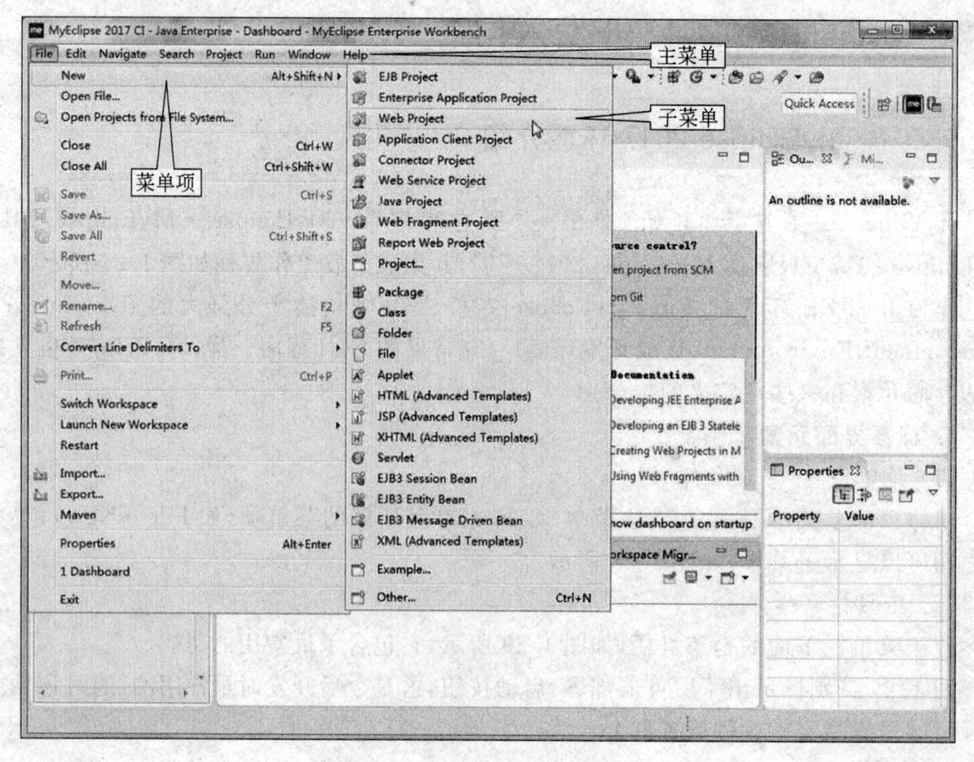

图 1.28　MyEclipse 2017 菜单栏

图 1.29　MyEclipse 2017 工具栏

用于显示系统运行时来自不同方面的状态信息，如图 1.30 所示，这是 MyEclipse 加载一个 Java EE 项目时状态栏所呈现出来的典型外观。

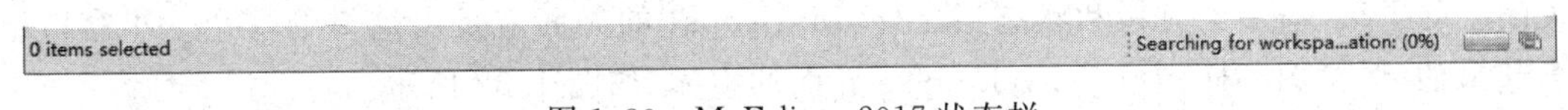

图 1.30　MyEclipse 2017 状态栏

（4）透视图切换器

位于工具栏右侧的是 MyEclipse 特有的透视图切换器（见图 1.29 标注），它可以显示多个透视图以供切换。

什么是透视图？当前的界面布局就是一个透视图，通过给不同的布局起名字，便于用户在多种常用的功能模式间切换工作。总体来说，一个透视图相当于一个自定义的界面，它保存了当前的菜单栏、工具栏按钮以及各视图（子窗口）的大小、位置、显示与否的所有状态，可以在下次切换回来时恢复原来的布局。

透视图切换器一个最典型的应用场合，就是在 Java EE 开发模式与 DB Browser 之间切换，如图 1.31 所示，在 DB Browser 模式下单击 (Open Perspective) 按钮，弹出 Open Perspective 对话框，其中列出了系统预定义的各种标准功能模式的透视图，默认 Java EE 开

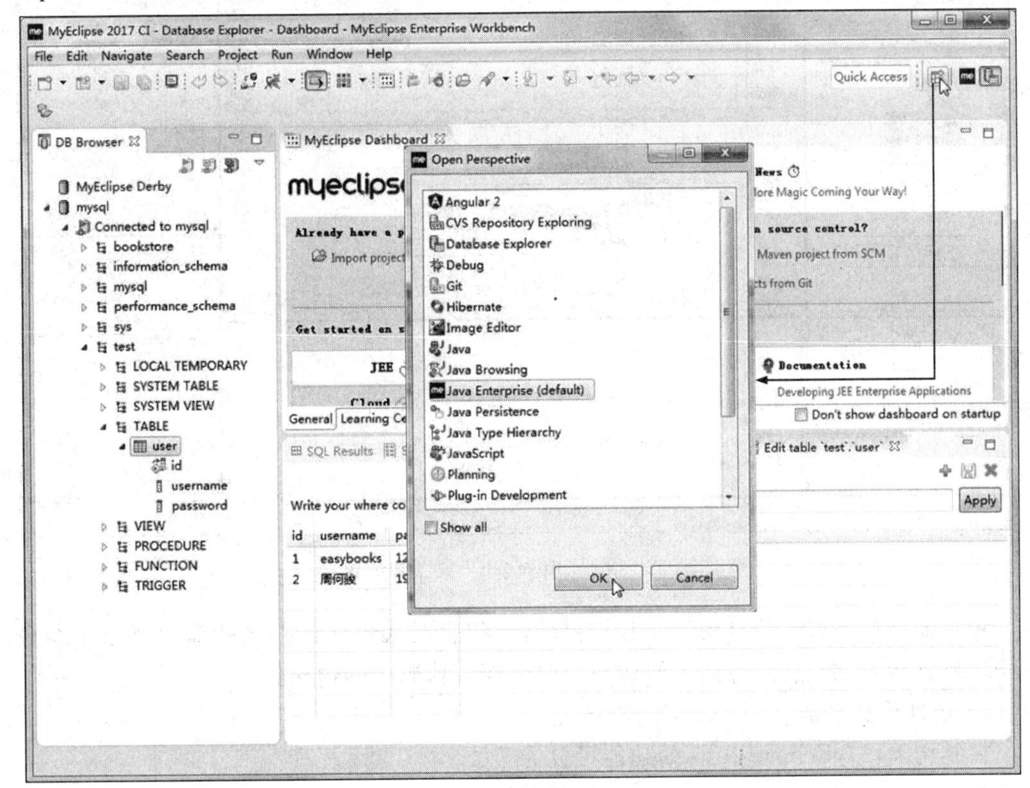

图 1.31　透视图切换器的应用

发模式的透视图名称为 Java Enterprise(default)，选中，单击 OK 按钮，切换回标准 Java EE 开发环境。

当然，还可以更简便地通过单击透视图切换器右边的(Java Enterprise)按钮和(Database Explorer)按钮进行两者之间的切换。

(5) 视图

视图是显示在主界面中的子窗口，可以单独最大化、最小化显示，调整显示大小、位置或关闭。除了菜单栏、工具栏和状态栏之外，MyEclipse 的界面就是由这样的一个个小窗口组合起来的，像拼图一样构成了 MyEclipse 界面的主体，如图 1.32 所示。

(6) 编辑器

在界面的中央会显示文件编辑器(图 1.32 标注)及其中的程序代码。这个编辑器与视图非常相似，也能最大化和最小化，若打开的是 JSP 源文件，还会在编辑器底部出现选项标签 Source、Design、Preview，单击切换编辑模式，分别用于编辑源代码、设计 JSP 页面及预览效果。

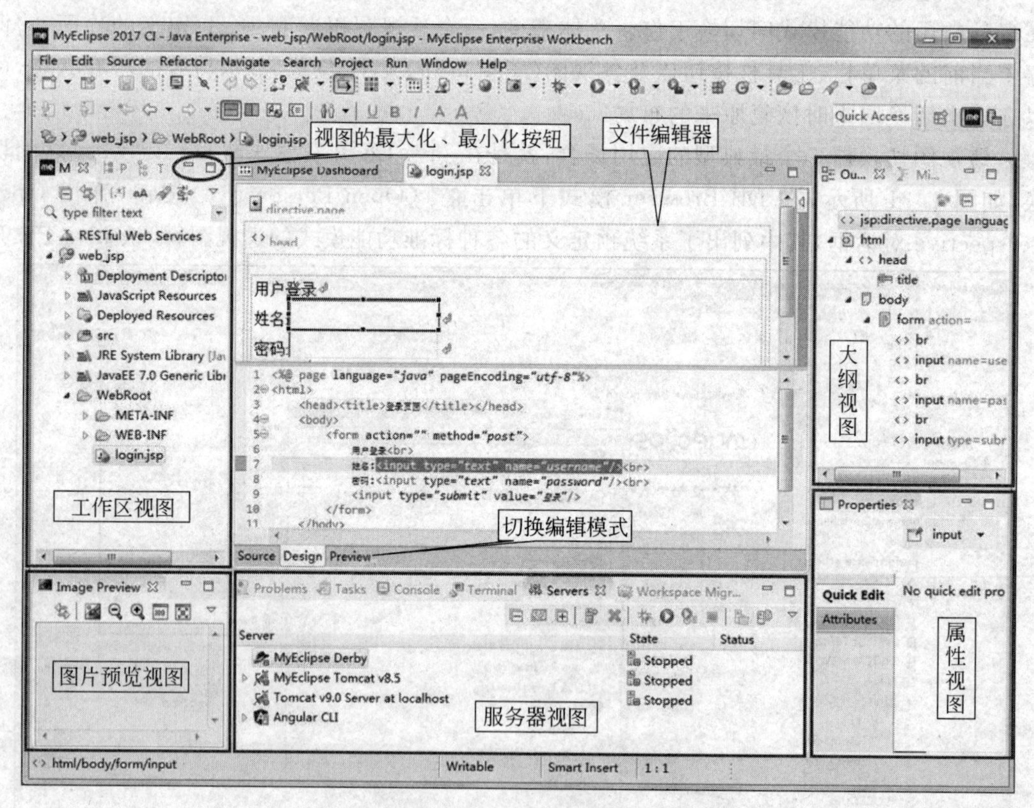

图 1.32　MyEclipse 2017 视图和编辑器

编辑器还具备完善的自动调试和排错功能，编程时代码区最左侧的蓝色竖条上会显示行号、警告、错误、断点等信息，方便用户及时地纠正代码中的错误。

2. 组件化的功能

在结构上，MyEclipse 2017 的功能可分为 7 类。

(1) Java EE 模型。

(2) Web 开发工具。

(3) EJB 开发工具。

(4) 应用程序服务器的连接器。

(5) Java EE 项目部署服务。

(6) 数据库服务。

(7) MyEclipse 整合帮助。

对于以上每一种功能类别,在 MyEclipse 2017 中都有相应的功能组件,并通过一系列的插件来实现它们。MyEclipse 2017 体系结构设计上的这种模块化,可以让用户在不影响其他模块的情况下,对任意一个模块进行单独的扩展和升级。

MyEclipse 2017 的这种功能组件化的集成定制特性,使得它可以很方便地导入和使用各种第三方开发好的现成框架,如 Struts、Struts2、Hibernate、Spring 和 Ajax 等,用户可以根据自己的需要和不同的应用场合,灵活地添加或去除功能组件,开发出适应性强、具备良好扩展性和高度可伸缩性的 Java EE 应用系统。

Genuitec 总裁 Maher Masri 曾说:"今天,MyEclipse 已经提供了意料之外的价值。其中的每个功能在市场上单独的价格都比 MyEclipse 要高。"

接下来用 MyEclipse 2017 开发两个最简单的程序以帮助读者入门,一个是传统的 Java 程序,另一个是 Web 程序——它们都是 Java 程序员最常开发的软件类型。

1.3.2 一个简单的 Java Project 程序

这里,将开发第一个 Java Project 程序。运行结果为在控制台打印"Hello World!",如图 1.33 所示。

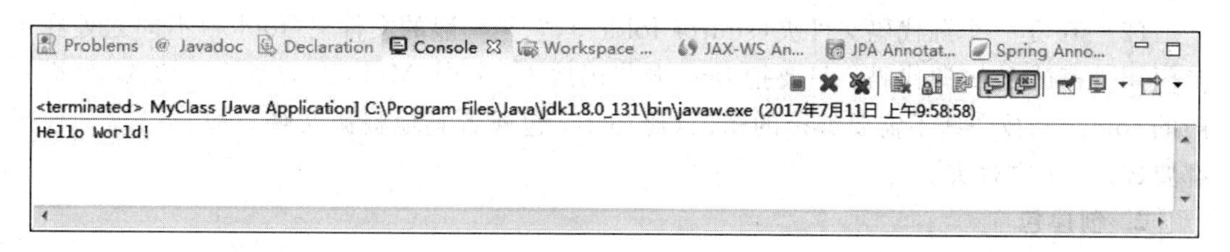

图 1.33 Java 程序运行结果

项目完成后的目录树如图 1.34 所示。

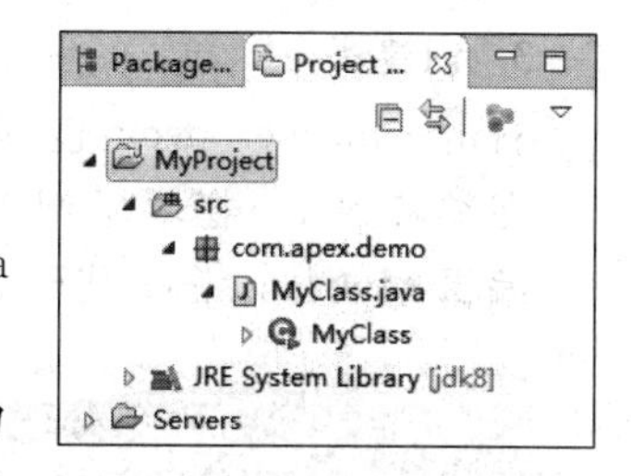

图 1.34 Java 项目目录树

开发的具体过程如下。

1. 创建 Java Project

选择菜单 File→New→Java Project,创建一个 Java Project,出现如图 1.35 所示的对话框。

为新建的 Java Project 输入名称 MyProject,选择 JRE 为 Use default JRE (currently 'jdk8'),其他选项保持默认,单击 Finish 按钮。

此时,MyEclipse 生成了一个名为 MyProject 的工程,如图 1.36 所示。

其中:

图 1.35 创建一个 Java Project

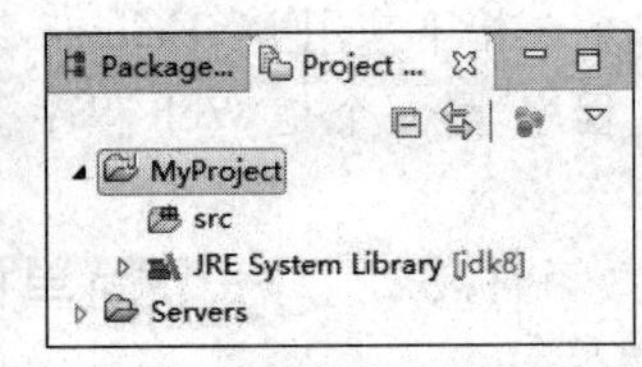

图 1.36 MyProject 工程

（1）JRE System Library 存放的是环境运行需要的类库。

（2）src 是一个源代码文件夹（source folder），它与一般的文件夹（folder）不同之处在于专门用来存放 Java 源代码。只要把 Java 源代码放入 src 中，MyEclipse 就会自动编译，而一般的 folder 则放一些不需要编译的东西，比如 Jar 包或者其他资源文件。故自己写的代码都要放入 src 文件夹。

2. 创建包

右击 src 文件夹，选择 New→Package，如图 1.37 所示，输入包名 com. apex. demo，单击 Finish 按钮，将在项目目录树中看到如图 1.34 所示的 com. apex. demo 包。

3. 创建类

右击 com. apex. demo 包，在弹出的菜单中选择 New→Class，出现如图 1.38 所示对话框。在类名 Name 栏填写 MyClass，单击 Finish 按钮，文件保存时会自动编译。

编辑 MyClass. java 代码如下：

```
package com.apex.demo;
public class MyClass {
    public static void main(String[] args) {
        System.out.println("Hello World!");
    }
}
```

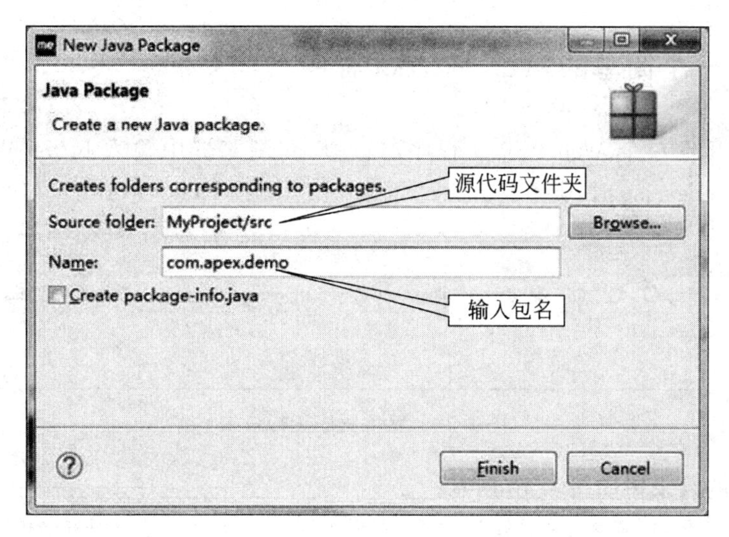

图1.37 输入包名

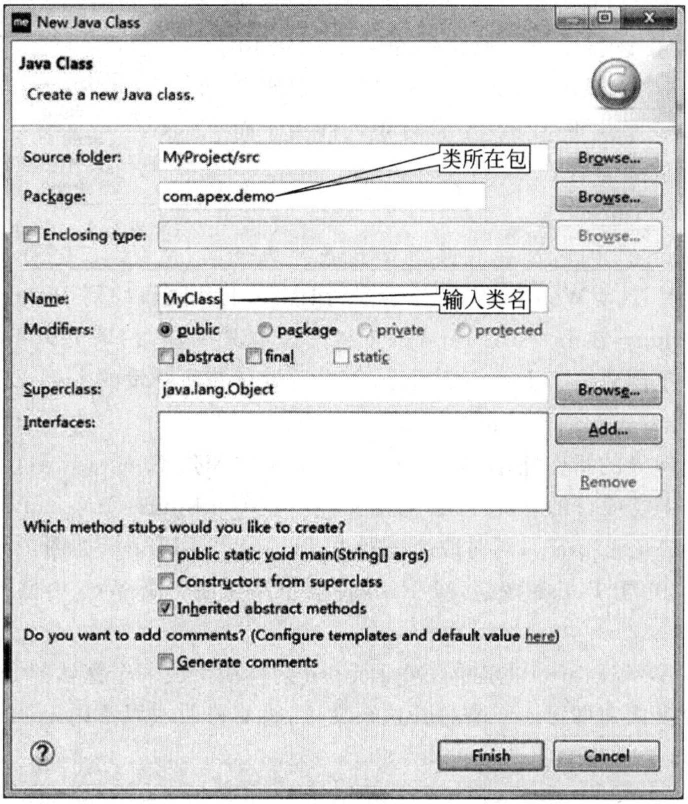

图1.38 创建Java类

4. 运行

保存源文件MyClass.java，在项目目录树中右击MyClass.java，选择Run As→Java Application，运行结果如图1.33所示。

1.3.3 一个简单的 Web Project 程序

下面再来开发一个 Web Project 程序，当用户在浏览器中输入 http://localhost:8080/myWebProject/index.jsp 时，服务器会返回给用户一句话："Hello World!"，如图 1.39 所示。

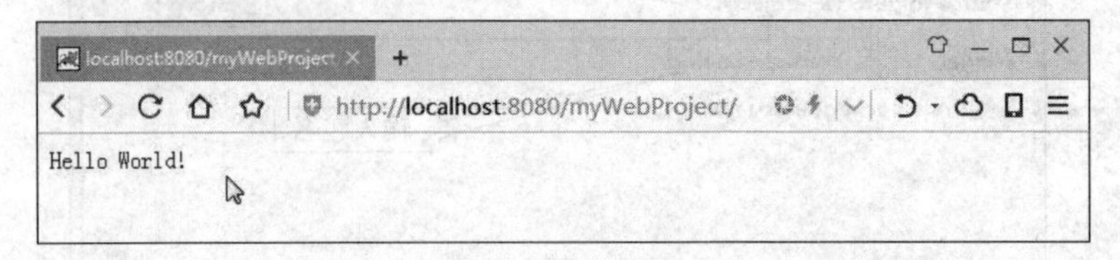

图 1.39 Web 程序运行效果

工程最后的目录树如图 1.40 所示。

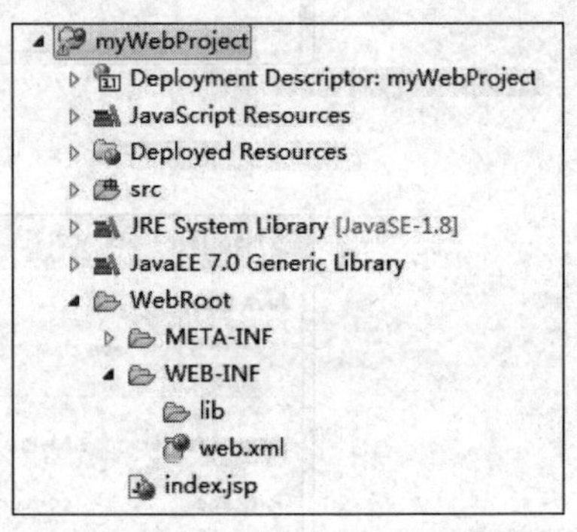

图 1.40 Web 项目目录树

要开发一个 Web 应用，需要知道一个 Web 应用包含什么内容。最简单 Web 项目只需要一个子目录 WEB-INF，它是一个很重要的目录，Web 项目的配置文件 web.xml 就放在该目录下。通常还在其下创建 lib 和 classes（目录树中未显示）两个子目录，在 lib 中放置应用依赖的 Java 库文件或自己编写的 Jar 包，而 classes 中通常存放编译后的.class 文件。

1. 创建 Web Project

启动 MyEclipse 2017，选择主菜单 File→New→Web Project，出现 New Web Project 对话框，如图 1.41 所示，填写 Project name 栏（项目名）为 myWebProject，在 Java EE version 下拉列表中选择 Java EE 7-Web 3.1，其余保持默认。这其实也就是创建一个 Java EE 项目，本书后续章节所开发的 Java EE 程序，如无特别说明，皆采用这种方式来创建项目。单击 Next 按钮。

按照对话框向导的指引操作，在 Web Module 页中勾选 Generate web.xml deployment descriptor（自动生成项目的 web.xml 配置文件）；在 Configure Project Libraries 页中勾选 Java EE 7.0 Generic Library，同时取消选择 JSTL 1.2.2 Library，如图 1.42 所示。

配置完成后，单击 Finish 按钮，MyEclipse 会自动生成一个 Web 项目。

2. 创建 JSP

由于在创建 Web Project 的时候，MyEclipse 会自动生成一个默认的 index.jsp 文件，所以我们只要修改其内容即可。双击打开这个文件，将其修改成以下内容：

```
<%@page language="java" pageEncoding="ISO-8859-1"%>
<html>
    <head></head>
    <body>
        Hello World!
    </body>
</html>
```

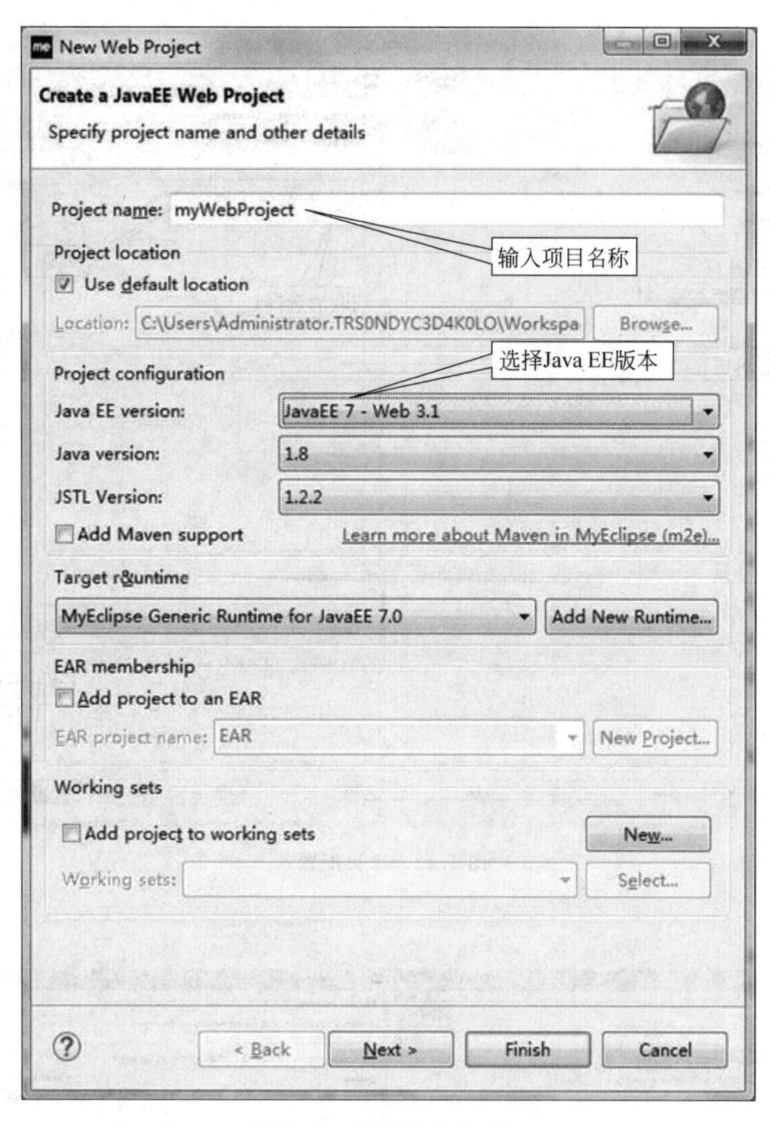

图 1.41 创建 Web Project

3. 部署

单击工具栏上的(Manage Deployments...)按钮，弹出 Manage Deployments 对话框，在 Module 栏下拉列表中选择本项目名 myWebProject，此时右侧 Add...按钮变为可用，单击该按钮后弹出 Deploy modules. 对话框，如图 1.43 所示。在 Deploy modules. 页选择项目要部署到的目标服务器，选中上方的 Choose an existing server 选项，在列表里选择服务器 Tomcat v9.0 Server at localhost(即 1.2.2 节安装的 Tomcat 9)；单击 Next 按钮进入 Add and Remove 页，于该页上添加/移除要配置到服务器的其他资源，由于本例仅有一个单独的项目，并无额外的资源需要配置，故直接单击底部的 Finish 按钮即可。

完成后回到 Manage Deployments 对话框，可以看到列表中多了 myWebProject Exploded 一项，表明项目已成功地部署到 Tomcat 9 服务器上，如图 1.44 所示，单击 OK 按钮确认。

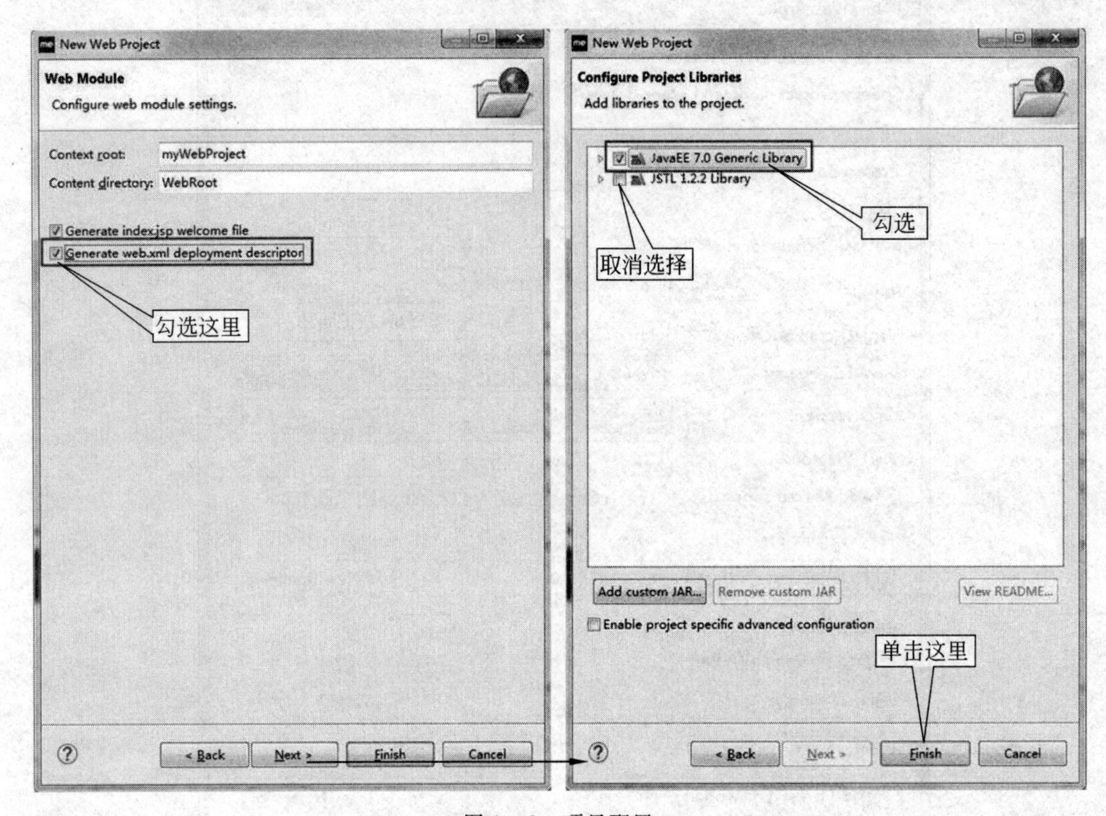

图 1.42　项目配置

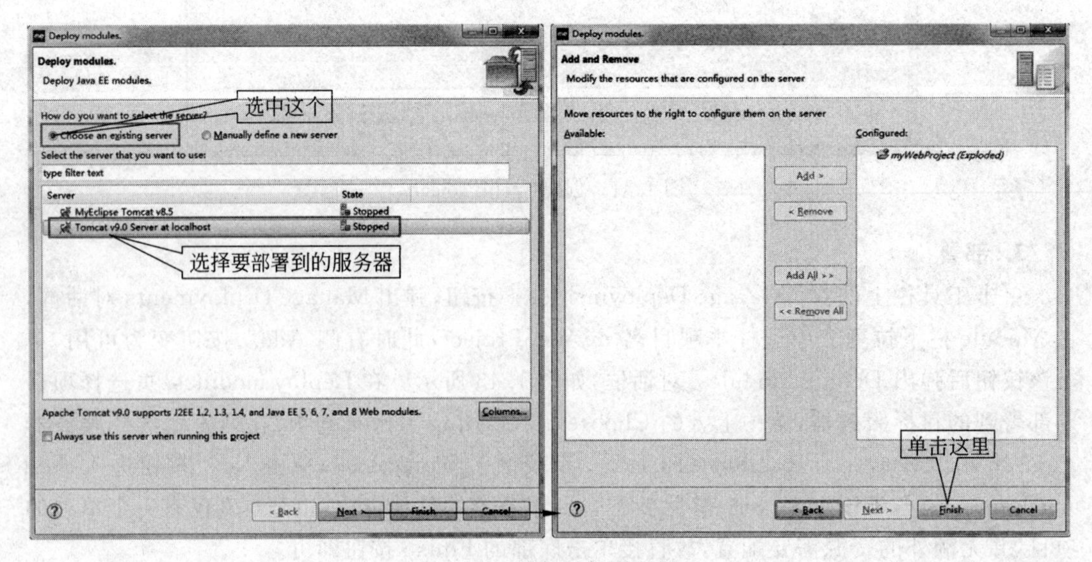

图 1.43　选择目标服务器

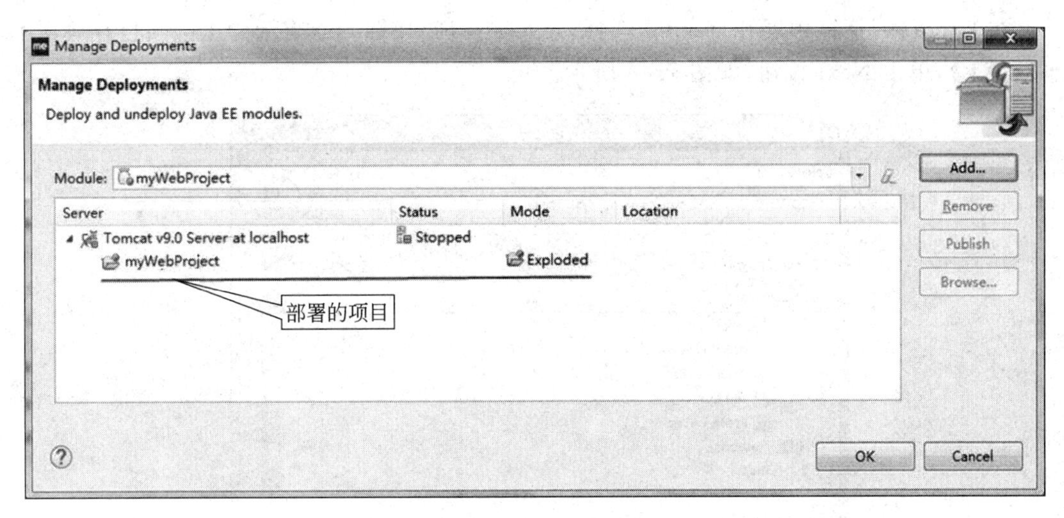

图 1.44　部署成功

4. 运行浏览

通过 MyEclipse 环境启动 Tomcat 9，打开浏览器，在地址栏输入 http://localhost:8080/myWebProject/后按 Enter 键，将看到如图 1.39 所示的画面。

1.3.4　项目的导出、移除和导入

实际从事开发的时候，经常要将自己已经做好的项目从 MyEclipse 工作区移走，以便存盘备份或部署到其他机器上，开发的过程中也常常需要借鉴别人已开发好的现成案例的源代码，这就需要学会项目的导出、移除和导入操作。

1. 导出项目

右击项目名 myWebProject，选择 Export→Export...菜单项，如图 1.45 所示。

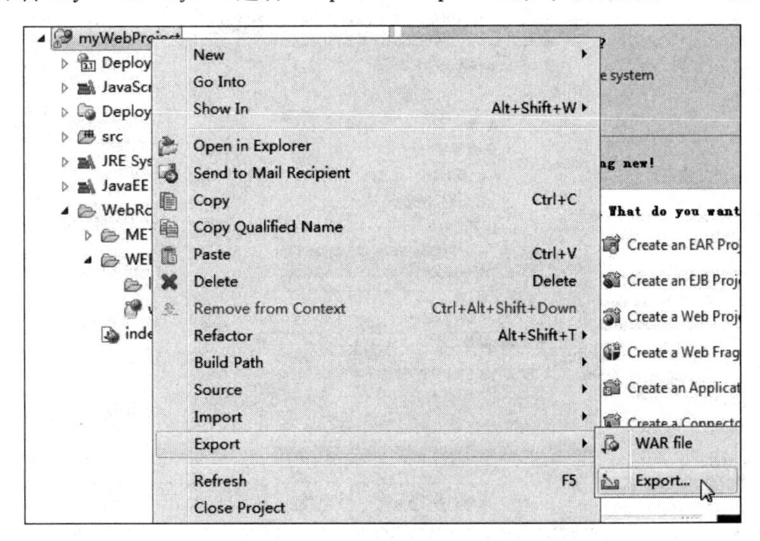

图 1.45　导出项目

在 Export 对话框中展开目录树，选择 General→File System(表示导出的项目存放在本地磁盘上)，单击 Next 按钮，如图 1.46 所示。

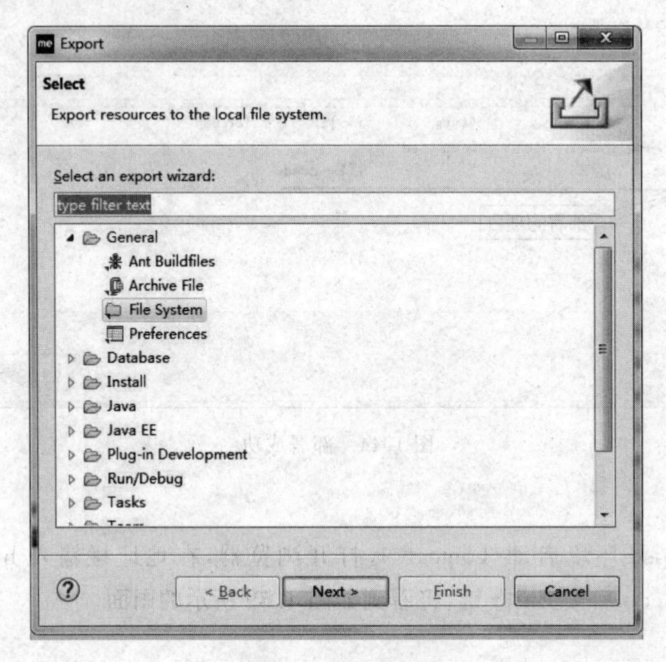

图 1.46　将项目存盘

单击 Browse...按钮选择存盘路径，如图 1.47 所示。

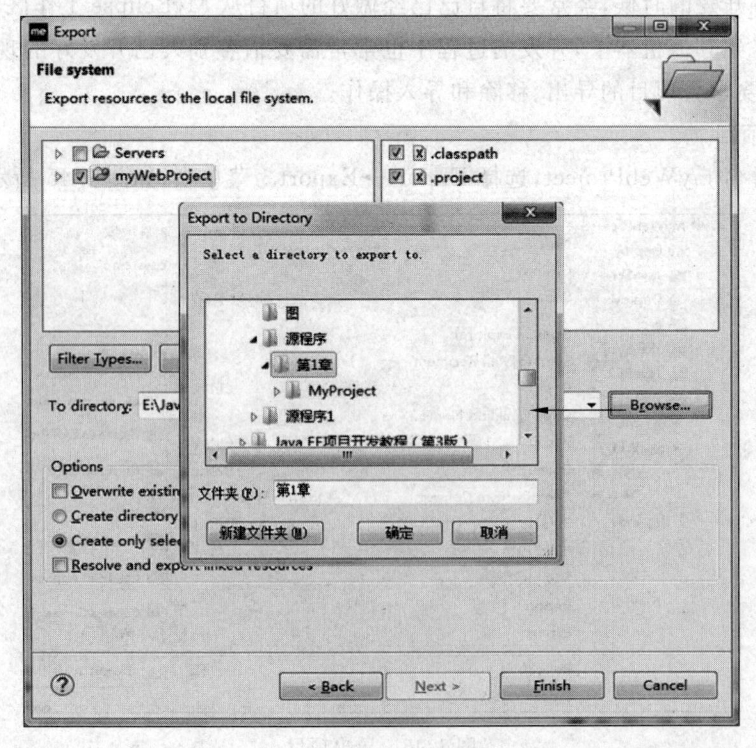

图 1.47　指定存盘路径

单击“确定”→Finish 导出完成，用户可以在这个路径下找到刚刚导出的工程。

2. 移除项目

右击项目名 myWebProject，选择 Delete 菜单项，如图 1.48 所示。

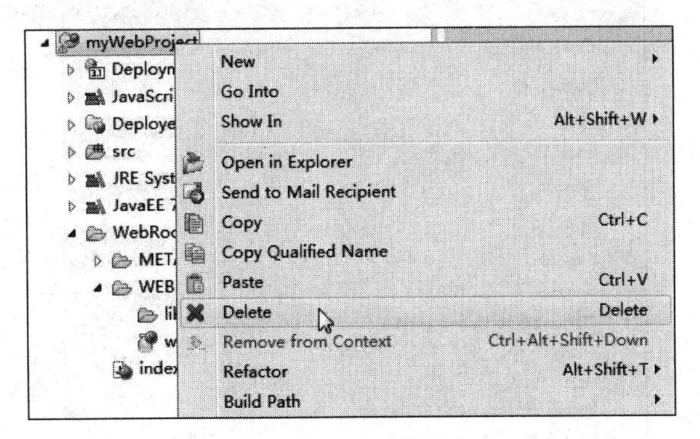

图 1.48　移除项目

在弹出的 Delete Resources 消息框中单击 OK 按钮，如图 1.49 所示。操作之后读者会发现左边工程目录树中对应项目 myWebProject 的项不见了，表示该项目已经被移除。

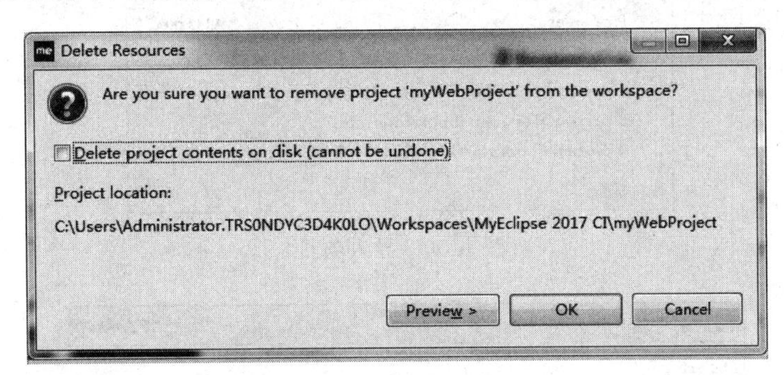

图 1.49　确认移除项目

移除之后的项目工程文件仍然存在于工作区目录下，若想彻底删除，须在上图中勾选 Delete project contents on disk (cannot be undone)选项，再单击 OK 按钮，MyEclipse 就会将工作区该项目的源文件也一并删除，不过在这样做之前，请确认你的项目已另外存盘，不然删除后将无法恢复！

注意：在本书后面的学习过程中，建议读者及时移除(不是删除！)暂时不运行的项目。由于 Tomcat 在每次启动时会默认加载工作区中全部已部署项目的库，这会使某些较大的项目(如本书第 8 章和第 10 章)的类库与其他项目库相冲突，发生内存溢出等棘手的异常，导致项目无法正常运行。故读者应养成“运行一个，导入一个，运行完及时移除，需要时再导入”的良好习惯。

3. 导入项目

下面再将刚刚移除的项目重新导入工作区，在 MyEclipse 主菜单选择 File→Import...，如图 1.50 所示。

在 Import 对话框中展开目录树，选择 General→Existing Projects into Workspace 项，单击 Next 按钮，如图 1.51 所示。

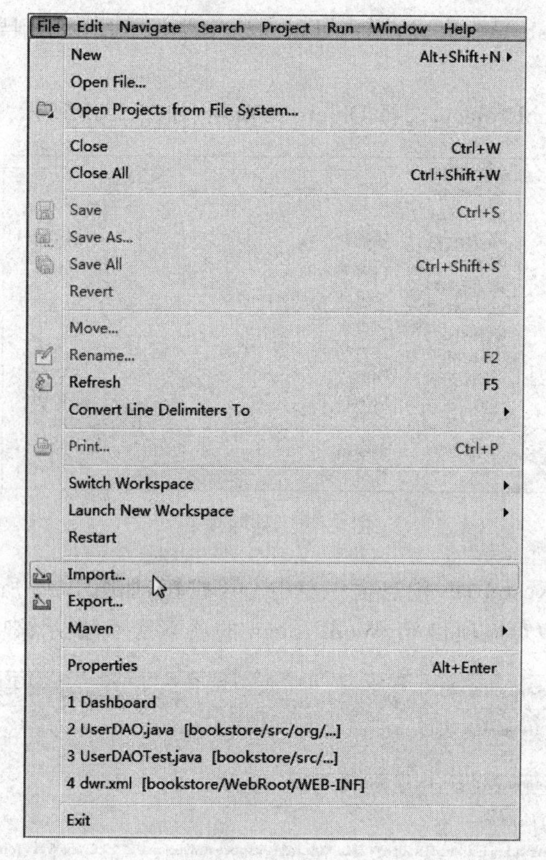

图 1.50 导入项目

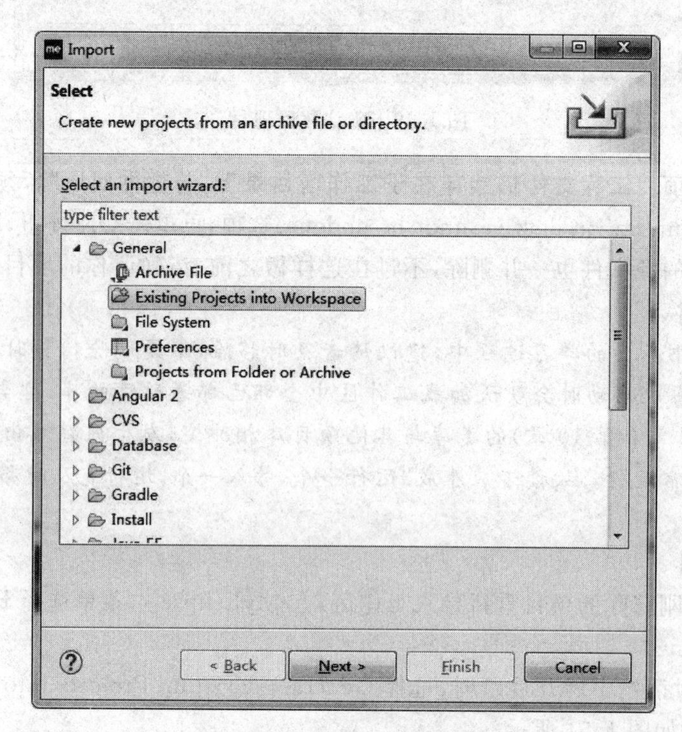

图 1.51 导入已存在的项目

选择要导入的项目，这里选刚刚移除的 myWebProject，最后单击 Finish 按钮将其导入，如图 1.52 所示。

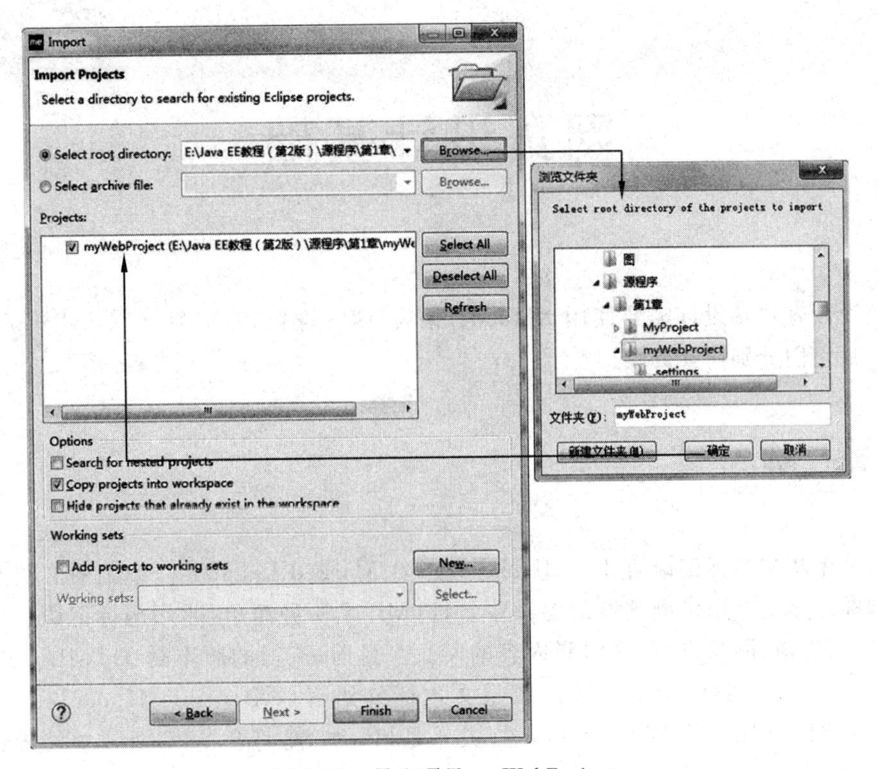

图 1.52　导入项目 myWebProject

导入完成后，读者可从左边工程目录树中再次看到项目 myWebProject，并且它仍然是可以编辑代码和成功运行的，只不过在运行之前要用前面介绍的方法将它再次部署到 Tomcat 服务器上。

项目的导出、移除和导入是一项基本技能，请大家务必熟练掌握。

思考与实验

1. 根据不同的应用领域，Java 语言可划分为哪三大平台？

2. Java 传统开发与框架开发有何区别，目前有哪些流行的框架？

3. 实验。

(1) 按照 1.2 节的指导，下载并安装 JDK/Tomcat/MyEclipse，为本书后续的学习搭建开发环境，在实践中深刻理解 MyEclipse 与 Tomcat 集成的概念。

(2) 按照 1.3 节的指导，开发第一个 Java 程序和第一个 Java Web 程序，并进行项目导入、导出和移除的基本功训练。

CHAPTER 第2章

网页设计基础

网页设计客户端设计需要使用 XHTML 语言、CSS 样式表、XML 和 JavaScript 脚本语言。本章对它们分别简要介绍。

2.1 XHTML

网页是用超文本标记语言 HTML(Hypertext Marked Language)编制的文档文件,由浏览器解释并显示在用户浏览器的窗口中。HTML 是一种简单、通用的标记语言,可以制作包含文字、表格、图像、声音等精彩内容的网页。目前,流行的版本是 HTML 4.01,最新版本为 HTML 5。XHTML 指可扩展超文本标签语言(eXtensible HyperText Markup Language),XHTML 1.0 与 HTML 4.01 几乎是相同的,是符合 W3C 标准更严谨、更纯净的 HTML 版本。

XHTML 与 HTML 最主要的区别如下。

(1) 元素必须被正确地嵌套。

(2) XHTML 元素必须被关闭。

(3) 标签名必须用小写字母。

(4) XHTML 文档必须拥有一个根元素。

另外,XHTML 还有下列语法规则。

(1) 属性名称必须小写。

(2) 属性值必须加引号。

(3) 属性不能简写。

(4) 用 id 属性代替 name 属性。

(5) XHTML DTD 定义了强制使用的 HTML 元素。

一个 XHTML 文档有 DOCTYPE、head 和 body 3 个主要的部分。基本的文档结构如下:

```
<!DOCTYPE …>
<html>
<head>
<title>… </title>
```

```
</head>
<body>… </body>
</html>
```

在 XHTML 文档中，文档类型声明总是位于首行。文档的其余部分类似 HTML。基本的 HTML 页面从<html>标记开始，以</html>标记结束，其他所有 HTML 代码都位于这两个标记之间。<head>与</head>之间是文档头部分，<body>与</body>之间是文档主体部分。

下面是一个简单的(最小化的)XHTML 文档：

```
<!DOCTYPE html
PUBLIC "-//W3C//DTD XHTML 1.0 Strict//EN"
"http://www.w3.org/TR/xhtml1/DTD/xhtml1-strict.dtd">
<html>
<head>
<title>simple document</title>
</head>
<body>
<p>a simple paragraph</p>
</body>
</html>
```

文档类型声明定义文档的类型，包括 3 种文档类型声明。

(1) Strict(严格类型)。在此情况下，需要干净的标记，避免表现上的混乱。请与层叠样式表(CSS)配合使用。

```
<!DOCTYPE html
PUBLIC "-//W3C//DTD XHTML 1.0 Strict//EN"
"http://www.w3.org/TR/xhtml1/DTD/xhtml1-strict.dtd">
```

(2) Transitional(过渡类型)。当需要利用 HTML 在表现上的特性和为那些不支持层叠样式表的浏览器编写 XHTML 时使用。

```
<!DOCTYPE html
PUBLIC "-//W3C//DTD XHTML 1.0 Transitional//EN"
"http://www.w3.org/TR/xhtml1/DTD/xhtml1-transitional.dtd">
```

(3) Frameset(框架类型)。当需要使用 HTML 框架将浏览器窗口分为两部分或更多框架时使用。

```
<!DOCTYPE html
PUBLIC "-//W3C//DTD XHTML 1.0 Frameset//EN"
"http://www.w3.org/TR/xhtml1/DTD/xhtml1-frameset.dtd">
```

熟悉 XHTML 语言的人仅用文本编辑器(如记事本)就可以制作出丰富多彩的网页，但人们更多地采用网页设计工具制作网页。XHTML 文档可以在各种操作系统平台(如 UNIX、Windows 等)中执行。

2.1.1 文档头

文档头部分处于<head>与</head>标记之间，在文档头部分一般可以使用以下几种标记。

(1) <title>和</title>。这两个标记指定网页的标题。例如，"<title>主页</title>"表示该网页的标题为"主页"，在浏览器标题栏中显示的文本即为"主页"，通常 Web 搜索工具用它作为索引。

(2) <style>和</style>。指定文档内容的样式表，如字体大小、格式等。在文档头部分定义了样式表后，就可以在文档主体部分引用样式表。

(3) <!--和-->。注释内容，这两个标记之间的内容为 XHTML 的注释部分。

(4) <meta >。描述标记，用于描述网页文档的属性参数。

描述标记的格式为<meta 属性="值"…/>，常用的属性有 name、content 和 http-equiv。

name 为 meta 的名字；content 为页面的内容；http-equiv 为 content 属性的类别，http-equiv 取不同值时，content 表示的内容也不一样。

① http-equiv="Content-type"时，content 表示页面内容的类型，例如：

```
<meta name="description" http-equiv="Content-type" content="text/html;
charset=gb2312"/>
```

表示 meta 的名称为 description，网页是 XHTML 类型，编码规则是 gb2312。

② http-equiv="refresh"时，content 表示刷新页面的时间，例如：

```
<meta http-equiv="refresh" content="10; URL=xxx.htm"/>
```

表示 10 秒后进入 xxx.htm 页面，如果不加 URL 则表示 10 秒刷新一次本页面。

③ http-equiv="Content-language"时，content 表示页面使用的语言，例如：

```
<meta http-equiv="Content-language" content="en-us"/>
```

表示页面使用的语言是美国英语。

④ http-equiv="pics-Label"时，content 表示页面内容的等级。

⑤ http-equiv="expires"时，content 表示页面过期的日期。

(5) <script>和</script>。在这两个标记之间可以插入脚本语言程序，例如：

```
<script language="javascript">
    alert("你好!");
</script>
```

以上代码表示插入的是 JavaScript 脚本语言。

2.1.2 文档正文

<body>和</body>是文档正文标记，文档的主体部分就处于这两个标记之间。<body>标记中还可以定义文档主体的一些内容，格式如下：

```
<body 属性="值"… 事件="执行的程序"…>… </body>
```

<body>标记常用的属性如下。

(1) background。文档背景图片的 URL 地址。例如：

```
<body background="back-ground.gif">
```

表示文档背景图片名称为 back-ground. gif，上面代码中没有给出图片所在的位置，则表示图片和文档文件在同一文件夹下，如果图片和文档文件不在同一位置，则需要给出图片的路径，例如：

```
<body background="C:/image/back-ground.gif">
```

说明：在指定文件位置时，为防止与转义符"\"混淆，一般使用"/"来代替"\"。

(2) bgcolor。文档的背景颜色，例如：

```
<body bgcolor="red">
```

表示文档的背景颜色为红色。系统的许多标记都会使用到颜色值，颜色值一般用颜色名称或十六进制数值来表示，表 2.1 列出了 16 种标准颜色的名称及其十六进制数值。

表 2.1 16 种标准颜色的名称及其十六进制数值

颜色	名 称	十六进制数值	颜色	名 称	十六进制数值
淡蓝	aqua(cyan)	#00FFFF	海蓝	navy	#000080
黑	black	#000000	橄榄色	olive	#808000
蓝	blue	#0000FF	紫	purple	#800080
紫红	fuchsia(magenta)	#FF00FF	红	red	#FF0000
灰	gray	#808080	银色	silver	#C0C0C0
绿	green	#008000	淡青	teal	#008080
橙	lime	#00FF00	白	white	#FFFFFF
褐红	maroon	#800000	黄	yellow	#FFFF00

(3) text。文档中文本的颜色。例如：

```
<body text="blue">
```

表示文档中文字的颜色都为蓝色。

(4) link。文档中链接的颜色。

(5) vlink。文档中已被访问过的链接的颜色。

（6）alink。文档中正在被选中的链接的颜色。

正文标记中常用事件有onload和onunload。onload表示文档首次加载时调用的事件处理程序，onunload表示文档卸载时调用的事件处理程序。

XHTML页面中显示的内容都是在文档的主体部分，即<body>和</body>标记之间定义的。文档主体部分能够定义文本、图像、表格、表单、超链接和框架等。

2.1.3 设置文本格式

文本是HTML网页的重要内容。编写HTML文档时，可以将文本放在标记之间来设置文本的格式。文本格式包括分段与换行、段落对齐方式、字体、字号、文本颜色及字符样式等。

1. 分段标记

格式如下：

```
<p 属性="值"…>…</p>
```

段落是文档的基本信息单位，利用段落标记可以忽略文档中原有的回车和换行来定义一个新段落，或换行并插入一个空格。

单独用<p>标记时会空一行，使后续内容隔行显示。同时使用<p>和</p>标记则将段落包围起来，表示一个分段的块。

分段标记常用属性为align，表示段落的水平对齐方式。其取值可以是left(左对齐)、center(居中)、right(右对齐)和justify(两端对齐)。其中left是默认值，当该属性省略时则使用默认值。例如：

```
<p align="center">分段标记演示</p>
```

在下面的标记中也会经常使用到align属性。

2. 换行标记

换行标记为
，该标记将强行中断当前行，使后续内容在下一行显示。

3. 标题标记

格式如下：

```
<hn 属性="值">…</hn>
```

其中，hn取值为h1、h2、h3、h4、h5和h6，都表示黑体，h1表示字体最大，h6表示字体最小。标题标记的常用属性也是align，与分段标记类似。

4. 对中标记

格式如下：

```
<center>…</center>
```

对中标记的作用是将标记中间的内容全部居中。

5. 块标记

格式如下：

```
<div 属性="值"…>…</div>
```

块标记的作用是定义文档块，常用的属性也是 align。

【例 2.1】 应用前面提到的各种标记。

新建 EX2_1.htm 文件，输入以下代码：

```
<!DOCTYPE html
PUBLIC "-//W3C//DTD XHTML 1.0 Strict//EN"
"http://www.w3.org/TR/xhtml1/DTD/xhtml1-strict.dtd">
<html>
<head>
<title>标记应用</title>
</head>
<body>
    <p align="center">分段标记</p>
    换行标记<br />
    <center>对中标记</center><br /><br />
    <div align="center">下面使用了 div 标记
        <h1>标题标记 1</h1>
        <h2>标题标记 2</h2>
        <h3 align="left">标题标记 3</h3>
    </div>
</body>
</html>
```

运行 EX2_1.htm 文件，运行结果如图 2.1 所示。

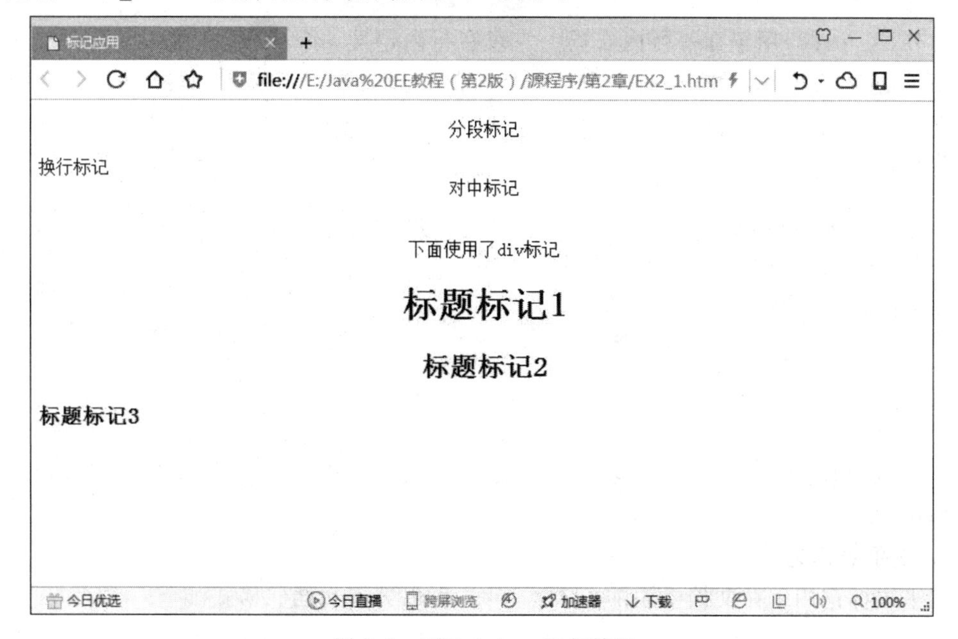

图 2.1　EX2_1.htm 运行结果

实际上，<div>标记更多用于布局。例如：

```
<div id="top" …>
    <div…>…</div>
    <div…>…</div>
    <div…>…</div>
</div>
<div id="center" …>
    <div…>…</div>
    <div…>…</div>
</div>
<div id="bottom" …>
</div>
```

可以设置样式，布局如图 2.2 所示。

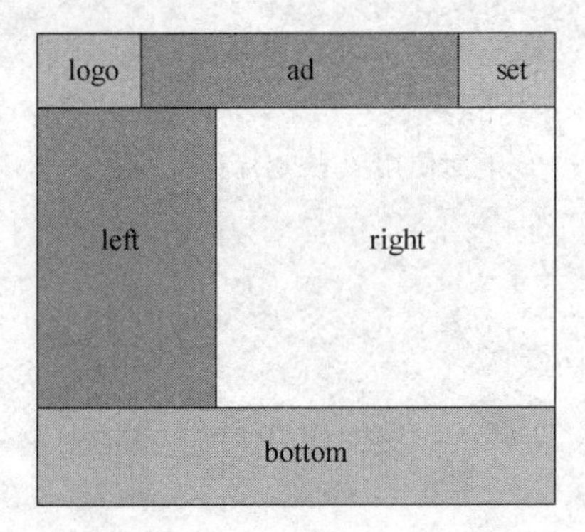

图 2.2 <div>的布局

另外，<span>用于在一行内布局。它仅在行内定义一个区域，即在一行内可以被数个 span 元素划分成几个区域，从而实现某种特定的布局效果。不仅如此，span 元素还能定义宽和高。

例如：

```
<div id=" top"… >
    <span …>… </span>
    <span …>…
        <span …>… </span>
    </span>
</div>
```

span 元素作为文本或其他内联元素的容器，与 div 元素一样在 CSS 布局中有着不可忽视的作用。

6. 水平线标记

水平线标记用于在文档中添加一条水平线，可以分隔文档。格式如下：

```
<hr 属性="值"… />
```

水平线标记常用的属性有 align、color、noshade、size 和 width。color 表示线的颜色；noshade 没有值，显示一条无阴影的实线；size 是线的宽度(以像素为单位)；width 是线的长度(像素或百分比)。例如：

```
<hr />
<hr size="2" width="300" noshade ="noshade" />
<hr size="6" width="60% " color="red" />
```

7. 字体标记

格式如下：

```
<font 属性="值"…>…</font>
```

字体标记用于设置文本的字符格式，主要包括字体、字号和颜色等。常用属性如下。

(1) face。其值为一个或多个字体名，中间用逗号隔开。浏览器首先使用第 1 种字体显示标记内的文本。如果浏览器所在计算机中没有安装第 1 种字体，则尝试使用第 2 种字体，直到找到匹配的字体为止。如果 face 中列出的字体都不符合，则使用默认字体。例如：

```
<font face="黑体,楷体-GB2312,仿宋-GB2312" >设置字体</font>
```

(2) size。指定字体的大小，值为 1～7，默认值为 3。size 值越大则字号就越大。也可以使用"+"或"-"来指定相对字号，例如：

```
<font size=6>这是 6 号字</font>
<font size=+ 3>这也是 6 号字</font>
```

(3) color。字体的颜色，颜色值在表 2.1 中已经列出。

8. 固定字体标记

格式如下：

```
<b>粗体</b>
<i>斜体</i>
<big>大字体</big>
<small>小字体</small>
<tt>固定宽度字体</tt>
```

9. 标线标记

格式如下：

```
<sup>上标</sup>
<sub>下标</sub>
<u>下画线</u>
<strike>删除线</strike>
<s>删除线</s>
```

10. 特殊标记

在网页中一些特殊符号如多个空格和版权符号“©”等，是不能直接输入的，这时可以使用字符实体名称或数字表示方式。例如，要在网页中输入一个空格，可以输入“ ”或“ ”。表 2.2 列出了一些常用的特殊符号和它们的实体名称及数字表示。

表 2.2　常用的特殊符号和它们的实体名称及数字表示

字符	说明	字符实体名称	数字表示	字符	说明	字符实体名称	数字表示
	无断行空格			¥	元符号	¥	¥
¢	美分符号	¢	¢	§	节符号	§	§
£	英镑符号	£	£	©	版权符号	©	©
®	注册符号	®	®	&	“and”符号	&	&
°	度	°	°	<	小于符号	<	<
^{2}	平方符号	²	²	>	大于符号	>	>
^{3}	立方符号	³	³	€	欧元符号	€	€

11. 列表标记

列表标记可以分为有序列表标记、无序列表标记和描述性列表标记。

(1) 有序列表标记

有序列表是在各列表项前面显示数字或字母的缩排列表，可以使用有序列表标记<ol>和列表项标记<li>来创建。有序列表标记的格式如下：

```
<ol 属性="值"…>
    <li>列表项 1</li>
    <li>列表项 2</li>
    …
    <li>列表项 n</li>
</ol>
```

说明：

① <ol>标记。控制有序列表的样式和起始值，它通常有两个常用的属性 start 和 type。start 是数字序列的起始值；type 是数字序列的列样式，type 值有 1、A、a、I、i。1 表示阿拉伯数字 1、2、3 等；A 表示大写字母 A、B、C 等；a 表示小写字母 a、b、c 等；I 表示大写罗马数字 Ⅰ、Ⅱ、Ⅲ等；i 表示小写罗马数字 i、ii、iii 等。

② <li>标记。用于定义列表项，位于<ol>和</ol>标记之间。<li>有两个常用属性 type 和 value。type 是数字样式，取值与<ol>标记的 type 属性相同；value 指定新的数字序列起始值以获得非连续性数字序列。

(2) 无序列表标记

无序列表是一种在各列表项前面显示特殊项目符号的缩排列表，可以使用标记<ul>和<li>来创建，格式如下：

```
<ul 属性="值"…>
    <li>列表项 1</li>
    <li>列表项 2</li>
```

```
    ...
    <li>列表项 n</li>
</ul>
```

说明：无序列表标记<ul>常用属性是 type，其取值为 disc、circle 和 square。它们分别表示用实心圆、空心圆和方块作为项目符号。

【例 2.2】 创建一个有序列表，要求列表描述项字体为黑体，斜体，颜色为红色，字号为 4。列表项序列从 B 开始。

新建 EX2_2.htm 文件，输入以下代码：

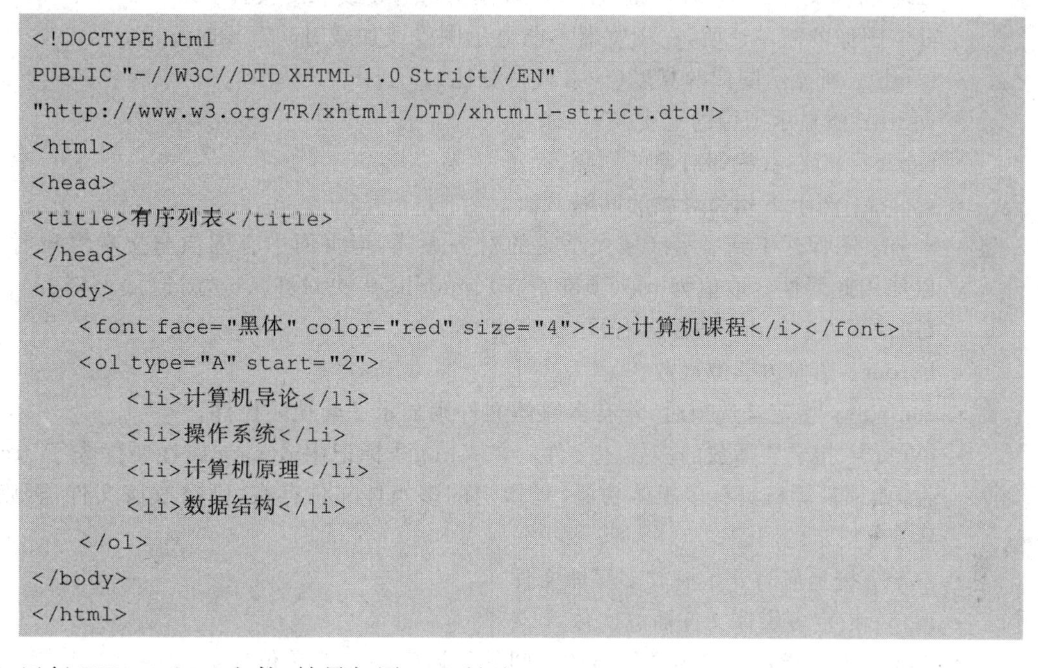

```
<!DOCTYPE html
PUBLIC "-//W3C//DTD XHTML 1.0 Strict//EN"
"http://www.w3.org/TR/xhtml1/DTD/xhtml1-strict.dtd">
<html>
<head>
<title>有序列表</title>
</head>
<body>
    <font face="黑体" color="red" size="4"><i>计算机课程</i></font>
    <ol type="A" start="2">
        <li>计算机导论</li>
        <li>操作系统</li>
        <li>计算机原理</li>
        <li>数据结构</li>
    </ol>
</body>
</html>
```

运行 EX2_2.htm 文件，结果如图 2.3 所示。

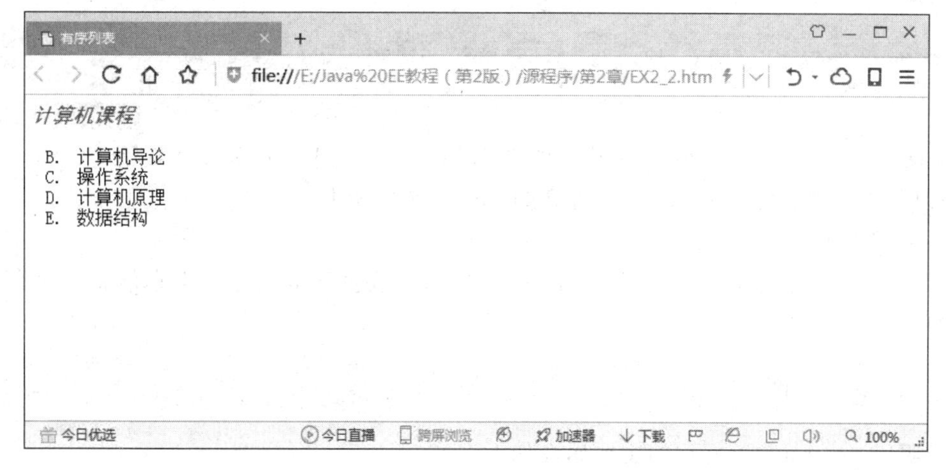

图 2.3　EX2_2.htm 运行结果

2.1.4 多媒体标记

1. 图像标记

利用图像标记可以向网页中插入图像或在网页中播放视频文件。格式如下：

```
<img 属性="值"… />
```

图像标记的属性如下。

- src：图像文件的 URL 地址，图像可以是 jpeg、gif 或 png 文件。
- alt：图像的简单说明，在浏览器不能显示图像或加载时间过长时显示。
- height：所显示图像的高度（像素或百分比）。
- width：所显示图像的宽度。
- hspace：与左右相邻对象的间隔。
- vspace：与上下相邻对象的间隔。
- align：图像达不到显示区域大小时的对齐方式，当页面中有图像与文本混排时，可以使用此属性。取值为 top（顶部对齐）、middle（中央对齐）、bottom（底部对齐）、left（图像居左）、right（图像居右）。
- border：图像边框像素数。
- controls：指定该选项后，若有多媒体文件则显示一套视频控件。
- dynsrc：指定要播放的多媒体文件。在<img>标记中 dynsrc 属性要优先于 src 属性，如果计算机具有多媒体功能，且指定的多媒体文件存在，则播放该文件，否则显示 src 指定的图像。
- start：指定何时开始播放多媒体文件。
- loop：指定多媒体文件播放次数。
- loopdealy：指定多媒体文件播放之间的延迟（以 ms 为单位）。

例如：

```
<img src="image/njj2014.jpg" alt="南京 2014" height="400" width="500" align=
"right"/>
```

说明：src="image/nj2014.jpg"是图像的相对路径，如果页面文件处于 Practice 文件夹，则说明该图像文件在 Practice 文件夹的 image 文件夹下。

2. 字幕标记

在 HTML 语言中，可以在页面中插入字幕，水平或垂直滚动显示文本信息。字幕标记格式如下：

```
<marquee 属性="值"…>滚动的文本信息</marquee>
```

说明：<marquee>标记的主要属性如下。

- align：指定字幕与周围主要属性的对齐方式。取值是 top、middle、bottom。
- behavior：指定文本动画的类型。取值是 scroll（滚动）、slide（滑行）、alternate

（交替）。

- bgcolor：指定字幕的背景颜色。
- direction：指定文本的移动方向。取值是 down、left、right、up。
- height：指定字幕的高度。
- hspace：指定字幕的外部边缘与浏览器窗口之间的左右边距。
- vspace：指定字幕的外部边缘与浏览器窗口之间的上下边距。
- loop：指定字幕的滚动次数，其值是整数，默认为 infinite，即重复显示。
- scrollamount：指定字幕文本每次移动的距离。
- scrolldealy：指定前段字幕文本延迟多少毫秒后重新开始移动文本。

例如：

```
<marquee bgcolor="red" direction="left">滚动字幕</marquee>
```

3. 背景音乐标记

背景音乐标记只能放在文档头部分，也就是<head>与</head>标记之间，格式如下：

```
<bgsound 属性="值"… />
```

背景音乐标记的主要属性如下。

- balance：指定将声音分成左声道和右声道，取值为－10000～10000，默认值为 0。
- loop：指定声音播放的次数。设置为 0，表示播放一次；设置为大于 0 的整数，则播放指定的次数；设置为－1 表示反复播放。
- src：指定播放的声音文件的 URL。
- volume：指定音量高低，取值为－10000～0，默认值为 0。

2.1.5 表格的设置

一个表格由表头、行和单元格组成，常用于组织、显示信息或安排页面布局。一个表格通常由<table>标记开始，到</table>标记结束。表格的内容由<tr>、<th>和<td>标记定义。<tr>说明表的一个行，<th>说明表的列数和相应栏目的名称，<td>用来填充由<tr>和<th>标记组成的表格。

表格格式如下：

```
<table 属性="值"…>
<caption>表格标题文字</caption>
<tr 属性="值"….>
    <th>第 1 个列表头</th><th>第 2 个列表头</th>… <th>第 n 个列表头</th>
</tr>
<tr>
    <td 属性="值"…>第 1 行第 1 列数据</td><td>第 1 行第 2 列数据</td>…
    <td>第 1 行第 n 列数据</td>
</tr>
```

```
<tr>
   …
   <td>第n行第1列数据</td><td>第n行第2列数据</td>…<td>第n行第n列数据</td>
</tr>
</table>
```

1. <table>标记的属性

用<table>标记创建表格时可以设置如下属性。

- align：指定表格的对齐方式，取值为left(左对齐)、right(右对齐)、center(居中对齐)，默认值为left。
- background：指定表格背景图片的URL地址。
- bgcolor：指定表格的背景颜色。
- border：指定表格边框的宽度(像素)，默认值为0。
- bordercolor：指定表格边框的颜色，border不等于0时起作用。
- bordercolordark：指定3D边框的阴影颜色。
- bordercolorlight：指定3D边框的高亮显示颜色。
- cellpadding：指定单元格内数据与单元格边框之间的间距。
- cellspacing：指定单元格之间的间距。
- width：指定表格的宽度。

2. <tr>标记的属性

表格中的每一行都是由<tr>标记来定义的，它有如下属性。

- align：指定行中单元格的水平对齐方式。
- background：指定行的背景图像文件的URL地址。
- bgcolor：指定行的背景颜色。
- bordercolor：指定行的边框颜色，只有<table>标记的border属性不等于0时起作用。
- bordercolordark：指定行的3D边框的阴影颜色。
- bordercolorlight：指定行的3D边框的高亮显示颜色。
- valign：指定行中单元格内容的垂直对齐方式，取值为top、middle、bottom、baseline(基线对齐)。

3. <th>和<td>标记的属性

表格的单元格通过<td>标记来定义，标题单元格可以使用<th>标记来定义，<th>和<td>标记的属性如下。

- align：指定单元格的水平对齐方式。
- bgcolor：指定单元格的背景颜色。
- bordercolor：指定单元格的边框颜色，只有<table>标记的border属性不等于0时起作用。
- bordercolordark：指定单元格的3D边框的阴影颜色。
- bordercolorlight：指定单元格的3D边框的高亮显示颜色。
- colspan：指定合并单元格时一个单元格跨越的表格列数。

- rowspan：指定合并单元格时一个单元格跨越的表格行数。
- valign：指定单元格中文本的垂直对齐方式。
- nowrap：若指定该属性，则要避免 Web 浏览器将单元格里的文本换行。

【例 2.3】 创建一个统计学生课程成绩的表格。

新建 EX2_3.htm 文件，输入以下代码：

```
<!DOCTYPE html
PUBLIC "-//W3C//DTD XHTML 1.0 Strict//EN"
"http://www.w3.org/TR/xhtml1/DTD/xhtml1-strict.dtd">
<html>
<head>
<title>学生成绩显示</title>
</head>
<body>
<table align=center border=1 bordercolor=red>
    <caption><font size=5 color=blue>学生成绩表</font></caption>
    <tr bgcolor=#CCCCCC>
        <th width=80>专业</th>
        <th width=80>学号</th>
        <th width=80>姓名</th>
        <th width=90>计算机导论</th>
        <th width=90>数据结构</th>
    </tr>
    <tr>
        <td rowspan=3><font color=blue>计算机</font></td>
        <td>171101</td>
        <td>王  林</td>
        <td align=center>80</td>
        <td align=center>78</td>
    </tr>
    <tr>
        <td>171102</td>
        <td>程  明</td>
        <td align=center>90</td>
        <td align=center>60</td>
    </tr>
    <tr>
        <td>171104</td>
        <td>韦严平</td>
        <td align=center>83</td>
        <td align=center>86</td>
    </tr>
    <tr>
        <td><font color=green>通信工程</font></td>
```

```
        <td>171201</td>
        <td>王  敏</td>
        <td align=center>89</td>
        <td align=center>100</td>
    </tr>
    </table>
</body>
</html>
```

其运行结果如图 2.4 所示。

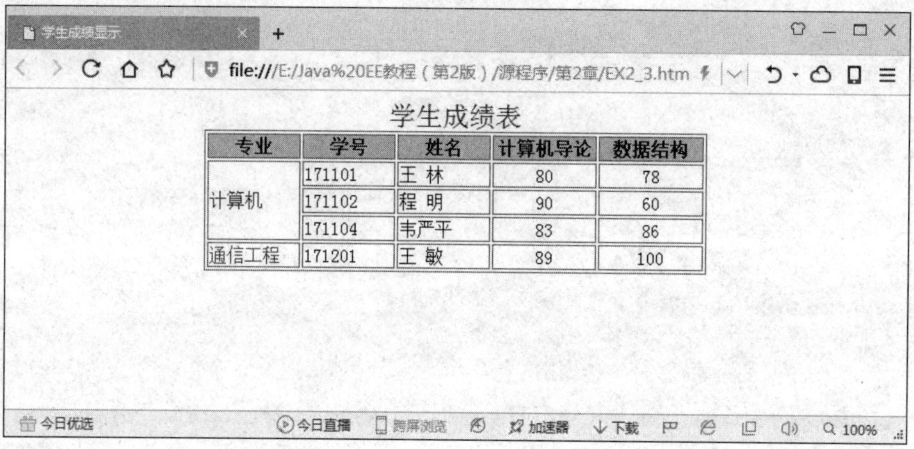

学生成绩表

专业	学号	姓名	计算机导论	数据结构
计算机	171101	王 林	80	78
	171102	程 明	90	60
	171104	韦严平	83	86
通信工程	171201	王 敏	89	100

图 2.4　EX2_3.htm 运行结果

2.1.6　表单的应用

表单用来从用户(站点访问者)处收集信息，然后将这些信息提交给服务器处理。表单中可以包含各种交互的控件，如文本框、列表框、复选框和单选按钮等。用户在表单中输入或选择数据后提交，该数据就会提交到相应的表单处理程序，以各种不同的方式进行处理。表单定义格式如下：

```
<form 定义>
    [<input 定义 />]
    [<textarea 定义>]
    [<select 定义>]
    [<button 定义 />]
</form>
```

1. 表单标记<form>

在 HTML 语言中，表单内容用<form>标记来定义，<form>标记的格式如下：

```
<form 属性="值"…事件="代码">…</form>
```

<form>标记的常用属性如下。

- name：指定表单的名称。命名表单后可以使用脚本语言来引用或控制该表单。
- id：指定表示该标记的唯一标志码。
- method：指定表单数据传输到服务器的方法，取值是 post 或 get。post 表示在 HTTP 请求中嵌入表单数据；get 表示将表单数据附加到请求该页的 URL 中。例如，某表单提交一个文本数据 id 值至 page.htm 页面。如果以 post 方法提交，新页面的 URL 为 http://localhost/page.htm，而若以 get 方式提交相同表单，则新页面的 URL 为 http://localhost/page.htm?id=…。
- action：指定接收表单数据的服务器端程序或动态网页的 URL 地址。当提交表单之后，即运行该 URL 地址所指向的页面。
- target：指定目标窗口。target 属性取值有_blank、_parent、_self 和_top，分别表示：在未命名的新窗口中打开目标文档；在显示当前文档窗口的父窗口打开目标文档；在提交表单所使用的窗口打开目标文档；在当前窗口打开目标文档。

<form>标记的主要事件如下。

- onsubmit：提交表单时调用的事件处理程序。
- onreset：重置表单时调用的事件处理程序。

2. 表单输入控件标记<input>

表单输入控件的格式如下：

```
<input 属性="值"… 事件="代码" />
```

为了让用户通过表单输入数据，在表单中可以使用<input>标记来创建各种输入型表单控件。表单控件通过<input>标记的 type 属性设置成不同的类型，包括单行文本框、密码框、复选框、单选框、文件域和按钮等。

(1) 单行文本框

在表单中添加单行文本框可以获取站点访问者提供的一行信息，格式如下：

```
<input type="text" 属性="值" … 事件="代码" />
```

① 单行文本框的属性。

- name：指定单行文本框的名称，通过它可以在脚本中引用该文本框控件。
- id：指定表示该标记的唯一标志码。通过 id 值就可以获取该标记对象。
- value：指定文本框的值。
- defaultvalue：指定文本框的初始值。
- size：指定文本框的宽度。
- maxlength：指定允许在文本框内输入的最大字符数。
- form：指定所属的表单名称（只读）。

例如，要设置如下文本框：

姓名：王小明

可以使用以下代码：

```
姓名：<input type="text " size="10 " value="王小明" />
```

② 单行文本框的方法。

- Click()：单击该文本框。
- Focus()：得到焦点。
- Blur()：失去焦点。
- Select()：选择文本框的内容。

③ 单行文本框的事件。

- onclick：单击该文本框执行的代码。
- onblur：失去焦点执行的代码。
- onchange：内容变化执行的代码。
- onfocus：得到焦点执行的代码。
- onselect：选择内容执行的代码。

(2) 密码框

密码框也是一个文本框，当访问者输入数据时，大部分浏览器会以星号显示密码，使别人无法看到输入内容，格式如下：

```
<input type="password" 属性="值"…事件="代码"/>
```

其中，属性、方法和事件与单行文本框基本相同，只是密码框没有 onclick 事件。

(3) 隐藏域

表单中添加隐藏域是为了使访问者看不到隐藏域的信息。每个隐藏域都有自己的名称和值。当提交表单时，隐藏域的名称和值就会与可见表单域的名称和值一起包含在表单的结果中。格式如下：

```
<input type="hidden" 属性="值"… />
```

隐藏域的属性、方法和事件与单行文本框的设置基本相同，只是没有 defaultvalue 属性。

(4) 复选框

在表单中添加复选框是为了让站点访问者选择一个或多个选项，格式如下：

```
<input type="checkbox" 属性="值"…事件="代码" />选项文本
```

① 复选框的属性。

- name：指定复选框的名称。
- id：指定表示该标记的唯一标志码。
- value：指定选中时提交的值。
- checked：如果设置该属性，则第一次打开表单时该复选框处于选中状态。被选中则值为 TRUE，否则为 FALSE。
- defaultchecked：判断复选框是否定义了 checked 属性，若已定义则 defaultchecked 值为 TRUE，否则为 FALSE。

例如，要创建如下复选框：

兴趣爱好：☑旅游 ☑篮球 ☐上网

可以使用如下代码：

```
兴趣爱好：
<input type="checkbox" name="box" checked ="checked" />旅游
<input type="checkbox" name="box" checked ="checked" />篮球
<input type="checkbox" name="box" />上网
```

② 复选框的方法。

- Click()：单击该复选框。
- Focus()：得到焦点。
- Blur()：失去焦点。

③ 复选框的事件。

- onclick：单击该复选框执行的代码。
- onblur：失去焦点执行的代码。
- onfocus：得到焦点执行的代码。

(5) 单选按钮

在表单中添加单选按钮是为了让站点访问者从一组选项中选择其中一个选项。在一组单选按钮中，一次只能选择一个。格式如下：

```
<input type="radio" 属性="值" 事件="代码"… />选项文本
```

单选框的属性如下。

- name：指定单选按钮的名称，若干名称相同的单选按钮构成一个控件组，在该组中只能选择一个选项。
- value：指定提交时的值。
- checked：如果设置了该属性，当第一次打开表单时该单选按钮处于选中状态。

单选按钮的方法和事件与复选框相同。

当提交表单时，该单选按钮组名称和所选取的单选按钮指定值都会包含在表单结果中。

例如，要创建如下单选按钮：

◉男 ○女

可以使用如下代码：

```
<input type="radio" name="rad" value="1" checked="checked" />男
<input type="radio" name="rad" value="0" />女
```

(6) 按钮

使用<input>标记可以在表单中添加 3 种类型的按钮：“提交”按钮、“重置”按钮和“自定义”按钮。格式如下：

```
<input type="按钮类型" 属性="值" onclick="代码" />
```

根据 type 值的不同，按钮的类型也不一样。

- type＝submit：创建一个“提交”按钮。单击该按钮，表单数据（包括提交按钮的名称和值）会以 ASCII 文本形式传送到由表单的 action 属性指定的表单处理程序中。一般来说，一个表单必须有一个提交按钮。
- type＝reset：创建一个“重置”按钮。单击该按钮，将删除任何已经输入到表单中的文本并清除任何选择。如果表单中有默认文本或选项，将会恢复这些值。
- type＝button：创建一个“自定义”按钮。在表单中添加自定义按钮时，必须为该按钮编写脚本以使按钮执行某种指定的操作。

按钮的其他属性还有 name（按钮的名称），value（显示在按钮上的标题文本）。

事件 onclick 的值是单击按钮后执行的脚本代码。

例如：

```
<input type="submit" name="bt1" value="提交按钮" />
<input type="reset" name="bt2" value="重置按钮" />
<input type="button" name="bt3" value="自定义按钮" />
```

（7）文件域

文件域由一个文本框和一个“浏览”按钮组成，用户可以在文本框中直接输入文件的路径和文件名，或单击“浏览”按钮从磁盘上查找、选择所需文件。格式如下：

```
<input type="file" 属性="值"…>
```

文件域的属性有 name（文件域的名称）、value（初始文件名）和 size（文件名输入框的宽度）。

例如，要创建如下文件域：

浏览...

可以使用如下代码：

```
<input type="file" name="fl" size="20" />
```

3. 其他表单控件

（1）滚动文本框

在表单中添加滚动文本框是为了使访问者可以输入多行文本。格式如下：

```
<textarea 属性="值"…事件="代码"…>初始值</textarea>
```

说明：<textarea>标记的属性有 name（滚动文本框控件的名称）、rows（控件的高度，以行为单位）、cols（控件的宽度，以字符为单位）和 readonly（滚动文本框内容不能被修改）。滚动文本框的其他属性、方法和事件与单行文本框基本相同。

例如，要创建如下滚动文本框：

可以使用如下代码：

```
<textarea name="ta" rows="8" cols="20 " readonly="readonly" >
这是本文本框的初始内容,是只读的,用户无法修改
</textarea>
```

(2) 选项选单

表单中选项选单(下拉菜单)的作用是使访问者从列表或选单中选择选项,格式如下：

```
<select name="值" size="值" [multiple ="multiple"]>
    <option [selected ="selected"] value="值">选项 1</option>
    <option [selected ="selected"] value="值">选项 2</option>
    …
</select>
```

其中：

- name：指定选项选单控件的名称。
- size：指定在列表中一次可看到的选项数目。
- multiple：指定允许做多项选择。
- selected：指定该选项的初始状态为选中。

例如,要创建如下选项选单：

可以使用如下代码：

```
学历：<select name="se" size="1" >
    <option>研究生</option>
    <option selected=" selected ">大学</option>
    <option>高中</option>
    <option>初中</option>
    <option>小学</option>
    </select>
```

(3) 对表单控件进行分组

可以使用<fieldset>标记对表单控件进行分组,将表单划分为更小、更易于管理的部分,格式如下：

```
<fieldset>
    <legend>控件组标题</legend>
    组内表单控件
</fieldset>
```

【例 2.4】 制作一个学生个人资料的表单，包括姓名、学号、性别、出生日期、所学专业、所学课程、备注和兴趣信息。访问者输入新的信息后使用 HTML 在另外一个页面中接收表单数据中的姓名、性别、所学专业和备注，并显示在页面上。

创建文件 EX2_4_stu. htm，输入以下代码：

```
<!DOCTYPE html
PUBLIC "-//W3C//DTD XHTML 1.0 Strict//EN"
"http://www.w3.org/TR/xhtml1/DTD/xhtml1-strict.dtd">
<html>
<head>
    <title>学生个人信息</title>
</head>
<body>
<form name="form1" method="post" action="xsServlet">
    <table width="400" border="0" align="center" bgcolor="# CCFFCC">
        <tr>
            <td colspan="2" bgcolor="# 999999"><div align="center">学生个人信
                息</div></td>
        </tr>
        <tr>
            <td width="120">学号:</td>
            <td><input name="XH" type="text" value="171101"></td>
        </tr>
        <tr>
            <td>姓名: </td>
            <td><input name="XM" type="text" value="王林"></td>
        </tr>
        <tr>
            <td>性别: </td>
            <td>
                <input name="SEX" type="radio" value="男" checked="checked">男
                <input name="SEX" type="radio" value="女">女
            </td>
        </tr>
        <tr>
            <td>出生日期: </td>
            <td><input name="Birthday" type="text" value="1999-02-10"></td>
```

```
</tr>
<tr>
    <td>所学专业：</td>
    <td><select name="ZY">
        <option>计算机</option>
        <option>软件工程</option>
        <option>信息管理</option>
    </select></td>
</tr>
<tr>
    <td>所学课程：</td>
    <td><select name="KC" size="3" multiple=" multiple ">
        <option selected>计算机导论</option>
        <option selected>数据结构</option>
        <option>数据库原理</option>
        <option>操作系统</option>
        <option>计算机网络</option>
    </select></td>
</tr>
<tr>
    <td>备注：</td>
    <td><textarea name="BZ">团员</textarea></td>
</tr>
<tr>
    <td>兴趣：</td>
    <td><input name="XQ" type="checkbox" value="听音乐" checked=
         "checked" >听音乐
        <input name="XQ" type="checkbox" value="看小说">看小说
        <input name="XQ" type="checkbox" value="上网" checked=
               "checked">上网</td>
    </tr>
    <tr>
        <td><input type="submit" name="BUTTON1" value="提交"></td>
        <td><input type="reset" name="BUTTON2" value="重置"></td>
    </tr>
 </table>
</form>
</body>
</html>
```

运行 EX2_4_stu.htm 文件，结果如图 2.5 所示，将姓名修改为“张慧”，性别修改为“女”，所学专业修改为“软件工程”，备注修改为“三好学生”，单击“提交”按钮，表单提交至 Servlet 类，期望结果如图 2.6 所示。有关 Servlet 类将在后面章节介绍。

学生个人信息
学号: 171101
姓名: 王林
性别: 男 女
出生日期: 1999-02-10
所学专业: 计算机
所学课程: 计算机导论 数据结构 数据库原理
备注: 团员
兴趣: 听音乐 看小说 上网
提交 重置

图 2.5 EX2_4_stu.htm 运行结果

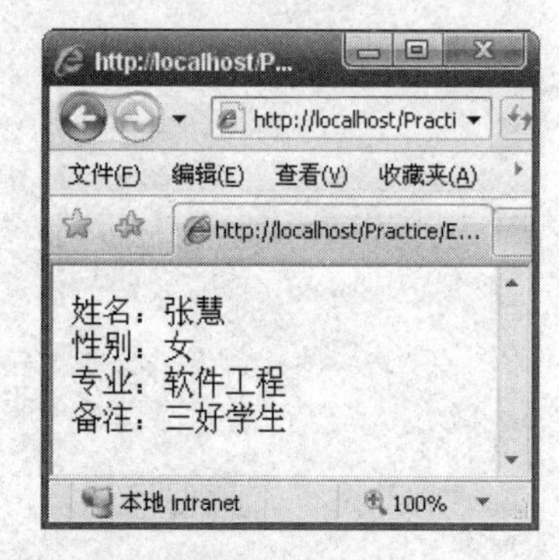

图 2.6 提交表单

2.1.7 超链接的应用

在网页中，超链接通常以文本或图像形式表示。鼠标指针指向网页中的超链接时，鼠标指针会变成手的形状。单击超链接时，浏览器会按照超链接所指示的目标载入另一个网页，或者跳转到同一网页或其他网页。格式如下：

```
<a 属性="值"…>超链接内容</a>
```

按照目标地址的不同，超链接分为文件链接、锚点链接和邮件链接。

1. 文件链接

文件链接的目标地址是网页文件，目标网页文件可以位于当前服务器或其他服务器上。超链接使用<a>标记来创建，其常用的属性如下。

- href：指定目标地址的 URL，这是必选项。
- target：指定窗口或框架的名称。该属性指定将目标文档在指定的窗口或框架中打开。如果省略该属性，则在当前窗口中打开。target 属性的取值可以是窗口或框架的名称，也可以是如下保留字。

  _blank：未命名的新浏览器窗口。

  _parent：父框架或窗口。

  _self：所在的同一窗口或框架。

  _top：整个浏览器窗口中，并删除所有框架。
- title：指向超链接时所显示的标题文字。例如：

```
<a href="http://www.qq.com">腾讯</a>
<a href="EX2_4_stu.htm">链接到本文件夹中的 EX2_4_stu.htm 文件</a>
<a href="../index.html">链接到上一级文件夹中的 index.html 文件</a>
<a href="image/tp.jpeg">链接到图片</a>
<a href="http://www.163.com" title="图片链接"><img src=" image/tp.jpeg " /></a>
```

2. 锚点链接

锚点链接的目标地址是网页中的一个位置。创建锚点链接时，要在页面的某一处设置一个位置标记（锚点），并给该位置指定一个名称，以便在同一页面或其他页面中引用。

要创建锚点链接，首先要在页面中用<a>标记为要跳转的位置命名，例如，在 EX2_1. htm 页面中进行如下设置：

```
<a id="xlxq"></a>
```

说明：<a>和</a>标记之间不要放置任何文字。

创建锚点后如果在同一页面中要跳转到名为“xlxq”的锚点处，可以使用如下代码：

```
<a href="# xlxq">去本页面的锚点处</a>
```

如果要从其他页面跳转到该页面的锚点处，可以使用如下代码：

```
<a href="EX2_1.htm# xlxq">去该页面的锚点处</a>
```

3. 邮件链接

通过邮件链接可以启动电子邮件客户端程序，并由访问者向指定地址发送邮件。

创建邮件链接也使用<a>标记，该标记的 href 属性由三部分组成：电子邮件协议名称 mailto；电子邮件地址；可选的邮件主题，其形式为“subject＝主题”。前两部分之间用冒号分隔，后两部分之间用问号分隔。例如：

```
<a href="mailto:163@ 163.com?subject=HTML 教程">当前教程答复</a>
```

当访问者在浏览器窗口中单击邮件链接时，会自动启动电子邮件客户端程序，并将指定的主题填入主题栏中。

2.1.8 设计框架

框架可以将文档划分为若干窗格，在每个窗格中显示一个网页，从而得到在同一个浏览器窗口中显示不同网页的效果。内容多的网页不宜采用框架式结构，所以大网站几乎所有的网页都不是框架式网页。框架网页是通过一个框架集<frameset>和多个框架<frame>标记来定义的。在框架网页中将<frameset>标记放在<head>标记之后取代<body>的位置，还可以使用<noframes>标记指出框架不能被浏览器显示时的替换内容。

框架网页的基本结构如下：

```
<!DOCTYPE html
PUBLIC "-//W3C//DTD XHTML 1.0 Frameset//EN"
"http://www.w3.org/TR/xhtml1/DTD/xhtml1-frameset.dtd">
<html>
<head>
```

```
<title>框架网页的基本结构</title>
</head>
<frameset 属性="值"…>
    <frame 属性="值"… />
    <frame 属性="值"… />
    …
</frameset>
</html>
```

1. 框架集

框架集包括如何组织各个框架的信息，可以用<frameset>标记定义。框架是按照行、列组织的，可以用<frameset>标记的下列属性对框架结构进行设置。

- cols：创建纵向分隔框架时指定各个框架的列宽。取值有 3 种形式，即像素、百分比和相对尺寸。例如：

  cols＝"*,*,*"：表示将窗口划分为 3 个等宽的框架。

  cols＝"30%,200,*"：表示将浏览器窗口划分为 3 列框架，其中第 1 列占窗口宽度的 30%，第 2 列为 200 像素，第 3 列为窗口的剩余部分。

  cols＝"*,3*,2*"：表示左边的框架占窗口的 1/6，中间的占 1/2，右边的占 1/3。
- rows：指定横向分隔框架时各个框架的行高，取值与 cols 属性类似。但 rows 属性不能与 cols 属性同时使用，若要创建既有纵向分隔又有横向分隔的框架时，则应使用嵌套框架。
- frameborder：指定框架周围是否显示 3D 边框。若取值为 1（默认值）则显示，为 0 则显示平面边框。
- framespacing：指定框架之间的间隔（以像素为单位，默认为 0）。

要创建一个嵌套框架集，可以使用如下代码：

```
<html>
<head>
<title>框架网页</title>
</head>
<frameset rows="20% ,400, * ">
    <frame />
    <frameset cols="300, * " >
        <frame />
        <frame />
    </frameset>
    <frame />
</frameset>
</html>
```

2. 框架

框架使用<frame>标记来创建，主要属性如下。

- name：指定框架的名称。

- frameborder：指定框架周围是否显示3D边框。
- marginheight：指定框架的高度(以像素为单位)。
- marginwidth：指定框架的宽度(以像素为单位)。
- noresize：指定不能调整框架的大小。
- scrolling：指定框架是否可以滚动。取值是yes、no和auto。
- src：指定在框架中显示的网页文件。

【例2.5】 设计一个框架网页，并在各框架中显示一个网页。

EX2_5_frame.htm(框架主网页)：

```
<!DOCTYPE html
PUBLIC "-//W3C//DTD XHTML 1.0 Frameset//EN"
"http://www.w3.org/TR/xhtml1/DTD/xhtml1-frameset.dtd">
<html>
<head>
<title>框架中显示网页</title></head>
<frameset rows="80, * ">
    <frame src="EX2_5_top.htm" name="frmtop" />
    <frameset cols="25% , * ">
        <frame src="EX2_5_left.htm" name="frmleft" />
        <frame src="EX2_5_content.htm" name="frmmain" />
    </frameset>
</frameset>
</html>
```

EX2_5_top.htm(框架上部网页)：

```
<!DOCTYPE html
PUBLIC "-//W3C//DTD XHTML 1.0 Strict//EN"
"http://www.w3.org/TR/xhtml1/DTD/xhtml1-strict.dtd">
<html>
<body bgcolor="# 8888FF">
<marquee behavior="alternate" direction="right">
    <font size="5" color="blue">欢迎登录学生成绩管理系统</font>
</marquee>
</body>
</html>
```

EX2_5_content.htm(框架下部右边网页)：

```
<!DOCTYPE html
PUBLIC "-//W3C//DTD XHTML 1.0 Strict//EN"
"http://www.w3.org/TR/xhtml1/DTD/xhtml1-strict.dtd">
<html>
<head>
```

```
<title>content 网页</title></head>
<body>
    <h2 align="center">这里是 content 网页.</h2>
</body>
</html>
```

EX2_5_left.htm(框架下部左边网页)：

```
<!DOCTYPE html
PUBLIC "-//W3C//DTD XHTML 1.0 Strict//EN"
"http://www.w3.org/TR/xhtml1/DTD/xhtml1-strict.dtd">
<html>
<head>
<title>left 网页</title></head>
<body>
    <a href="EX2_3.htm" target="frmmain">学生成绩表</a></br></br>
    <a href="EX2_4_stu.htm" target="frmmain">学生信息显示</a></br></br>
    <a href="EX2_5_content.htm" target="frmmain">返回主页</a></br>
</body>
</html>
```

完成后运行 EX2_5_frame.htm 文件，单击页面下部左边网页的"学生信息显示"超链接，运行效果如图 2.7 所示。

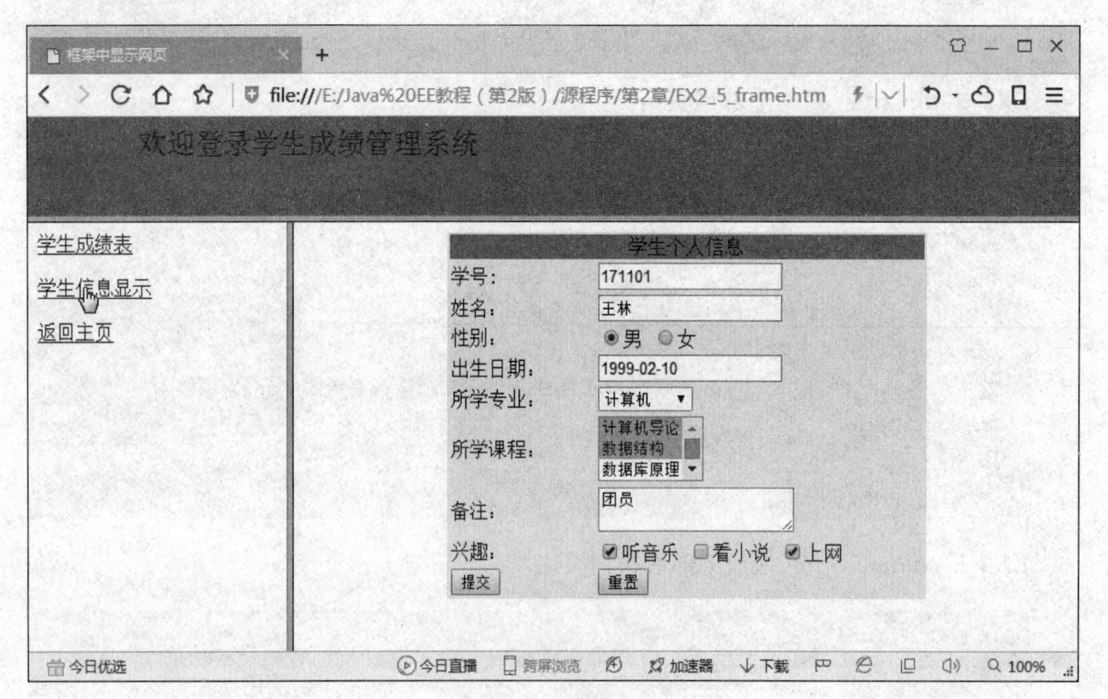

图 2.7 框架网页

2.2 CSS 样式表

样式表(CSS)是 W3C 协会为弥补 HTML 在显示方面的不足而制定的一套扩展样式标准。CSS 标准重新定义了 HTML 中的文字显示样式,并增加了一些新概念,提供了更为丰富的显示样式。同时,CSS 还可进行集中样式管理,允许将样式定义单独存储于样式文件中,这样可以使显示内容和显示样式定义分离,使多个 HTML 文件共享样式定义。

样式表的作用是告诉浏览器如何呈现文档,样式表的定义是 CSS 的基础。定义样式表后,就可以在 HTML 文档中引用该样式表。

本节只简单介绍一些基本的样式表定义和引用方法。

1. 内联样式表

在标记中直接使用 style 属性可以对该标记括起的内容应用样式来显示。例如:

```
<p style="font-family: '宋体';color:green;background-color:yellow;font-size:9px"></p>
```

使用 style 属性定义时,内容与值之间用冒号":"分隔。用户可以定义多项内容,内容之间以分号";"分隔。由于这种方式是在 XHTML 标记内部引用样式,所以称为内联样式。

注意:*若要在 XHTML 文件中使用内联样式,必须在该文件的头部对整个文档进行单独的样式语言声明,如下所示:*

```
<meta http-equiv="Content-type" content="text/css; charset=gb2312"/>
```

由于内联样式将样式和要展示的内容混在一起,这样会失去一些样式表的优点,所以尽量不要使用这种方式。

2. 样式表定义

定义样式表的格式如下:

```
.类选择符{规则表}
```

其中,"类选择符"是引用的样式的类标记,"规则表"是由一个或多个样式属性组成的样式规则,各样式属性间用分号隔开,每个样式属性的定义格式为"样式名:值"。例如:

```
.style1{font-family:"黑体"; color:green; font-sizex:15px;}
```

其中,"font-family"表示字体,"color"表示字体颜色,"font-size"表示字体大小。

样式表定义时使用<style>标记括起,放在<head>标记范围内,<style>标记内定义的前后可以加上注释符"<!--"和"-->",它的作用是使不支持 CSS 的浏览器忽略样式表定义。<style>标记的 type 属性指明样式的类别,默认值为"text/css"。例如:

```
<head>
<style type="text/css">
```

```
<!--
.style1 {font-size: 20px; font-family: "黑体";}
-->
</style>
</head>
```

3. 样式表的引用

引用样式表的方法很多,这里主要介绍使用标记的 class 属性来引用样式表。只要将标记的 class 属性值设置为样式表中定义的类选择符即可。例如：

```
<html>
<head>
<title>CSS 样式表的引用</title>
<style type="text/css">
<!--
.heiti {font-size: 20px; font-family: "黑体"; color:red;}
-->
</style>
</head>
<body>
    <div class="heiti">CSS 样式演示</div>
    <input type="text" name="text" class="heiti"/>
</body>
```

利用类选择符和标记的 class 属性,可以使相同的标记使用不同的样式,或使不同的标记使用相同的样式。

4. 外联样式表

外联样式表就是把 XHTML 内容的样式存放在单独的 CSS 文件中。在 XHTML 文档的<head>中采用<link>标记把 CSS 文件关联起来。例如：

```
<head>
<meta … />
<link href="mystyle.css" type="text/css" rel="stylesheet" rev=" stylesheet"/>
</head>
```

其中,mystyle. css 是定义的样式表文件。例如下面内容：

```
div{
    width:300px;                    /*定义 div 元素的宽度为 300 像素*/
    height:200px;                   /*定义 div 元素的高度为 200 像素*/
    padding:6px;
    border:#006600 2px solid;
    font-size:16px;
```

```
    color:#889900;
}
#styl{
    …
}
…
```

这样，被关联的 XHTML 中的 div 均采用该样式。也可以采用 class 属性引用其他样式。

2.3 XML 基础

XML 指可扩展标记语言（eXtensible Markup Language），是一种标记语言，类似于 HTML。HTML 被设计用来显示数据，XML 被设计用来传输和存储数据。

2.3.1 基本结构

XML 文档呈现一种树结构，它从“根部”开始，然后扩展到“枝叶”。

1. 一个 XML 文档实例

例如，John 写给 George 的便签，以 XML 文档表示如下：

```
<?xml version="1.0" encoding="ISO-8859-1"?>
<note>
    <to>George</to>
    <from>John</from>
    <heading>Reminder</heading>
    <body>Don't forget the meeting!</body>
</note>
```

第 1 行是 XML 声明。它定义 XML 的版本(1.0)和所使用的编码(ISO-8859-1＝Latin-1/西欧字符集)。

第 2 行<note>是描述文档的根元素。

接下来的 4 行是描述根的 4 个子元素(to，from，heading 以及 body)。

最后一行</note>定义根元素的结尾。

2. 树结构

XML 文档必须包含根元素，该元素是所有其他元素的父元素。文档中的元素形成了一棵文档树。这棵树从根部开始，并扩展到树的最底端。例如：

```
<root>
    <child>
        <subchild>…</subchild>
```

```
    </child>
</root>
```

所有元素均可拥有子元素，相同层级上的子元素成为同胞（兄弟或姐妹），所有元素均可拥有文本内容和属性（类似于 HTML 中）。

下面是某 XML 文档中几本书的信息：

```
<bookstore>
    <book category="COOKING">
        <title lang="en">Everyday Italian</title>
        <author>Giada De Laurentiis</author>
        <year>2005</year>
        <price>30.00</price>
    </book>
    <book category="CHILDREN">
        <title lang="en">Harry Potter</title>
        <author>J K. Rowling</author>
        <year>2005</year>
        <price>29.99</price>
    </book>
    <book category="WEB">
        <title lang="en">Learning XML</title>
        <author>Erik T. Ray</author>
        <year>2003</year>
        <price>39.95</price>
    </book>
</bookstore>
```

可以据此很容易地画出该文档的树结构图，如图 2.8 所示。

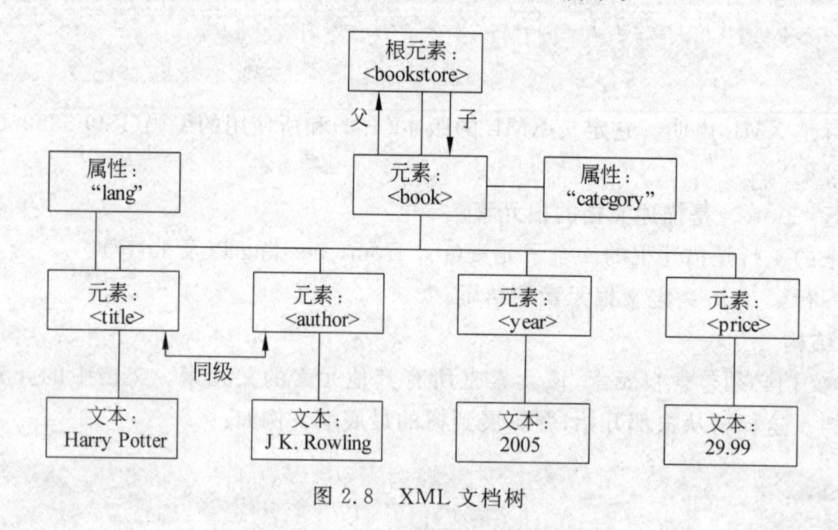

图 2.8　XML 文档树

例子中的根元素是 <bookstore>。文档中的所有 <book> 元素都被包含在

<bookstore>中。<book> 元素有 4 个子元素：<title>、< author>、<year>和<price>。

2.3.2 语法规则

XML的语法规则很简单，且很有逻辑。这些规则很容易学习，也很容易使用。

1. 所有 XML 元素都须有关闭标签

在 HTML 经常会看到没有关闭标签的元素，例如：

```
<p>This is a paragraph
<p>This is another paragraph
```

在 XML 中，省略关闭标签是非法的。所有元素都必须有关闭标签，例如：

```
<p>This is a paragraph</p>
<p>This is another paragraph</p>
```

注释：XML 声明不属于 XML 本身的组成部分，不是 XML 元素，也不需要关闭标签。

2. XML 标签对大小写敏感

XML 元素使用 XML 标签进行定义。XML 标签对大小写敏感。在 XML 中，标签<Letter>与标签<letter>是不同的。

必须使用相同的大小写来编写打开标签和关闭标签，例如：

```
<Message>这是错误的。</message>
<message>这是正确的。</message>
```

3. XML 必须正确地嵌套

在 XML 中，所有元素都必须彼此正确地嵌套，例如：

```
<b><i>This text is bold and italic</i></b>
```

在上例中，正确嵌套的意思是由于<i>元素是在<b>元素内打开的，那么它必须在<b>元素内关闭。

4. XML 文档必须有根元素

XML 文档必须有一个元素是所有其他元素的父元素（即根元素）。

5. XML 的属性值须加引号

与 HTML 类似，XML 也可拥有属性（名称/值对）。XML 的属性值须加引号。例如：

```
<note date="08/08/2017">
<to>George</to>
<from>John</from>
</note>
```

6. 实体引用

在 XML 中，一些字符拥有特殊的意义。例如，如果把字符“<”放在 XML 元素中，会发生错误，这是因为解析器会把它当作新元素的开始。

```
<message>if salary <1000 then</message>
```

为了避免这个错误，请用实体引用来代替“<”字符：

```
<message>if salary &lt; 1000 then</message>
```

在 XML 中，有 5 个预定义的实体引用，如表 2.3 所示。

表 2.3 XML 中预定义的实体引用

实体引用	字符	含义	实体引用	字符	含义	实体引用	字符	含义
<	<	小于	&	&	和号	"	"	引号
>	>	大于	'	'	单引号			

实际上，在 XML 中只有字符“<”和“&”确实是非法的。大于号是合法的，但是用实体引用来代替它是一个好习惯。

2.3.3 XML 元素

1. XML 元素的概念

XML 元素指的是从开始标签直到结束标签的部分。元素可包含其他元素、文本或者两者的混合物。元素也可以拥有属性，例如：

```
<bookstore>
    <book category="CHILDREN">
        <title>Harry Potter</title>
        <author>J K. Rowling</author>
        <year>2005</year>
        <price>29.99</price>
    </book>
    <book category="WEB">
        <title>Learning XML</title>
        <author>Erik T. Ray</author>
        <year>2003</year>
        <price>39.95</price>
    </book>
</bookstore>
```

在上例中，<bookstore>和<book>都拥有元素内容，因为它们包含了其他元素。<author>只有文本内容。只有<book>元素拥有属性(category="CHILDREN")。

2. 元素命名规则

XML 元素必须遵循以下命名规则。

(1) 名称可以含字母、数字以及其他的字符。

(2) 名称不能以数字或者标点符号开始。

(3) 名称不能以字符“xml”(或者 XML、Xml)开始。

(4) 名称不能包含空格。

XML 元素可使用任何名称,没有保留的字词,但命名有下列建议。

(1) 名称应具有描述性,使用下画线的名称也很不错。

(2) 名称应当尽量简短,比如不要使用 the_title_of_the_book。

(3) 避免“-” 字符,因为一些软件会认为 first-name 需要提取第一个单词。

(4) 避免“.” 字符,因为一些软件会认为 first. name 中 name 是对象 first 的属性。

(5) 避免“:”字符,因为冒号会被转换为命名空间来使用。

(6) XML 文档经常对应数据库,数据库的字段会对应于 XML 文档中的元素。最好使用数据库的名称规则来命名 XML 文档中的元素。

(7) 非英文字母也是合法的 XML 元素名,不过需要留意使用的软件是否支持这些字符。

3. 元素的可扩展性

XML 元素是可扩展的,以携带更多的信息。例如:

```
<note>
    <date>2017-08-08</date>
    <to>George</to>
    <from>John</from>
    <heading>Reminder</heading>
    <body>Don't forget the meeting!</body>
</note>
```

原来的应用程序仍然可以找到 XML 文档中的<to>、<from>和<body>元素。

2.3.4 XML 属性

1. 属性的用法

XML 元素可以在开始标签中包含属性,类似 HTML,属性提供关于元素的额外(附加)信息,它通常提供不属于数据组成部分。在下面的例子中,文件类型与数据无关,但是对需要处理这个元素的软件来说却很重要:

```
<file type="gif">computer.gif</file>
```

XML 属性必须被引号包围,不过单引号和双引号均可使用。如果属性值本身包含双引号,那么有必要使用单引号。例如:

```
<gangster name='George "Shotgun" Ziegler'>
```

或者可以使用实体引用,例如:

```
<gangster name="George &quot;Shotgun&quot; Ziegler">
```

2. 属性与元素

请看下面两个例子。

例 1：

```
<person sex="female">
    <firstname>Anna</firstname>
    <lastname>Smith</lastname>
</person>
```

例 2：

```
<person>
    <sex>female</sex>
    <firstname>Anna</firstname>
    <lastname>Smith</lastname>
</person>
```

在例 1 中，sex 是一个属性。在例 2 中，sex 则是一个子元素。两个例子均可提供相同的信息。

一般来说，在 XML 中应该尽量避免使用属性。如果信息看起来很像数据，建议使用子元素。因为使用属性会引起的一些问题：

(1) 属性无法包含多重的值(元素可以)。

(2) 属性无法描述树结构(元素可以)。

(3) 属性不易扩展(为未来的变化)。

(4) 属性难以阅读和维护。

3. 针对元数据的 XML 属性

有时候会使用 id 标识 XML 元素，例如：

```
<messages>
    <note id="501">
    <to>George</to>
    <from>John</from>
    <heading>Reminder</heading>
    <body>Don't forget the meeting!</body>
    </note>
    <note id="502">
    <to>John</to>
    <from>George</from>
    <heading>Re: Reminder</heading>
    <body>I will not</body>
    </note>
</messages>
```

上面的id仅仅是一个标识符，用于标识不同的便签，它并不是便签数据的组成部分。一般情况下，元数据（有关数据的数据）应当存储为属性，而数据本身则应存储为元素。

2.3.5 XML验证

拥有正确语法的XML文档被称为“形式良好”的XML文档，通过DTD验证的XML文档是“合法”的XML。“形式良好”的XML文档会遵守下列XML语法规则：

（1）XML文档必须有根元素。

（2）XML文档必须有关闭标签。

（3）XML标签对大小写敏感。

（4）XML元素必须被正确地嵌套。

（5）XML属性必须加引号。

合法的XML文档同样遵守文档类型定义DTD的语法规则。例如，文件名为note1.xml内容如下：

```
<?xml version="1.0" ?>
<!DOCTYPE note [
    <!ELEMENT note (to,from,heading,body)>
    <!ELEMENT to       (#PCDATA)>
    <!ELEMENT from     (#PCDATA)>
    <!ELEMENT heading (#PCDATA)>
    <!ELEMENT body     (#PCDATA)>
]>
<note>
<to>George</to>
<from>John</Ffrom>
<heading>Reminder</heading>
<body>Don't forget the meeting!</body>
</note>
<?xml version="1.0" encoding="ISO-8859-1"?>
```

在上例中，也可以采用DOCTYPE声明来对外部dtd文件引用。

W3C支持一种基于XML的DTD代替者，它名为XML Schema：

```
<xs:element name="note">
<xs:complexType>
    <xs:sequence>
        <xs:element name="to"      type="xs:string"/>
        <xs:element name="from"    type="xs:string"/>
        <xs:element name="heading" type="xs:string"/>
        <xs:element name="body"    type="xs:string"/>
    </xs:sequence>
</xs:complexType>
</xs:element>
```

2.3.6 查看 XML 文档

在所有现代浏览器中，均能够查看原始的 XML 文档。不要指望 XML 文档会直接显示为 HTML 页面。如果 XML 文档保存在 note. xml 中，用浏览器查看 XML 文档，显示如图 2.9 所示。

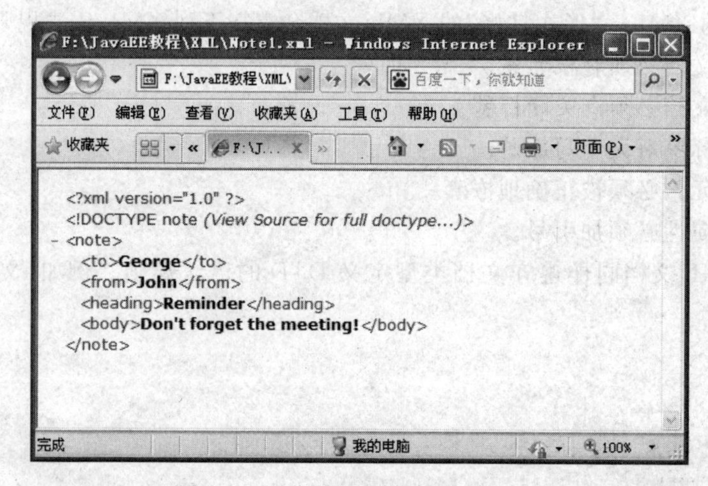

图 2.9　浏览器查看 XML 文档(一)

如果 XML 文档出现错误，例如，</from>误写成了</From>，用浏览器查看 XML 文档，显示如图 2.10 所示。

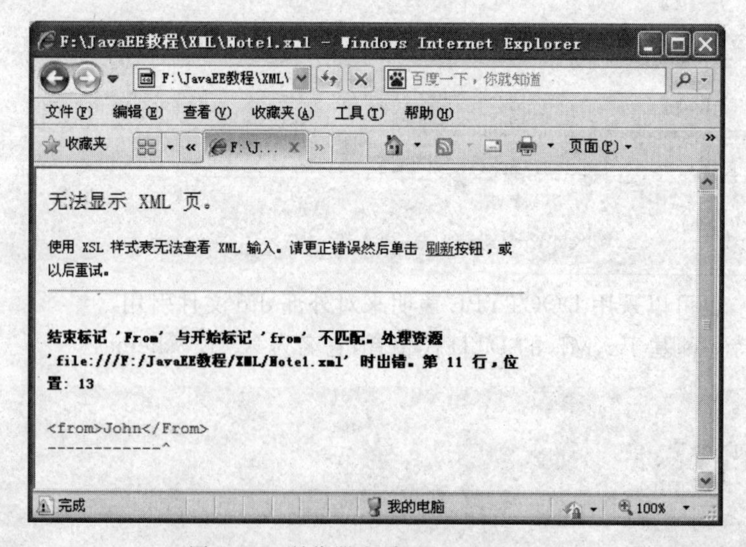

图 2.10　浏览器查看 XML 文档(二)

2.3.7 使用 CSS 显示 XML 文档

通过使用 CSS，可为 XML 文档添加显示信息。例如，cd_catalog. xml 文档内容如下：

```
<?xml version="1.0" encoding="ISO-8859-1"?>
<?xml-stylesheet type="text/css" href="cd_catalog.css"?>
<CATALOG>
    <CD>
        <TITLE>Empire Burlesque</TITLE>
        <ARTIST>Bob Dylan</ARTIST>
        <COUNTRY>USA</COUNTRY>
        <COMPANY>Columbia</COMPANY>
        <PRICE>10.90</PRICE>
        <YEAR>1985</YEAR>
    </CD>
    <CD>
        <TITLE>Hide your heart</TITLE>
        <ARTIST>Bonnie Tyler</ARTIST>
        <COUNTRY>UK</COUNTRY>
        <COMPANY>CBS Records</COMPANY>
        <PRICE>9.90</PRICE>
        <YEAR>1988</YEAR>
    </CD>
</CATALOG>
```

cd_catalog.css 文档内容如下：

```
CATALOG
{
    background-color: #ffffff;
    width: 100% ;
}
CD
{
    display: block;
    margin-bottom: 10pt;
    margin-left: 0;
}
TITLE
{
    color: #FF0000;
    font-size: 20pt;
}
ARTIST
{
    color: #0000FF;
    font-size: 20pt;
}
COUNTRY,PRICE,YEAR,COMPANY
```

```
{
    display: block;
    color: #000000;
    margin-left: 20pt;
}
```

用浏览器查看 cd_catalog.xml 文档，显示如图 2.11 所示。

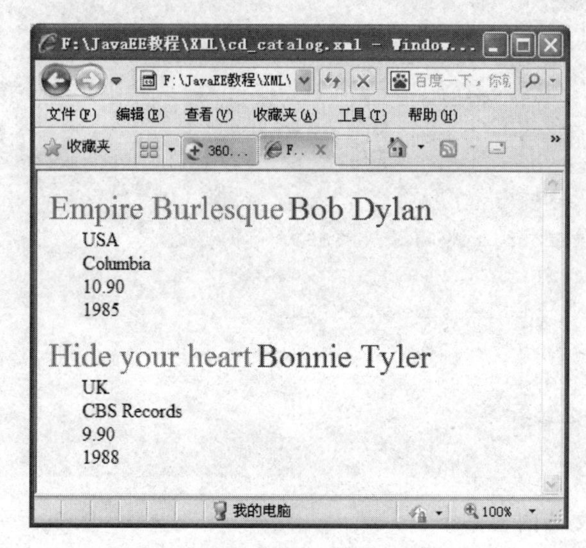

图 2.11　浏览器查看 XML 文档(三)

2.3.8　使用 XSLT 显示 XML 文档

XSLT(eXtensible Stylesheet Language Transformations)是首选的 XML 样式表语言，XSLT 远比 CSS 更加完善。使用 XSLT 的方法之一是在浏览器显示 XML 文件之前，系统先把它转换为 HTML。例如：

breakfast_menu.xml 文档内容如下：

```
<?xml version="1.0" encoding="ISO-8859-1"?>
<!--Edited with XML Spy v2007 (http://www.altova.com) -->
<?xml-stylesheet type="text/xsl" href=" breakfast_menu.xsl" ?>
<breakfast_menu>
<food>
    <name>Belgian Waffles</name>
    <price>$5.95</price>
     < description > two of our famous Belgian Waffles with plenty of real
     maple syrup
        </description>
    <calories>650</calories>
</food>
```

```
<food>
    <name>Strawberry Belgian Waffles</name>
    <price>$7.95</price>
     <description>light Belgian waffles covered with strawberries and
     whipped cream
        </description>
    <calories>900</calories>
</food>
<food>
    <name>Berry-Berry Belgian Waffles</name>
    <price>$8.95</price>
    <description>light Belgian waffles covered with an assortment of fresh
    berries and
       whipped cream</description>
    <calories>900</calories>
</food>
<food>
    <name>French Toast</name>
    <price>$4.50</price>
    <description>thick slices made from our homemade sourdough bread
       </description>
    <calories>600</calories>
</food>
<food>
    <name>Homestyle Breakfast</name>
    <price>$6.95</price>
    <description>two eggs, bacon or sausage, toast, and our ever-popular
    hash browns
       </description>
    <calories>950</calories>
</food>
</breakfast_menu>
```

breakfast_menu. xsl 文档内容如下：

```
<?xml version="1.0" encoding="ISO-8859-1"?>
<!--Edited with XML Spy v2007 (http://www.altova.com) -->
<html xsl:version="1.0" xmlns:xsl="http://www.w3.org/1999/XSL/Transform"
      xmlns="http://www.w3.org/1999/xhtml">
    <body style="font-family:Arial,helvetica,sans-serif;font-size:12pt;
              background-color:#EEEEEE">
        <xsl:for-each select="breakfast_menu/food">
            <div style="background-color:teal;color:white;padding:4px">
                <span style="font-weight:bold;color:white">
                <xsl:value-of select="name"/></span>
```

```
            -<xsl:value-of select="price"/>
          </div>
          <div style="margin-left:20px;margin-bottom:1em;font-size:10pt">
            <xsl:value-of select="description"/>
            <span style="font-style:italic">
              (<xsl:value-of select="calories"/>calories per serving)
            </span>
          </div>
        </xsl:for-each>
      </body>
</html>
```

用浏览器查看 breakfast_menu. xml 文档，显示如图 2.12 所示。

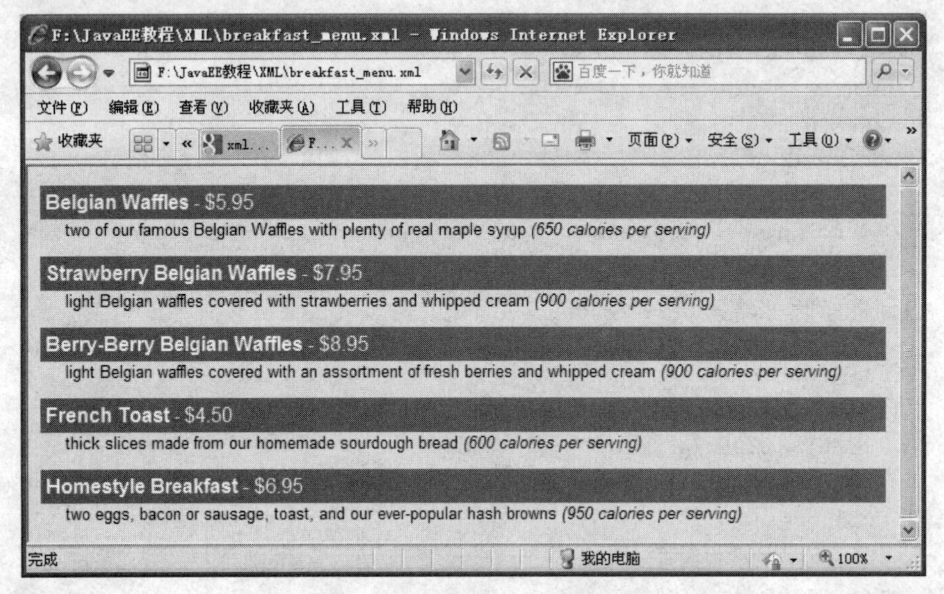

图 2.12 浏览器查看 XML 文档(四)

2.4 JavaScript 基础

前面不止一次地提到 JavaScript，它是 Ajax 的核心技术，所以在学习 Ajax 之前，先要了解 JavaScript。

2.4.1 JavaScript 语法基础

1. 基本数据类型

JavaScript 脚本语言同其他语言一样，有自身的基本数据类型、表达式、算术运算符及程序的基本框架结构。JavaScript 有 4 种基本数据类型。

(1) 数值型,包括整数和实数。

(2) 字符串型,用" "或' '括起来的字符。

(3) 布尔型,使用 true 和 false 表示。

(4) 空值,null。

2. 常量

JavaScript 中常量分为整型常量、实型常量、布尔常量、字符型常量、空值和转义符几种。

(1) 整型常量可以使用十六进制、八进制和十进制数表示。

(2) 实型常量由整数部分加小数部分表示,如 3.14、0.618 等。也可以使用科学计数法或标准方法表示,如 1e3、4e5 等。

(3) 布尔常量只有两种形式,true 或 false,主要用来说明或代表一种状态或标志。

(4) 字符串型常量是用单引号'或双引号"括起来的一个或几个字符。

(5) 空值(null)。当引用没有定义的常量时会返回一个 null 值。

(6) 转义符。当要引用某些特殊字符时,可以使用"\"。如\n 表示换行,\\表示"\",\"表示"""。

3. 变量

变量主要用于存取数据及提供存放信息的容器。

JavaScript 中变量的命名规则如下。

(1) 变量名要以字母或下画线开头,中间可以出现数字。

(2) 不能使用 JavaScript 中的关键字作为变量。

JavaScript 中变量的声明方式和其他语言不同。在 JavaScript 中,可以用命令 var 声明变量,而不指定变量类型,例如下面的语句:

```
var a;
```

在这种情况下,该变量还不知是哪种数据类型,赋值时才清楚,例如下面的语句:

```
var a;
a=5;
```

为变量 a 赋予 int 型值 5。也可以在定义变量时直接赋值,例如下面的语句:

```
var a="25";
```

为变量 a 赋予字符串类型值"25"。在 JavaScript 中,变量也可以不做声明,使用时根据数据类型来确定其变量的类型,例如下面的语句:

```
i=5;
j="abc";
k=true;
x=0.618;
```

JavaScript 中的变量与 Java 类似,有全局变量和局部变量。全局变量在所有函数体之外,对所有函数均可见,而局部变量定义在函数体内部,只在该函数中可见。

4. 运算符

JavaScript 运算符可分为 3 类：算术运算符(见表 2.4)、比较运算符(见表 2.5)和逻辑运算符(见表 2.6)。

表 2.4 算术运算符

<table>
<tr><th>运算符</th><th>功能</th><th>运算符</th><th>功能</th><th>运算符</th><th>功能</th></tr>
<tr><td>+</td><td>加</td><td>|</td><td>按位或</td><td>-</td><td>取反</td></tr>
<tr><td>-</td><td>减</td><td>&</td><td>按位与</td><td>~</td><td>取补</td></tr>
<tr><td>*</td><td>乘</td><td><<</td><td>左移</td><td>++</td><td>递加 1</td></tr>
<tr><td>/</td><td>除</td><td>>></td><td>右移</td><td>--</td><td>递减 1</td></tr>
<tr><td>%</td><td>取模</td><td>>>></td><td>右移、零填充</td><td></td><td></td></tr>
</table>

表 2.5 比较运算符

<table>
<tr><th>运算符</th><th>功能</th><th>运算符</th><th>功能</th><th>运算符</th><th>功能</th></tr>
<tr><td><</td><td>小于</td><td><=</td><td>小于等于</td><td>==</td><td>等于</td></tr>
<tr><td>></td><td>大于</td><td>>=</td><td>大于等于</td><td>!=</td><td>不等于</td></tr>
</table>

表 2.6 逻辑运算符

<table>
<tr><th>运算符</th><th>功　能</th><th>运算符</th><th>功能</th><th>运算符</th><th>功　能</th></tr>
<tr><td>!</td><td>取反</td><td>|</td><td>逻辑或</td><td>||</td><td>或</td></tr>
<tr><td>&=</td><td>与后赋值</td><td>^=</td><td>异或之后赋值</td><td>==</td><td>等于</td></tr>
<tr><td>&</td><td>逻辑与</td><td>^</td><td>逻辑异或</td><td>!=</td><td>不等于</td></tr>
<tr><td>|=</td><td>或后赋值</td><td>?:</td><td>三目操作符</td><td></td><td></td></tr>
</table>

5. 语句

JavaScript 语句包括 if 条件语句、for 循环语句、while 循环语句、break 语句和 continue 语句。这些语句的应用与在 Java 语言中类似，这里就不详细介绍了。

6. 函数

JavaScript 的函数相当于 Java 语言中的方法，用于完成所需要的功能。通常在写一个复杂程序时，总是根据所完成功能的不同，将程序划分为一些相对独立的部分，每个部分由一个函数来完成。从而使各部分独立，任务单一，程序清晰易懂。

JavaScript 中函数定义的基本格式如下：

```
function 函数名(形式参数){
    函数体;
    return 表达式;
}
```

2.4.2 JavaScript 浏览器对象

1. Window 对象

Window 对象描述浏览器窗口特征，它是 Document、Location 和 History 对象的父对象。另外，还可以认为它是其他任何对象的假定父对象。例如，语句“alert("2022北京-张家口—欢迎您")”，相当于语句“Window.alert("2022北京-张家口—欢迎您")”。

(1) Window对象属性

- name：指定窗口的名称。浏览器可同时打开多个窗口，窗口名称可以区分它们。用Window对象的open方法打开一个新窗口时可指定窗口名称；a标记的target属性指定窗口的名称，单击该锚点可链接到该窗口。下例中的超链接将打开一个name属性为IE_Window的Window对象。

```
<a href="http://www.njnu.edu.cn" target="IE_Window">南京师范大学</a>
```

- parent：代表当前窗口(框架)的父窗口，使用它返回对象的方法和属性。
- opener：返回产生当前窗口的窗口对象，使用它返回对象的方法和属性。
- top：代表主窗口，是最顶层的窗口，也是所有其他窗口的父窗口。可通过该对象访问当前窗口的方法和属性。
- self：返回当前窗口的一个对象，可通过该对象访问当前窗口的方法和属性。
- defaultstatus：返回或设置将在浏览器状态栏中显示的默认内容。
- status：返回或设置将在浏览器状态栏中显示的指定内容。例如，下面的语句在浏览器状态栏中显示浏览当天的日期：

```
status =Dateformat(date);
```

(2) Window对象的方法

- alert()：显示一个警告对话框，包含一条信息和一个确定按钮。

语法格式如下：

```
alert(参数)
```

它的参数就是提示信息。执行alert方法时，脚本的执行过程会暂停下来，直到用户单击“确定”按钮。例如：

```
Window.alert( "欢迎访问南京师范大学");
```

- confirm()：显示一个确认对话框，包含一条指定信息，还包含确定按钮和取消按钮。

语法格式如下：

```
confirm(参数)
```

它的参数就是提示信息。单击“确定”按钮，返回true；单击“取消”按钮，则返回false。例如，下面的语句：

```
Res=confirm("欢迎访问南京师范大学")
if Res then Form.Submit
```

- prompt()：显示一个提示对话框，提示用户输入数据。

语法格式如下：

```
prompt(参数 1, 参数 2)
```

其中，参数 1 给出提示信息，参数 2 指定默认响应。执行 prompt 方法时，将显示一个提示对话框，让用户在文本框中输入字符串，完成输入后，单击"确定"按钮，返回所输入的字符串；单击"取消"按钮，则不返回任何信息。其作用类似于 InputBox 函数。

- open()：打开一个已存在的窗口，或者创建一个新窗口，并在该窗口中加载一个文档。

语法格式如下：

```
NewWindow =Window.open(url , name, 窗口参数设置表)
```

其中，NewWindow 用于接收 open 方法的返回值，它是一个 Window 对象。参数 url 指定要在窗口中显示的文档的 URL；参数 name 指定要打开的窗口名称。如果指定窗口已存在，则在该窗口显示新文档，原有内容被取代；如果指定窗口不存在，则以指定名称创建并打开一个新窗口，并且在该窗口中显示新文档内容。

窗口参数设置表格式如下：

```
参数 1=值,参数 2=值,…
```

窗口参数用于描述打开的窗口，参数可以多个，是可选项。例如：

```
Set NewWindow1=Window.open("Jsp.htm","WindowIE","toolbar=no,location=no");
```

这行语句将在 WindowIE 窗口打开 Jsp. htm 文件，并且产生一个句柄为 NewWindow1 的对象。

- close()：关闭一个打开的窗门。例如，在 Mywin 窗口中打开 example. htm 页面，该窗口没有状态栏、工具栏、菜单栏和地址栏。

```
Mywin=Window.open("example.htm", "mywin", "Status=no, toolbar=no, menubar=
no, location=no");
```

关闭这个打开的窗口，语句如下：

```
Mywin.close
```

- navigate()：在当前窗口中显示指定网页。

语法格式如下：

```
navigate url
```

其中，url 参数用于指定要显示的新文档的 URL。例如，在当前窗口打开南京师范大学主页：

```
Window.navigate "http://www.njnu.edu.cn";
```

- setTimeout()：设置一个计时器，在经过指定的时间间隔后调用一个过程。

语法格式如下：

```
变量名=Window.setTimeout(过程名, 时间间隔, 脚本语言)
```

其中，变量名保存 setTimeout 方法的返回值，它是一个 Timer 对象。过程名给出到指定的时间间隔要调用的过程或函数的名称。时间间隔以毫秒为单位。例如，打开窗口 3s 后调用 MyProc 过程：

```
TID=Window.setTimout("MyProc", 3000, "JavaScript");
```

- clearTimeout()：给指定的计时器复位。

语法格式如下：

```
Window.clearTimeout 对象
```

其中，"对象"是用 SetTimeout 方法返回的计数器对象。例如：

```
Window.clearTimeout TID
```

这行代码可以清除名字为 TID 的计数器对象。

- focus()：使一个 Window 对象得到当前焦点。例如，要使 NewWindow 对象得到焦点，使用如下语句：

```
NewWindow.focus;
```

- blur()：使一个 Window 对象失去当前焦点。例如，要使 NewWindow 对象失去焦点，使用如下语句：

```
NewWindow.blur;
```

(3) Window 对象的事件

Window 对象事件如表 2.7 所示。

表 2.7 Window 对象事件

事件	说明	事件	说明
OnLoad	HTML 文件载入浏览器时发生	OnHelp	用户按下 F1 键时发生
OnUnLoad	HTML 文件从浏览器删除时发生	onResize	用户调整窗口大小时发生
OnFocus	窗口获得焦点时发生	OnScroll	用户滚动窗口时发生
OnBlur	窗口失去焦点时发生	OnError	载入 HTML 文件出错时发生

2. Document 对象

Document 对象表示在浏览器窗口或其中一个框架中显示的 HTML 文档，通过该对象的属性和方法可以获得和控制页面对象的外观和内容。

Document 对象包含以下对象和集合：All(文档中所有元素的集合)、Anchors(锚点集合)、Applets(Java 小程序集合)、Body(文档主体对象)、Children(子元素集合)、Embeds(嵌入对象)、Forms(表单集合)、Frames(框架集合)、Images(图像集合)、Links(链接集合)、Plugins(插件集合)、Scripts(脚本集合)、Selection(选择器对象)和 StyleSheets(级联样式表集合)。通过这些集合可以获取网页中某一类型的所有元素，并可通过索引来访问集合中的指定元素。

(1) Document 对象的属性

Document 对象有许多属性，用来设置文档的背景颜色、链接颜色和文档标题等，也可执行更为复杂的操作。

① 与颜色有关的属性。

- fgColor：设置或返回文档的文本颜色。
- bgColor：设置或返回文档的背景颜色。它与 body 标记的 bgcolor 属性功能相同。
- linkColor：设置或返回文档中超链接的颜色。它与 body 标记的 link 属性功能相同。

使用方法如下：

```
Window.document.linkColor=color;
```

其中，color 是一种颜色的描述。它是颜色名称或颜色的数值表示。例如，颜色的名称可以是 Green，颜色的数值可以是＃C00000。

linkColor 的值在网页首次载入时设置，随后可以重新设置和修改。

- alinkColor：设置或返回文档中活动链接的颜色。活动链接是鼠标指针指向一个超链接，按下鼠标左键但尚未释放时的状态。它与 body 标记的 alink 属性功能相同。
- vlinkColor：设置或返回已经访问过的超链接的颜色，与 body 标记中的 vlink 属性功能相同。

② 与 HTML 文件有关的属性。

- title：返回当前文档的标题，在运行期间不能改变。
- location：设置或返回文档的 URL。
- parentWindow：包含此 HTML 文件的上层窗口。
- referrer：返回链接到当前页面的那个页面的 URL。
- lastModified：返回当前文档的最后修改日期。

③ 对象属性。

对象属性就是对象属性的值。例如，通过 length 属性可以返回当前文档中该对象的数目。每个对象被存储在数组中，可以通过索引值来访问该数组中的元素。

- all：返回所有标记和对象。
- anchors：表示文档中的锚点，每个锚点都被存储在 anchors 数组中。
- links：表示文档中的超链接，每个超链接都存储在 links 数组中。
- forms：返回所有表单。
- images：返回所有图像。
- stylesheets：返回所有样式属性对象。
- applets：返回所有 Applet 对象。

• embeds：返回所有嵌入标记。
• scripts：返回所有 Script 程序对象。

(2) Document 对象的方法

Document 对象通过方法对文档内容进行控制。

• open()：打开要输入的文档。执行该方法后，文档中的当前内容被清除，可以使用 write 或 writeLn 方法将新内容写到文档中。

语法格式：

```
Document.open
```

• write()：向文档中写入 HTML 代码。

语法格式：

```
Document.write 写入内容
```

执行 write 方法后，写入内容插入到文档的当前位置，但该文档要执行 close 方法后才能显示出来。

• writeLn()：向文档中写入 HTML 代码。

语法格式：

```
Document.writeLn 写入内容
```

writeLn 方法与 Write 方法类似，不同的是 writeLn 在内容末尾添加一个换行符。

• close()：关闭文档，并显示所有使用 write 或 writeLn 方法写入的内容。
• clear()：清除当前文档的内容，刷新屏幕。

对于 Document 对象的各个方法，浏览器默认在当前文档中放入数据时的各种方法的顺序通常是：

```
Document.Open;
Document.Write content;
Document.Close;
```

其中，content 可以是一个字符串或一个有确定值的变量。

(3) Document 对象的事件

Document 对象的事件主要有鼠标事件和键盘事件，如表 2.8 所示。

表 2.8 Document 对象事件

事件处理名	说　明
onClick	单击鼠标
onDbClick	双击鼠标
onMouseDown	按下鼠标左键
onMouseUp	放开鼠标左键

续表

事件处理名	说　明
onMouseOver	鼠标移到对象上
onMouseOut	鼠标离开对象
onMouseMove	移动鼠标
onSelectStart	开始选取对象内容
onDragStart	开始以拖动方式移动选取对象内容
onKeyDown	按下键盘按键
onKeyPress	用户按下任意键时,先产生 KeyDown 事件。若用户一直按住按键,则产生连续的 KeyPress 事件

3. History 对象

History 对象包含用户已经浏览过的 URL 集合,提供浏览器导航按钮功能,可以通过文档的历史记录来浏览文档。

(1) History 对象的属性

- length:返回历史表中的 URL 地址数目。

(2) History 对象的方法

- back():在历史表中向后搜索。
- forward():在历史表中向前搜索。
- go():在历史表中跳转到指定的项。

4. Navigator 对象

Navigator 对象包含浏览器的信息。

(1) Navigator 对象的属性

- appCodeName:返回浏览器的代码名称。对于 IE 浏览器,返回 Mozilla。
- appName:返回浏览器的名称。对于 IE 浏览器,返回 Microsoft Internet Explorer。
- appVersion:返回浏览器的版本号。
- userLanguage:返回当前用户所使用的语言。如果用户使用简体中文 Windows,则返回 zh-cn。
- cookieEnabled:如果允许使用 cookies,则该属性返回 true,否则返回 false。

(2) Navigator 对象的方法

Navigator 对象提供了一种用于确定浏览器中的 Java 是否可用的方法。

```
java.Enable();
```

如果 Java 可用,返回值为 true,否则为 false。

5. Location 对象

Location 对象包含当前 URL 的信息。

(1) Location 对象的属性

- href:返回或设置当前文档的完整 URL。

- hash：返回或设置当前 URL 中#后面的部分(即书签)的名称。
- host：返回或设置当前 URL 中的主机名和端口部分。
- hostname：返回或设置当前 URL 中的主机名。
- port：返回或设置当前 URL 中的端口部分。
- path：返回或设置当前 URL 中的路径部分。
- protocol：返回或设置当前 URL 中的协议类型。
- search：返回或设置当前 URL 中的查询字符串，即提交给服务器时在 URL 中紧跟在问号后面的内容。如果当前 URL 中不包含查询字符串，则它返回一个空字符串。

(2) Location 对象的方法

- reload()：重新加载当前文档。
- replace()：用参数中给出的网址替换当前的网址。
- assign()：将当前 URL 地址设置为其参数所给出的 URL。

6. Link 对象

Link 对象表示文档中的超链接，通过该对象的一些属性可以得到链接目标。Link 对象的基本属性是 length，它返回文档中链接的数目。每个链接都是 Links 数组中的一个元素，可以通过索引值来访问。例如，第一个链接是 Links(0)，第二个链接是 Links(1)，最后一个链接是 Links(Links. Length)。

Link 对象的大多数属性与 Location 对象的属性基本相同，不再赘述。

例如：

```
<!DOCTYPE html
PUBLIC "-//W3C//DTD XHTML 1.0 Strict//EN"
"http://www.w3.org/TR/xhtml1/DTD/xhtml1-strict.dtd">
<html>
<head>
<title>content 网页</title></head>
<body>
…
<stript type="text/javascript">
    var name;
    name=window.prompt("登录","请输入您的登录名");
    document.write("当前用户为: "+ name);
</script>
</body>
</html>
```

思考与实验

1. 简述 XHTML 与 HTML 的区别与联系。
2. 一个典型的 XHTML 文档的构成是怎样的?

3. 结合本章例题，理解2.1.3节所描述的各类标签的作用。

4. 什么是CSS样式表？有什么作用？简述其基本定义和引用方法。

5. 什么是XML？XML有哪几种显示方法？

6. 什么是JavaScript？它有什么作用？

7. 实验。

(1) 复习2.1.8节的内容，用XHTML文件实现如图2.6所示的主界面。

(2) 在页面的左边再加入一个超链接，单击该超链接，在右边显示想要显示的内容。

(3) 分别试验用浏览器、CSS和XSLT 3种不同的方式显示2.3节的XML文档。

CHAPTER 第3章

JSP 基础

3.1 JSP 概述

3.1.1 一个简单的 JSP 实例

在 Java EE 中,JSP 应用非常广泛。本章先从计算圆面积例子入手,简单介绍 JSP 基本构成。JSP 文件的扩展名为.jsp,保存时后缀名必须小写。

把下面这段代码命名为 input.jsp,保存在 Tomcat 的 webapps 目录下的 ROOT 文件夹中。

```
<%@page contentType ="text/html;charset =gb2312"%>
<html>
<body>
   <form action="result.jsp" method="post">
      请输入半径 r: <input type="text" name="radius"/>
      <input type="submit" value="计算"/>
   </form>
</body>
</html>
```

再把下面这段代码命名为 result.jsp 保存,同样放在刚才的 ROOT 文件夹下。

```
<%@page contentType="text/html;charset=gb2312"%>
<html>
<body>
   <%
      double r,s;
      String radius =request.getParameter("radius");
      if(radius ==null){
         s =0.0;
      }else{
         r =Double.parseDouble(radius);
         s =3.14 * r * r;
      }
```

```
        out.print(s);
    %>
</body>
</html>
```

启动 Tomcat 服务器，在 IE 浏览器中输入 http://localhost:8080/input.jsp，会显示 input.jsp 的页面，如图 3.1 所示。而当在文本框中输入“10”后，单击“计算”按钮会跳转到另外一个页面，也就是 result.jsp 页面，并且输出结果 314.0，如图 3.2 所示。

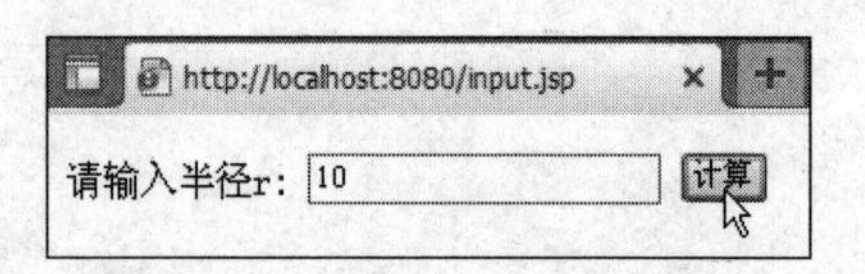

图 3.1 input.jsp 页面

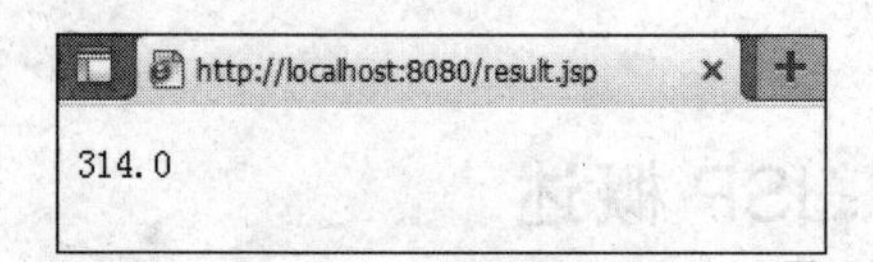

图 3.2 result.jsp 页面

3.1.2 JSP 运行原理

JSP 是由 **HTML＋Java** 片段＋**JSP** 标记组合而成。Java 的运行方式是通过 Java 虚拟机把一个 *.java 的文件编译成 *.class 文件，而 JSP 需要服务器先翻译成 Servlet 文件，而 Servlet 文件就是 *.java 文件，然后这个 *.java 文件又被编译成 *.class 文件，再由 Java 虚拟机解释执行。

在上面的 JSP 例子中，如果 action 指定一个类，例如：

```
<form action="result " method="post">
```

则系统会直接找 result 对应的 Servlet 的类运行。

因此，JSP 页面的执行过程一般可以分为以下 6 步。

(1) 客户端通过 Web 浏览器向 JSP 服务器发出请求。

(2) JSP 服务器检查是否已经存在 JSP 页面对应的 Servlet 源代码，若存在则继续下一步，否则转至步骤(4)。

(3) JSP 服务器检查 JSP 页面是否有更新修改，若存在更新修改则继续下一步，否则转至步骤(5)。

(4) JSP 服务器将 JSP 代码转译为 Servlet 的源代码。

(5) JSP 服务器将 Servlet 源代码经编译后加载至内存执行。

(6) 将产生的结果返回至客户端。

该过程如图 3.3 所示。

一般来说，JSP 文件的编译是在第一个用户访问该 JSP 页面时发生的，而这第一个用户通常是该 JSP 页面的 Web 开发人员，这样用户访问该 JSP 页面时通常 JSP 文件已编译成 Servlet，使得用户的访问效率非常高。

在执行 1_1Area.jsp 页面时，Tomcat 会首先将其转换为 Servlet，这个转换是由 JSP 服务器中的 JSP 引擎完成的，这个引擎本身也是一个 Servlet，JSP 引擎首先把该 JSP 文件转

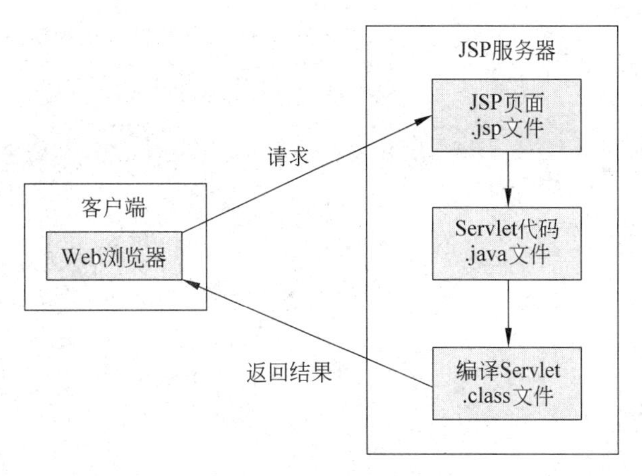

图 3.3　JSP 页面的执行过程

换成一个 JSP 源文件，在转换时如果 JSP 文件有任何语法错误，转换过程将中断，并向服务器端和客户端输出出错信息，如果转换成功，JSP 引擎用 javac 命令将 Java 源文件编译成相应的. class 文件。

3.2 Servlet 基础

3.2.1　Servlet 主要接口和类

本节主要介绍开发 Servlet 需要用到的接口和类。

1. Servlet 接口

在 Java 语言中，Java Applet(Java 小应用程序)是运行在客户端的浏览器中的。Servlet 与 Java Applet 一样，它们都不是独立的应用程序，都没有 main()方法，而是生存在容器中，由容器来管理。编写一个 Servlet 文件，需要实现 javax. servlet. Servlet 接口。下面就来开发一个 Servlet 项目。

首先启动 MyEclipse 2017，创建一个 Web 项目，给 Web 应用取名为 Servlet，在 src 文件夹下新建一个类，取名为 HelloWorld。

下面编辑 HelloWorld 类，让它实现 Servlet 接口，其代码如下：

```
import java.io.IOException;
import java.io.PrintWriter;
import javax.servlet.Servlet;
import javax.servlet.ServletConfig;
import javax.servlet.ServletException;
import javax.servlet.ServletRequest;
import javax.servlet.ServletResponse;
public class HelloWorld implements Servlet{
    public void destroy() {
```

```
    }
    public ServletConfig getServletConfig() {
        return null;
    }
    public String getServletInfo() {
        return null;
    }
    public void init(ServletConfig arg0) throws ServletException {
    }
    public void service(ServletRequest req, ServletResponse res)
            throws ServletException, IOException {
        PrintWriter pw=res.getWriter();
        pw.println("HelloWorld");
    }
}
```

展开 WebRoot→WEB-INF,双击打开 web.xml 文件。修改 web.xml 文件,代码如下:

```
<?xml version="1.0" encoding="UTF-8"?>
<web-app xmlns:xsi="http://www.w3.org/2001/XMLSchema-instance" xmlns=
"http://xmlns.jcp.org/xml/ns/javaee" xsi:schemaLocation="http://xmlns.jcp.
org/xml/ns/javaee http://xmlns.jcp.org/xml/ns/javaee/web-app_3_1.xsd" id=
"WebApp_ID" version="3.1">
    <display-name>Servlet</display-name>
    <welcome-file-list>
        <welcome-file>index.jsp</welcome-file>
    </welcome-file-list>
        <servlet>
        <servlet-name>HelloWorld</servlet-name>
        <servlet-class>HelloWorld</servlet-class>
    </servlet>
    <servlet-mapping>
        <servlet-name>HelloWorld</servlet-name>
        <url-pattern>/helloWorld</url-pattern>
    </servlet-mapping>
</web-app>
```

启动 Tomcat 9,在浏览器中输入 http://localhost:8080/Servlet/helloWorld,就会在页面中显示“HelloWorld”,如图 3.4 所示。

从上例可以看出,HelloWorld 类实现了 Servlet 接口,实现了 Servlet 接口定义的 5 个方法。下面介绍这 5 个方法的作用。

(1) init():在 Servlet 实例化之后,Servlet 容器会调用 init()方法,来初始化该对象。该方法主要是为了让 Servlet 对象在处理客户请求前可以完成一些初始化的工作,例如,建立数据库的连接,获取配置信息等。对于每一个 Servlet 实例,init()方法只能被调用一次。

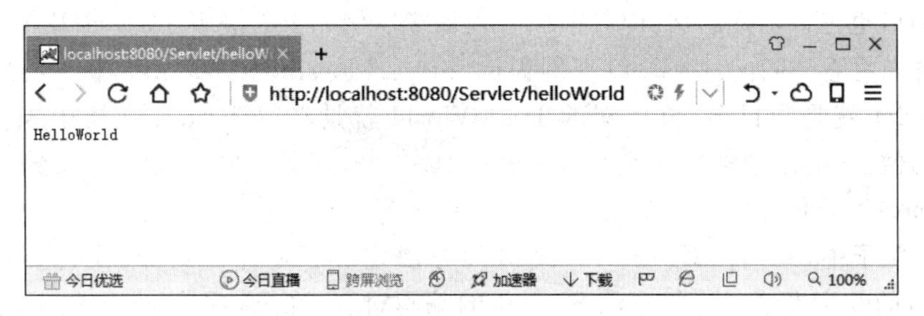

图 3.4 运行界面

init()方法有一个类型为 ServletConfig 的参数，Servlet 容器通过这个参数向 Servlet 传递配置信息。Servlet 使用该对象从 Web 应用程序的配置信息中获取初始化参数。另外，在 Servlet 中，还可以通过 ServletConfig 对象获取描述 Servlet 运行环境的 ServletContext 对象，使用该对象，Servlet 可以和它的 Servlet 容器进行通信。

(2) service()：容器调用 service()方法来处理客户端的请求。在 init()方法正确完成后，service()方法被容器调用。在 service()方法中有一个用于接收客户端请求信息的请求对象（类型为 ServletRequest）和一个用于对客户端进行响应的响应对象（类型为 ServletResponse）的参数。Servlet 对象通过 ServletRequest 对象得到客户端的相关信息和请求信息，在对请求进行处理后，调用 ServletResponse 对象的方法设置响应信息。

(3) destroy()：当容器检测到一个 Servlet 对象应该从服务中被移除的时候，容器会调用该对象的 destroy()方法，来释放 Servlet 对象所使用的资源，保存数据到持久存储设备中。例如，将内存中的数据保存到数据库中，关闭数据库的连接等。在 Servlet 容器调用 destroy()方法前，如果还有其他线程正在 service()方法中执行，容器会等待这些线程执行完毕或等待服务器设定的最大时间到达。一旦 Servlet 对象的 destroy()方法被调用，容器不会再把其他的请求发送给该对象。如果需要该 Servlet 再次为客户端服务，容器将会重新产生一个 Servlet 对象来处理客户端的请求。在 destroy()方法调用之后，容器会释放这个 Servlet 对象，在随后的时间内，该对象会被 Java 的垃圾收集器所回收。

(4) getServletConfig()：该方法返回容器调用 init()方法时传递给 Servlet 对象的 ServletConfig 对象，ServletConfig 对象包含了 Servlet 的初始化参数。

(5) getServletInfo()：返回一个 String 类型的字符串，其中包括了关于 Servlet 的信息，如作者、版本和版权。

下面介绍 web. xml 的配置信息。

第一行是对 xml 文档的声明，接着就是 xml 的根元素<web-app>，其属性中声明了版本等信息，这是固定的头文件，接着才是需要配置的文件。

<servlet>与</servlet>之间配置的是<servlet-name>和<servlet-class>。其中<servlet-name>的值 HelloWorld 是自己为 servlet 起的一个名字(起名需要符合 Java 的命名规则)，而<servlet-class>的值则是自己写的 Servlet 类的类名，这个必须配置正确，如果有包，还要在前面加上包名。例如 Mypackage. HelloWorld。注意，这里的类名不带 . java，也不带. class。

<servlet-mapping>与</servlet-mapping>之间配置的是<servlet-name>与<url-pattern>，其中<servlet-name>的值就是上面刚刚配置的<servlet-name>的值，而<url-

pattern>的值也可以随便起名，但其前面必须加"/"，例如上面例子中的/HelloWorld。

下面再来看看访问的地址。以上例为例，http://localhost:8080/是服务器的URL，而后面的Servlet就是项目名，再后面的HelloWorld就是在web.xml文档中配置的<url-pattern>的值。

2. GenericServlet类

上面的例子中，采用实现Servlet接口的方法定义了一个Servlet类，这样需要实现Servlet接口的5个方法。为了简化Servlet的编写过程，在javax.servlet包中提供了一个抽象的类GenericServlet。它给出了除service()方法外的其他4个方法的简单实现。GenericServlet类实现了Servlet接口和ServletConfig接口。所以上例的HelloWorld类如果继承这个类，代码会简化很多。其代码如下：

```
import java.io.IOException;
import java.io.PrintWriter;
import javax.servlet.GenericServlet;
import javax.servlet.ServletException;
import javax.servlet.ServletRequest;
import javax.servlet.ServletResponse;
public class HelloWorld extends GenericServlet{
    public void service(ServletRequest arg0, ServletResponse arg1)
            throws ServletException, IOException {
        //TODO Auto-generated method stub
        PrintWriter pw=arg1.getWriter();
        pw.println("Hello World");
    }
}
```

其他配置不变，直接部署运行，一样可以输出Hello World。

3. HttpServlet类

在大部分网络中，都是客户端通过http协议来访问服务器端的资源。为了快速开发应用于http协议的Servlet类，在javax.servlet.http包中提供了一个抽象类HttpServlet。它继承了GenericServlet类。

在HttpServlet类中重载了GenericServlet的service()方法。分别是：

(1) public void service(ServletRequest req, ServletResponse res) throws ServletException, java.io.IOException

(2) protected void service(HttpServletRequest req, HttpServletResponse res) throws ServletException, java.io.IOException

根据不同的请求方法，HttpServlet提供了7个处理方法，分别为：

(1) protected void doGet(HttpServletRequest req, HttpServletResponse res) throws ServletException, java.io.IOException

(2) protected void doPost(HttpServletRequest req, HttpServletResponse res) throws ServletException, java.io.IOException

(3) protected void doHead(HttpServletRequest req, HttpServletResponse res) throws

ServletException, java. io. IOException

(4) protected void doPut(HttpServletRequest req, HttpServletResponse res)throws ServletException, java. io. IOException

(5) protected void doDelete(HttpServletRequest req, HttpServletResponse res) throws ServletException, java. io. IOException

(6) protected void doTrace(HttpServletRequest req, HttpServletResponse res) throws ServletException, java. io. IOException

(7) protected void doOptions(HttpServletRequest req, HttpServletResponse res) throws ServletException, java. io. IOException

当容器接收到一个针对 HttpServlet 对象请求时,该对象就会调用 public 的 service()方法,首先将参数类型转换为 HttpServletRequest 和 HttpServletResponse,然后调用 protected 的 service()方法将参数送进去。接着调用 HttpServletRequest 对象的 getMethod()方法获取请求方法名(大家可以回想在前面的 HTML 表单中写的 method="post")来调用相应的 doXxx()方法。所以,当一个 Servlet 类在继承 HttpServlet 的时候,不用覆盖它的 service()方法,只需要覆盖相应的 doXxx()方法就行了。通常情况下,都是覆盖其 doGet()和 doPost()方法。然后在其中的一个方法中调用另一个方法,这样就可以做到合二为一。例如,上例可以改成:

```
import java.io.IOException;
import java.io.PrintWriter;
import javax.servlet.ServletException;
import javax.servlet.http.HttpServlet;
import javax.servlet.http.HttpServletRequest;
import javax.servlet.http.HttpServletResponse;
public class HelloWorld extends HttpServlet{
    protected void doGet(HttpServletRequest req, HttpServletResponse res)
            throws ServletException, IOException {
        PrintWriter pw=res.getWriter();
        pw.println("Hello World");
    }
    protected void doPost(HttpServletRequest req, HttpServletResponse res)
            throws ServletException, IOException {
        doPost(req, res);
    }
}
```

其他内容不变,也同样可以输出 Hello World。继承 HttpServlet 来定义一个 Servlet 是现在最常用的方法。下面具体介绍 HttpServletRequest 和 HttpServletResponse 接口。

4. HttpServletRequest 和 HttpServletResponse

HttpServletRequest 和 HttpServletResponse 接口在 javaxv. servlet. http 包中,这两个接口分别继承 javax. servlet. ServletRequest 和 javax. servlet. ServletResponse。它们有很多常用的方法。下面列出 HttpServletRequest 中常用的一些方法:

setAttribute(String name,Object)：设置名字为 name 的 request 的参数值；

getAttribute(String name)：返回由 name 指定的属性值；

getAttributeNames()：返回 request 对象所有属性的名字集合，结果是一个枚举的实例；getCookies()：返回客户端的所有 Cookie 对象，结果是一个 Cookie 数组；

getCharacterEncoding()：返回请求中的字符编码方式；

getHeader(String name)：获得 http 协议定义的文件头信息；

getHeaders(String name)：返回指定名字的 request Header 的所有值，结果是一个枚举的实例；

getHeaderNames()：返回所有 request Header 的名字，结果是一个枚举的实例；

getInputStream()：返回请求的输入流，用于获得请求中的数据；

getMethod()：获得客户端向服务器端传送数据的方法；

getParameter(String name)：获得客户端传送给服务器端的有 name 指定的参数值；

getParameterNames()：获得客户端传送给服务器端的所有参数名称，结果是一个枚举的实例；

getParameterValues(String name)：获得有 name 指定的参数的所有值，一般用于 checkbox；

getRequestURI()：获取发出请求字符串的客户端地址；

getRemoteAddr()：获取客户端的 IP 地址；

getRemoteHost()：获取客户端的名字；

getSession([Boolean create])：返回和请求相关 session；

getServerName()：获取服务器的名字；

getServletPath()：获取客户端所请求的脚本文件的路径；

getServerPort()：获取服务器的端口号；

removeAttribute(String name)：删除请求中的一个属性；

读者可以根据 HttpServletRequest 和 HttpServletResponse 接口的 API 文档学习使用。

5. Servlet 的生命周期

当 Servlet 被装载到容器后，生命周期开始。首先调用 init()方法进行初始化，初始化后，调用 service()方法，根据请求的不同调用不同的 doXxx()方法处理客户请求，并将处理结果封装到 HttpServletResponse 中返回给客户端。当 Servlet 实例从容器中移除时调用其 destroy()方法，这就是 Servlet 运行的整个过程。

3.2.2 Servlet 举例

学习过 Servlet 的基本内容后，下面来开发一个具体实例，巩固学过的知识，再对一些内容加以补充。

【例 3.1】 Servlet 应用。

这个实例要达到这样的目的，首先在一个 html 文件中建立一个表单，里面有一个输入框，当用户输入内容后，提交到一个 Servlet 类，而这个 Servlet 类取出客户输入的信息，并在一个 HTML 页面上显示该内容。其效果如图 3.5 与图 3.6 所示。

图 3.5 输入页面

图 3.6 响应页面

开发这个 Servlet 应用的步骤如下：

(1) 建立一个 Web 项目，命名为 ServletExample。

(2) 在 WebRoot 下创建一个 HTML 文档，操作方法和在 src 下建立一个 Class 文件差不多。右击 WebRoot 文件夹，新建一个 HTML 文档，这里取名为 input.html，其代码为：

```
<html>
<head>
    <title>Servlet 实例</title>
</head>
<body>
    <form action=" inputServlet " method="post">
        请输入你想显示的内容：<input type="text" name="input"/><br>
            <input type="submit" value="提交"/>
            <input type="reset" value="重置"/>
    </form>
</body>
</html>
```

(3) 在项目的 src 下建立一个包。包名可以随便起一个，这里起名为 aa。包建好后，右击 aa 包，新建一个 Class 文件，也就是 Servlet 类，命名为 InputServlet。编写 Servlet 类代码如下：

```
package aa;
import java.io.IOException;
import java.io.PrintWriter;
import javax.servlet.ServletException;
import javax.servlet.http.HttpServlet;
import javax.servlet.http.HttpServletRequest;
import javax.servlet.http.HttpServletResponse;
import javax.servlet.http.HttpSession;
public class InputServlet extends HttpServlet{
    protected void doGet(HttpServletRequest req, HttpServletResponse res)
            throws ServletException, IOException {
        //响应内容转换为中文编码
        res.setCharacterEncoding("gb2312");
        //请求转换为中文编码
        req.setCharacterEncoding("gb2312");
        //取出表单提交的内容
```

```
        String input=req.getParameter("input");
        //得到 PrintWriter 对象
        PrintWriter pw=res.getWriter();
        pw.println("<html><head><title>");
        pw.println("显示输入内容");
        pw.println("</title><body>");
        pw.println(input);
        pw.println("</body></html>");
    }
    protected void doPost(HttpServletRequest req, HttpServletResponse res)
            throws ServletException, IOException {
    //如果是 Post 请求,调用 doGet()方法,这样做不管是 Get 还是 Post 请求都可以处理
        doGet(req, res);
    }
}
```

注意：这里一定要进行转码，不然输入中文后会得到乱码。

(4) 布局 web. xml 文件，大家要记住，有一个 Servlet 文档就要在 web. xml 中布置一个 <servlet>和<servlet-mapping>。这里的布局代码如下：

```
<? xml version="1.0" encoding="UTF-8"? >
<web-app xmlns:xsi="http://www.w3.org/2001/XMLSchema-instance" xmlns=
"http://xmlns.jcp.org/xml/ns/javaee" xsi:schemaLocation="http://xmlns.jcp.
org/xml/ns/javaee http://xmlns.jcp.org/xml/ns/javaee/web-app_3_1.xsd" id=
"WebApp_ID" version="3.1">
    <display-name>ServletExample</display-name>
    <welcome-file-list>
        <welcome-file>index.jsp</welcome-file>
    </welcome-file-list>
    <servlet>
        <!--对应 html 中 form 标记 action 指定的 servlet 名字-->
        <servlet-name>inputServlet</servlet-name>
        <!--servlet 对应项目中实现的包名+类名-->
        <servlet-class>aa.InputServlet</servlet-class>
    </servlet>
    <servlet-mapping>
        <!--上面为 servlet 的名字-->
        <servlet-name>inputServlet</servlet-name>
        <!--访问 URL,注意前面加"/"-->
        <url-pattern>/inputServlet</url-pattern>
    </servlet-mapping>
</web-app>
```

(5) 部署运行，浏览器输入 http://localhost:8080/ServletExample/input. html，就会得到以上结果。

3.3 JSP 基本构成

JSP(Java Server Pages)是由原 Sun Microsystems 公司倡导、许多公司参与一起建立的一种动态网页技术标准。它是在传统的网页 HTML 文件(*.htm，*.html)中插入 Java 程序段(Scriptlet)和 JSP 标记(tag)，从而形成 JSP 文件(*.jsp)。

3.3.1 JSP 数据定义

在 JSP 中可以用<%!和%>定义一个或多个变量。凡是在其中定义的变量为该页面级别的共享变量，可以被访问此网页的所有用户访问。其语法格式为：

```
<%! 变量声明 %>
```

例如下面的代码片段：

```
<%!
    String name="liu";
    int i=0;
%>
```

此外，这种声明方式还可以定义一个方法或类，定义方法的格式为：

```
<%!
    返回值数据类型 函数名(数据类型，参数，…){
        语句;
        return (返回值);
    }
%>
```

定义一个类不常用，例如下面的代码片段：

```
<%!
    puiblic class A{…}
%>
```

3.3.2 JSP 程序块

来看下面这样一段 JSP 代码，命名为 circle.jsp：

```
<%@page language="java" pageEncoding="ISO-8859-1"%>
<html>
<body>
```

```
    <% double r=10.0, s;
        s=3.14 * r * r;
        out.print(s);
    %>
</body>
</html>
```

将上面的circle.jsp文件存放到\webapps\ROOT目录下。启动Tomcat服务器,在浏览器中输入地址http://localhost:8080/circle.jsp,将在窗口中显示圆面积的值314.0。

从上面的这段代码中可以发现,在<%与%>之间就是一个Java片段代码。这就是在HTML脚本中嵌入Java片段的方法,而其中还可以定义数据类型,也就是说在<%与%>之间可以任意地操作Java代码,这样为编写JSP文件带来了很大的方便。

3.3.3 JSP表达式

从3.3.2节的例子中可以发现,要输出面积s的值,先计算s的值,然后输出结果。JSP中提供了一种表达式,可以很方便地输出运算结果,其格式如下:

```
<%=Java 表达式 %>
```

3.3.2节的circle.jsp文件的代码可以修改为:

```
<%@page language="java" pageEncoding="ISO-8859-1"%>
<html>
<body>
    <%    double r=10.0,s;
    %>
    <%=3.14*r*r %>
</body>
</html>
```

可以输出同样的运算结果。

3.3.4 JSP指令

JSP指令主要用来提供整个JSP页面的相关信息和设定JSP页面的相关属性,例如设定网页的编码方式,脚本语言及导入需要用到的包等。其语法格式如下:

```
<%@指令名 属性名="属性值"%>
```

常用的有3条指令:page、include和taglib。

1. page指令

page指令主要用来设定整个JSP文件的属性和相关功能,例如前面写的JSP文件的头：

```
<%@page contentType ="text/html, charset =gb2312"%>
```

一般用到的 page 指令还有导入需要的包，用法如下：

```
<%@page import ="java.util.List" %>
```

2. include 指令

在 JSP 中，有时某部分代码在很多地方需要用到，如果每个文件都要写这段代码就显得烦琐了。而 include 指令用来解决这个问题，其用来导入包含一个静态的文件，如 JSP 网页文件、HTML 网页文件，但不能包含用＜％＝和％＞表示的代表表达式的文件。其语法格式如下：

```
<%@include file ="被包含文件 URL" %>
```

例如有 head.jsp 文件，其内容如下：

```
<%@page language ="java" contentType ="text/html;charset =gb2312"%>
<%@page import ="java.sql.ResultSet"%>
```

现在在另一个文件中调用它：

```
<%@include file="head.jsp"%>
<html>
<head><title>输出页面</title></head>
<body>这句话是我想输出的</body>
</html>
```

3. taglib 指令

在 JSP 中有时会用到标签(关于标签会在 Struts 中讲解)，这时就要用到 taglib 指令。其语法格式如下：

```
<%@taglib uri="tagLibraryURI" prefix="tagPrefix" %>
```

其中，uri＝"tagLibraryURI"是指明标签库文件的存放位置。而 prefix＝"tagPrefix"则表示该标签使用时的前缀。例如，在 Struts2 中用到标签：

```
<%@taglib uri ="/struts-tags" prefix ="s"%>
```

就需要导入这段代码。这个会在后面的 Struts 中具体讲解。

3.3.5　JSP 动作

1. ＜jsp:param＞

＜jsp:param＞的语法规则如下：

```
<jsp:param name ="paramName" value ="paramValue"/>
```

例如：

```
<jsp:param name="username" value ="liu"/>
```

上面的操作就是将 liu 的值和 username 对应起来，从而使 liu 和 usename 两者相关联。<jsp:param>通常与<jsp:include>、<jsp:forward>或者<jsp:plugin>等一起使用。在独立于其他操作使用时，<jsp:param>动作没有作用。

2. <jsp:include>

<jsp:include>的语法规则如下：

```
<jsp:include page=" { relativeURL | <%=expression %>} " flush="true" />
```

或者

```
<jsp:include page=" { relativeURL | <%=expression %>} " flush="true" >
    <jsp:param name="paramName" value="{ paramValue | <%=expression %>}" />
</jsp:include>
```

<jsp:include>可以向一个对象提出请求，并可以将结果包含在一个 JSP 文件中。其中参数 page="{ relative URL | <%= expression %> }" 为相对路径，或者代表相对路径的表达式。参数 flush 必须使用 flush="true"，不能使用 flush="false"，因为在 JSP 1.1 规范中 flush="false"是不允许的。

在<jsp:param name="paramName" value="{ paramValue | <%= expression %>}"/>中，使用<jsp:param>操作指令允许传递一个或者多个参数给被包含到主 JSP 程序中的动态程序，能在一个 JSP 程序中使用多个<jsp:param>操作指令来传递多个参数给被包含的目标程序。

<jsp:include>可以将静态的 HTML、服务器程序的输出结果以及来自其他 JSP 的输出结果包括到当前页面中。使用的是相对的 URL 来调用资源。

例如，包含普通的 HTML 文件：

```
<jsp:include page=" hello.html " />
```

使用相对路径：

```
<jsp:include page=" /index.html " />
```

包含动态 JSP 文件：

```
<jsp:include page=" scripts/login.jsp " />
```

向被包含的程序传递参数：

```
<jsp:include page=" scripts/login.jsp " >
    <jsp:param name="usename" value="zhou" />
</jsp:include>
```

<jsp:include>操作指令允许包含动态文件和静态文件，这两种包含文件的结果是不同的。如果是静态文件，那么这种包含仅仅是把包含文件的内容加到 JSP 文件中，而如果是动态文件，那么被包含文件也会被 JSP 编译器执行。一般不能从文件名上判断一个文件是动态还是静态的，比如 hello.jsp 就有可能只包含一些静态的 HTML 标记而已，而不需要执行某些 Java 脚本。

3. <jsp:useBean>

<jsp:useBean>的语法规则如下：

```
<jsp:useBean id="name" class="classname" scope="page | request | session |
application" typeSpec />
```

语法参数说明如下。

(1) id 属性用来设置 JavaBean 的名称，利用此 id，可以识别在同一个 JSP 程序中使用不同的 JavaBean 组件实例。

(2) class 属性用于指定 JavaBean 对应的 Java 类名查找该 JavaBean 的路径。

(3) scope 属性指定 JavaBean 对象的作用域。scope 的值可能是 page、request、session 以及 application。

(4) typeSpec 可能是如下的 4 种形式之一：

```
class="className"
class="className" type="typeName"
beanName="beanName" type="typeName"
type="typeName"
```

<jsp:useBean>的功能首先是创建一个 class 属性所指定的 Bean 类的对象，并将该对象命名为 id 属性所指定的值。但是，如果系统中已经存在相同的 id 和 scope 属性的 Bean 对象，则该动作将不再创建新的对象，而是直接使用已经存在的 Bean 对象。

通过<jsp:useBean>动作指令在 JSP 页面中声明了 Bean 类的对象后，就可以使用<jsp:getProperty>或者< jsp:setProperty>指令设置或者读取 Bean 类的属性。同时，也可以使用 JSP 脚本程序或者表达式直接调用 Bean 对象的公有方法。

【例 3.2】　useBean 动作元素的应用。

创建 Web 项目，命名为 JSP，在 WebRoot 下创建 JSP 文件，命名为 bean.jsp，其内容代码如下：

```
<%@page contentType="text/html;charset=GB2312" %>
<html>
    <head>
        <title>UseBean 动作元素的应用</title>
    </head>
```

```
    <body>
        <jsp:useBean id="test" scope="page" class="test.TestBean" />
        <%
            test.setString("南京师范大学");
            String str=test.getStringValue();
            out.print(str);
        %>
    </body>
</html>
```

在 src 下创建包 test，在包 test 下创建类 TestBean，其代码如下：

```
package test;
public class TestBean{
    private String str =null;
    public TestBean(){ }
    public void setString(String value){
        str =value;
    }
    public String getStringValue(){
        return str;
    }
}
```

部署运行项目，在浏览器中输入 http://localhost:8080/JSP/bean.jsp，页面就会输出“南京师范大学”，如图 3.7 所示。

图 3.7　useBean 动作元素输出字符

4. <jsp:setProperty>

<jsp:setProperty>的语法规则如下：

```
<jsp:setProperty>
    name="BeanName "
    {   property=" * " |
        property="propertyName " [ param="parameterName "] |
        property="propertyName " value="propertyValue "
    }
/>
```

语法参数说明如下：

(1) name 属性指定了目标 Bean 对象。

(2) property 属性指定了要设置 Bean 的属性名。如果 property 的值是"＊"，则 request 对象中的所有与 Bean 属性同名的参数值都将传递给相应属性的赋值方法。Bean 中的属性名与 request 中的参数名必须相同。

(3) value 属性用来指定 Bean 属性的值。这个值可以是一个 String 常量或者是一个表达式。value 的字符串数据将会自动地转换为相应的 Bean 属性的类型。

<jsp:setProperty>将字符串类型转换为其他类型的方法如下：

boolean(或者 Boolean)　　java.lang.Boolean.valueOf(String);
byte(或者 Byte)　　java.lang.Byte.valueOf(String);
char(或者 Character)　　java.lang.Character.valueOf(String);
double(或者 Double)　　java.lang.Double.valueOf(String);
float(或者 Float)　　java.lang.Float.valueOf(String);
int(或者 Integer)　　java.lang.Integer.valueOf(String);
long(或者 Long)　　java.lang.Long.valueOf(String);

(4) param 属性指定了从 request 对象的某一参数取值以设置 Bean 的同名属性，即要将其值赋给一个 Bean 属性的 http 请求的参数的名称。

根据 JSP 规范，如下代码都是合法的：

```
<jsp:setProperty name="TestBean " property=" * " />
<jsp:setProperty name="TestBean " property="usename" />
<jsp:setProperty name="TestBean " property="usename" value="jack" />
```

5. <jsp:getProperty>

<jsp:getProperty>的语法规则如下：

```
<jsp:getProperty name="BeanName " property=" PropertyName " />
```

其中，属性 name 是 JavaBean 实例的名称，property 是要显示的属性的名称。

根据语法规则，如下代码是合法的：

```
<jsp:useBean id="test" scope="page" class="test.TestBean" />
<h1>Get of string :<jsp:getProperty name="test " property="StringValue" />
</h1>
```

<jsp:getProperty>可以获取 Bean 的属性值。它从 Bean 的属性中取出值并转化成字符串，然后放在输出缓冲区，<jsp:getProperty>的使用方法和<jsp:setProperty>相似。

6. <jsp:forward>

<jsp:forward>的语法规则如下：

```
<jsp:forward page=" { relativeURL | <%=expression %>} " />
```

或者为：

```
<jsp:forward page=" { relativeURL | <%=expression %> } " >
    <jsp:param name="paramName" value="{ paramValue | <%=expression %>}" />
</jsp:forward>
```

<jsp:forward>可以重定向一个 HTML 文件、JSP 文件或者是一个程序段。<jsp:forward>动作把用户的请求转到另外的页面进行处理。<jsp:forward>标记只有一个属性 page。page 属性指定要转发资源的相对 URL。page 的值既可以直接给出，也可以在请求的时候动态计算。例如：

```
<jsp:forward page ="/utils/errorReporter.jsp" />
<jsp:forward page ="<%=someJavaExpression %>" />
```

7. <jsp:plugin>

<jsp:plugin>的语法规则如下：

```
<jsp:plugin
    type="bean | applet"
    code="classFileName"
    codebase="classFileDirectoryName"
    [ name="instanceName" ]
    [ archive="URIToArchive ,…" ]
    [ align="bottom | top | middle | left | right" ]
    [ height="displayPixels" ]
    [ width="displayPixels" ]
    [ hspace="leftRightPixels" ]
    [ vspace="topBottomPixels" ]
    [ jreversion="JREVersionNumber | 1.2 " ]
    [ nspluginurl="URLToPlugin" ]
    [ iepluginurl ="URLToPlugin" ]>
    [<jsp:params>
    [<jsp:params name="paramName" value="{ parameterValue | <%= expression
            %>}" />]+
    </jsp:params>]
    [<jsp:fallback>text message for user </jsp:fallback>]
</jsp:plugin>
```

语法参数说明如下：

(1) type：指定被执行的 Java 程序的类型是 JavaBean 还是 Java Applet。这个属性没有默认值，所以必须确定该属性的值。

(2) code：指定会被 JVM 执行的 Java Class 的名字，必须以.class 结尾命名。

(3) codebase：指定会被执行的 Java Class 文件所在的目录或者路径，默认值为调用</jsp:plugin>指令的 JSP 文件的目录。

(4) name：确定这个 JavaBean 或者 Java Applet 程序的名字，它可以在 JSP 程序的其他地方被调用。

（5）archive：表示包含对象 Java 类的.jar 文件。

（6）align：对图形、对象、applet 等进行定位，可以选择的值为 bottom、top、middle、left 和 right 这五种。

（7）height：JavaBean 或者 Java Applet 将要显示出来的高度、宽度的值，此值为数字，单位为像素。

（8）hspace 和 vspace：JavaBean 或者 Java Applet 显示时在浏览器显示区左、右、上、下所需留下的空间，单位为像素。

（9）jreversion：JavaBean 或者 Java Applet 被正确运行所需要的 Java 运行时环境的版本，默认值是 1.2 。

（10）spluginurl：可以为 Netscape Navigator 用户下载 JRE 插件的地址。此值为一个标准的 URL，如 http://www.njnu.edu.cn。

（11）iepluginurl：IE 用户下载 JRE 的地址。此值为一个标准的 URL，如 http://www.njnu.edu.cn。

（12）<jsp:params>和</jsp:params>：使用<jsp:params>操作指令，可以向 JavaBean 或者 Java Applet 传送参数和参数值。

（13）<jsp:fallback>和</jsp:fallback>：该指令中间的一段文字用于 Java 插件不能启动时显示给用户的出错信息。如果插件能够正确启动而 JavaBean 或者 Java Applet 的程序代码不能找到并被执行，那么浏览器将会显示这个出错信息。例如：

```
<jsp:plugin
    type="applet"
    code="Test.class"
    codebase="/example/jsp/applet "
    height="180"
    width="160"
    jreversion="1.2">
    <jsp:params>
    <jsp:params name="test" value="TsetPlugin" />
    </jsp:params>
    <jsp:fallback>
    <p>To load apple is unsuccessful </p>
    </jsp:fallback>
</jsp:plugin>
```

3.3.6　JSP 注释

JSP 的注释包括两种注释形式。一种是输出注释，另一种是隐藏注释。

1. 输出注释

输出注释的语法规则为：

```
<!--注释内容[<%=表达式%>]-->
```

JSP 注释和 HTML 中的注释很相似，唯一不同的是前者可以在注释中加表达式，以便动态生成不同内容的注释。这些注释的内容客户端是可见的，也就是可以在 HTML 文档的源代码中看到。例如下面一段注释：

```
<!--现在时间是：<%=(new java.util.Date()).toLocaleString() %>-->
```

把上面代码放在一个 JSP 文档的 body 体中运行后，可以在其源代码中看到：

```
<!--现在时间是：2017-8-24 13:52:46 >-->
```

2. 隐藏注释

隐藏注释的语法规则如下：

```
<%--注释内容--%>
```

隐藏注释与输出注释不同的是，隐藏注释虽然写在 JSP 程序中，但是不会发送给用户。JSP 引擎会忽略隐藏注释的内容，不做任何处理，因此，客户端也无法通过源文件看到隐藏注释的内容。

3.4 JSP 内置对象

JSP 规范要求 JSP 脚本语言支持一组常见的、不需要在使用之前声明的对象，这些对象通常被叫作“内置对象”。其中一共包括 9 个内置对象，下面分别介绍。

3.4.1 page 对象

page 对象代表 JSP 页面本身，只是 this 引用的一个代名词。对 JSP 页面创建者通常不可访问，所以一般很少用到该对象。

3.4.2 config 对象

config 对象是 ServletConfig 类的一个对象，存放着一些 Servlet 初始化信息，且只有在 JSP 页面范围内才有效。其常用方法如下。

(1) getInitParameter(name)：取得指定名字的 Servlet 初始化参数值。

(2) getInitParameterNames()：取得 Servlet 初始化参数列表，返回一个枚举实例。

(3) getServletContext()：取得 Servlet 上下文(ServletContext)。

(4) getServletName()：取得生成的 Servlet 的名字。

3.4.3 out 对象

JSP 页面的主要目的是动态产生客户端需要的 HTML 结果，前面已经用过 out.print()

和 out.println()来输出结果。此外 out 还提供了一些其他方法来控制管理输出缓存区和输出流。

例如要获得当前缓存区大小可以用下面的语句：

```
out.getBufferSize();
```

要获得剩余缓存区大小应为：

```
out.getRemaining();
```

3.4.4 response 对象

response 对象用于将服务器端数据发送到客户端，可通过在客户端浏览器显示、用户浏览页面的重定向以及在客户端创建 Cookies 等。

response 对象实现 HttpServletResponse 接口，可以对客户的请求作出动态的响应，向客户端发送数据，如 Cookies、http 文件的头信息等，一般是 HttpServletResponse 类或其子类的一个对象。以下是 response 对象的主要方法。

(1) addHeader(String name,String value)：添加 http 头文件，该 Header 将会传到客户端去，如果有同名的 Header 存在，那么原来的 Header 会被覆盖。

(2) setHeader(String name,String value)：设定指定名字的 http 文件头的值，如果该值存在，那么它将会被新的值覆盖。

(3) containsHeader(String name)：判断指定名字的 http 文件头是否存在，并返回布尔值。

(4) flushBuffer()：强制将当前缓冲区的内容发送到客户端。

(5) addCookie(Cookie cookie)：添加一个 Cookie 对象，用来保存客户端的用户信息，可以用 request 对象的 getCookies()方法获得这个 Cookie。

(6) sendError(int sc)：向客户端发送错误信息。例如，"505 指示服务器内部错误""404 指示网页找不到的错误"。

(7) setRedirect(url)：把响应发送到另一个指定的页面(URL)进行处理。

3.4.5 request 对象

request 对象可以对在客户请求中给的信息进行访问，该对象包含了所有有关当前浏览器请求的信息，它实现了 javax.servlet.http.HttpServletRequest 接口。request 对象包括很多方法，下面介绍其主要的方法。

(1) getParameter(String name)：以字符串的形式返回客户端传来的某一个请求参数的值，该参数由 name 指定。当传递此方法的参数名没有实际参数与之对应时，返回 null。另外，当一个参数含有多个值时最好不要使用这个方法。

(2) getParameterValue(String name)：以字符串数组的形式返回指定参数所有值。

(3) getParameterNames()：返回客户端传送给服务器端的所有的参数名，结果集是一个 Enumeration(枚举)类的实例。当传递给此方法的参数名没有实际参数与之对应时，返回 null。

(4) getAttribute(String name)：返回 name 指定的属性值，若不存在指定的属性，则返回 null。

(5) setAttribute(String name,java.lang.Object obj)：设置名字为 name 的 request 参数的值为 obj。

(6) getCookies()：返回客户端的 Cookie 对象，结果是一个 Cookie 数组。

(7) getHeader(String name)：获得 http 协议定义的传送文件头信息，例如：

```
request.getHeader("User-Agent")
```

其含义为：返回客户端浏览器的版本号、类型。

(8) getDateHeader()：返回一个 Long 类型的数据，表示客户端发送到服务器的头信息中的时间信息。

(9) getHeaderName()：返回所有 request Header 的名字，结果集是一个 Enumeration(枚举)类的实例。得到名称后就可以使用 getHeader、getDateHeader 等得到具体的头信息。

(10) getServerPort()：获得服务器的端口号。

(11) getServerName()：获得服务器的名称。

(12) getRemoteAddr()：获得服务器的客户端的 IP 地址。

(13) getRemoteHost()：获得客户端的主机名，如果该方法失败，则返回客户端的 IP 地址。

(14) getProtocol()：获得客户端向服务器端传送数据所依据的协议名称。

(15) getMethod()：获得客户端向服务器端传送数据的方法。

(16) getServletPath()：获得客户端所请求的脚本文件的文件路径。

(17) getCharacterEncoding ()：获得请求中的字符编码方式。

(18) getSession(Boolean create)：返回和当前客户端请求相关联的 HttpSession 对象。如果当前客户端请求没有和任何 HttpSession 对象关联，同时如果 create 变量为 true，则创建一个 HttpSession 对象并返回，反之返回 null。

(19) getQuertString()：返回查询字符串，该字符串由客户端以 get 方法向服务器端传送。查询字符串出现在页面请求“?”的后面，例如：

```
http://www.njnu.edu.cn/hello.jsp?name=Jack
```

(20) getRequestURI()：获得发出请求字符串的客户端地址。

(21) getContentType()：获取客户端请求的 MIME 类型。如果无法得到该请求的 MIME 类型，则返回−1。

3.4.6 session 对象

session 是一种服务器单独处理与记录用户端使用者信息的技术。当使用者与服务器联机时，服务器可以给每个上网的使用者一个 session，并设定其中的内容。这些 session 都是独立的，服务器端可以借此来辨别使用者的信息进而提供独立的服务。

session 对象引用 javax. servlet. http. HttpSession 对象，它封装了属于客户会话的所有信息。当一个用户首次访问服务器上的一个 JSP 页面时，JSP 引擎产生一个 session 对象，同时分配一个 String 类型的 ID 号，JSP 引擎同时将这个 ID 号发送到用户端，存放在 Cookie 中，这样 session 对象和用户之间就建立起一一对应的关系。当用户再次访问连接该服务器的其他页面时，就不再分配给用户新的 session 对象。直到关闭浏览器后，服务器端中的用户 session 对象才取消，并且和用户的对应关系也取消。如果重新打开浏览器再连接到该服务器时，服务器为用户再创建一个新的 session 对象。

session 对象的主要方法如下。

(1) getAttribute(String name)：获得指定名字的属性，如果该属性不存在，将会返回 null。

(2) getAttributeNames()：返回 session 对象中存储的每一个属性对象，结果集是一个 Enumeration 类的实例。

(3) getCreationTime()：返回 session 对象被创建的时间，单位为毫秒。

(4) getId()：返回 session 对象在服务器端的编号。每生成一个 session 对象，服务器都会给它一个编号，而且这个编号不会重复，这样服务器才能根据编号来识别 session，并且正确地处理某一特定的 session 及其提供的服务。

(5) getLastAccessedTime()：返回当前 session 对象最后一次被操作的时间，单位为毫秒。

(6) getMaxInactiveInterval ()：获取 session 对象的生存时间，单位为秒。

(7) setMaxInactiveInterval (int interval)：设置 session 对象的有效时间(超时时间)，单位为秒。在网站的实际应用中。30 分钟的有效时间对某些网站来说有些太短，但对有些网站来说又有些太长。因此，为了减少服务器资源的浪费，就应该设置相应的有效时间。例如，设置有效时间为 200 秒：

```
<%session.setMaxInactiveInterval (200);%>
```

(8) removeAttribute(String name)：删除指定属性的属性值和属性名。

(9) setAttribute(String name,Java. lang. Object value)：设定指定名字的属性，并且把它存储在 session 对象中。

(10) invalidate()：注销当前的 session 对象。

3.4.7　application 对象

application 对象为多个应用程序保存信息，与 session 对象不同的是，所有用户都共同使用一个 application 对象。在 JSP 服务器运行时刻，仅有一个 application 对象，它由服务器创建，也由服务器自动清除，不能被用户创建和删除。

application 对象的主要方法如下。

(1) getAttribute(String name)：返回由 name 指定名字的 application 对象的属性的值。返回值是一个 Object 对象，如果没有，则返回 null。

（2）getAttributeNames()：返回所有 application 对象属性的名字，结果集是一 Enumeration 类型的实例。

（3）getInitParameter(String name)：返回由 name 指定名字的 application 对象的某个属性的初始值，如果没有参数，就返回 null。

（4）getServerInfo()：返回 Servlet 编译器当前版本的信息。

（5）setAttribute(String name, Object obj)：将参数 Object 指定的对象 obj 添加到 application 对象中，并为添加的对象指定一个属性。

（6）removeAttribute(String name)：删除一个指定的属性。

可以发现不管是 request 还是 session 和 application，它们都可以保存对象并且取出对象，但它们是有区别的，下面根据实例说明它们三者之间的区别。

【例 3.3】 request、session 和 application 的区别演示。

首先建立项目 Application_Session_Request。在项目中建立一个如下的 JSP 页面 first.jsp，用于这 3 个对象保存数据。

```
<%@page language ="java" pageEncoding ="gb2312"%>
<html>
<body>
    <%
        request.setAttribute("request","保存在 Request 中的内容");
        session.setAttribute("session","保存在 Session 中的内容");
        application.setAttribute("application","保存在 Application 中的内容");
    %>
    <jsp:forward page="second.jsp"></jsp:forward>
</body>
</html>
```

然后再建立另一个 JSP 页面 second.jsp，用于获取这 3 个对象保存的值。

```
<%@page language="java" pageEncoding="gb2312"%>
<html>
<head>
</head>
<body>
    <%
        out.println("request:"+(String)request.getAttribute("request")+"<br>");
        out.println("session:"+(String)session.getAttribute("session")+"<br>");
        out.print ("application:"+(String)application.getAttribute
                ("application")+"<br>");
    %>
</body>
</html>
```

部署运行，打开浏览器，输入 http://localhost:8080/Application_Session_Request/first.jsp，会发现这 3 个对象保存的内容都能取出，如图 3.8 所示：

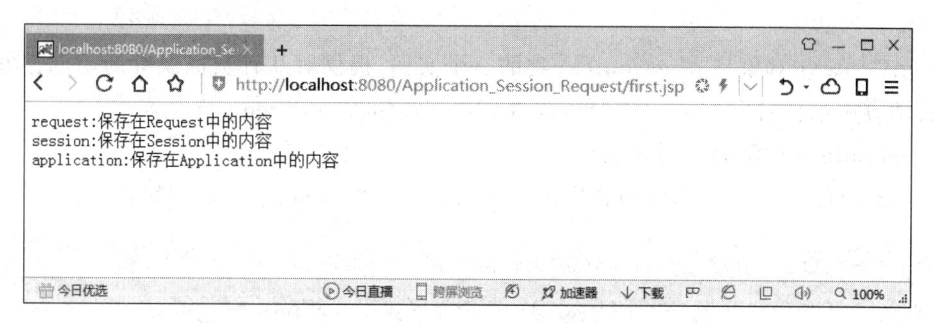

图 3.8 3 个对象保存的内容都能取出

由于在 first.jsp 中运用了<jsp:forward page="second.jsp"></jsp:forward>，页面跳转到 second.jsp，但是在浏览器中的地址(请求)并没有改变，属于同一请求。这时这 3 个对象保存的内容都可以取到，也就是说在同一请求范围内，该 3 个对象都有效，但是在不同请求中，request 对象就失效了，但由于用的是同一浏览器(同一会话)，Session 和 application 仍然有效。

在浏览器中输入 http://localhost:8080/Application_Session_Request/second.jsp，结果如图 3.9 所示。

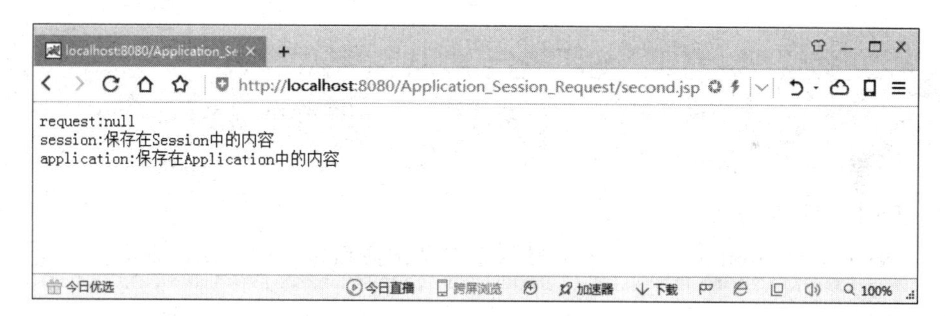

图 3.9 request 对象失效

如果再重新打开一个浏览器，直接输入与图 3.9 所示一样的 URL，由于不是同一会话，request 对象及 session 对象都失效了，仅 application 对象仍然有效，如图 3.10 所示。

localhost:8080/Application_Se
http://localhost:8080/Application_Session_Request/second.jsp
request:null
session:null
application:保存在Application中的内容
今日优选
今日直播
跨屏浏览
加速器
下载
100%

图 3.10 request 和 session 对象都失效

3.4.8 pageContext 对象

pageContext 对象是 pageContext 类的一个实例，提供对几种页面属性的访问。并且允许向其他应用组件转发 request 对象，或者其他应用组件包含 request 对象。

pageContext 对象的主要方法如下。

(1) getAttribute()：返回与指定范围内名称有关的变量或 null，例如：

```
CustomContext MyContext = (CustomContext);
pageContext.getAttribute("Large Bird", PageContext.SESSION_SCOPE);
```

这段代码在作用域中获得一个对象。

(2) forward(String relativeUrlPath)：把页面重定向到另一个页面或者 Servlet 组件上。

(3) findAttribute()：用来按照页面请求、会话以及应用程序范围的顺序实现对某个已经命名属性的搜索。

(4) getException()：返回当前的 exception 对象。

(5) setAttribute()：用来设置默认页面的范围或者指定范围之中的已命名对象。例如：

```
CustomContext MyContext=new CustomContext("Penguin");
pageContext. setAttribute ( " Large  Bird", MyContext. PageContext. SESSION _
SCOPE);
```

这段代码在作用域中设置一个对象。

(6) removeAttribute()：用来删除默认页面范围或指定范围之中已命名的对象。

3.4.9 exception 对象

exception 对象用来处理 JSP 文件在执行时所发生的错误和异常。exception 对象可以配合 page 指令一起使用，通过指定某一页面为错误处理页面，把所有的错误都集中到那个页面进行处理。这样可以使得整个系统更加健壮，也使得程序的流程更加清晰，这也是 JSP 比 ASP 和 PHP 先进的地方。

exception 对象的主要方法如下。

(1) getMessage()：返回错误信息。

(2) printStackTrace()：为标准错误的形式输出一个错误和错误的堆栈。

(3) toString()：以字符串的形式返回一个对异常的描述。

注意：必须在 isErrorPage = true 的情况下才可以使用 exception 对象。

思考与实验

1. 简述 Servlet 的生命周期。

2. 写出 JSP 的指令、动作、内置对象,并简述它们的作用。

3. 实验。

(1) 开发自己的第一个 Servlet 项目,输出如图 3.4 所示的 HelloWorld。

(2) 开发一个简单的 Servlet 应用,显示如图 3.5 的输入框,当用户输入内容后,提交到一个 Servlet 类,而这个 Servlet 类取出客户输入的信息,并在一个页面上显示该内容,其效果如图 3.6 所示。

CHAPTER 第4章

Java EE 数据库应用基础

Java EE 应用离不开数据库的支持，本章采用 MySQL 5.7 数据库，介绍 Java EE 开发数据库应用基础。

4.1 MySQL 5.7

MySQL 是小型关系数据库管理系统(DBMS)，由瑞典 MySQL AB 公司开发，目前属于 Oracle 旗下产品。MySQL 是最流行的数据库，尤其在 Web 应用，如 Java EE、ASP.NET 等方面被广泛使用。由于其体积小、速度快、总体拥有成本低，尤其开放源码这一优点，一般中小型企业都乐于选择 MySQL 作为其网站数据库。

4.1.1 安装 MySQL 5.7

MySQL 下载、准备、安装和初始配置的步骤如下。

1. 下载安装包

MySQL 的官方下载网址是 https://dev.mysql.com/downloads/mysql/，如图 4.1 所示。

本书选用当前的最新版本 MySQL 5.7，从官网下载的安装包文件名为 mysql-installer-community-5.7.17.0.msi。

2. 安装前准备

新版 MySQL 要求操作系统必须预装 Microsoft .NET Framework 4.0 框架，先去微软官网下载.NET 4 的安装包，文件名为 Microsoft.NET.exe，双击启动安装向导，在其界面上勾选"我已阅读并接受许可条款(A)。"，单击"安装"按钮即可，如图 4.2 所示。

3. 安装 MySQL

双击 MySQL 的安装包文件，启动安装向导，在向导的 License Agreement 页，勾选 I accept the license terms 同意许可协议条款，单击 Next 按钮；在向导的 Choosing a Setup Type 页，选中 Custom，单击 Next 按钮，如图 4.3 所示。

在 Select Products and Features 页，于 Available Products 树状列表中展开 MySQL Servers→MySQL Server→MySQL Server 5.7，选中 MySQL Server 5.7.17-X86 项，单击➡按钮将该项移至右边的 Products/Features To Be Installed(将要安装的组件)树状列表中，

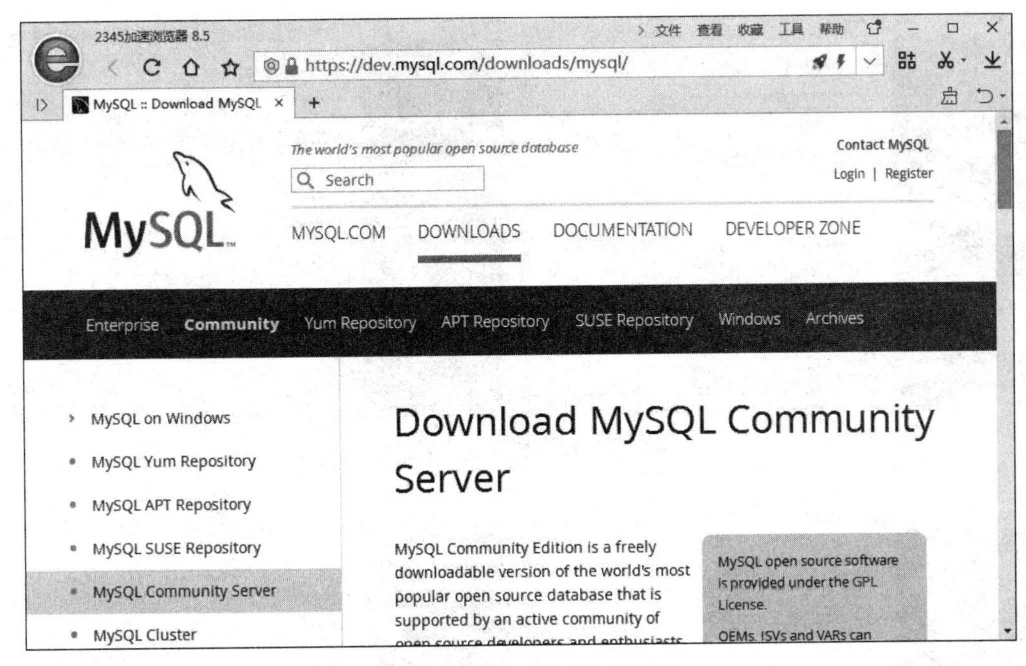

图 4.1　MySQL 的官方下载页

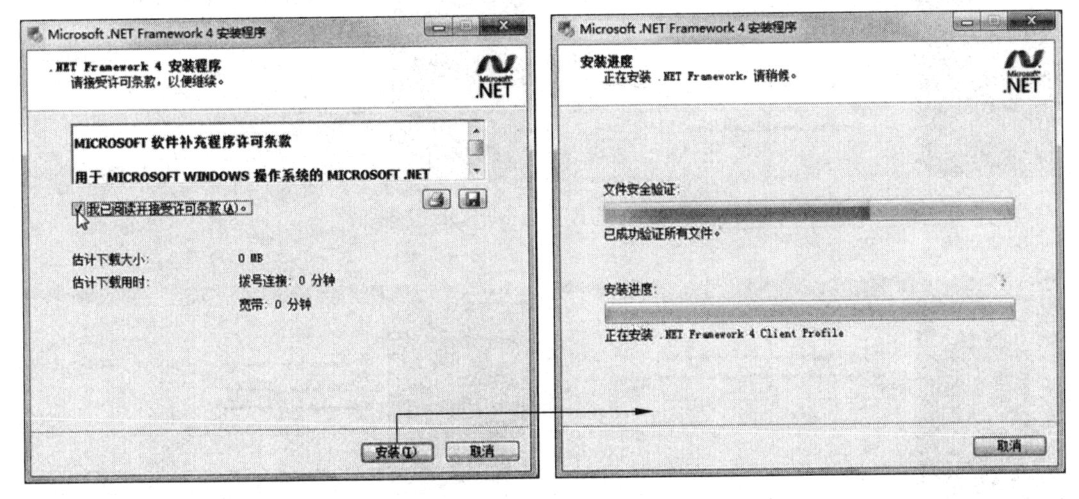

图 4.2　安装 Microsoft .NET Framework 4.0

如图 4.4 所示。

单击 Next 按钮继续往下执行安装向导，每一步都保持默认设置，具体的安装过程从略。

4. 初始配置

安装完成后，向导会自动转入配置阶段，在 Product Configuration 页直接单击 Next 按钮，每一步也都保持默认设置，只是注意在 Accounts and Roles 页设置密码的时候，要记住密码。假设安装时设置的密码为 njnu123456，系统默认用户名为 root。关键两处的操作，如图 4.5 所示。

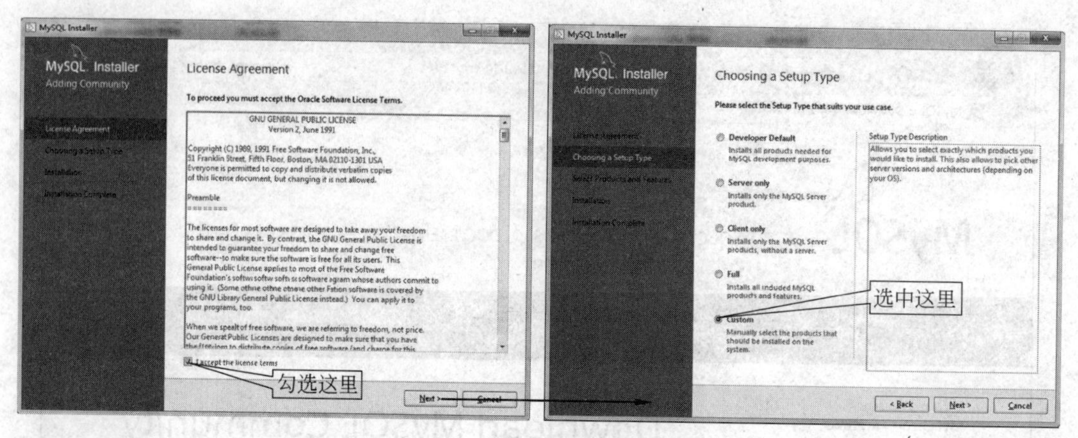

图 4.3　许可协议及安装类型

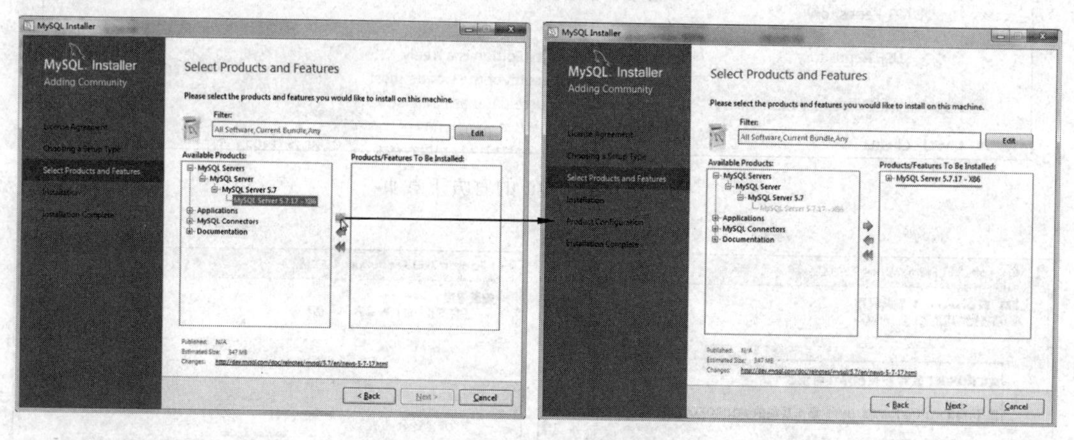

图 4.4　选择安装 MySQL 服务

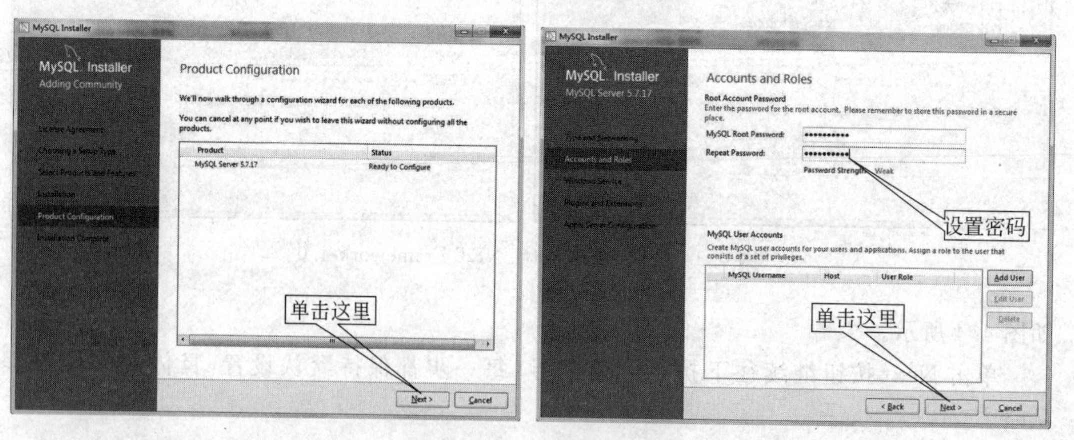

图 4.5　设置 MySQL 登录密码

在 Apply Server Configuration 页列出了向导即将执行的配置步骤，单击下方 Execute 按钮执行这些步骤，完成后单击 Finish 按钮结束配置，如图 4.6 所示。

在 Product Configuration 页单击 Next 按钮，最后在 Installation Complete 页单击

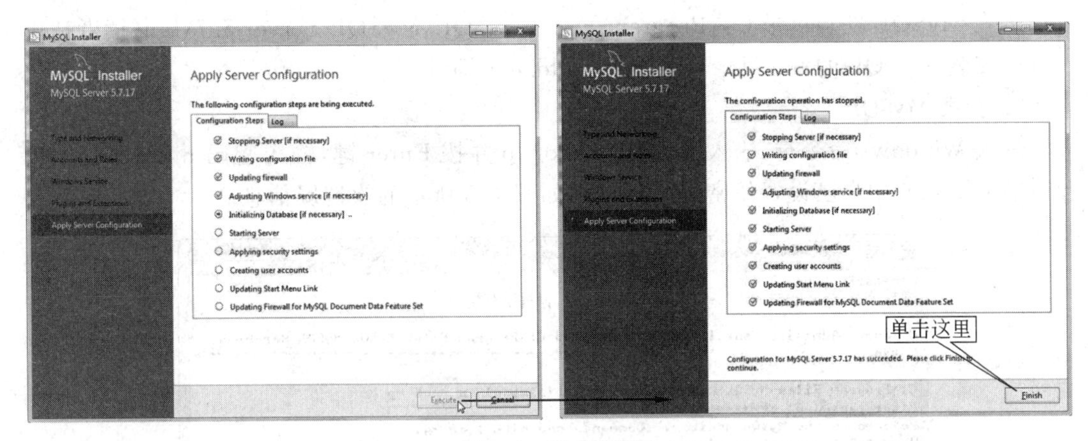

图 4.6　结束配置

Finish 按钮结束安装。

4.1.2　设置 MySQL 字符集

为了让 MySQL 数据库能够支持中文，必须设置系统字符集编码及相关的权限，步骤如下。

1. 启动服务

MySQL 安装和初始配置完成后，打开 Windows 任务管理器，可以看到 MySQL 服务进程 mysqld. exe 已经启动，如图 4.7 所示。

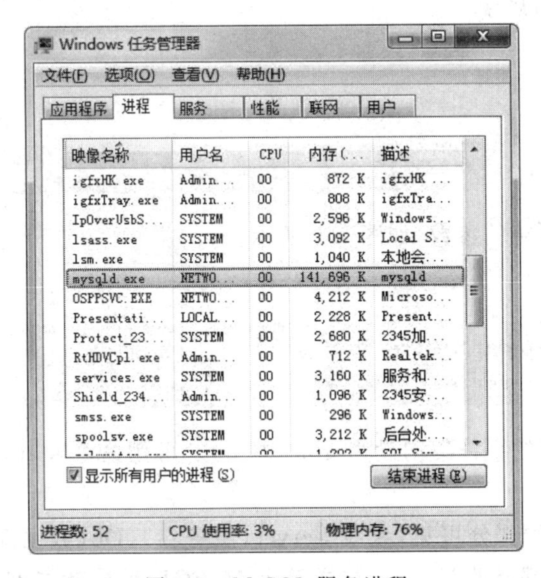

图 4.7　MySQL 服务进程

此进程对于 MySQL 数据库的正常运行来说至关重要，使用 MySQL 之前，必须确保进程 mysqld. exe 已经启动。但用户关机后重新开机进入系统时，这个进程很有可能并不是默认启动的，这时就要靠用户手动开启，方法如下。

进入 MySQL 安装目录 C:\Program Files\MySQL\MySQL Server 5.7\bin（读者请进入自己安装 MySQL 的 bin 目录），双击 mysqld.exe 即可。

2. 登录 MySQL

进入 Windows 命令行，输入 mysql -u root -p 并按 Enter 键，输入密码 njnu123456（读者请输入图 4.5 中自己设置的密码），将显示如图 4.8 所示的欢迎屏信息。

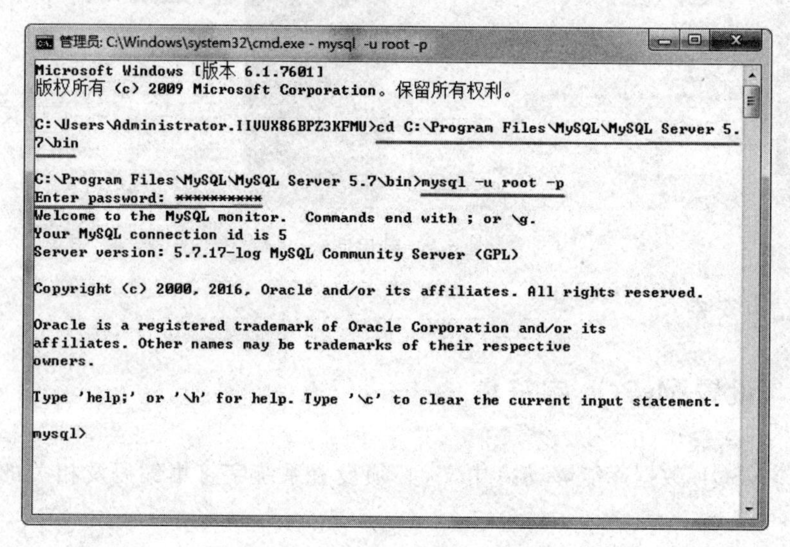

图 4.8 MySQL 登录欢迎屏

图 4.8 进入的是 MySQL 的命令行模式，在命令行提示符 mysql>后输入 quit 并按 Enter 键，可退出命令行模式。

3. 设置字符集

输入命令：

```
show variables like 'char%';
```

可查看当前连接系统的参数，如图 4.9 所示。

然后输入：

```
set character_set_database='gbk';
set character_set_server='gbk';
```

将数据库和服务器的字符集均设为 gbk（中文）。可用命令 status 查看设置的结果，如图 4.10 所示。

从图 4.10 中框出的部分可见，系统 Server（服务器）、Db（数据库）、Client（客户端）及 Conn.（连接）的字符集都已改为 gbk，这样整个 MySQL 系统就能彻底地支持中文汉字字符了。

4. 提升权限

最后，给 MySQL 系统的根用户（即默认名为 root 的用户）以最高权限，依次输入并执行如下命令：

```
管理员: C:\windows\system32\cmd.exe - mysql -u root -p
mysql> show variables like 'char%';
+--------------------------+------------------------------------------------------
-----+
| Variable_name            | Value
    |
+--------------------------+------------------------------------------------------
-----+
| character_set_client     | gbk
    |
| character_set_connection | gbk
    |
| character_set_database   | utf8
    |
| character_set_filesystem | binary
    |
| character_set_results    | gbk
    |
| character_set_server     | utf8
    |
| character_set_system     | utf8
    |
| character_sets_dir       | C:\Program Files\MySQL\MySQL Server 5.7\share\chars
ets\ |
+--------------------------+------------------------------------------------------
-----+
```

图 4.9　查看当前连接系统的参数

```
管理员: C:\windows\system32\cmd.exe - mysql -u root -p
mysql> set character_set_database='gbk';
Query OK, 0 rows affected, 1 warning (0.00 sec)

mysql> set character_set_server='gbk';
Query OK, 0 rows affected (0.00 sec)

mysql> status;
--------------
mysql  Ver 14.14 Distrib 5.7.17, for Win32 (AMD64)

Connection id:          5
Current database:
Current user:           root@localhost
SSL:                    Not in use
Using delimiter:        ;
Server version:         5.7.17-log MySQL Community Server (GPL)
Protocol version:       10
Connection:             localhost via TCP/IP
Server characterset:    gbk
Db     characterset:    gbk
Client characterset:    gbk
Conn.  characterset:    gbk
TCP port:               3306
Uptime:                 54 min 42 sec
```

图 4.10　查看当前系统字符集

```
use mysql;
grant all privileges on *.* to 'root'@'%' identified by 'njnu123456' with
grant option;
flush privileges;
```

执行结果如图 4.11 所示。

4.1.3　Navicat for MySQL 工具

用户可以直接通过命令行操作 MySQL，但为了更简便、直观，推荐使用 MySQL 的图形化操作工具 Navicat for MySQL。

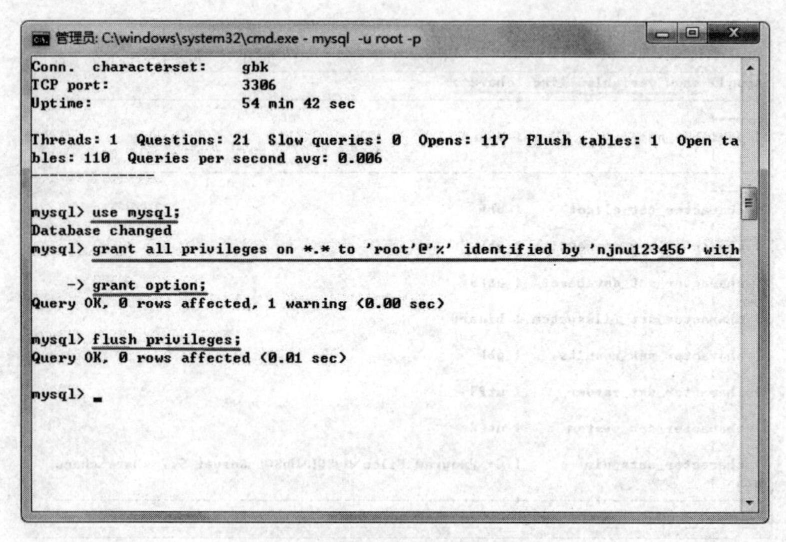

图 4.11　赋予根用户最高的权限

Navicat for MySQL 是一套专为 MySQL 设计的高性能数据库管理及开发工具。它可以用于 3.21 或以上版本的任何 MySQL 数据库服务器，并支持 MySQL 最新版本的大部分功能，包括触发器、存储过程、函数、事件、视图、管理用户等。

读者可从网上下载 Navicat for MySQL 的免费版本安装使用，其主界面如图 4.12 所示。

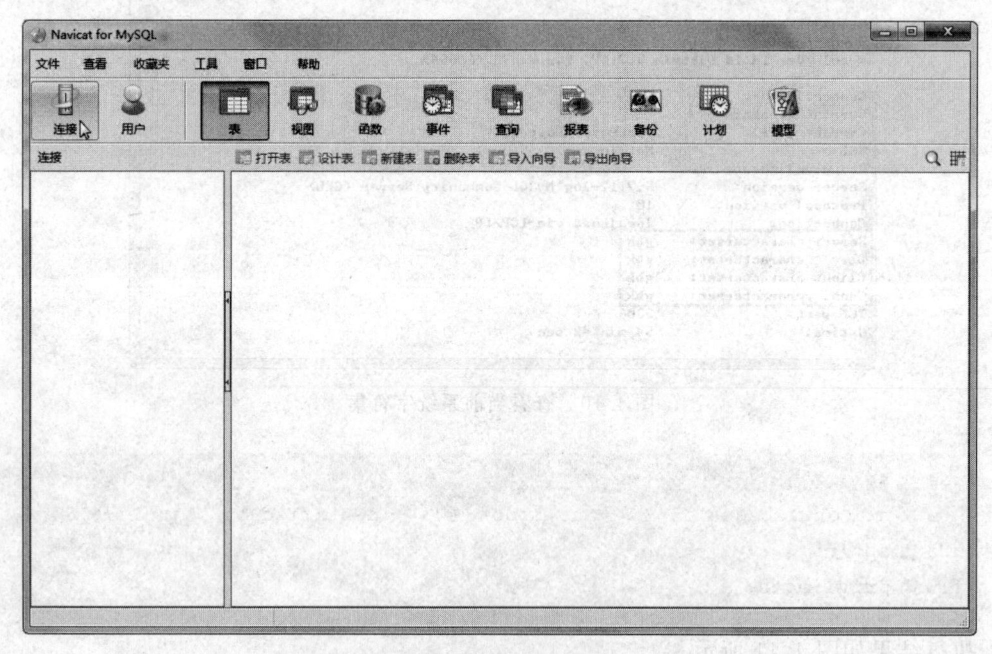

图 4.12　Navicat for MySQL 主界面

单击工具栏上“连接”按钮，弹出“新建连接”对话框，如图 4.13 所示，“连接名”栏填写连接的名称为 mysql，“主机名或 IP 地址”栏填写 localhost，“密码”栏填写 njnu123456（读者请输入图 4.5 中自己设置的密码），勾选下方“保存密码”复选框，单击左下角“连接测试”按钮，若成功连接 MySQL 服务器就会弹出“连接成功”消息框，单击“确定”按钮，连接 MySQL 数据库服务器。

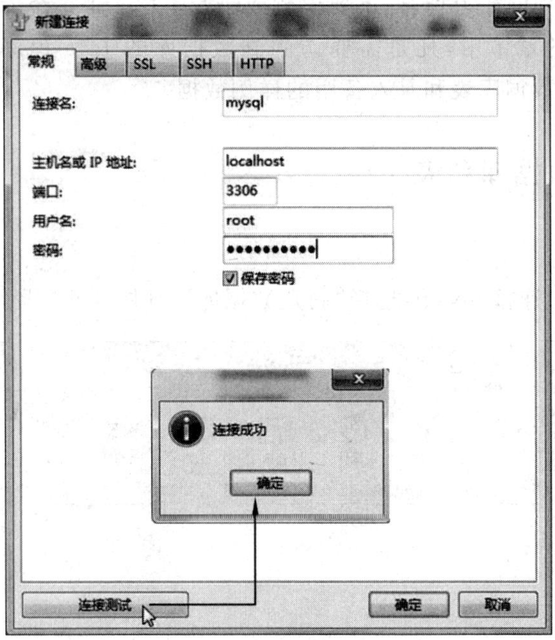

图 4.13　连接 MySQL 服务器

连上服务器后可看到 MySQL 管理下的全部数据库，如图 4.14 所示，其中，information_schema、mysql、performance_schema 和 sys 为 MySQL 安装时系统自动创建的，MySQL

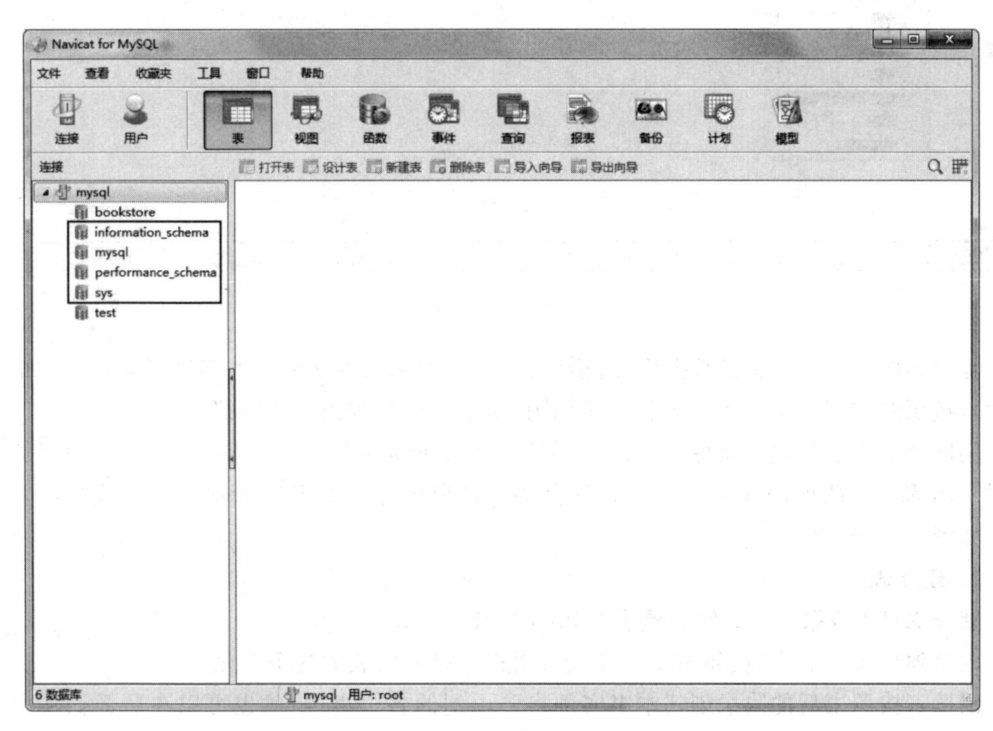

图 4.14　MySQL 管理下的数据库

把有关 DBMS 的管理信息都保存在这 4 个数据库中，如果删除或毁坏了它们，MySQL 将不能正常工作，请读者操作时千万留神，不要误删或错改了这 4 个系统库。

在本章以及后续的章节中，凡是需要访问到数据库的 Java 程序开发之前，都要先在图 4.14 的环境中建立数据库表和录入备用的样例数据。

4.1.4 建立数据库和表

1. 建立数据库

在主界面左侧右击连接 mysql，选择“新建数据库”，如图 4.15 所示。

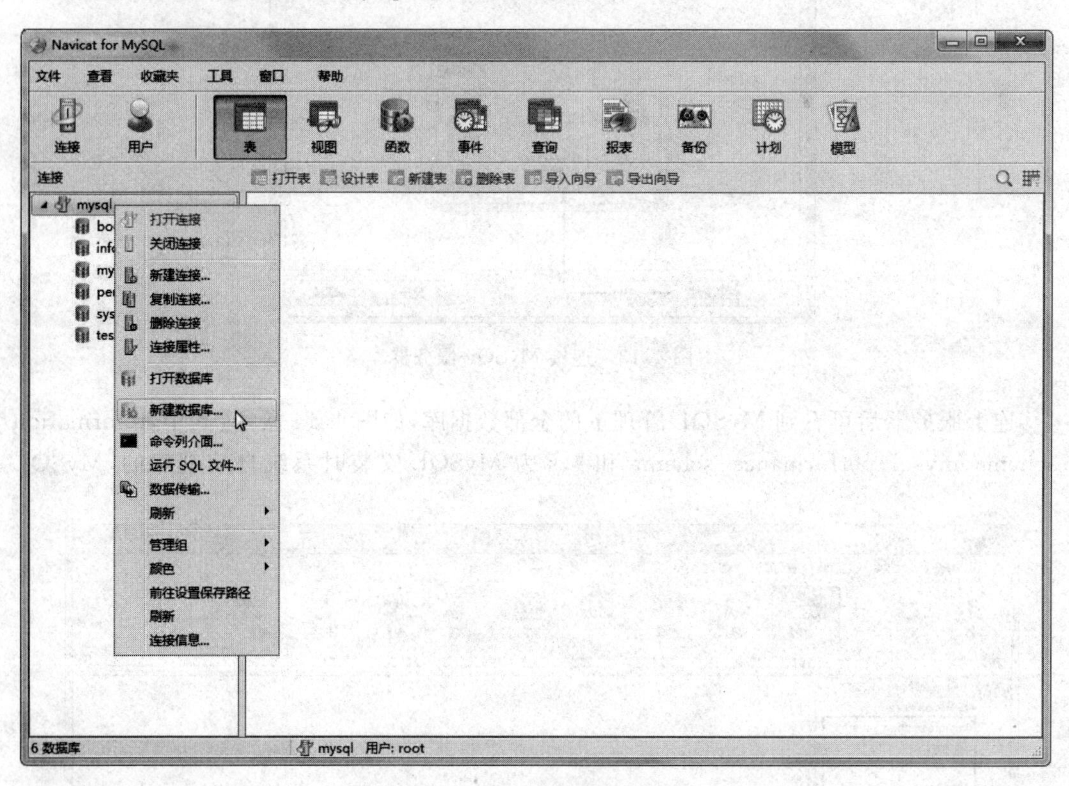

图 4.15 新建数据库

弹出如图 4.16 的“新建数据库”对话框，输入数据库名称 XSCJ（本书诸多实例所用的数据库），按照图中所示选择字符集和排序规则，单击“确定”按钮完成数据库的创建。

用同样的方法创建数据库 JSP（4.3 节实例使用），完成后可以看到连接 myql 目录树下多了 xscj 和 jsp 两项（MySQL 系统默认会将用户所创建的数据库名称统一规范为小写形式），如图 4.17 框出。

2. 建立表

展开 XSCJ 数据库，选择“新建表”，如图 4.18 所示。

此时弹出表设计窗口，如图 4.19 所示，用户可以编辑表的各个字段。

请读者按照书后的附录创建本书实例将要用到的各个表（当然也可以在后面做实例用到之时再创建），并录入备用数据。

图 4.16　创建 XSCJ 数据库

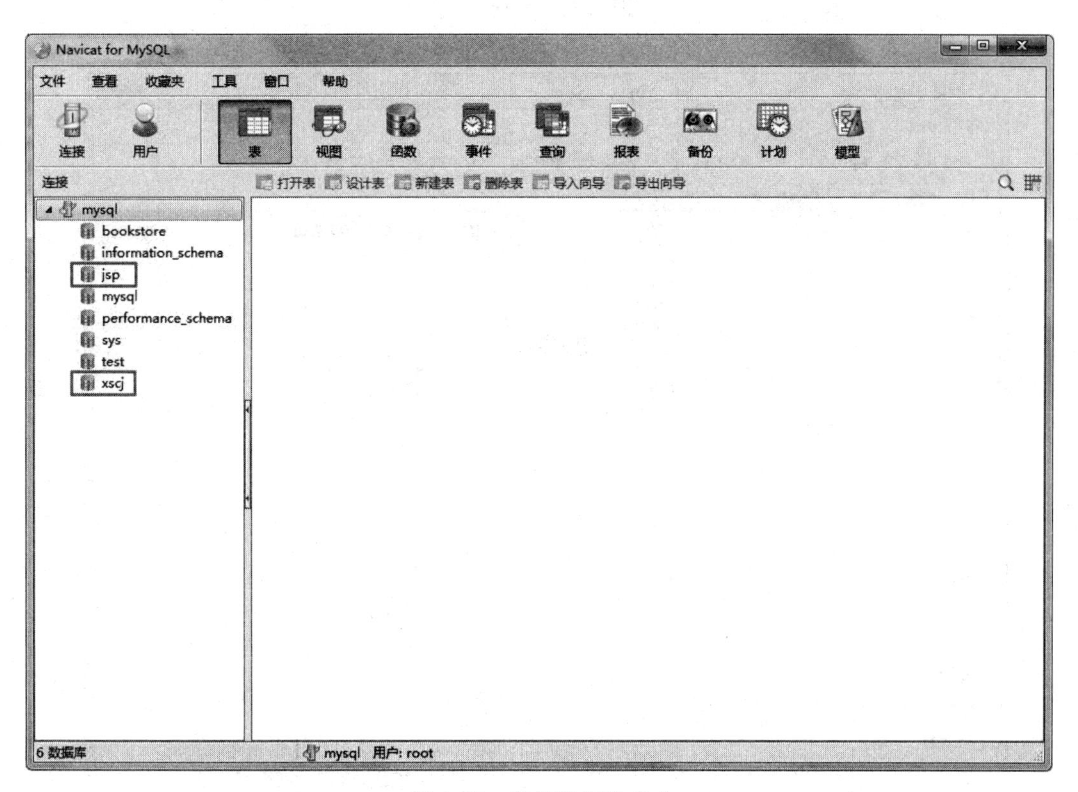

图 4.17　数据库创建成功

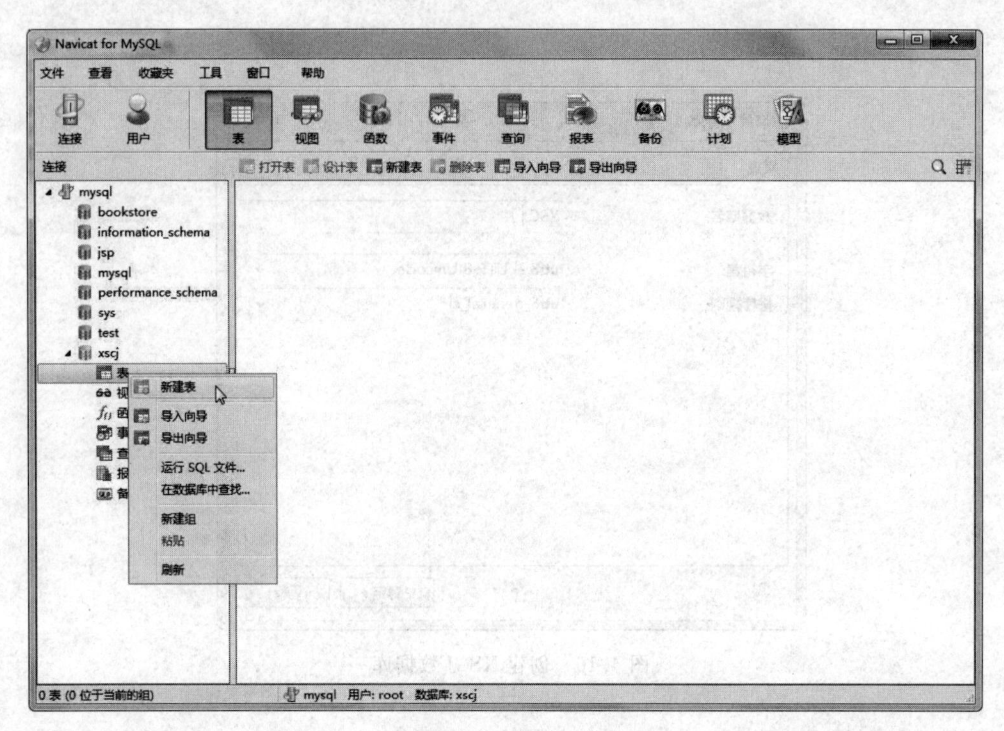

图 4.18　新建表

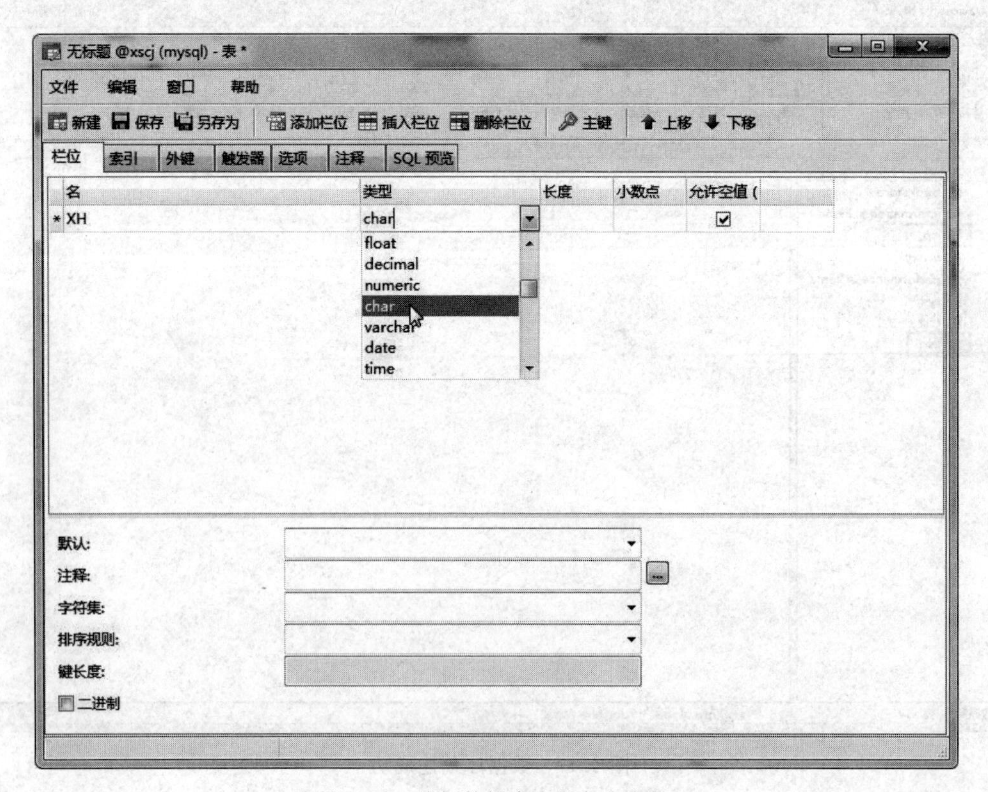

图 4.19　编辑数据库表的各个字段

3. 字段“自增”状态设定

书后附录有些表(如 DLB、ZYB)要求设定字段“自增”状态,这个操作至关重要!建表时,选中 ID 列后勾选设计窗口左下部的“自动递增”复选框(如图 4.20 所示)即可,以使得主键能够自增。

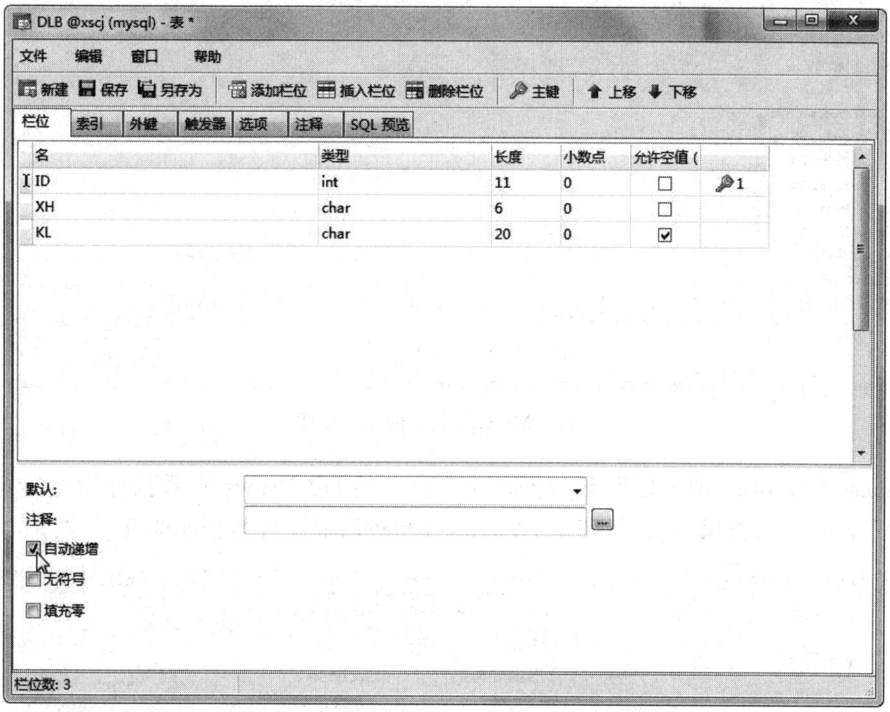

图 4.20 ID 列属性设为“自增”状态

注意:一定要这样设置,否则后面运行实例程序时将无法插入记录!

4.2 创建数据源连接

Java EE 应用的底层代码都是通过 JDBC 接口访问数据库的,每种数据库针对这个标准接口都有着与其自身相适配的 JDBC 驱动程序。MySQL 5.7 的 JDBC 驱动程序包是 mysql-connector-java-5.1.40-bin.jar,读者可上网下载获得,将它保存在某个特定的目录下待用。我们将它保存在 MyEclipse 2017 默认的工作区 C:\Users\Administrator\Workspaces\MyEclipse 2017 CI 中,如图 4.21 所示。

在使用这个驱动之前,要先建立与数据源的连接。在 MyEclipse 2017 中创建对 MySQL 5.7 的数据源连接十分方便,步骤如下。

4.2.1 进入 DB Browser

在 MyEclipse 2017 开发环境中,选择主菜单 Window→Perspective→Open Perspective

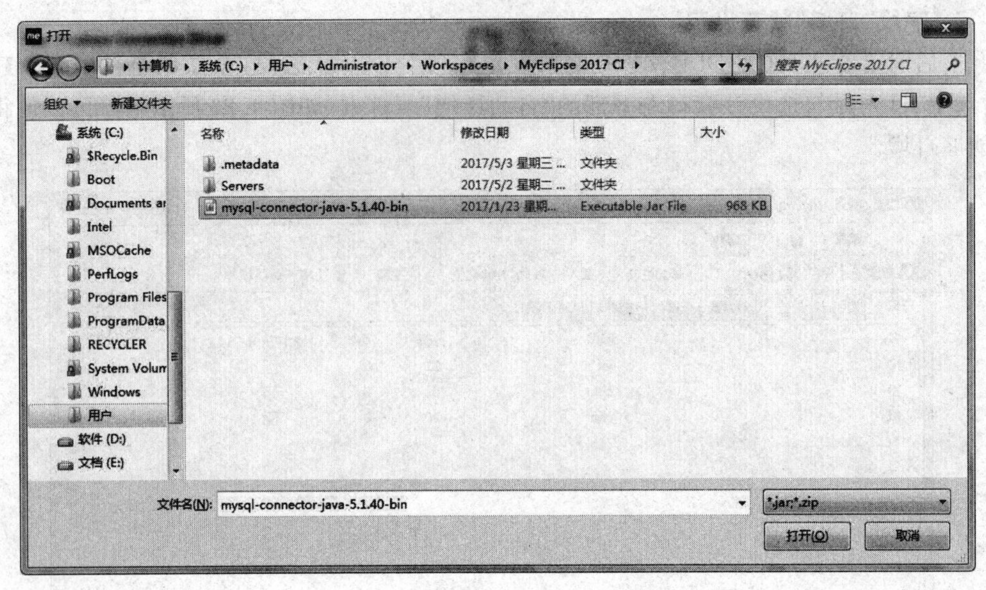

图 4.21 MySQL 5.7 的 JDBC 驱动包

→Database Explorer,即可切换至 MyEclipse 2017 的 DB Browser(数据库浏览器)模式,在左侧的子窗口中右击鼠标,选择菜单 New...,打开对话框配置数据库驱动,如图 4.22 所示。

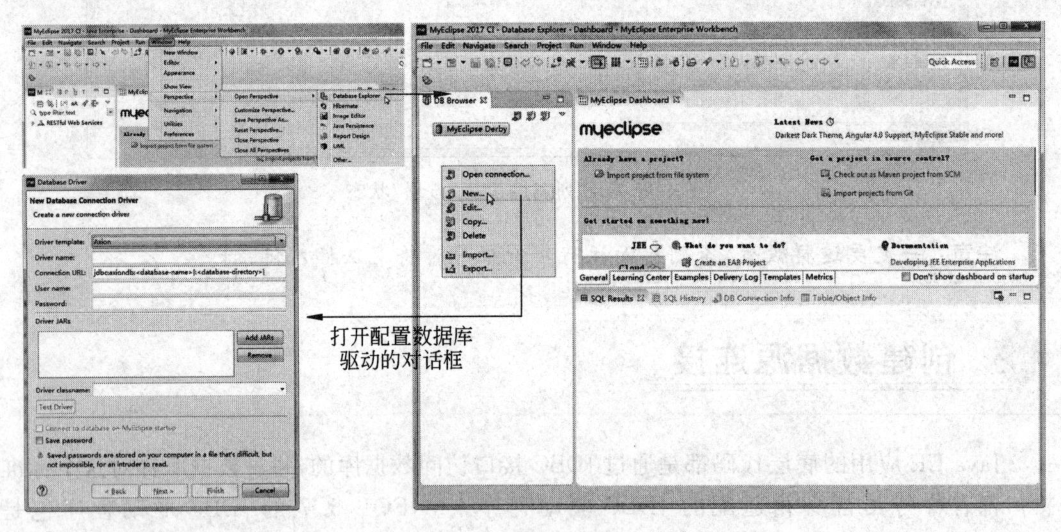

图 4.22 进入 DB Browser 模式

4.2.2 配置 MySQL 驱动

在打开 Database Driver 对话框的 Edit Database Connection Driver 页中,配置 MySQL 5.7 驱动,编辑连接驱动的各项参数,具体操作步骤见图 4.23 中的①~⑧标注。

说明如下:

① 在 Driver name 栏填写要建立连接的名称,这里命名为 mysql。

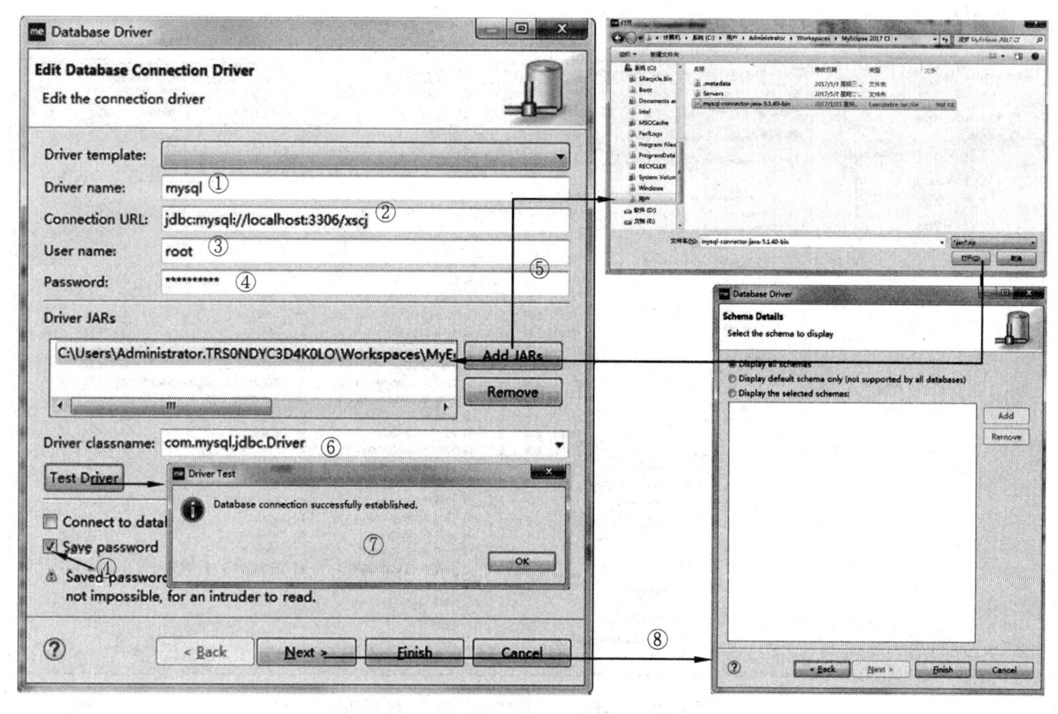

图 4.23　配置 MySQL 驱动参数

② 在 Connection URL 栏中输入要连接数据库的 URL，这里为 jdbc：mysql：//localhost：3306/xscj。

③ 在 User name 栏输入 MySQL 数据库的用户名，即 4.1.1 节安装时默认的 root。

④ 在 Password 栏输入连接数据库的密码 njnu123456(读者请输入图 4.5 中自己设置的密码)。建议读者同时勾选上 Save password 复选框(在对话框的左下方)保存密码，这样以后每次查看数据库就无须再反复地输入密码验证，省去很多麻烦。

⑤ 单击 Driver JARs 栏右侧的 Add JARs 按钮，弹出“打开”对话框，找到事先已准备好的 MySQL 5.7 驱动 mysql-connector-java-5.1.40-bin.jar 包，选中并单击“打开”按钮，将其完整路径加载到该栏目的列表中。

⑥ 在 Driver classname 栏右边的下拉列表中，选择驱动类名为 com.mysql.jdbc.Driver。

⑦ 单击 Test Driver 按钮测试连接，若弹出 Driver Test 消息框显示 Database connection successfully established.，则表示连接成功，单击 OK 按钮确认。

⑧ 单击对话框底部 Next 按钮，在 Database Driver 对话框的 Schema Details 页选中 Display all schemas 选项，单击 Finish 按钮完成配置。

4.2.3　连接 MySQL 数据库

配置了 MySQL 驱动后，在 DB Browser 中可看到多出一个名为 mysql 的节点，此即为我们创建的数据库连接，右击该节点，在弹出菜单中选择 Open connection...，打开这个连接，操作如图 4.24 所示。

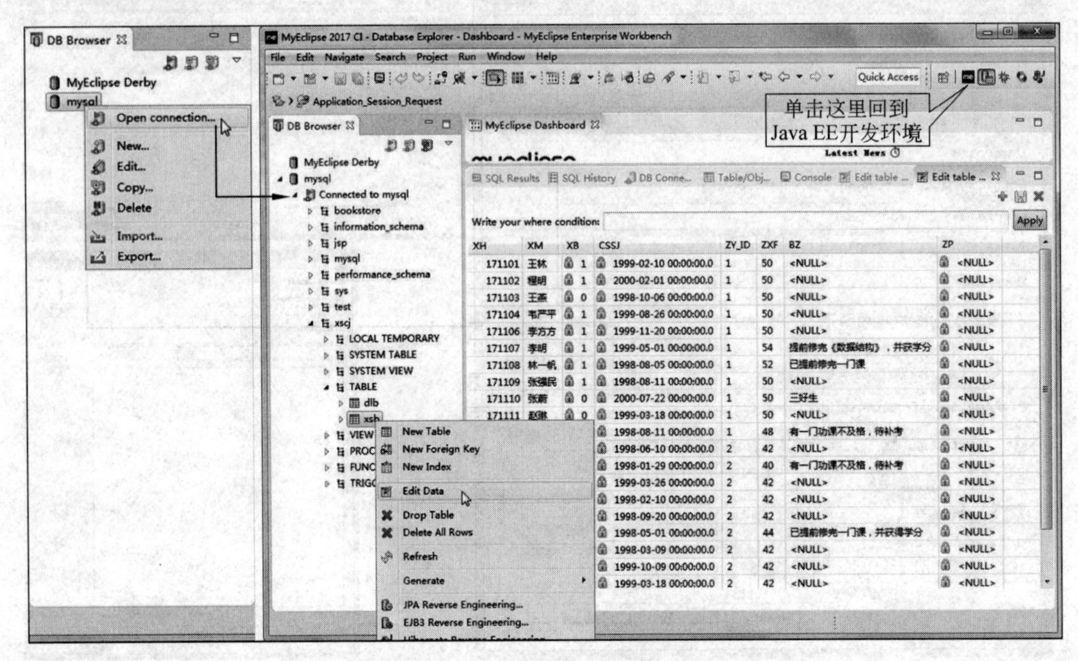

图 4.24 MyEclipse 2017 连接数据库

连接打开之后，从 mysql 节点的树状视图中依次展开 Connected to mysql→xscj→TABLE，可看到用户所创建的表。右击一个表节点，在弹出菜单中选择 Edit Data 打开该表，从界面右部子窗口中可以看到表中的数据；若进一步展开表节点，还能看到该表的字段构成。这就说明 MyEclipse 2017 已成功地与 MySQL 5.7 相连了。后面在做例子的时候，可以直接使用这个现成的连接。单击界面右上角的 me (Java Enterprise)按钮，可退出 DB Browser 模式，切换回通常的 Java EE 开发环境。

4.2.4 连接 SQL Server 数据库

SQL Server 是 Microsoft 公司中大规模的关系型数据库管理系统，目前最新的版本 SQL Server 2014。

1. SQL Server 数据库简介

(1) 服务器组件

SQL Server 的版本不同，提供的组件可能也不相同。SQL Server 2014 服务器组件及其功能如表 4.1 所示。

表 4.1 服务器组件及其功能

服务器组件	说明
数据库引擎	SQL Server 数据库引擎包括数据库引擎(用于存储、处理和保护数据安全的核心服务)、复制、全文搜索、用于管理关系数据和 XML 数据的工具以及 Data Quality Services(DQS)服务器

续表

服务器组件	说　明
Analysis Services	包括用于创建和管理联机分析处理(OLAP)以及数据挖掘应用程序的工具
Reporting Services	包括用于创建、管理和部署表格报表、矩阵报表、图形报表以及自由格式报表的服务器和客户端组件。还是一个可用于开发报表应用程序的可扩展平台
Integration Services	它是一组图形工具和可编程对象，用于移动、复制和转换数据。它还包括 Data Quality Services (DQS)组件
Master Data Services	Master Data Services(MDS)是针对主数据管理的 SQL Server 解决方案。可以配置 MDS 来管理任何领域(产品、客户、账户)；MDS 中可包括层次结构、各种级别的安全性、事务、数据版本控制和业务规则，以及可用于管理数据的 Excel 外接程序

SQL Server 支持在同一台计算机上同时运行多个 SQL Server 数据库引擎实例。每个 SQL Server 数据库引擎实例各有一套不为其他实例共享的系统及用户数据库，应用程序连接同一台计算机上的 SQL Server 数据库引擎实例的方式，与连接其他计算机上运行的 SQL Server 数据库引擎的方式基本相同。SQL Server 实例有两种类型。

- 默认实例。SQL Server 2008 默认实例仅由运行该实例的计算机的名称唯一标识，它没有单独的实例名，默认实例的服务名称为 MSSQLSERVER。如果应用程序在请求连接 SQL Server 时只指定了计算机名，则 SQL Server 客户端组件将尝试连接这台计算机上的数据库引擎默认实例。一台计算机上只能有一个默认实例，而默认实例可以是 SQL Server 的任何版本。
- 命名实例。除默认实例外，所有数据库引擎实例都可以由安装该实例的过程中指定的实例名标识。应用程序必须提供准备连接的计算机的名称和命名实例的实例名。计算机名和实例名格式为“计算机名\实例名”，命名实例的服务名称即为指定的实例名。

SQL Server 服务器组件可由 SQL Server 配置管理器启动、停止或暂停。这些组件在 Windows 操作系统上作为服务运行。

(2) 管理工具

SQL Server 2014 管理工具及其功能如表 4.2 所示。

表 4.2　管理工具及其功能

管理工具	说　明
SQL Server Management Studio	用于访问、配置、管理和开发 SQL Server 组件的集成环境。它使各种技术水平的开发人员和管理员都能使用 SQL Server
SQL Server 配置管理器	为 SQL Server 服务、服务器协议、客户端协议和客户端别名提供基本配置管理
SQL Server Profiler	提供一个图形用户界面，用于监视数据库引擎实例或 Analysis Services 实例
数据库引擎优化顾问	数据库引擎优化顾问可以协助创建索引、索引视图和分区的最佳组合
数据质量客户端	提供一个非常简单和直观的图形用户界面，用于连接到 DQS 数据库并执行数据清理操作。它还允许用户集中监视在数据清理操作过程中执行的各项活动

续表

管理工具	说明
SQL Server Data Tools	SQL Server Data Tools 以前称为 Business Intelligence Development Studio。提供 IDE 以便为以下商业智能组件生成解决方案：Analysis Services、Reporting Services 和 Integration Services。 它还包含“数据库项目”，为数据库开发人员提供集成环境，以便在 Visual Studio 内为任何 SQL Server 平台（包括本地和外部）执行其所有数据库设计工作。数据库开发人员可以使用 Visual Studio 中功能增强的服务器资源管理器，轻松创建或编辑数据库对象和数据或执行查询
连接组件	安装用于客户端和服务器之间通信的组件，以及用于 DB-Library、ODBC 和 OLE DB 的网络库

(3) 产品文档

SQL Server 2014 产品文档包括：

- SQL Server 2014 联机丛书。
- SQL Server 2014 的开发人员参考。
- SQL Server 2014 安装。
- 安装程序和服务安装。
- 升级顾问。
- SQL Server 2014 教程。
- SQL Server 的 Microsoft JDBC Driver。
- Microsoft Drivers for PHP for SQL Server。
- Microsoft ODBC Driver for SQL Server。
- DB2 5.0 版本的 Microsoft OLE DB 提供程序。

2. 创建 SQL Server 数据库和表

创建数据库是对该数据库进行操作的前提，在 SQL Server 环境下，创建数据库有两种方式：一种是以界面方式创建数据库，另一种是以命令方式创建数据库。

(1) 以界面方式创建数据库主要在 SQL Server Management Studio（简称 SSMS）窗口中进行。创建数据库的人必须是系统管理员，或是被授权使用 CREATE DATABASE（创建数据库）语句的用户。

(2) 使用 T-SQL 命令（称为命令方式）来创建数据库。与界面方式创建数据库相比，命令方式更为常用，使用也更为灵活。在 SQL Server Management Studio 窗口中单击“新建查询”按钮新建一个查询窗口，在“查询分析器”窗口中输入 T-SQL 语句，然后执行这些语句。

命令方式和界面方式可相互配合，以界面方式创建数据库可以通过命令方式修改其属性，以命令方式创建数据库可以通过界面方式操作。

3. SQL Server 数据库和表

数据库创建后，可以以界面方式和命令方式操作数据库表记录。

4. 连接 SQL Server 数据库

从网上下载得到 SQL Server 2014 的驱动包 sqljdbc4.jar，将其存放在某个文件夹中。

启动 MyEclipse，选择主菜单 Window → Open Perspective → MyEclipse Database

Explorer，打开 DB Browser(数据库浏览器)模式，右击选择菜单项 New...，出现如图 4.23 所示的窗口，在其中编辑 SQL Server 2014 的连接驱动参数，例如：

Driver name：sqlsrv2014

Connection URL：jdbc:sqlserver://localhost:1433

User name：sa

Password：123456

单击 Add JARs 按钮，选择事先准备好的 sqljdbc4.jar 包，单击 Test Driver 按钮测试连接。

完成后，在 DB Browser 中右击打开连接 sqlsrv2014，若能看到前面创建的数据库中的表，就说明 MyEclipse 已成功地与 SQL Server 2014 相连了。

今后在做例子的时候，可以直接使用这个现成的数据库连接。

5. 解决 Tomcat 与 SQL Server 端口冲突

在安装完 SQL Server 后，做 Java 开发时经常会遇到 Tomcat 无法正常启动的问题，这是由于它们二者的端口冲突导致的。解决办法如下。

在 Windows 命令行模式下输入 netstat -ano，系统会列出当前正在运行的全部进程的信息，其中 Local Address 一项为进程占用的端口地址，由于 Tomcat 默认使用端口 8080，图中如果有进程也使用这个端口即为 SQL Server 的冲突进程，记录该进程的 PID。

在桌面任务栏上右击，打开“Windows 任务管理器”窗口，找到对应 PID 的进程，例如 Reporting Services 服务，它是 SQL Server 服务器组件之一，这个组件经常会在用户开机时自动启动，妨碍 Tomcat 的正常运行，而它对 Java EE 开发并无实际用处，选中后单击“结束进程”关掉即可。

这样 Tomcat 就能正常运行了。今后读者如果再遇到 Tomcat 无法正常启动的情况，应该首先检查是不是这个程序捣的鬼。

4.3 数据库应用基础实例

下面通过一个简单的留言系统，具体介绍 JSP＋Servlet＋JavaBean 开发数据库应用的步骤和方法，以把多个问题综合起来。

4.3.1 功能说明

首先是一个用户登录界面，如图 4.25 所示。

如果用户是首次登录，需要先注册后才能使用，单击页面下方的“这里”超链接，跳转到注册页，如图 4.26 所示。

填写用户名和密码后，单击“注册”按钮注册新用户。然后回到登录页，输入刚才注册的用户名和密码，单击“登录”进入系统，如图 4.27 所示。

登录成功后会显示所有的留言信息，如图 4.28 所示。

单击“留言”按钮，跳转到如图 4.29 所示的界面。

图 4.25　用户登录界面

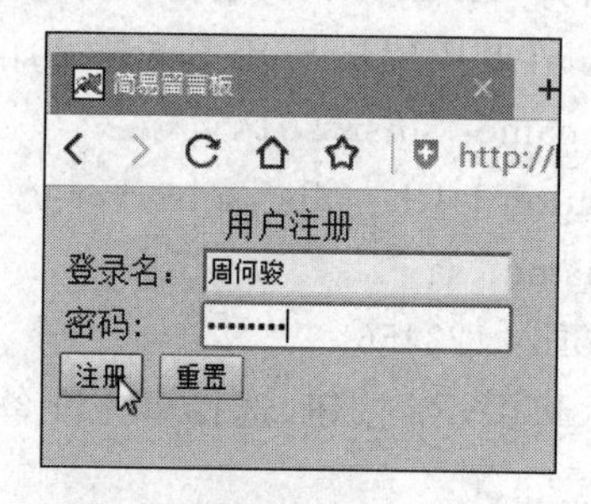

图 4.26　用户注册页

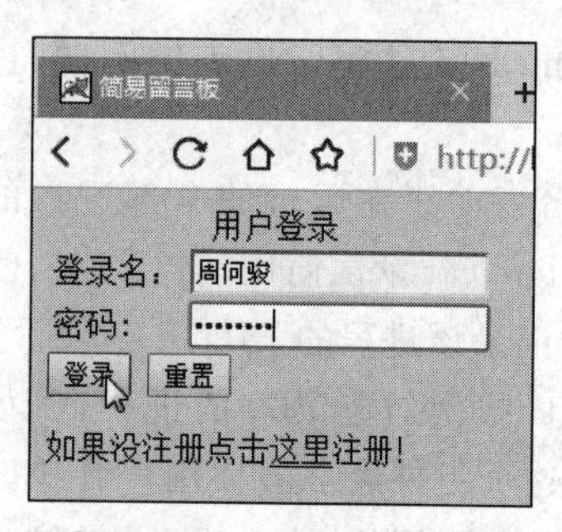

图 4.27　登录系统

留言人姓名	留言时间	留言标题	留言内容
zheng	2017-07-13	体育	我喜欢游泳
zheng	2017-07-13	心情	如此心旷神怡!
zheng	2017-07-13	娱乐	紫金山是国家级AAAAA风景区。
zheng	2017-07-13	航天	中国的载人航天举世瞩目!
chen	2017-07-13	天气	今天阳光明媚。
liu	2017-07-13	诗词	我喜欢唐诗宋词。

图 4.28　显示所有的留言信息

填写好留言标题及内容后单击“提交”按钮，跳转到如图 4.30 所示的成功界面。

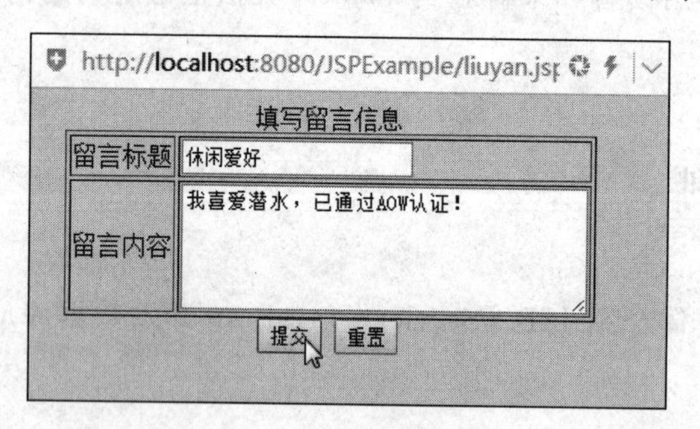

图 4.29　留言界面

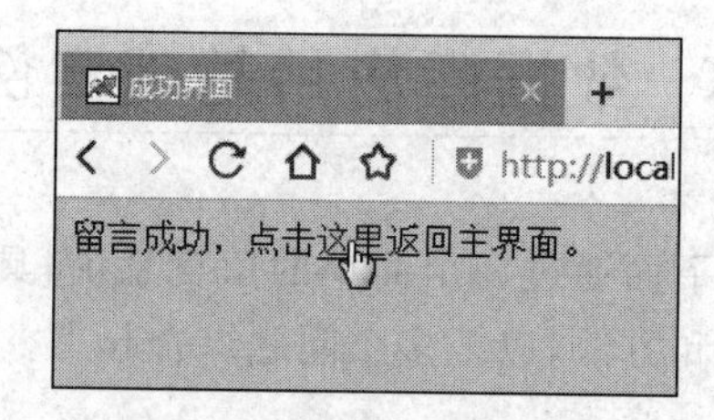

图 4.30　留言成功界面

单击该页面的超链接，回到主界面，会发现主界面的信息多了一条，就是刚才添加的内容，如图 4.31 中框出。

4.3.2　系统分析和建库表

1. 系统分析

既然是留言系统，肯定要有用户登录，所以需要一个用户表(userTable)，字段包括 id、username 和 password。其中 id 设为自动增长的 int 型，并设为主键。username 和

图 4.31　增加了一条留言

password 都设为 varchar 型。登录成功后要有个主界面来显示所有的留言信息，那就应该有个留言表(lyTable)，字段包括 id、userId、date、title 和 content1。其中 id 设为自动增长的 int 型，并设为主键。userId 就是 user 表中的 id，表明该条留言是该用户留的。date 表示发表留言的时间，类型为 datetimc。Titlc 表示发表留言的标题，为 varchar 型。content1 表示发表的内容，varchar 型。

2. 建立数据库与表

既然已经确定了表及其字段，接下来建表就简单多了。在数据库 JSP 中建立上面的两个表 userTable (用户表)和 lyTable(留言表)，如表 4.3、表 4.4 所示。

表 4.3　userTable(用户表)

字段名称	数据类型	主键	自增	允许为空	描述
id	int	是	增 1		id 号
username	varchar(20)				用户名
password	varchar(20)				密码

表 4.4　lyTable(留言表)

字段名称	数据类型	主键	自增	允许为空	描述
id	int	是	增 1		id 号
userId	int				用户 id 号
date	datetime				发表时间
title	varchar(20)				标题
content1	varchar(500)				留言内容

4.3.3　开发步骤

1. 新建项目

打开 MyEclipse，新建 Web 项目，命名为 JSPExample。

2. 建立表对应的标准 JavaBean

在 src 下建立包 model，然后建立表对应类的标准 JavaBean。这样可以提高代码的重用性。

userTable 表对应的 JavaBean 如下：

```
package model;
public class User {
    private int id;
    private String username;
    private String password;
    public int getId() {
        return id;
    }
    public void setId(int id) {
        this.id =id;
    }
    public String getUsername() {
        return username;
    }
    public void setUsername(String username) {
        this.username =username;
    }
    public String getPassword() {
        return password;
    }
    public void setPassword(String password) {
        this.password =password;
    }
}
```

lyTable 表对应的 JavaBean 如下：

```
package model;
import java.sql.Date;
public class LyTable {
    private int id;
    private int userId;
    private Date date;
    private String title;
    private String content1;
    public int getId() {
        return id;
    }
    public void setId(int id) {
        this.id =id;
    }
    public int getUserId() {
        return userId;
```

```
    }
    public void setUserId(int userId) {
        this.userId =userId;
    }
    public Date getDate() {
        return date;
    }
    public void setDate(Date date) {
        this.date =date;
    }
    public String getTitle() {
        return title;
    }
    public void setTitle(String title) {
        this.title =title;
    }
    public String getContent() {
        return content1;
    }
    public void setContent(String content) {
        this.content1 =content;
    }
}
```

3. 设计登录页面

由于大家是刚开始做项目，所以先用比较直观的顺序来进行开发。首先设计登录界面，在 WebRoot 下新建文件 login.jsp，代码为：

```
<%@page language="java" pageEncoding="gb2312"%>
<html>
    <head>
        <title>简易留言板</title>
    </head>
    <body bgcolor="#E3E3E3">
        <form action="mainServlet" method="post">
            <table>
            <caption>用户登录</caption>
                <tr><td>登录名：</td>
                <td><input type="text" name="username" size="20"/></td>
                </tr><tr><td>密码:</td>
                <td><input type="password" name="pwd" size="21"/></td></tr>
            </table>
                <input type="submit" value="登录"/>
                <input type="reset" value="重置"/>
```

```
        </form>
        如果没注册点击<a href="register.jsp">这里</a>注册！
    </body>
</html>
```

4. 建立 MainServlet 类

从上面代码中可以看出，当填入登录名和密码后，单击“登录”按钮，将登录名和密码提交给了一个 Servlet 页面，且其 url 为 mainServlet。在 src 下建立包，名为 servlet，表示该包下存放的都是 Servlet 类，如果文件多的话方便查询。在 servlet 包下建立一个 Servlet 类，命名为 MainServlet，代码如下：

```
package servlet;
import java.io.IOException;
import java.util.ArrayList;
import javax.servlet.ServletException;
import javax.servlet.http.HttpServlet;
import javax.servlet.http.HttpServletRequest;
import javax.servlet.http.HttpServletResponse;
import javax.servlet.http.HttpSession;
import model.User;
import db.DB;
public class MainServlet extends HttpServlet {
public void doGet(HttpServletRequest request, HttpServletResponse response)
        throws ServletException, IOException {
    //设置请求编码
    request.setCharacterEncoding("gb2312");
    //设置响应编码
    response.setContentType("gb2312");
    //获得 JSP 页面填入的用户名的值
    String username=request.getParameter("username");
    //获得 JSP 页面填入的密码的值
    String pwd=request.getParameter("pwd");
    //建立 DB 类对象,使用其中的方法来完成判断
    DB db=new DB();
    //获得 session 对象,用来保存信息
    HttpSession session=request.getSession();
    //先获得 user 对象,如果是第一次访问该 Servlet,用户对象肯定为空;但如果是第
    //二次甚至是第三次,就不应该再判断该用户的信息
    User user=(User) session.getAttribute("user");
    //这里就是判断 ,如果用户是第一次进入,调用 DB 类里面的方法判断
    if(user==null){
        user=db.checkUser(username, pwd);
    }
    //把 user 对象存在 session 中
```

```
    session.setAttribute("user", user);
    if(user!=null){
        //如果根据查询用户不为空,表示用户名和密码正确,应该去下一界面
        //这里是去主界面,主界面中包含了所有留言信息,所以要从留言表中查出来
        ArrayList al=db.findLyInfo();
        //包查询的信息保存在 session 中
        session.setAttribute("al", al);
        //然后跳转到要去的主界面
        response.sendRedirect("main.jsp");
    }else{
        //如果用户名和密码错误,则回到登录界面
        response.sendRedirect("login.jsp");
    }
}
public void doPost(HttpServletRequest request, HttpServletResponse response)
        throws ServletException, IOException {
    doGet(request,response);
    }
}
```

5. 建立 DB 类

上一段代码都在 DB 类中操作数据库并返回值。在 src 下建立包,名为 db,在包 db 中建立 DB 类。下面看 DB 类的代码(如果连接 SQL Server 数据库,连接参数参考表 4.2 内容进行适当变化):

```
package db;
import java.sql.*;
import java.util.ArrayList;
import java.util.Date;
import model.LyTable;
import model.User;
public class DB {
    Connection ct;
    PreparedStatement pstmt;
    //在构造函数中建立与数据库的连接,这样在建立 DB 对象的时候就连接了数据库
    public DB(){
        try {
            Class.forName("com.mysql.jdbc.Driver").newInstance();
                ct=DriverManager.getConnection
                ("jdbc:mysql://localhost:3306/JSP","root","njnu123456");
        } catch (Exception e) {
            e.printStackTrace();
        }
    }
```

```
    //根据 username 和 password 查询用户,查到就返回该对象,没有就返回 null
    public User checkUser(String username,String password){
        try{
        pstmt=ct.prepareStatement("select * from userTable where username=?
               and password=?");
            pstmt.setString(1, username);
            pstmt.setString(2, password);
            ResultSet rs=pstmt.executeQuery();
            User user=new User();
            while(rs.next()){
                user.setId(rs.getInt(1));
                user.setUsername(rs.getString(2));
                user.setPassword(rs.getString(3));
                return user;
            }
            return null;
        }catch(Exception e){
            e.printStackTrace();
            return null;
        }
    }
    //查询留言信息,返回一个 ArrayList
    public ArrayList findLyInfo(){
        try{
            ArrayList al=new ArrayList();
            pstmt=ct.prepareStatement("select * from lyTable");
            ResultSet rs=pstmt.executeQuery();
            while(rs.next()){
                LyTable ly=new LyTable();
                ly.setId(rs.getInt(1));
                ly.setUserId(rs.getInt(2));
                ly.setDate(rs.getDate(3));
                ly.setTitle(rs.getString(4));
                ly.setContent(rs.getString(5));
                al.add(ly);
            }
            return al;
        }catch(Exception e){
            e.printStackTrace();
            return null;
        }
    }
}
```

6. 导入 MySQL 5.7 驱动包

为了能使程序成功访问到数据库，还必须向项目中导入 MySQL 5.7 的驱动，把早已准备好的驱动包 mysql-connector-java-5.1.40-bin.jar 复制到项目的 WebRoot\WEB-INF\lib 文件夹下，在项目的工作区视图中刷新(选择"快捷菜单"→Refresh)即可。

7. 建立 main.jsp

MainServlet 中验证成功后，运行界面会转到 main.jsp，而且在 main.jsp 中会显示所有留言信息，下面看 main.jsp 文件的内容：

```
<%@page language ="java" import="java.util.* " pageEncoding ="gb2312"%>
<%@page import ="model.LyTable"%>
<%@page import ="db.DB"%>
<html>
<head>
    <title>留言板信息</title>
</head>
<body bgcolor ="#E3E3E3">
    <form action ="liuyan.jsp" method ="post">
        <table border="1">
            <caption>所有留言信息</caption>
            <tr><th>留言人姓名</th><th>留言时间</th>
            <th>留言标题</th><th>留言内容</th></tr>
        <%
            ArrayList al=(ArrayList)session.getAttribute("al");
            Iterator iter=al.iterator();
            while(iter.hasNext()){
                LyTable ly=(LyTable)iter.next();
        %>
                <tr><td><%=new DB().getUserName(ly.getUserId()) %></td>
                    <td><%=ly.getDate().toString() %></td>
                    <td><%=ly.getTitle() %></td>
                    <td><%=ly.getContent() %></td></tr>
        <%
            }
         %>
        </table>
        <input type="submit" value="留言"/>
    </form>
</body>
</html>
```

可以看出，MainServlet 在 session 中保存的所有留言的 ArrayList 在这里被取出，并且被循环遍历出来，但在 lyTable 表中存的是 userId，如果在界面上显示一个用户 id 明显不美观，故这里还要调用 DB 类中的 getUserName(int id)方法，根据得到的 userId，查询其对应的用户名。所以在 DB 类中要加这样一个方法，其代码为：

```
public String getUserName(int id){
    String username =null;
    try{
        pstmt =ct.prepareStatement("select username from userTable where id =?");
        pstmt.setInt(1, id);
        ResultSet rs =pstmt.executeQuery();
        while(rs.next()){
            username=rs.getString(1);
        }
        return username;
    }catch(Exception e){
        e.printStackTrace();
        return null;
    }
}
```

这样，登录与显示功能就完成了。既然是留言系统，肯定会有留言功能，在 main.jsp 中有个表单，提交按钮是“留言”，并且提交后表单中的 action 去向是一个 JSP 文件(liuyan.jsp)。

8. 建立 liuyan.jsp

在留言表中，有 userId 和留言时间，以及标题和内容。但是，我们知道 userId 应该是当前登录的用户的 id。而当前用户的对象已经保存在 session 中，所以留言时不用填写，而留言时间就应该是当时的系统时间，也可以直接获得，故用户需要填写的只有留言的标题和内容。其代码为：

```
<%@page language="java" pageEncoding="gb2312"%>
<html>
<head>
    <title>留言板</title>
</head>
<body bgcolor="#E3E3E3">
    <center>
            <form action="addServlet" method="post">
            <table border="1">
            <caption>填写留言信息</caption>
            <tr><td>留言标题</td>
                <td><input type="text" name="title"/></td></tr>
            <tr><td>留言内容</td>
                <td><textarea name="content" rows="5" cols="35"></textarea></td>
        </tr>
            </table>
        <input type="submit" value="提交"/>
        <input type="reset" value="重置"/>
    </form>
    </center>
```

```
</body>
</html>
```

9. 建立 AddServlet 类

当用户单击“留言”后，会转到 liuyan.jsp，而填写完留言信息后，单击“提交”又会转到一个 Servlet 获取填写的内容，并根据方法把填写的内容插入数据库中。在 servlet 包下建立 AddServlet 来操作这些内容，其代码为：

```
package servlet;
import java.io.IOException;
import java.io.PrintWriter;
import java.sql.Date;
import javax.servlet.ServletException;
import javax.servlet.http.HttpServlet;
import javax.servlet.http.HttpServletRequest;
import javax.servlet.http.HttpServletResponse;
import model.*;
import db.DB;
public class AddServlet extends HttpServlet {
    public void doGet(HttpServletRequest request, HttpServletResponse response)
        throws ServletException, IOException {
        //设置请求编码
        request.setCharacterEncoding("gb2312");
        //设置响应编码
        response.setContentType("gb2312");
        //获取 title 内容
        String title=request.getParameter("title");
        //获取 content 内容(这里的 content 是界面上控件的名称而非数据库字段名)
        String content=request.getParameter("content");
        //从 session 中取出当前用户对象
        User user=(User) request.getSession().getAttribute("user");
        //建立留言表对应 JavaBean 对象,把数据封装进去
        LyTable ly=new LyTable();
        ly.setUserId(user.getId());
        //参数为获取的当前时间
        ly.setDate(new Date(System.currentTimeMillis()));
        ly.setTitle(title);
        ly.setContent(content);
        //调用 DB 类中的方法判断是否插入成功
        if(new DB().addInfo(ly)){
            response.sendRedirect("success.jsp");
        }
    }
```

```
    public void doPost(HttpServletRequest request, HttpServletResponse response)
            throws ServletException, IOException {
        doGet(request,response);
    }
}
```

在这个Servlet类中，又调用了DB类中的插入留言信息方法，所以要在DB类中再加上这个方法。其实如果大家已经很清楚整个流程，可以一次在DB类中把用到的方法全部写完，以便以后调用，这样会方便得多，而不是等用到的时候才去写。该方法代码如下：

```
public boolean addInfo(LyTable ly){
    try{
        pstmt=ct.prepareStatement("insert into lyTable(userId,date,title,
              content1) values(?,?,?,?)");
        pstmt.setInt(1, ly.getUserId());
        pstmt.setDate(2, ly.getDate());
        pstmt.setString(3, ly.getTitle());
        pstmt.setString(4, ly.getContent());
        pstmt.executeUpdate();
        return true;
    }catch(Exception e){
        e.printStackTrace();
        return false;
    }
}
```

10. 创建成功页面

在AddServlet中，留言成功后转到一个告诉用户成功的success.jsp页面，该页代码为：

```
<%@page language="java" pageEncoding="gb2312"%>
<html>
<head>
    <title>成功界面 </title>
</head>
<body bgcolor="#E3E3E3">
    留言成功,点击<a href="mainServlet">这里</a>返回主界面。
</body>
</html>
```

在该页面中有一个超链接，是转到mainServlet的，此处是第二次访问这个Servlet了，所以就可以从session中取到当前用户的对象，不用再次查询数据库，而只是把留言表中的信息查出并保存，然后跳转到main.jsp。注意：这时查看到的留言信息就应该已经包含用户刚刚提交的留言了。

11. 配置 web. xml

在介绍 Servlet 时说过，有一个 Servlet，就要有一个配置文件项与其对应，而这里有两个 Servlet，所以在 web. xml 中就应该为它们配置两项，代码为：

```
<?xml version="1.0" encoding="UTF-8"?>
<web-app xmlns:xsi="http://www.w3.org/2001/XMLSchema-instance" xmlns=
"http://xmlns.jcp.org/xml/ns/javaee" xsi:schemaLocation="http://xmlns.jcp.
org/xml/ns/javaee http://xmlns.jcp.org/xml/ns/javaee/web-app_3_1.xsd" id=
"WebApp_ID" version="3.1">
    <display-name>JSPExample</display-name>
    <welcome-file-list>
        <welcome-file>login.jsp</welcome-file>
    </welcome-file-list>
    <servlet>
        <servlet-name>mainServlet</servlet-name>
        <servlet-class>servlet.MainServlet</servlet-class>
    </servlet>
    <servlet>
        <servlet-name>addServlet</servlet-name>
        <servlet-class>servlet.AddServlet</servlet-class>
    </servlet>
    <servlet-mapping>
        <servlet-name>mainServlet</servlet-name>
        <url-pattern>/mainServlet</url-pattern>
    </servlet-mapping>
    <servlet-mapping>
        <servlet-name>addServlet</servlet-name>
        <url-pattern>/addServlet</url-pattern>
    </servlet-mapping>
</web-app>
```

至此，一个基本的留言系统大致完成了，这里只详细介绍了登录模块，而没有介绍注册模块，前面的 login. jsp 上已经有转向注册功能的超链接，由于注册模块的代码结构和运行机制与登录模块的相同，只是实现的具体功能不同而已，故不再赘述，请读者综合前面所学知识自己动手尝试着开发。

本书提供源码资源的项目 JSPExample 中有该系统的全部功能（包括登录、留言和注册）的完整实现，供读者学习参考。

12. 部署运行

部署项目 JSPExample，启动 Tomcat 服务器，在浏览器地址栏中输入 http://localhost:8080/JSPExample，就可以运行这个留言系统了。

思考与实验

1. 上百度搜索了解 MySQL 数据库及 Navicat for MySQL 工具的相关知识，自己下载 MySQL 5.7 的安装包并尝试安装，了解其配置及组件构成。

2. 参照附录的内容预先准备本书后面将要用到的数据库及表，录入数据，在这个过程中熟悉 Navicat for MySQL 工具的基本操作和使用。

3. 按照 4.2 节的指导，掌握 MyEclipse 2017 环境与 MySQL 5.7 数据库连接的操作。

4. 实验。

(1) 根据 4.3 节的实现步骤，完成留言板。运行项目，进入登录界面，如图 4.25 所示。

(2) 如果没有注册，单击“这里”超链接，注册成功后跳转到登录界面进行登录。输入正确的登录名和密码后，单击“登录”按钮跳转到程序主界面，显示所有的留言信息，如图 4.28 所示。

(3) 单击“留言”按钮，跳转到如图 4.29 所示的供用户填写留言信息的界面。

(4) 填写好留言信息后，单击“提交”按钮跳转到成功界面，单击成功界面的“返回”超链接，跳转到程序主界面，并显示留言的内容，如图 4.31 所示。

(5) 在该项目基础上，加入计数器，实现网站的访问次数统计。

CHAPTER 第5章

Struts 2 应用

从字面上看，Struts 2 好像是 Struts 1 的升级版本，其实并不是。Struts 2 是以 Webwork 的设计思想为核心，再吸收 Struts 1 的优点形成的。因此，可以认为，Struts 2 是 Struts 1 和 Webwork 结合的产物。

5.1 Struts 2 概述

Struts 2 是一个基于 MVC 架构的框架，既然这么多框架都遵循 MVC 架构，它一定有很多优点。下面简单介绍 MVC 的含义及优点，然后再介绍 Struts 2 的体系结构。

5.1.1 MVC 介绍

MVC 包含 3 个基础部分：Model、View 和 Controller。这 3 个部分以最小的耦合协同工作，以增加程序的可扩展性和可维护性。在前面章节的综合实例中，其实已经出现了 MVC 的影子，回想一下，首先 JSP 页面作为 View，Servlet 作为 Controller，而 JavaBean 作为 Model。

具体来说，MVC 有以下优点。

(1) 多个视图可以对应一个模型。按 MVC 设计模式，一个模型对应多个视图，可以减少代码的复制及代码的维护量，一旦模型发生改变，也易于维护。

(2) 模型返回的数据与显示逻辑分离。模型数据可以应用任何显示技术，例如使用 JSP 页面、Velocity 模板或者直接产生 Excel 文档等。

(3) 应用被分隔为 3 层，降低了各层之间的耦合，提供了应用的可扩展性。

(4) 控制层的概念也很有效，由于它把不同的模型和不同的视图组合在一起，完成不同的请求，因此控制层可以说是包含了用户请求权限的概念。

(5) MVC 更符合软件工程化管理的精神。不同的层各司其职，每一层的组件具有相同的特征，有利于通过工程化和工具化产生管理程序代码。

Struts 2 就是兼容了 Struts 1 和 WebWork 的 MVC 框架。其优点是不言而喻的。下面简要介绍 Struts 2 的体系结构。

5.1.2 Struts 2 体系结构

Struts 2 的基本流程如下：

（1）Web 浏览器请求一个资源。

（2）过滤器 Dispatcher 查找请求，确定适当的 Action。

（3）拦截器自动对请求应用通用功能，如验证和文件上传等操作。

（4）Action 的 execute 方法通常用来存储和（或）重新获得信息（通过数据库）。

（5）结果被返回到浏览器，可能是 HTML、图片、PDF 或其他文件格式。

Struts 2 框架的应用着重在控制上。简单的流程是：页面→控制器→页面。最重要的是控制器的取数据与处理后传数据的问题。Struts 2 的体系结构还可以参考图 5.1，更直观地展现出其流程。

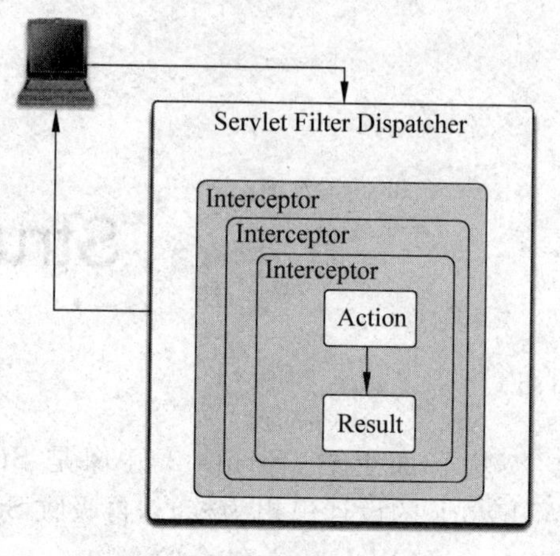

图 5.1 Struts 2 体系结构

下面将以实例为基础，具体介绍 Struts 2 开发。

5.2 基本应用及工作流程

在对 Struts 2 作详细介绍之前，先来看一个 Struts 2 项目的开发过程。

5.2.1 简单的 Struts 2 实例

1. 下载 Struts 2 框架

MyEclipse 没有对 Struts 2 的支持，所以需要用户自己下载 Struts 2 开发包。登录 http://struts.apache.org/，下载 Struts 2，本书使用的是 Struts 2.5.10.1，其官方下载页面如图 5.2 所示。

大多数时候，使用 Struts 2 的 Web 应用并不需要用到 Struts 2 的全部特性，故这里只下载其最小核心依赖库（大小仅 4.16 MB），单击页面上 Essential Dependencies Only 项下的 struts-2.5.10.1-min-lib.zip 链接即可。

2. 建立一个 Web 项目

打开 MyEclipse 2017，建立一个 Web 项目，命名为 Struts 2.0。

3. 加载 Struts 2 类库

将下载获得的文件 struts-2.5.10.1-min-lib.zip 解压缩，在其目录 struts-2.5.10.1-min-lib\struts-2.5.10.1\lib 下看到有 8 个 jar 包，包括 4 个基本类库和 4 个附加类库。

（1）Struts 2 的 4 个基本类库

struts2-core-2.5.10.1.jar

ognl-3.1.12.jar

log4j-api-2.7.jar

freemarker-2.3.23.jar

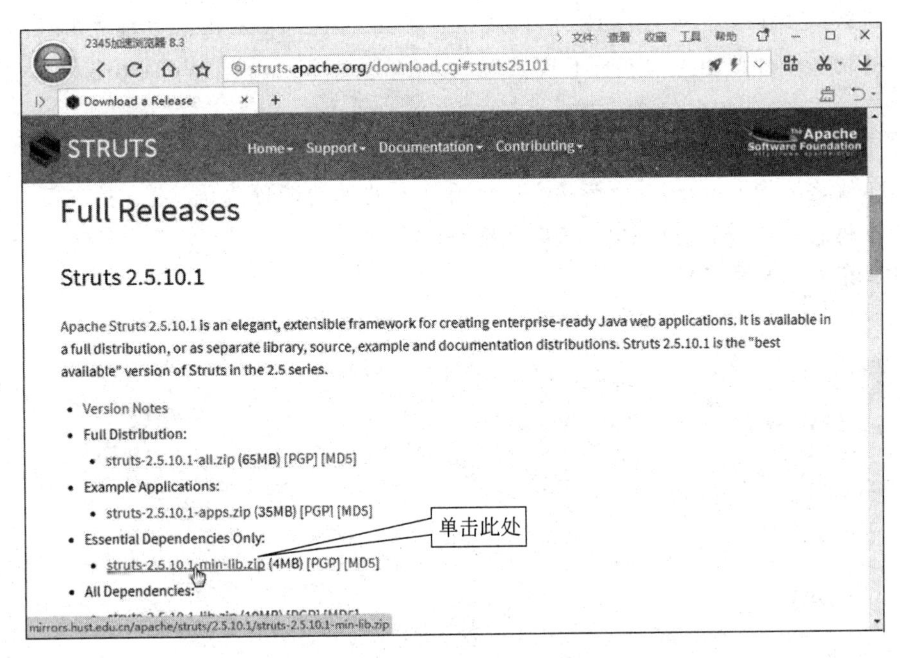

图 5.2　Struts 2 官方下载页

(2) 附加的 4 个类库

commons-io-2.4.jar

commons-lang3-3.4.jar

javassist-3.20.0-GA.jar

commons-fileupload-1.3.2.jar

将它们一起复制到项目的\WebRoot\WEB-INF\lib 路径下。在工作区视图中，右击项目名，从弹出菜单中选择 Refresh 刷新。打开项目树，看到其中多了一个 Web App Libraries 项，展开可看到这 8 个 jar 包，如图 5.3 所示，表明 Struts 2 加载成功了。

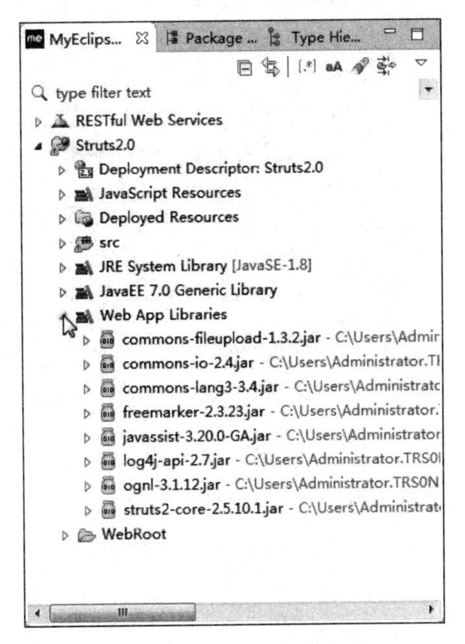

图 5.3　Struts 2 加载成功

主要类库描述如下。

struts2-core-2.5.10.1.jar：Struts 2.5 的主框架类库。

ognl-3.1.12.jar：OGNL 表达式语言。

log4j-api-2.7.jar：管理程序运行日志的 API 接口。

freemarker-2.3.23.jar：所有的 UI 标记模板。

Struts 2 从 2.3 升级到 2.5 版，有较大的变化，主要体现在以下两点。

(1) 将原 xwork-core 库整合进核心 struts2-core 库，早期 Struts 2 是基于 WebWork 框架发展

起来的，后者对应于 xwork-core 库，但自从 2.5 版起，Struts 2 不再提供独立的 xwork-core 库，相关的功能全部改由主框架核心库实现，这也标志着 Struts 与 WebWork 两大框架的真正融合。

（2）以 log4j-api 取代原 commons-logging 库，log4j 提供了用户创建日志需要实现的适配器组件，比之原先 commons-logging 的通用日志处理功能更为强大，支持灵活的日志定制，且版本越高可选的显示信息的种类越全。

4. 修改 web.xml 文件

打开项目中的 WebRoot/WEB-INF/web.xml 文件，修改其代码如下：

```
<?xml version="1.0" encoding="UTF-8"?>
<web-app id="WebApp_9" version="2.4"
    xmlns="http://java.sun.com/xml/ns/j2ee"
    xmlns:xsi="http://www.w3.org/2001/XMLSchema-instance"
    xsi:schemaLocation="http://java.sun.com/xml/ns/j2ee http://java.sun.
        com/xml/ns/j2ee/web-app_2_4.xsd">
    <filter>
        <filter-name>struts-prepare</filter-name>
        <filter-class>org.apache.struts2.dispatcher.filter.
                StrutsPrepareFilter</filter-class>
    </filter>
    <filter>
        <filter-name>struts-execute</filter-name>
        <filter-class>org.apache.struts2.dispatcher.filter.
                StrutsExecuteFilter</filter-class>
    </filter>
    <filter-mapping>
        <filter-name>struts-prepare</filter-name>
        <url-pattern>/*</url-pattern>
    </filter-mapping>
    <filter-mapping>
        <filter-name>struts-execute</filter-name>
        <url-pattern>/*</url-pattern>
    </filter-mapping>
    <welcome-file-list>
        <welcome-file>hello.jsp</welcome-file>
    </welcome-file-list>
</web-app>
```

该代码主要配置一个过滤器，让请求能够被 Struts 2 框架来处理。本章后面会介绍过滤器的原理。

5. 创建 hello.jsp

右击项目 WebRoot，选择 new→File 菜单项，在 File name 中输入文件名 hello.jsp，修改后的代码如下：

```
<%@page language="java" pageEncoding="UTF-8"%>
<html>
<head>
   <title>struts 2 应用</title>
</head>
<body>
   <form action="struts.action" method="post">
      请输入姓名：<input type="text" name="name"/><br>
   <input type="submit" value="提交"/>
   </form>
</body>
</html>
```

当用户在输入框中输入姓名后单击“提交”按钮就会交给 struts. action，Struts 2 的拦截器就会起作用，将用户请求转发到对应的 Action 类。下面编写这个 Action 类。

6．实现 Action 类

类一般要放在包中，要先建立包。右击 src 文件夹，选择 new→Package 菜单项，在 Name 框中输入包名 org. action，右击该包，依此类推，建立 class，命名为 StrutsAction，修改后的代码如下：

```
package org.action;
import java.util.Map;
import com.opensymphony.xwork2.ActionContext;
import com.opensymphony.xwork2.ActionSupport;
public class StrutsAction extends ActionSupport{
    private String name;
    public String getName() {
        return name;
    }
    public void setName(String name) {
        this.name=name;
    }
    public String execute() throws Exception {
        if(!name.equals("HelloWorld")){
            Map request=(Map)ActionContext.getContext().get("request");
            request.put("name",getName());
            return "success";
        }else{
            return "error";
        }
    }
}
```

可以看出，该 Action 类只是一个普通的 Java 类，类中有一个属性 name，并且生成了其

getter 和 setter 方法。实际上，这个属性名是和 JSP 文件的 name 值对应的，当执行该 Action 类时，就会通过类变量的 setter 和 getter 方法为该变量赋值和取值，然后再调用 execute()方法。

7. 创建并配置 struts.xml 文件

struts.xml 文件是 Struts 2 运行的核心，任何一个 Struts 2 程序都不能缺少它。右击 src 文件夹，选择 New→File 菜单项，在 File name 框中输入 struts.xml，修改后的代码如下：

```
<?xml version="1.0" encoding="UTF-8" ?>
<!DOCTYPE struts PUBLIC
    "-//Apache Software Foundation//DTD Struts Configuration 2.5//EN"
    "http://struts.apache.org/dtds/struts-2.5.dtd">
<!--START SNIPPET: xworkSample -->
<struts>
    <package name="default" extends="struts-default">
        <action name="struts" class="org.action.StrutsAction" >
            <result name="success">welcome.jsp</result>
            <result name="error">hello.jsp</result>
            <result name="input">hello.jsp</result>
        </action>
    </package>
</struts>
<!--END SNIPPET: xworkSample -->
```

对于上面的配置文件，读者可能有些看不懂，但 MyEclipse 2017 提供了.xml 文件的可视化功能，由 XML 文件编辑工作区切换到左下角的 Flow 选项页（如图 5.4 所示），就可以看到这个 struts.xml 文件的可视化流程图，如图 5.5 所示。

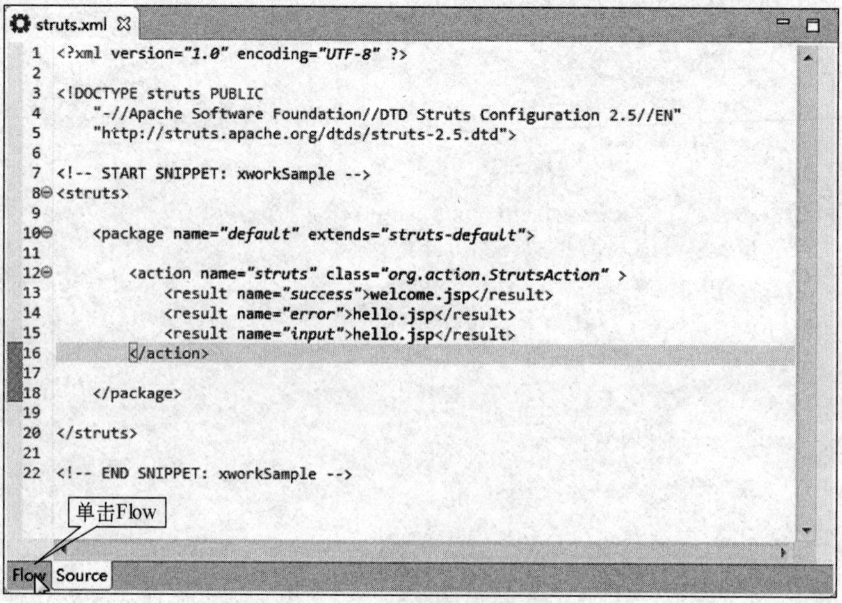

```
struts.xml
1  <?xml version="1.0" encoding="UTF-8" ?>
2
3  <!DOCTYPE struts PUBLIC
4      "-//Apache Software Foundation//DTD Struts Configuration 2.5//EN"
5      "http://struts.apache.org/dtds/struts-2.5.dtd">
6
7  <!-- START SNIPPET: xworkSample -->
8  <struts>
9
10     <package name="default" extends="struts-default">
11
12         <action name="struts" class="org.action.StrutsAction" >
13             <result name="success">welcome.jsp</result>
14             <result name="error">hello.jsp</result>
15             <result name="input">hello.jsp</result>
16         </action>
17
18     </package>
19
20 </struts>
21
22 <!-- END SNIPPET: xworkSample -->
```

单击Flow

Flow Source

图 5.4 切换到 Flow 选项页

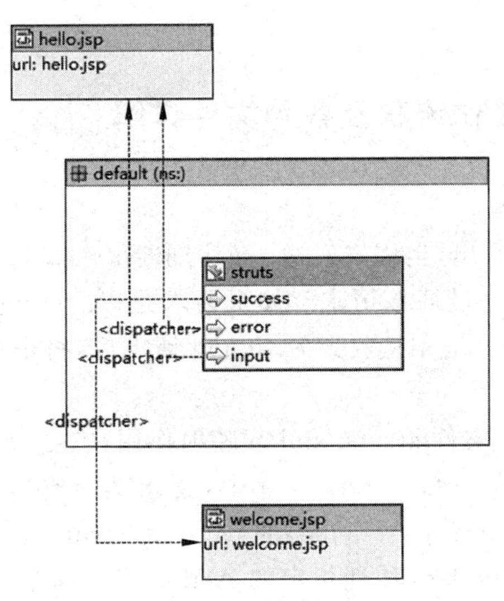

图 5.5 struts. xml 文件的可视化流程

很容易看出，切换成功后会转向 welcome. jsp 文件，而失败则转回 hello. jsp。

8. 创建 welcome. jsp

创建 welcome. jsp，步骤与创建 hello. jsp 一样，其代码如下：

```
<%@page language="java" pageEncoding="UTF-8"%>
<%@taglib uri="/struts-tags" prefix="s" %>
<html>
<head>
    <title>struts 2 应用</title>
</head>
<body>
    hello <s:property value="#request.name"/>!
</body>
</html>
```

9. 部署和运行

部署的详细步骤前面已经介绍过，这里不再赘述。启动 Tomcat 后，在浏览器中输入 http://localhost:8080/Struts2.0，会看到如图 5.6 所示的界面。当在文本框中输入“周何骏”时，会出现如图 5.7 所示界面。如果输入 HelloWorld，则会返回当前页。

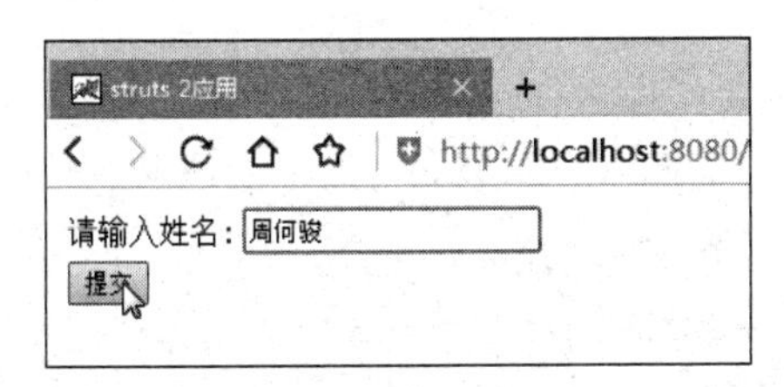

图 5.6 初始界面

图 5.7 结果界面

注意： 在调试项目时，一旦修改了项目中的. java 文件或配置文件，都必须重新启动

Tomcat 服务器。

5.2.2 Struts 2 工作流程及各种文件详解

1. Struts 2 的工作流程

由 5.2.1 节实例可以看出，当用户发送一个请求后，web. xml 中配置的 FilterDispatcher（Struts 2 核心控制器）就会过滤该请求。如果请求是以. action 结尾，该请求就会被转入 Struts 2 框架处理。Struts 2 框架接收到 *. action 请求后，将根据 *. action 请求前面的 * 来决定调用哪个业务。

Struts 2 框架中的配置文件 struts. xml 起映射作用，它会根据 * 来决定调用用户定义的哪个 Action 类。例如在项目 Struts 2. 0 中，请求为 struts. action，前面 * 的部分是 struts，所以在 struts. xml 中有个 Action 类的 name 为 struts，这表示该请求与这个 Action 匹配，就会调用该 Action 中 class 属性指定的 Action 类。但是在 Struts 2 中，用户定义的 Action 类并不是业务控制器，而是 Action 代理，其并没有和 Servlet API 耦合。所以 Struts 2 框架提供了一系列的拦截器，它负责将 HttpServletRequest 请求中的请求参数解析出来，传入到用户定义的 Action 类中。然后再调用其 execute()方法处理用户请求，处理结束后，会返回一个值，这时，Struts 2 框架的 struts. xml 文件又起映射作用，会根据其返回的值来决定跳转到哪个页面。如上例中，如果返回的是 success，就跳转到 welcome. jsp 页面；如果是 error，则回到原页面。

2. Struts 2 中各种文件详解

前面介绍了 Struts 2 的应用及工作流程，却并没有对其解释，读者看了难免茫然，这里再对每个文件做详细解释。

(1) web. xml 文件

在 5.2.1 节实例开发过程中，首先配置了 web. xml，以下是其内容：

```
<?xml version="1.0" encoding="UTF-8"?>
<web-app id="WebApp_9" version="2.4"
    xmlns="http://java.sun.com/xml/ns/j2ee"
    xmlns:xsi="http://www.w3.org/2001/XMLSchema-instance"
    xsi:schemaLocation="http://java.sun.com/xml/ns/j2ee http://java.sun.
        com/xml/ns/j2ee/web-app_2_4.xsd">
```

最上面是普通的 xml 文件头，然后是一些引用文件。后面的 webapp 标签中配置了下面这样一段：

```
...
<filter>
    <filter-name>struts-prepare</filter-name>
    <filter-class>org.apache.struts2.dispatcher.filter.
            StrutsPrepareFilter</filter-class>
</filter>
<filter>
```

```
    <filter-name>struts-execute</filter-name>
    <filter-class>org.apache.struts2.dispatcher.filter.
            StrutsExecuteFilter</filter-class>
</filter>
<filter-mapping>
    <filter-name>struts-prepare</filter-name>
    <url-pattern>/*</url-pattern>
</filter-mapping>
<filter-mapping>
    <filter-name>struts-execute</filter-name>
    <url-pattern>/*</url-pattern>
</filter-mapping>
…
```

可以看出，里面配置了两个过滤器。下面先来介绍过滤器的使用。

Filter 过滤器是 Java 项目开发中的一种常用技术。它是用户请求和处理程序之间的一层处理程序。它可以对用户请求和处理程序响应的内容进行处理，通常用于权限控制、编码转换等场合。

Servlet 过滤器是在 Java Servlet 规范中定义的，它能够对与之关联的 URL 请求和响应进行检查和修改。过滤器能够在 Servlet 被调用之后检查 response 对象，修改 response Header 对象和 response 内容。过滤的 URL 资源可以是 Servlet、JSP、HTML 文件，或者整个路径下的任何资源。多个过滤器可以构成一个过滤器链，当请求过滤器关联的 URL 时，过滤器就会逐个发生作用。

所有过滤器必须实现 java. Serlvet. Filter 接口，这个接口中含有以下 3 个过滤器类必须实现的方法。

- init(FilterConfig)：Servlet 过滤器的初始化方法，Servlet 容器创建 Servlet 过滤器实例后将调用这个方法。
- doFilter(ServletRequest，ServletResponse，FilterChain)：完成实际的过滤操作，当用户请求与过滤器关联的 URL 时，Servlet 容器将先调用过滤器的 doFilter 方法，返回响应之前也会调用此方法。FilterChain 参数用于访问过滤器链上的下一个过滤器。
- destroy()：Servlet 容器在销毁过滤器实例前调用该方法，这个方法可以释放 Servlet 过滤器占用的资源。

过滤器类编写完成后，必须要在 web. xml 中进行配置，格式如下：

```
<filter>
    <!--自定义的名称-->
    <filter-name>过滤器名</filter-name>
    <!--自定义的过滤器类,注意,这里要在包下,要加包名-->
    <filter-class>过滤器对应类</filter-class>
    <init-param>
        <!--类中参数名称-->
```

```
        <param-name>参数名称</param-name>
        <!--对应参数的值-->
        <param-value>参数值</param-value>
    </init-param>
</filter>
```

过滤器必须和特定的 URL 关联才能发挥作用，过滤器的关联方式有 3 种：与一个 URL 资源关联、与一个 URL 目录下的所有资源关联以及与一个 Servlet 关联。

① 与一个 URL 资源关联：

```
<filter-mapping>
    <!--这里与上面配置的名称要相同-->
    <filter-name>过滤器名</filter-name>
    <!--与该 URL 资源关联-->
    <url-pattern>xxx.jsp</url-pattern>
</filter-mapping>
```

② 与一个 URL 目录下的所有资源关联：

```
<filter-mapping>
    <filter-name>过滤器名</filter-name>
    <url-pattern>/*</url-pattern>
</filter-mapping>
```

③ 与一个 Servlet 关联：

```
<filter-mapping>
    <filter-name>过滤器名</filter-name>
    <url-pattern>Servlet 名称</url-pattern>
</filter-mapping>
```

通过上面的讲解，相信大家对 web.xml 文件中配置的内容已经很清楚了，它配置的就是两个过滤器，其对应的类分别是 Struts 2 中的 org.apache.struts2.dispatcher.filter.StrutsPrepareFilter 和 org.apache.struts2.dispatcher.filter.StrutsExecuteFilter。这两个类起到拦截器的作用，由 Struts 2 实现，有兴趣的读者可以去研究其源代码，这里就不再详细说明了。

(2) struts.xml 文件

struts.xml 是 Struts 2 框架的核心配置文件，主要用于配置开发人员编写的 action。struts.xml 文件通常放在 Web 应用程序的 WEB-INF/classes 目录下，该目录下的 struts.xml 将被 Struts 2 框架自动加载。

struts.xml 是一个 XML 文件，前部是 XML 的头，然后是<struts>标签，位于 Struts 2 配置的最外层，其他标签都是包含在它里面的，如下所示：

```
<?xml version="1.0" encoding="UTF-8" ?>                    //XML头
<!DOCTYPE struts PUBLIC
    "-//Apache Software Foundation//DTD Struts Configuration 2.5//EN"
    "http://struts.apache.org/dtds/struts-2.5.dtd">
<!--START SNIPPET: xworkSample -->
<struts>                                                   //<struts>标签
    …
</struts>
<!--END SNIPPET: xworkSample -->
```

(3) package 元素

Struts 2 的包类似于 Java 中的包，将 action、result、result 类型、拦截器和拦截器栈组织为一个逻辑单元，从而简化了维护工作，提高了重用性。

与 Java 中的包不同，Struts 2 中的包可以扩展另外的包，从而“继承”原有包的所有定义，并可以添加自己的包的特有配置，以及修改原有包的部分配置。从这一点上看，Struts 2 包更像是 Java 中的类。package 有以下几个常用属性：

- name(必选)：指定包名，这个名字将作为引用该包的键。注意，包的名字必须是唯一的，在一个 struts. xml 文件中不能出现两个同名的包。
- extends(可选)：允许一个包继承一个或多个先前定义的包。
- abstract(可选)：将其设置为 true，可以把一个包定义为抽象的。抽象包不能有 action 定义，只能作为“父”包被其他包所继承。注意，因为 Struts 2 的配置文件是从上到下处理的，所以父包应该在子包前面定义。
- namespace(可选)：将保存的 action 配置为不同的名称空间。

看下面这个例子：

```
<package name="default">
    <action name="foo" class="mypackage.simpleAction">
        <result name="success">foo.jsp</result>
    </action>
    <action name="bar" class="mypackage.simpleAction">
        <result name="success">bar.jsp</result>
    </action>
</package>
<package name="mypackage1" namespace="/">
    <action name="moo" class="mypackage.simpleAction">
        <result name="success">moo.jsp</result>
    </action>
</package>
<package name="mypackage2" namespace="/barspace">
    <action name="bar" class="mypackage.simpleAction">
        <result name="success">bar.jsp</result>
    </action>
</package>
```

如果请求/barspace/bar. action，框架将首先查找/barspace 名称空间，如果找到了，则执行 bar. action；如果没有找到，则到默认的名称空间中继续查找。在本例中，/barspace 名称中有名为 bar 的 Action，因此它会被执行。

如果请求/barspace/foo. action，框架会在/barspace 名称空间中查找 foo 这个 Action。如果找不到，框架会到默认命名空间中去查找。在本例中，/barspace 名称空间中没有 foo 这个 action，因此默认的名称空间中的/foo. action 将被找到执行。

如果请求/moo. action，框架会在根名称空间"/"中查找 moo. action，如果没有找到，再到默认名称空间中查找。

(4) Action 元素

Struts 2 的核心功能是 Action。对于开发人员来说，使用 Struts 2 框架，主要的编码工作就是**编写 Action 类**。而开发好 Action 类后，就需要配置 Action 映射，以告诉 Struts 2 针对某个 URL 的请求应该交由哪个 Action 处理。

当一个请求匹配到某个 Action 名字时，框架就使用这个映射来确定如何处理请求。

```
<action name="struts" class="org.action.StrutsAction">
    <result name="success">welcome.jsp</result>
    <result name="error">hello.jsp</result>
</action>
```

在上面的代码中，当一个请求映射到 struts 时，就会执行该 Action 配置的 class 属性对应的 Action 类，然后根据 Action 类的返回值决定跳转的方向。其实一个 Action 类中不一定只能有 execute()方法。如果一个请求要调用 Action 类中的其他方法，就需要在 Action 配置中加以配置。例如，如果在 org. action. StrutsAction 中有另外一个方法为：

```
public String find() throws Exception{return SUCCESS;}
```

那么如果想要调用这个方法，就必须在 Action 中配置 method 属性，配置方法为：

```
<!--name 值是用来和请求匹配的-->
<action name="find" class="org.action.StrutsAction" method="find">
    <result name="success">welcome.jsp</result>
    <result name="error">hello.jsp</result>
</action>
```

method 属性的值必须要和 Action 类中要用到的方法名相同。

(5) result 元素

一个 result 代表一个可能的输出。当 Action 类中的方法执行完成时，返回一个字符串类型的结果代码，框架根据这个结果代码选择对应的 result，向用户输出。

```
<result name ="逻辑视图名" type ="视图结果类型"/>
    <param name ="参数名">参数值</param>
</result>
```

param 中的 name 属性有两个值：

- location：指定逻辑视图。
- parse：是否允许在实际视图名中使用 OGNL 表达式，参数默认为 true。

实际通常不需要明确写这个 param 标签，而是直接在<result></result>中指定物理视图位置。

result 中的 name 属性有如下值：

- success：表示请求处理成功，该值也是默认值。
- error：表示请求处理失败。
- none：表示请求处理完成后不跳转到任何页面。
- input：表示输入时如果验证失败应该跳转的目标（关于验证后面会介绍）。
- login：表示登录失败后跳转的目标。

type（非默认类型）属性支持的结果类型如下：

- chain：用来处理 Action 链。
- chart：用来整合 JFreeChart 的结果类型。
- dispatcher：用来转向页面，通常处理 JSP，该类型也为默认类型。
- freemarker：处理 FreeMarker 模板。
- httpheader：控制特殊 HTTP 行为的结果类型。
- jasper：用于 JasperReports 整合的结果类型。
- jsf：JSF 整合的结果类型。
- redirect：重定向到一个 URL。
- redirect-action：重定向到一个 Action。
- stream：向浏览器发送 InputStream 对象，通常用来处理文件下载，还可用于返回 Ajax 数据。
- tiles：与 Tiles 整合的结果类型。
- velocity：处理 Velocity 模板。
- xslt：处理 XML/XLST 模板。
- plaintext：显示原始文件内容，如文件源代码。

其中，最常用的类型就是 dispatcher 和 redirect-action。dispatcher 类型是默认类型，通常不写，主要用于与 JSP 页面整合。redirect-action 类型用于当一个 Action 处理结束后，直接将请求重定向到另一个 Action。如下列配置：

```
...
<action name="struts" class="org.action.StrutsAction" >
    <result name="success">welcome.jsp</result>
    <result name="error">hello.jsp</result>
</action>
<action name="login" class="org.action.StrutsAction">
    <result name="success" type="redirect-action">struts</result>
</action>
...
```

上面的配置中，第一个 Action 中省略了 type，就意味着其为默认类型，即为 dispatcher，所以后面配置的是跳转到一个 JSP 文件。而第二个 Action 中配置的 type＝"redirect-action"，就是如果该 Action 执行成功后要重定向上面的 name＝"struts"的 Action。

(6) ActionSupport 类

在 Struts 2 中，Action 与容器已经做到完全解耦，不再继承某个类或实现某个接口，也就是说，5.2.1 节开发例子中的 StrutsAction 完全可以不继承 ActionSupport 类。但是，在特殊情况下，为了降低编程的难度，充分利用 Struts 2 提供的功能，定义 Action 时会继承 ActionSupport 类，该类位于 xwork2 提供的包 com.opensymphony.xwork2 中。

ActionSupport 类为 Action 提供了一些默认实现，主要包括预定义常量、从资源文件中读取文本资源、接收验证错误信息和验证的默认实现。

下面是 ActionSupport 类所实现的接口：

```
public class ActionSupport implements Action, Validateable, ValidationAware,
    TextProvider, LocaleProvider,Serializable {
}
```

Action 接口同样位于 com.opensymphony.xwork2 包，定义了一些常量和一个 execute()方法，如下所示：

```
public interface Action {
    public static final String SUCCESS="success";
    public static final String NONE="none";
    public static final String ERROR="error";
    public static final String INPUT="input";
    public static final String LOGIN="login";
    public String execute() throws Exception;
}
```

由于 5.2.1 节的例子中继承了 ActionSupport 类，可以看出，在 execute 的返回值中，其代码可以改为：

```
…
public String execute() throws Exception {
    if(!name.equals("HelloWorld")){
        Map request=(Map)ActionContext.getContext().get("request");
        request.put("name",getName());
        return SUCCESS;
    }else{
        return ERROR;
    }
}
…
```

可以达到同样的效果。

接口 com.opensymphony.xwork2.ValidationAware 的实现类 com.opensymphony.

xwork2. ValidationAwareSupport 定义了 3 个集合成员，这些集合用于存储运行时的错误或消息。ValidationAware 类的众多方法主要完成对这些成员的存储操作和判断集合中是否有元素的操作，ActionSupport 仅仅实现对这些方法的简单调用。

5.2.3　Struts 2 数据验证及验证框架的应用

在前面的应用中，即使用户输入空的 name，服务器也会处理用户请求。当然，对前面的例子来说，这没什么关系。但如果在注册时，用户注册了空的用户名和密码，并且保存到数据库中，当要根据用户输入的用户名或密码来查询数据时，这些空输入就可能引起异常。

1. 数据校验

前面说过，Action 类继承了 ActionSupport 类，而该类实现了 Action、Validateable、ValidationAware、TextProvider、LocaleProvider、Serializable 接口。其中的 Validateable 接口定义了一个 validate()方法，所以只要在用户自定义的 Action 类中重写该方法就可以实现验证功能。下面来看其实现，可以把 5.2.1 节的例子中的 Action 类改写成：

```
package org.action;
import java.util.Map;
import com.opensymphony.xwork2.ActionContext;
import com.opensymphony.xwork2.ActionSupport;
public class StrutsAction extends ActionSupport{
    private String name;
    public String getName() {
        return name;
    }
    public void setName(String name) {
        this.name=name;
    }
    public String execute() throws Exception {
        if(!name.equals("HelloWorld")){
            Map request= (Map)ActionContext.getContext().get("request");
            request.put("name",getName());
            return SUCCESS;
        }else{
            return ERROR;
        }
    }
    public void validate() {
        //如果姓名为空,则把错误信息添加到 Action 类的 fieldErrors
        if(this.getName()==null||this.getName().trim().equals("")){
                addFieldError("name","姓名是必需的!");      //把错误信息保存起来
        }
    }
}
```

在类中定义了校验方法后，该方法会在执行系统的 execute()方法之前执行。如果执行该方法之后，Action 类的 fieldErrors 中已经包含了数据校验错误信息，将把请求转发到 input 逻辑视图处，所以要在 Action 配置(struts. xml)中加入以下代码：

```
…
<action name="struts" class="org.action.StrutsAction" >
    <result name="success">welcome.jsp</result>
    <result name="error">hello.jsp</result>
    <result name="input">hello.jsp</result>
</action>
…
```

这里是将视图转发到输入页面 hello. jsp。

但是，在保存了错误信息后，怎么才能把信息打印到出现错误后而转发的页面呢？原来在 Struts 2 框架中的表单标签＜s:form…/＞已经提供了输出校验错误的能力。所以要把 JSP 页面改写一下(标签的具体应用会在 5.3 节详细讲解)：

```
<%@page language="java" pageEncoding="utf-8"%>
<!--导入标签开发能力 -->
<%@taglib uri="/struts-tags" prefix="s" %>
<html>
<head>
    <title>struts 2 应用</title>
</head>
<body>
    <s:form action="struts.action" method="post">
    <s:textfield name="name" label="请输入姓名"></s:textfield>
    <s:submit value="提交"></s:submit>
    </s:form>
</body>
</html>
```

修改之后，部署运行。不输入任何姓名直接提交，将会看到如图 5.8 所示的界面。

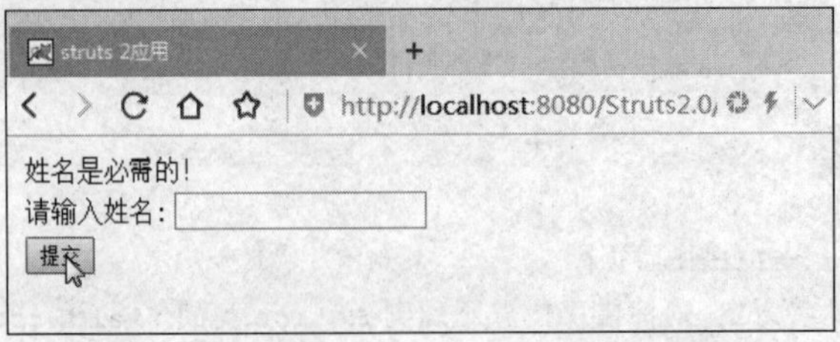

图 5.8　校验结果

2. Struts 2 验证框架的应用

上面的校验是通过重写 validate 方法实现的。这种方法虽然可以达到预期效果，但是如果不是一个输入框，而是两三个甚至更多，那就要在 validate 方法中做出很多判断，而且这些判断的语句基本相同，导致代码冗长。为此Struts 2提供了校验框架，只需要增加一个校验配置文件，就可以完成对数据的校验。Struts 2提供了大量的数据校验器，在此介绍几种主要的数据校验器。

(1) 必填字符串校验器

上例主要使用了requiredstring校验器，该校验器是一个必填字符串校验器。也就是说，该输入框是必须输入的，并且字符串长度大于0。其校验规则定义文件如下：

```
<?xml version="1.0" encoding="UTF-8"?>
<!DOCTYPE validators PUBLIC
        "-//OpenSymphony Group//XWork Validator 1.0//EN"
        "http://www.opensymphony.com/xwork/xwork-validator-1.0.2.dtd">
<validators>
<!--需要校验的字段的字段名-->
<field name="name">
    <!--验证字符串不能为空，即必填-->
    <field-validator type="requiredstring">
        <!--去空格-->
        <param name="trim">true</param>
        <!--错误提示信息-->
        <message>姓名是必需的!</message>
    </field-validator>
</field>
</validators>
```

该文件的命名应该遵循如下规则。

ActionName-validation.xml：其中ActionName就是需要校验的用户自定义的Action类的类名。因此上面的校验规则文件应命名为StrutsAction-validation.xml，且该文件应该与Action类的文件位于同一路径下。如果一个Action类中有两个甚至多个方法，对应的在struts.xml中就有多个Action的配置与之匹配，这时如果想对其中的一个方法进行验证，命名应该为ActionName-name-validation.xml。

注意，这里的name是在struts.xml中的Action属性里面的name。因此上例的做法应该是：右击org.action包，选择new→File菜单项，在name输入框中输入StrutsAction-validation.xml，然后把上面的代码复制到该文件中。有了校验规则文件后，在Action类中覆盖的validate方法就可以不要了。这些工作都完成以后，部署运行，可以得到同样的结果。

(2) 必填校验器

该校验器的名字是required，也就是<field-validator>属性中的type="required"，该校验器要求指定的字段必须有值，与必填字符串校验器最大的区别就是可以有空字符串。如果把上例改为必填校验器，其代码应为：

```
<?xml version="1.0" encoding="UTF-8"?>
<!DOCTYPE validators PUBLIC
        "-//OpenSymphony Group//XWork Validator 1.0//EN"
```

```
        "http://www.opensymphony.com/xwork/xwork-validator-1.0.2.dtd">
<validators>
<!--需要校验的字段的字段名-->
<field name="name">
    <!--验证字符串必填-->
    <field-validator type="required">
        <!--错误提示信息-->
        <message>姓名是必需的!</message>
    </field-validator>
</field>
</validators>
```

(3) 整数校验器

该校验器的名字是 int，它要求字段的整数值必须在指定范围内，故其有 min 和 max 参数。如果有个 age 输入框，要求输入值必须是整数且为 18～100，配置应该为：

```
<validators>
    <!--需要校验的字段的字段名-->
    <field name="age">
        <field-validator type="int">
            <!--年龄最小值-->
            <param name="min">18</param>
            <!--年龄最大值-->
            <param name="max">100</param>
            <!--错误提示信息-->
            <message>年龄必须在 18 至 100</message>
        </field-validator>
    </field>
</validators>
```

(4) 日期校验器

该校验器的名字是 date，要求字段的日期值必须在指定范围内，故其有 min 和 max 参数。其配置格式如下：

```
<validators>
    <!--需要校验的字段的字段名-->
    <field name="date">
        <field-validator type="date">
            <!--日期最小值-->
            <param name="min">1980-01-01</param>
            <!--日期最大值-->
            <param name="max">2018-12-31</param>
            <!--错误提示信息-->
            <message>日期必须在 1980-01-01 至 2018-12-31</message>
```

```
        </field-validator>
    </field>
</validators>
```

(5) 邮件地址校验器

该校验器的名称是 email,要求字段的字符如果非空,就必须是合法的邮件地址。如下面的代码：

```
<validators>
    <!--需要校验的字段的字段名-->
    <field name="email">
        <field-validator type="email">
            <message>必须输入有效的电子邮件地址 </message>
        </field-validator>
    </field>
</validators>
```

(6) 网址校验器

该校验器的名称是 url,要求字段的字符如果非空,就必须是合法的 URL 地址。如下面的代码：

```
<validators>
    <!--需要校验的字段的字段名-->
    <field name="url">
        <field-validator type="url">
            <message>必须输入有效的网址 </message>
        </field-validator>
    </field>
</validators>
```

(7) 字符串长度校验器

该校验器的名称是 stringlength,要求字段的长度必须在指定的范围内,一般用于密码输入框。如下面的代码：

```
<validators>
    <!--需要校验的字段的字段名-->
    <field name="password">
    <field-validator type="stringlength">
        <!--长度最小值-->
        <param name="minLength">6</param>
        <!--长度最大值-->
        <param name="maxLength">20</param>
        <!--错误提示信息-->
        <message>密码长度必须在 6 到 20</message>
```

```
    </field-validator>
    </field>
</validators>
```

(8) 正则表达式校验器

该校验器的名称是 regex，它检查被校验字段是否匹配一个正则表达式。如下面的代码：

```
<validators>
    <field name="xh">
    <field-validator type="regex">
        <param name="expression"><![CDATA[(\d{6})]]></param>
        <message>学号必须是 6 位的数字</message>
    </field-validator>
    </field>
</validators>
```

以上只列出了几个常用的数据校验器，当然还有其他校验器，如表达式校验器、Visitor校验器、字段表达式校验器等。注意，这些校验器不是只能单独使用，在一般的项目开发中需要它们一起使用。往往一个页面有很多字段需要校验，这时就要综合应用这些校验器了。

5.3 标签库应用

前面已经提到过 Struts 2 标签库，其大大简化了 JSP 页面输出逻辑的实现。借助于 Struts 2 标签库，完全可以避免在 JSP 页面中使用 Java 脚本代码。虽然 Struts 2 把所有的标签都定义在 URI 为/struts-tags 的命名空间下，但依然可以对这些标签进行简单的分类。从最大的范围来说，可以将 Struts 2 所有的标签分成 3 类：UI 标签、非 UI 标签和 Ajax 标签。其中，UI 标签主要是用于生成 HTML 元素的标签，又可以分为表单标签和非表单标签。非 UI 标签主要用于数据访问和逻辑控制等，又可以分为控制标签和数据标签。Ajax 标签主要用于 Ajax 支持的标签。

5.3.1 Struts 2 的 OGNL 表达式

在介绍标签库之前，有必要先来学习 Struts 2 的 OGNL 表达式。

1. OGNL 表达式

OGNL 是 Object Graphic Navigation Language（对象图导航语言）的缩写，是一个开源项目。OGNL 是一种功能强大的 EL（Expression Language，表达式语言），可以通过简单的表达式来访问 Java 对象中的属性。

OGNL 先在 WebWork 项目中得到应用，也是 Struts 2 框架视图默认的表达式语言。可以说，OGNL 表达式是 Struts 2 框架的特点之一。

标准的 OGNL 会设定一个根对象(root 对象)。假设使用标准 OGNL 表达式来求值(不是 Struts 2 OGNL),如果 OGNL 上下文有两个对象,foo 对象和 bar 对象,同时 foo 对象被设置为根对象(root),则利用下面的 OGNL 表达式求值。

```
#foo.blah          //返回 foo.getBlah()
#bar.blah          //返回 bar.getBlah()
blah               //返回 foo.getBlah(),因为 foo 为根对象
```

使用 OGNL 非常简单,如果要访问的对象不是根对象,如示例中的 bar 对象,则需要使用命名空间#来表示,如#bar;如果访问一个根对象,则不用指定命名空间,可以直接访问根对象的属性。

在 Struts 2 框架中,值栈(Value Stack)就是 OGNL 的根对象。假设值栈中存在两个对象实例 Man 和 Animal,这两个对象实例都有一个 name 属性,Animal 有一个 species 属性,Man 有一个 salary 属性。假设 Animal 在值栈的顶部,Man 在 Animal 后面,如图 5.9 所示。下面的代码片段能更好地理解 OGNL 表达式。

```
species        //调用 animal.getSpecies()
salary         //调用 man.getSalary()
name           //调用 animal.getName(),因为 Animal 位于值栈的顶部
```

最后一行实例代码返回的是 animal.getName()的返回值,即返回了 Animal 的 name 属性,因为 Animal 是值栈的顶部元素,OGNL 将从顶部元素搜索,所以会返回 Animal 的 name 属性值。如果要获得 Man 的 name 值,则需要如下代码:

```
man.name
```

Struts 2 允许在值栈中使用索引,实例代码如下:

```
[0].name         //调用 animal.getName()
[1].name         //调用 man.getName()
```

Struts 2 中的 OGNL Context 是 ActionContext,如图 5.10 所示。

由于值栈是 Struts 2 中 OGNL 的根对象。如果用户需要访问值栈中的对象,则可以通过如下代码访问值栈中的属性:

```
${foo}         //获得值栈中的 foo 属性
```

如果访问其他 Context 中的对象,由于不是根对象,在访问时需要加#前缀。

- application 对象:用来访问 ServletContext,如#application.userName 或者#application["userName"],相当于调用 Servlet 的 getAttribute("userName")。
- session 对象:用来访问 HttpSession,如#session.userName 或者#session["userName"],相当于调用 session.getAttribute("userName")。
- request 对象:用来访问 HttpServletRequest 属性的 Map,如#request.userName 或者#request["userName"],相当于调用 request.getAttribute("userName")。如

在5.2.1节中StrutsAction类中代码：

```
Map request=(Map)ActionContext.getContext().get("request");
request.put("name",getName());
```

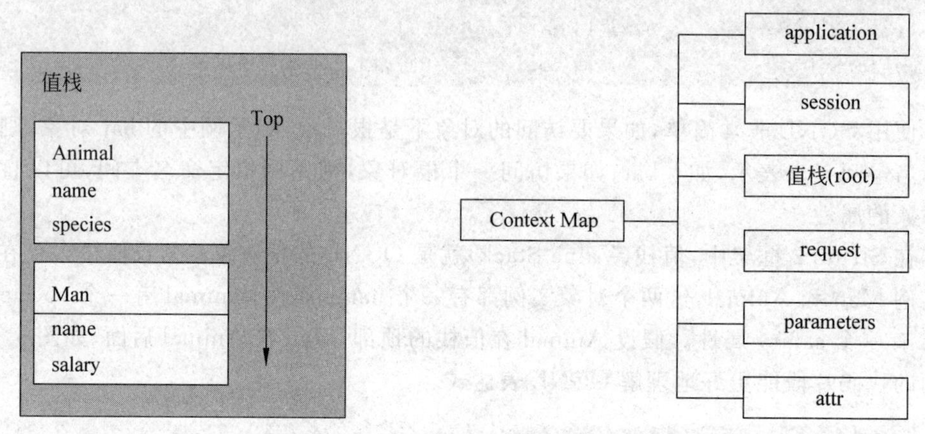

图5.9　一个包含了Animal和Man的值栈　　图5.10　Struts 2的OGNL Context结构示意图

这就是先得到request对象，然后把值放进去，在该例的success.jsp中有：

```
<s:property value="#request.name"/>
```

其中，#request.name相当于调用了request.getAttribute("name")。

2. OGNL集合操作

如果需要一个集合元素时(如List对象或者Map对象)，可以使用OGNL中同集合相关的表达式。可以使用如下代码直接生成一个List对象：

```
{e1, e2, e3}
```

上面OGNL表达式中，直接生成了一个List对象，该List对象中包含3个元素：e1、e2和e3。如果需要更多的元素，可以按照这样的格式定义多个元素，多个元素之间使用逗号隔开。下面的代码可以直接生成一个Map对象：

```
#{key: value1, key2: value2, …}
```

Map类型的集合对对象使用key:value格式定义其元素，每个key和value元素之间使用冒号表示，多个元素之间使用逗号隔开。

对于集合类型，OGNL表达式可以使用in和not in两个元素符号。其中，in表达式用来判断某个元素是否在指定的集合对象中；not in判断某个元素是否不在指定的集合对象中，代码如下所示：

```
<s: if test="'foo' in {'foo', 'bar'}">
    …
</s: if>
```

或

```
<s: if test="'foo' not in {'foo', 'bar'}">
   ...
</s: if>
```

除了 in 和 not in 之外，OGNL 还允许使用某个规则获得集合对象的子集，常用的有以下 3 个相关操作符。

- ?：获得所有符合逻辑的元素。
- ^：获得符合逻辑的第一个元素。
- $：获得符合逻辑的最后一个元素。

例如下面的代码：

```
Person .relatives.{?#this.gender=='male'}
```

该代码可以获得 Person 的所有性别为 male 的 relatives 集合。

5.3.2　数据标签

数据标签属于非 UI 标签，主要用于提供各种数据访问相关的功能，数据标签主要包括以下几个。

- property：用于输出某个值。
- set：用于设置一个新变量。
- param：用于设置参数，通常用于 bean 标签和 action 标签的子标签。
- bean：用于创建一个 JavaBean 实例。如果指定 id 属性，则可以将创建的 JavaBean 实例放入 Stack Context 中。
- action：用于在 JSP 页面直接调用一个 Action。
- date：用于格式化输出一个日期。
- debug：用于在页面上生成一个调试链接，当单击该链接时，可以看到当前值栈和 Stack Context 中的内容。
- il8n：用于指定国际化资源文件的 baseName。
- include：用于在 JSP 页面中包含其他的 JSP 或 Servlet 资源。
- push：用于将某个值放入值栈的栈顶。
- text：用于输出国际化(国际化内容会在后面讲解)。
- url：用于生成一个 URL 地址。

下面详细介绍几个常用的数据标签。

1. <s:property>标签

property 标签的作用是输出指定值。property 标签输出 value 属性指定的值。如果没有指定的 value 属性，则默认输出值栈栈顶的值。该标签有如下几个属性。

- default：该属性是可选的，如果需要输出的属性值为 null，则显示 default 属性指定的值。

• escape：该属性是可选的，指定是否 escape HTML 代码。

• value：该属性是可选的，指定需要输出的属性值，如果没有指定该属性，则默认输出值栈栈顶的值。该属性也是最常用的，如前面用到的：

```
<s:property value="#request.name"/>
```

• id：该属性是可选的，指定该元素的标志。

2. <s:set>标签

set 标签用于对值栈中的表达式进行求值，并将结果赋给特定作用域中的某个变量名。这对于在 JSP 中使用临时变量是相当有作用的，而使用临时变量会令代码更容易阅读，并会执行得稍微快一点。该标签有如下几个属性。

• name：该属性是必选的，重新生成新变量的名字。

• scope：该属性是可选的，指定新变量的存放范围。该属性的取值一般为 application、session、request、page 或 action。如果没有指定该属性，则默认放置在值栈中。

• value：该属性是可选的，指定赋给新变量的值。如果没有指定该属性，则将值栈栈顶的值赋给新变量。

• id：该属性是可选的，指定该元素的引用 id。

下面是一个简单例子，展示了 property 标签访问存储于 session 中的 user 对象的多个字段：

```
<s:property value="#session['user'].username"/>
<s:property value="#session['user'].age"/>
<s:property value="#session['user'].address"/>
```

每次都要重复使用 #session['user']不仅麻烦还容易引发错误。更好的做法是定义一个临时变量，让这个变量指向 user 对象。使用 set 标签使得代码易于阅读：

```
<s:set name="user" value="#session['user'] " />
<s:property value="#user.username"/>
<s:property value="#user.age" />
<s:property value="#user.address" />
```

由于 set 标签可以将表达式重构得更精简，更易于管理。因而，整个页面都变得更简单。

3. <s:param>标签

param 标签主要用于为其他标签提供参数，该标签有如下几个属性。

• name：该属性是可选的，指定需要设置参数的参数名。

• value：该属性是可选的，指定需要设置参数的参数值。

• id：该属性是可选的，指定引用该元素的 id。

例如，要给 name 为 fruit 的参数赋值：

```
<s:param name="fruit">apple</s:param>
```

或者

```
<s:param name="fruit" value="apple" />
```

上面的用法中，指定一个名为 fruit 的参数，该参数的值为 apple 对象的值，如果该对象不存在，则 fruit 的值为 null。如果想指定 fruit 参数的值为 apple 字符串，则应该这样写：

```
<s:param name="fruit" value="'apple'" />
```

4. <s:bean>标签

bean 标签用于创建一个 JavaBean 的实例。创建 JavaBean 实例时，可以在该标签内使用 param 标签为该 JavaBean 实例传入属性。如果需要使用 param 标签为该 JavaBean 实例传入属性值，则应该为该 JavaBean 类提供对应的 setter 方法。如果还希望访问该属性值，则必须为该属性提供 getter 方法。该标签有如下几个属性。

- name：该属性是必选的，用来指定要实例化的 JavaBean 的实现类。
- id：该属性是可选的，如果指定了该属性，则该 JavaBean 实例会被放入 Stack Context 中，从而允许直接通过 id 属性来访问该 JavaBean 实例。

下面是一个简单的例子，有一个 Student 类，该类中有 name 属性，并有其 getter 和 setter 方法：

```
public class Student {
    private String name;
    public String getName() {
        return name;
    }
    public void setName(String name) {
        this.name=name;
    }
}
```

然后在 JSP 文件的 body 体中加入下面的代码：

```
<s:bean name="org.action.Student">          //注意:这里要写完整的包名
    <s:param name="name" value="'周何骏'"/>
    <s:property value="name"/>
</s:bean>
```

在项目中导入 Struts 2.5 的 8 个重要 Jar 包，再把 Student 类放在项目 src 文件夹的 org.action 包中，<s:bean>标签内容放在一个 JSP 文件的 body 体内，再修改 web.xml 文件，就可以部署运行该项目(本例无须创建和配置 struts.xml)，会得到如图 5.11 所示的界面。

如果把 bean 标签的内容改为：

```
<s:bean name="org.action.Student" var="s" >
    <s:param name="name" value="'周何骏'"/>
</s:bean>
<s:property value="#s.name"/>
```

图 5.11　bean 标签实例界面

可以得到同样的结果。

5. <s:action>标签

使用 action 标签可以允许在 JSP 页面中直接调用 Action。该标签有以下几个属性。

- id：该属性是可选的，该属性将会作为该 Action 的引用标志 id。
- name：该属性是必选的，指定该标签调用哪个 Action。
- namespace：该属性是可选的，指定该标签调用的 Action 所在的 namespace。
- executeResult：该属性是可选的，指定是否要将 Action 的处理结果页面包含到本页面。如果值为 true，就是包含，false 就是不包含，默认为 false。
- ignoreContextParam：该属性是可选的，指定该页面中的请求参数是否需要传入调用的 Action。如果值为 false，将本页面的请求参数传入被调用的 Action。如为 true，不将本页面的请求参数传入到被调用的 Action。

6. <s:date>标签

date 标签主要用于格式化输出一个日期。该标签有如下属性。

- format：该属性是可选的，如果指定了该属性，将根据该属性指定的格式来格式化日期。
- nice：该属性是可选的，该属性的取值只能是 true 或 false，用于指定是否输出指定日期和当前时刻之间的时差。默认为 false，即不输出时差。
- name：属性是必选的，指定要格式化的日期值。
- id：属性是可选的，指定引用该元素的 id 值。

nice 属性为 true 时，一般不指定 format 属性。因为 nice 为 true 时，会输出当前时刻与指定日期的时差，不会输出指定日期。当没有指定 format，也没有指定 nice＝"true"时，系统会采用默认格式输出。其用法为：

```
<s:date name="指定日期取值" format="日期格式"/><!--按指定日期格式输出 -->
<s:date name="指定日期取值" nice="true"/><!--输出时间差 -->
<s:date name="指定日期取值"/><!--默认格式输出-->
```

7. <s:include>标签

include 标签用于将一个 JSP 页面或一个 Servlet 包含到本页面中。该标签有如下属性。

- value：该属性是必选的，指定需要被包含的 JSP 页面或 Servlet。
- id：该属性是可选的，指定该标签的 id 引用。

用法如下：

```
<s:include value="JSP 或 Servlet 文件" id="自定义名称"/>
```

5.3.3 控制标签

控制标签也属于非 UI 标签，主要用于完成流程的控制，以及对值栈的控制。控制标签有以下几个。

- if：用于控制选择输出的标签。
- elseif：用于控制选择输出的标签，必须和 if 标签结合使用。
- else：用户控制选择输出的标签，必须和 if 标签结合使用。
- append：用于将多个集合拼接成一个新的集合。
- generator：用于将一个字符串按指定的分隔符分隔成多个字符串，临时生成的多个子字符串可以使用 iterator 标签来迭代输出。
- iterator：用于将集合迭代输出。
- merge：用于将多个集合拼接成一个新的集合，但与 append 的拼接方式不同。
- sort：用于对集合进行排序。
- subset：用于截取集合的部分元素，形成新的子集合。

下面对几个常用的控制标签进行详细讲解。

1. <s:if>/<s:elseif>/<s:else>标签

这 3 个标签都是用于分支控制的，都是用于根据一个 boolean 表达式的值，来决定是否计算、输出标签体的内容。这 3 个标签可以组合使用，但只有 if 标签可以单独使用，而 elseif 和 else 标签必须与 if 标签结合使用。if 标签可以与多个 elseif 标签结合使用，但只能与一个 else 标签使用。其用法格式如下：

```
<s:if test="表达式">
    标签体
</s:if>
<s:elseif test="表达式">
    标签体
</s:elseif>
<!--允许出现多次 elseif 标签-->
    …
<s:else>
    标签体
</s:else>
```

2. <s:iterator>标签

该标签主要用于对集合进行迭代，这里的集合包含 List、Set，也可以对 Map 类型的对象进行迭代输出。该标签的属性如下。

- value：该属性是可选的，指定被迭代的集合，被迭代的集合通常都由 OGNL 表达式指定。如果没有指定该属性，则使用值栈栈顶的集合。

- id：该属性是可选的，指定集合元素的 id。
- status：该属性是可选的，指定迭代时的 IteratorStatus 实例，通过该实例可判断当前迭代元素的属性。如果指定该属性，其实例包含如下几个方法：

int getCount()：返回当前迭代了几个元素。
int getIndex()：返回当前被迭代元素的索引。
boolean isEven：返回当前被迭代元素的索引元素是否是偶数。
boolean isOdd：返回当前被迭代元素的索引元素是否是奇数。
boolean isFirst：返回当前被迭代元素是否是第一个元素。
boolean isLast：返回当前被迭代元素是否是最后一个元素。
应用举例如下：

```
<%@page language="java" pageEncoding="utf-8"%>
<%@taglib uri="/struts-tags" prefix="s" %>
<html>
<head>
    <title>控制标签</title>
</head>
<body>
        <table border="1" width="200">
            <s:iterator value="{'apple','orange','pear','banana'}" var=
                                "fruit" status="st">
                <tr <s:if test="#st.even">style="background-color:silver"
                                </s:if>>
                    <td><s:property value="fruit"/></td>
                </tr>
            </s:iterator>
        </table>
</body>
</html>
```

通过添加 Struts 2 必需的 Jar 包，再建立上面 JSP 文件，修改 web.xml 后，就可以部署运行（不用创建 struts.xml），运行结果如图 5.12 所示。

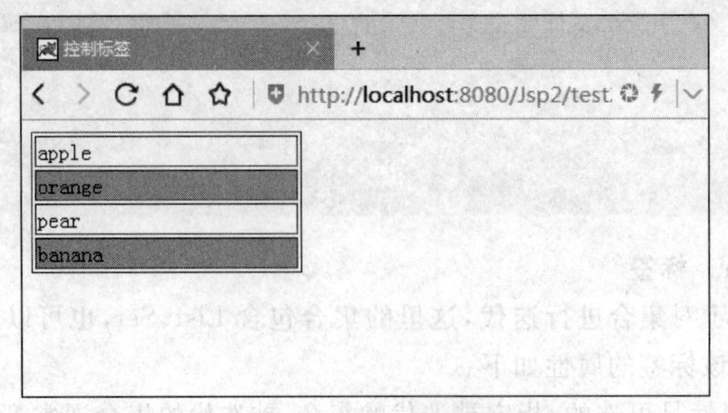

图 5.12　iterator 标签实例运行结果

3. <s:append>标签

该标签用于将多个集合对象拼接起来，组成一个新的集合。使用该标签时必须要指定一个 id 属性，该属性确定拼接生成的新集合的名称。该标签是通过 param 标签来指定每一个集合，然后把这些集合拼接起来的。

应用举例，可以把上例的 JSP 文件进行修改，其代码为：

```
<%@page language="java" pageEncoding="utf-8"%>
<%@taglib uri="/struts-tags" prefix="s" %>
<html>
<head>
   <title>控制标签</title>
</head>
<body>
   <s:append var="newList">
      <s:param value="{'apple','orange','pear','banana'}"/>
      <s:param value="{'chinese','english','french'}"/>
   </s:append>
   <table border="1" width="200">
      <s:iterator value="#newList" var="fruit" status="st">
         <tr <s:if test="#st.even">style="background-color:silver"</s:if>>
            <td><s:property value="fruit"/></td>
         </tr>
      </s:iterator>
   </table>
</body>
</html>
```

部署运行，结果如图 5.13 所示。

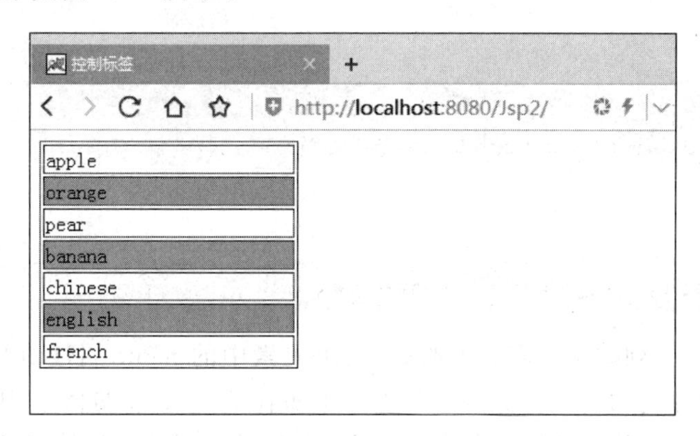

图 5.13　append 标签实例运行界面

4. <s:merge>标签

该标签的用法和 append 标签非常相似，只不过它们采用的拼接方式不同。现在假设有 2 个集合，第一个集合包含 3 个元素，第二个集合包含 2 个元素，分别用 append 标签和 merge 标签方式进行拼接，它们产生新集合的方式有所区别，下面分别列出。

用 append 方式拼接,新集合元素顺序为:
第一个集合中的第 1 个元素
第一个集合中的第 2 个元素
第一个集合中的第 3 个元素
第二个集合中的第 1 个元素
第二个集合中的第 2 个元素
用 merge 方式拼接,新集合元素顺序为:
第一个集合中的第 1 个元素
第二个集合中的第 1 个元素
第一个集合中的第 2 个元素
第二个集合中的第 2 个元素
第一个集合中的第 3 个元素
可以看出,append 标签和 merge 标签合并集合时,新集合的元素完全相同,只是新集合的顺序有所不同。

5.3.4 表单标签

大部分的表单标签和 HTML 表单元素是一一对应的关系,如下面的代码片段:

```
<s:form action="login.action" method="post"/>
```

对应着:

```
<form action="login.action" method="post"/>
<s:textfield name="username" label="用户名" />
```

对应着:

```
用户名:<input type="text" name="username">
<s:password name="password" label="密码"/>
```

对应着:

```
密码:<input type="password" name="pwd">
```

这里就不再一一列举了。需要说明是,表单元素中的 name 属性值会映射到程序员定义的 Action 类中对应的 get 金额 set 方法。比如在 5.2.1 节的例子中,属性 name 的值 name 在 StrutsAction 的成员变量中就有 setName()及 getName()的定义,这样 Struts 2 框架就可以把它们关联起来。实际上,表单元素的名字封装着一个请求参数,而请求参数被封装到 Action 类中,根据其 set 方法赋值,然后再根据其 get 方法取值。

还有下面这种情况,如果有这样一个 JavaBean 类,类名为 User,该类中有两个属性,一个是 username,另一个是 password,并分别生成它们的 getter 和 setter 方法,在 JSP 页面的表单中可以这样为表单元素命名:

```
<s:textfield name="user.username" label="用户名" />
<s:password name="user.password" label="密码"/>
```

这时可以在 Action 类中直接定义 user 对象 user 属性，并生成其 getter 和 setter 方法，这样就可以用 user. getUsername()和 user. getPassword()方法访问表单提交的 username 和 password 的值。下面介绍和 HTML 表单元素不是一一对应的几个重要的表单标签。

1. <s:checkboxlist>标签

checkboxlist 标签可以一次创建多个复选框，相当于 HTML 标签的多个<input type ="checkbox"…/>，它根据 list 属性指定的集合来申请多个复选框。因此，该标签需要指定一个 list 属性。用法举例：

```
<s:checkboxlist label="请选择你喜欢的水果" list="{'apple','oranger','pear',
'banana'}" name="fruit">
</s:checkboxlist>
```

或者为：

```
<s:checkboxlist label="请选择你喜欢的水果" list="#{1:'apple',2:'oranger',
3:'pear',4:'banana'}" name="fruit">
</s:checkboxlist>
```

这两种方式的区别：前一种根据 name 取值时取的是选中字符串的值；后一种在页面上显示的是 value 的值，而根据 name 取值时取的却是对应的 key，这里就是 1、2、3 或 4。

2. <s:combobox>标签

combobox 标签生成一个单行文本框和下拉列表框的组合。两个表单元素只能对应一个请求参数，只有单行文本框里的值才包含请求参数，下拉列表框只是用于辅助输入，并没有 name 属性，故不会产生请求参数。用法举例：

```
<s:combobox label="请选择你喜欢的水果" list="{'apple','oranger','pear',
'banana'}" name="fruit">
</s:combobox>
```

3. <s:datetimepicker>标签

datetimepicker 标签用于生成一个日期、时间下拉列表框。当使用该日期、时间列表框选择某个日期、时间时，系统会自动将选中日期、时间输出指定文本框中。用法举例：

```
<s:form action="" method="">
    <s:datetimepicker name="date" label="请选择日期"></s:datetimepicker>
</s:form>
```

注意：在使用该标签时，要在 HTML 的 head 部分中加入<s:head/>。

4. <s:select>标签

select 标签用于生成一个下拉列表框，通过为该元素指定 list 属性的值，来生成下拉列表框的选项。用法举例：

```
<s:select list="{'apple','oranger','pear','banana'}"
label="请选择你喜欢的水果"></s:select>
```

或者为：

```
<s:select list="fruit" list="#{1:'apple',2:'oranger',3:'pear',4:'banana'}"
listKey="key" listValue="value"></s:select>
```

这两种方式的区别与<s:checkboxlist>标签两种方式的区别相同。

5. <s:radio>标签

radio 标签的用法与 checkboxlist 用法很相似，唯一的区别就是 checkboxlist 生成的是复选框，而 radio 生成的是单选框。用法举例：

```
<s:radio label="性别" list="{'男','女'}" name="sex"></s:radio>
```

或者为：

```
<s:radio label="性别" list="#{1:'男',0:'女'}" name="sex">
</s:radio>
```

6. <s:head>标签

head 标签主要用于生成 HTML 页面的 head 部分。在介绍<s:datetimepicker>标签时说过，要在 head 中加入该标签，主要原因是<s:datetimepicker>标签中有一个日历小控件，其中包含了 JavaScript 代码，所以要在 head 部分加入该标签。

5.3.5 非表单标签

非表单标签主要用于在页面中生成一些非表单的可视化元素。这些标签不经常用到，下面大致介绍一下这些标签。

- a：生成超链接。
- actionerror：输出 Action 实例的 getActionMessage()方法返回的消息。
- component：生成一个自定义组件。
- div：生成一个 div 片段。
- fielderror：输出表单域的类型转换错误、校验错误提示。
- tablePanel：生成 HTML 页面的 Tab 页。
- tree：生成一个树形结构。
- treenode：生成树形结构的节点。

5.4 拦截器应用

在 5.1.2 节的 Struts 2 体系结构中可以看出，Struts 2 框架的绝大部分功能是通过拦截器来完成的。当 FilterDispatcher 拦截到用户请求后，大量拦截器将会对用户请求进行处理，然后才调用用户自定义的 Action 类中的方法来处理请求。可见,拦截器是 Struts 2 的核心所在。当需要扩展 Struts 2 的功能时,只需要提供相应的拦截器,并将它配置在 Struts 2 容器中即可。反之,如果不需要某个功能,也只需要取消该拦截器即可。

Struts 2 内建的大量拦截器都是以 name-class 对的形式配置在 struts-default. xml 文件中,其中 name 是拦截器的名称,class 指定该拦截器的实现类。在前面的例子中可以看出,在配置 struts. xml 时,都继承了 struts-default 包,这样就可以应用里面定义的拦截器。否则,就必须自己定义这些拦截器。

5.4.1 拦截器配置

拦截器的配置非常简单,主要是在 struts. xml 文件中来定义的。定义拦截器使用<interceptor…/>元素。其格式为:

```
<interceptor name="拦截器名" class="拦截器实现类"></interceptor>
```

这种情况的应用非常广泛。但有的时候,在拦截器实现类中会定义一些参数,那么在配置拦截器时就需要为其传入拦截器参数。只要在<interceptor…>与</interceptor>之间配置<param…/>子元素即可传入相应的参数。其格式如下:

```
<interceptor name="myInterceptor" class="org.tool.MyInterceptor">
    <param name="参数名">参数值</param>
    …
</interceptor>
```

通常情况下,一个 Action 要配置不仅一个拦截器,往往多个拦截器一起使用来进行过滤。这时就会把需要配置的几个拦截器组成一个拦截器栈。定义拦截器栈用<interceptor-stack name="拦截器栈名"/>元素,由于拦截器栈是由各拦截器组合而成的,所以需要在该元素下面配置<interceptor-ref …/>子元素来对拦截器进行引用。其格式如下:

```
<interceptor-stack name="拦截器栈名">
    <interceptor-ref name="拦截器一"></interceptor-ref>
    <interceptor-ref name="拦截器二"></interceptor-ref>
    <interceptor-ref name="拦截器三"></interceptor-ref>
</interceptor-stack>
```

注意:在配置拦截器栈时,用到的拦截器必须是已经存在的拦截器,即已经配置好的拦截器。拦截器栈也可以引用拦截器栈,如果某个拦截器栈引用了其他拦截器栈,实质上就是把引用的拦截器栈中的拦截器包含到了该拦截器栈中。

当在 struts. xml 中配置一个包时,可以为其指定默认的拦截器,如果为包指定了某个拦截器,则该拦截器会对每个 Action 起作用,但是如果显示为某个 Action 配置了拦截器,则默认的拦截器将不会起作用。默认拦截器用<default-interceptor-ref name="">元素来定义。每个包只能指定一个默认的拦截器,如果需要指定多个拦截器共同作为默认拦截器,则应该将这些拦截器定义成拦截器栈，然后把这个拦截器栈配置为默认拦截器即可。下面是默认拦截器的配置方法：

```
<package name="包名">
    <interceptors>
        <interceptor name="拦截器一" class="拦截器实现类"></interceptor>
        <interceptor name="拦截器二" class="拦截器实现类"></interceptor>
        <interceptor-stack name="拦截器栈名">
            <interceptor-ref name="拦截器一"></interceptor-ref>
            <interceptor-ref name="拦截器二"></interceptor-ref>
        </interceptor-stack>
    </interceptors>
    <default-interceptor-ref name="拦截器名或拦截器栈名"></default-
            interceptor-ref>
</package>
```

5.4.2 拦截器实现类

虽然 Struts 2 框架提供了很多拦截器，但总有一些功能需要程序员自定义拦截器来完成，如权限控制等。

Struts 2 提供了一些接口或类供程序员自定义拦截器。如 Struts 2 提供了 com.opensymphony.xwork2.ActionInvocation 接口，程序员只要实现该接口就可完成拦截器实现类。该接口的代码如下：

```
import java.io.Serializable;
import com.opensymphony.xwork2.ActionInvocation;
public interface Interceptor extends Serializable{
    void init();
    String intercept(ActionInvocation invocation) throws Exception;
    void destroy();
}
```

该接口中有 3 个方法：

- init()：该方法在拦截器被实例化之后、拦截器执行之前调用。该方法只被执行一次，主要用于初始化资源。
- intercept(ActionInvocation invocation)：该方法用于实现拦截的动作。该方法有个参数，用该参数调用其 invoke 方法，将控制权交给下一拦截器，或者交给 Action 类的方法。
- destroy()：该方法与 init()方法对应，拦截器实例被销毁之前调用，用于销毁在 init()方法中打开的资源。

除了 Interceptor 接口外，Struts 2 还提供了 AbstractInterceptor 类，该类提供了 init()方法和 destroy()方法的空实现。在一般的拦截器实现中，都会继承该类，因为一般实现的拦截器是不需要打开资源的，故无须实现这两个方法，继承该类会更简洁。

5.4.3　自定义拦截器

在 5.2.1 节开发的项目中，实现了这样的功能：在输入框中输入 HelloWorld，不能通过，返回当前页面。该功能是在 Action 类中实现的。下面来配置拦截器，如果输入框中输入的内容是 hello，返回当前页面。实现该功能只需要在原项目的基础上配置拦截器即可。首先编写拦截器实现类，代码如下：

```
package org.tool;
import org.action.StrutsAction;
import com.opensymphony.xwork2.Action;
import com.opensymphony.xwork2.ActionInvocation;
import com.opensymphony.xwork2.interceptor.AbstractInterceptor;
public class MyInterceptor extends AbstractInterceptor{
    public String intercept(ActionInvocation arg0) throws Exception {
        //得到 StrutsAction 类对象
        StrutsAction action=(StrutsAction)arg0.getAction();
        //如果 Action 类中的 name 属性的值为"hello",返回错误页面
        if(action.getName().equals("hello")){
            return Action.ERROR;
        }
        //继续执行其他拦截器或 Action 类中的方法
        return arg0.invoke();
    }
}
```

在 struts.xml 配置文件中进行拦截器配置，修改后的代码如下：

```
<?xml version="1.0" encoding="UTF-8" ?>
<!DOCTYPE struts PUBLIC
    "-//Apache Software Foundation//DTD Struts Configuration 2.0//EN"
    "http://struts.apache.org/dtds/struts-2.0.dtd">
<struts>
<package name="default" extends="struts-default">
    <interceptors>
        <interceptor name="myInterceptor" class="org.tool.MyInterceptor">
                    </interceptor>
    </interceptors>
    <default-interceptor-ref name=""></default-interceptor-ref>
    <action name="struts" class="org.action.StrutsAction">
        <result name="success">/welcome.jsp</result>
        <result name="error">/hello.jsp</result>
        <result name="input">/hello.jsp</result>
```

```
        <!--拦截配置在 result 后面 -->
        <!--使用系统默认拦截器栈 -->
        <interceptor-ref name="defaultStack"></interceptor-ref>
        <!--配置拦截器 -->
        <interceptor-ref name="myInterceptor"></interceptor-ref>
    </action>
</package>
</struts>
```

经过这样简单的配置后，重新部署项目，在运行界面输入 hello，也会经过拦截返回到当前页面，如图 5.14、图 5.15 所示。

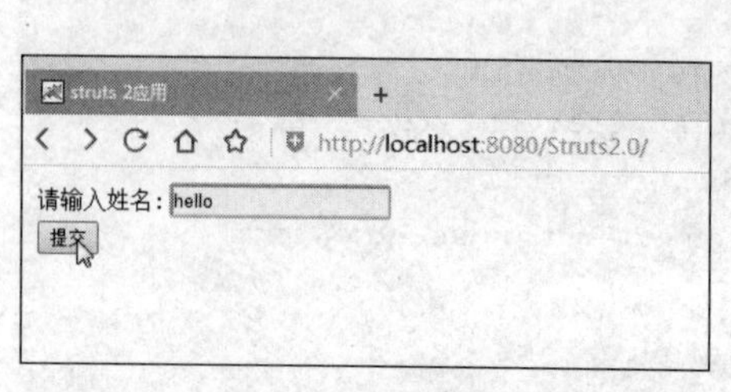

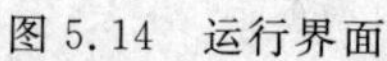
图 5.14 运行界面

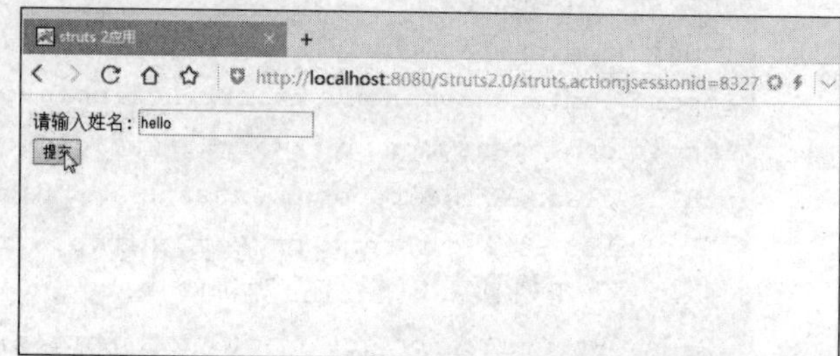

图 5.15 提交后返回当前页

5.5 国际化应用

有的时候，一个项目不仅要求只支持一种语言。如用中文开发的项目，只有懂中文的用户能用，而别的国家由于不使用中文将难以使用。若再重新开发一套功能相同但只是语言不同的项目，显然是不可取的。所以对于一个项目，国际化的应用是必要的。

下面以登录界面为例，讲解国际化应用的内容。

1. 建立项目

打开 MyEclipse，建立一个 Web 项目，命名为 Test。

2. 加载 Struts 2 类库

该步骤与 5.2.1 节中的第 3 步相同，不再赘述。

3. 修改 web.xml

其内容见 5.2.1 节第 4 步。

4. 建立资源文件

Struts 2 提供了很多加载国际化资源文件的方法。最简单最常用的方法就是加载全局的国际化资源文件，是通过配置常量实现的。

在项目的 src 目录下建立一个名为"struts.properties"的文件，在文件中编写如下形式的代码：

```
struts.custom.i18n.resources=资源文件名
```

该例中资源文件名为"messageResource",故 struts. properties 应为:

```
struts.custom.i18n.resources=messageResource
```

下面再来建立两个资源文件,分别为英文和中文。

先建立英文文件,同样建立在 src 目录下,文件名为"messageResource_en_US.properties",内容为:

```
username=DLM
password=KL
login=login
```

可以看出,文件内容是一个个 key-value 对,即属性赋值的形式,因此这类文件后缀为. properties。

中文文件的建立操作相对比较烦琐,由于它包含了非西欧字符(汉字),所以必须用 native2ascii 命令来处理。

打开记事本编辑如下内容:

```
username=登录名
password=口令
login=登录
```

将该文本以"messageResource_temp. properties"为文件名保存在项目的 WEB-INF/classes 文件夹下,保存时选择"保存类型"为"所有文件",如图 5.16 所示。

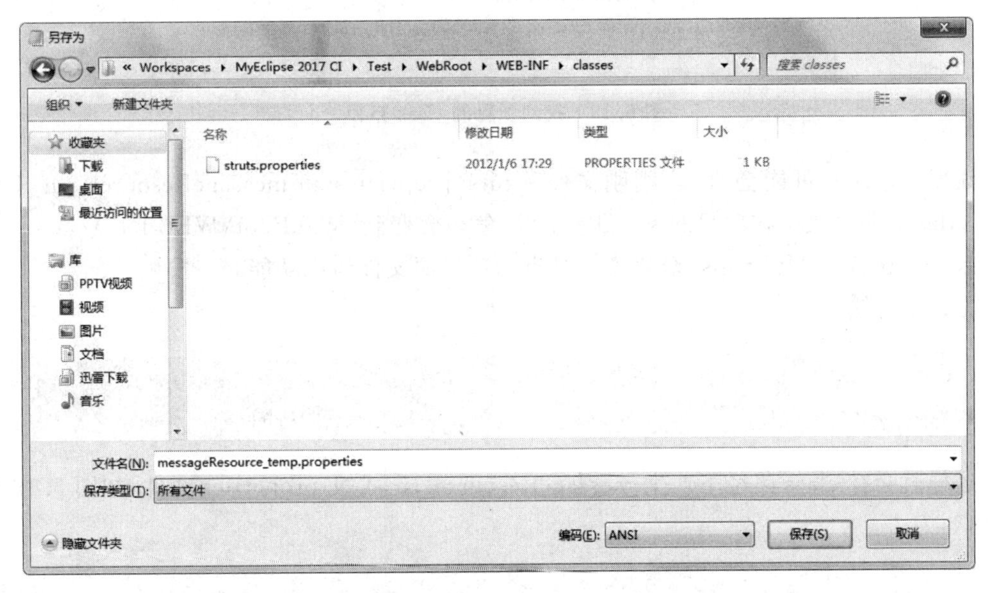

图 5.16　保存. properties 文件

接着就要用 DOS 命令对文件格式进行转换了,具体操作:Windows 桌面选择"开始"→"运行"菜单项,输入 cmd 进入命令行(如图 5.17 所示)。

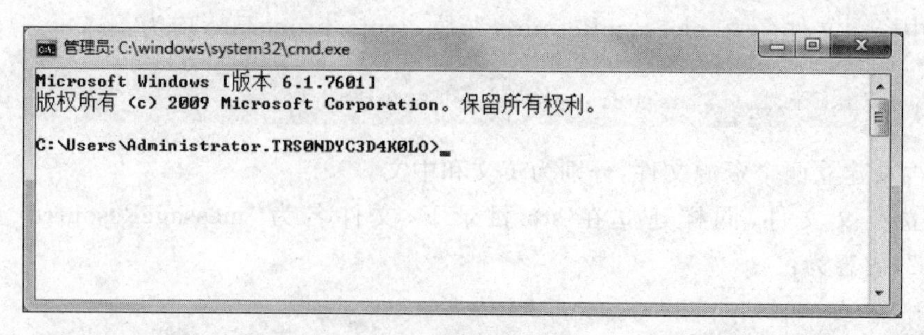

图 5.17　进入命令行

在命令行输入进入项目的 class 路径为 C:\Users\Administrator. TRS0NDYC3D4K0LO\Workspaces\MyEclipse 2017 CI\Test\WebRoot\WEB-INF\classes，如图 5.18 所示，可看到前面刚刚创建的 3 个. properties 文件（在图中用方框标出）。

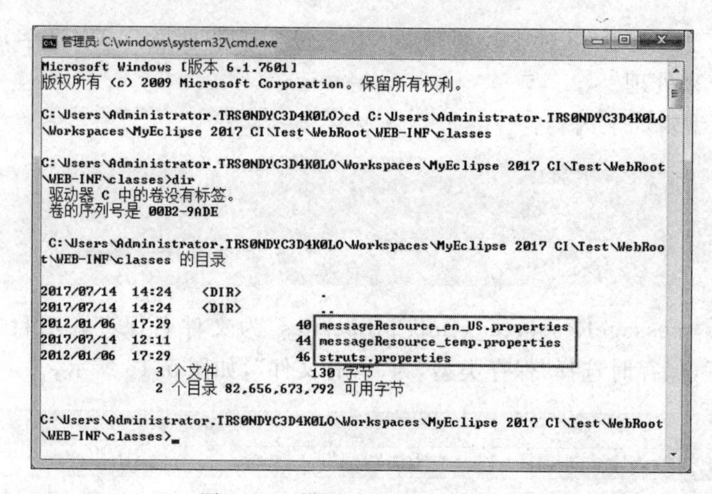

图 5.18　找到项目的 class 路径

说明：有读者可能会奇怪，刚刚文件 struts. properties 和 messageResource_en_US. properties 分明是创建在项目的 src 目录下的，怎么会变到\WebRoot\WEB-INF\classes 目录下来了？这就是 MyEclipse 环境本身具有的项目源文件组织功能。

在命令行输入：

```
native2ascii messageResource _ temp. properties messageResource _ zh _
CN.properties
```

这样就会在 class 路径下产生 messageResource_zh _CN. properties 文件，如图 5.19 所示，内容为：

```
username=\u767b\u5f55\u540d
password=\u53e3\u4ee4
login=\u767b\u5f55
```

最后，回到 MyEclipse 环境，在项目 src 目录下也创建一个名为“messageResource_zh _

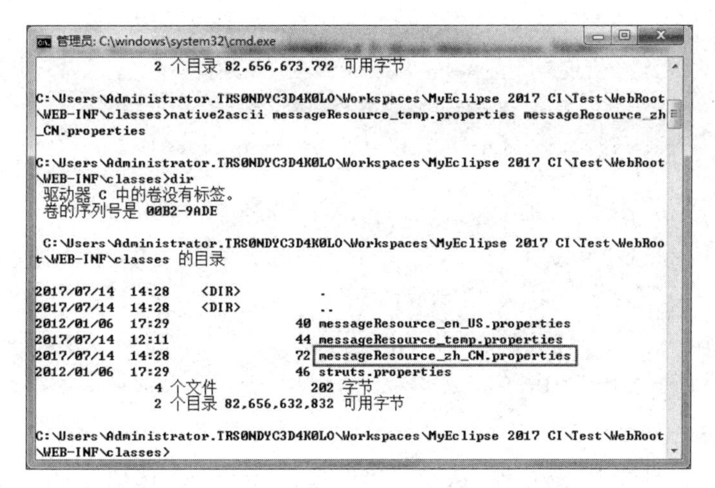

图 5.19　产生 messageResource_zh_CN. properties 文件

CN. properties"的文件,将 class 路径下同名文件的内容复制过来。至此,本例所需的资源文件全部创建完毕。

注意:完成之后一定要确保项目 src 目录下有 3 个文件(struts. properties、messageResource_en_US. properties 和 messageResource_zh_CN. properties),如图 5.20 中框出的部分,否则程序无法正确地国际化运行!

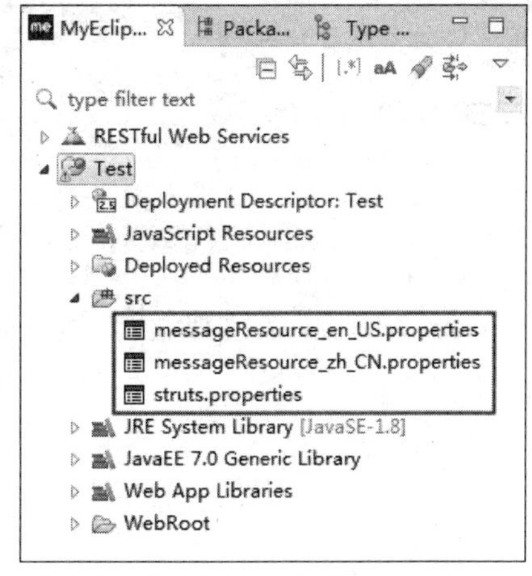

图 5.20　成功建立资源文件

5. 建立 login. jsp 文件

为了让程序可以显示国际化信息,需要在 JSP 页面输出 key,而不是直接输出字符常量。

Struts 2 访问国际化消息主要有以下 3 种方式:

① 在 JSP 页面中输出国际化消息,可以使用 Struts 2 的<s: text…>标签,该标签可以指定 name 属性,该属性指定国际化资源文件中的 key。

② 在 Action 中访问国际化消息,可以使用 ActionSupport 类的 getText()方法,该方法可以接收一个参数,该参数指定了国际化资源文件中的 key。

③ 在表单元素的 label 属性里输出国际化信息,可以为该表单标签指定一个 key 属性,该属性指定了国际化资源文件中的 key。

下面是 login. jsp 文件代码:

```
<%@page language="java" pageEncoding="utf-8"%>
<%@taglib uri="/struts-tags" prefix="s"%>
<html>
<head></head>
<body>
    <s:i18n name="messageResource">
```

```
        <s:form action="login.action" method="post">
            <s:textfield name="user.XH" key="username" size="20"></s:
                        textfield>
            <s:password name="user.KL" key="password" size="21"></s:
                        password>
            <s:submit value="%{getText('login')}"/>
        </s:form>
    </s:i18n>
</body>
</html>
```

6. 部署运行

部署运行项目，打开 IE 浏览器，从其菜单中选择“Internet 选项”，打开“Internet 选项”对话框，单击“语言”按钮，修改浏览器应用语言，如图 5.21 所示，当中文在上方时表示当前为中文环境，而相应的英文在上方时则为英文环境。

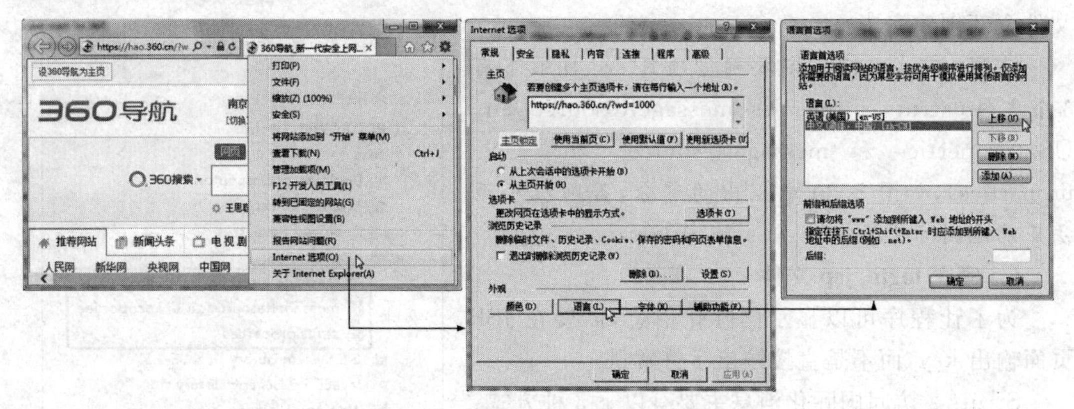

图 5.21　修改浏览器语言环境

运行程序，中文环境时登录界面如图 5.22 所示，英文环境时登录界面如图 5.23 所示。

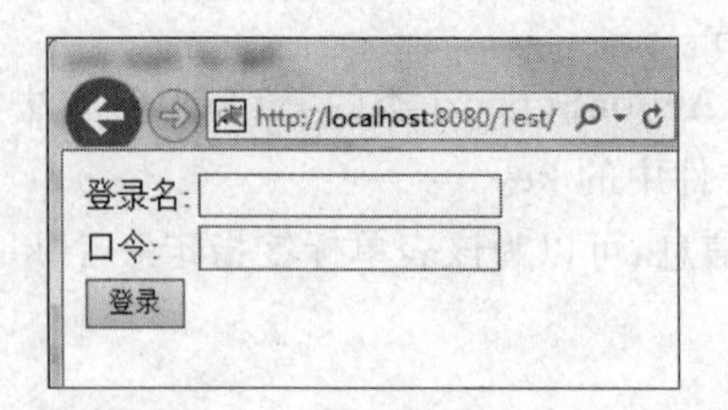

图 5.22　中文环境登录界面

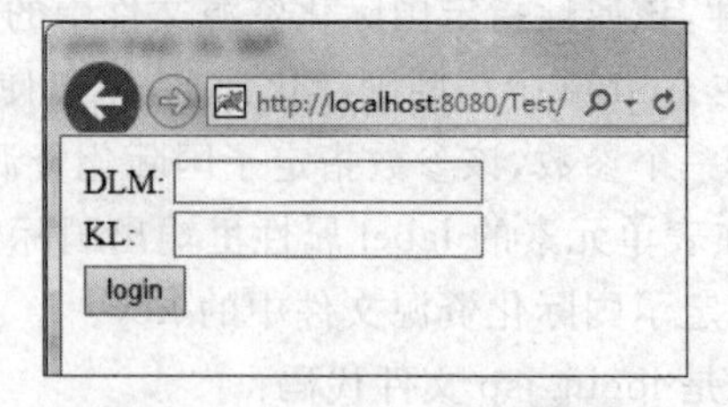

图 5.23　英文环境登录界面

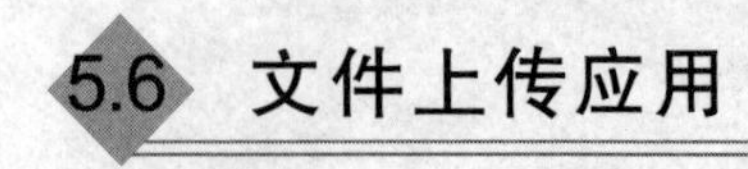

5.6 文件上传应用

文件上传是很多 Web 程序都具有的功能，在项目开发中经常用到，下面具体讲解单个文件及多文件上传的实现。

5.6.1　上传单个文件

在 Struts 2 中，提供了一个很容易操作的文件上传组件。本节先介绍如何用 Struts 2 来上传单个文件，后面再介绍上传多个文件的情况。

用 Struts 2 上传单个文件的功能非常容易实现，只要使用普通的 Action 即可。但为了获得一些上传文件的信息，如文件名等，需要按照一定规则来为 Action 类增加一些 getter 和 setter 方法。

Struts 2 的文件上传默认使用的是 Jakarta 的 Common-FileUpload 文件上传框架，该框架包括两个 Jar 包：commons-io-2.4.jar 和 commons-fileupload-1.3.2.jar，它们都已经包含在 Struts 2 的 8 个 Jar 包之中了。

下面举例实现文件的上传并说明需要注意的步骤。该例中把要上传的文件放在指定的文件夹下(D:/upload)，所以需要提前在 D 盘下建立 upload 文件夹。

依然根据原始的步骤来开发该实例。

1. 建立项目

打开 MyEclipse，建立一个 Web 项目，命名为 StrutsUpload。

2. 加载 Struts 2 类库

该步骤与 5.2.1 节的第 3 步相同，不再赘述。

3. 修改 web.xml

其内容见 5.2.1 节的第 4 步。

4. 修改 index.jsp

在创建项目的时候，在项目的 WebRoot 下会自动生成一个 index.jsp 文件，读者可以修改其中内容，也可以自己建立 JSP 文件，这里就用现成的 index.jsp 文件，修改内容即可。代码实现为：

```
<%@page language="java" pageEncoding="utf-8"%>
<%@taglib uri="/struts-tags" prefix="s"%>
<!DOCTYPE HTML PUBLIC "-//W3C//DTD HTML 4.01 Transitional//EN">
<html>
<head>
    <title>文件上传</title>
</head>
<body>
    <s:form action="upload.action" method="post" enctype="multipart/form-data">
        <s:file name="upload" label="上传的文件"></s:file>
        <s:submit value="上传"></s:submit>
    </s:form>
</body>
</html>
```

注意 form 表单的代码，enctype 是 form 的属性。把该属性值设置为 multipart/form-data，表示该编码方式会以二进制流的方式来处理表单数据，该编码方式会把文件域中指定文件的内容也封装到请求参数中。所以在文件上传时必须指定该属性值。

5. Action 类

前面已经介绍过，功能的处理都是在 Action 类中实现的，处理完成后再跳转。该 Action 类完成文件的上传工作。在 src 文件夹下建立 action 包，在该包下建立自定义 Action 类 UploadAction。该类的实现代码如下：

```
package action;
import java.io.File;
import java.io.FileInputStream;
import java.io.FileOutputStream;
import java.io.InputStream;
import java.io.OutputStream;
import com.opensymphony.xwork2.ActionSupport;
import com.sun.java_cup.internal.runtime.*;
public class UploadAction extends ActionSupport{
    private File upload;                                   //上传文件
    private String uploadFileName;                         //上传的文件名
    public File getUpload() {
        return upload;
    }
    public void setUpload(File upload) {
        this.upload=upload;
    }
    public String execute() throws Exception {
        //TODO Auto-generated method stub
        InputStream is=new FileInputStream(getUpload());   //根据上传的文件得
                                                           //到输入流
        OutputStream os=new FileOutputStream("d:\\upload\\"+
                    uploadFileName);                       //指定输出流地址
        byte buffer[]=new byte[1024];
        int count=0;
        while((count=is.read(buffer))>0){
            os.write(buffer,0,count);                      //把文件写到指定位置的文件中
        }
        os.close();                                        //关闭
        is.close();
        return SUCCESS;                                    //返回
    }
    public String getUploadFileName() {
        return uploadFileName;
    }
    public void setUploadFileName(String uploadFileName) {
        this.uploadFileName=uploadFileName;
    }
}
```

上传的文件经过该 Action 处理后，会被写到指定的路径下。其实也可以把上传的文件写入数据库中，在本书后面的例子中会介绍如何把上传的照片写入到数据库中，这里不再举例。要注意的是 Struts 2 上传文件的默认大小限制是 2MB。故在测试的时候文件不能太大，最好找个小的文件。如果要修改默认大小，只需在 Struts 2 的 struts. properties 文件中修改 struts. multipart. maxSize。如 struts. multipart. maxSize＝1024 表示上传文件的总大小不能超过 1KB。

6. struts. xml 文件

struts. xml 是 Struts 2 应用中必不可少的一个文件，它是**从页面通向 Action 类的桥梁**，配置了该文件后，JSP 文件的请求才能顺利地找到要处理请求的 Action 类。代码如下：

```
<?xml version="1.0" encoding="UTF-8" ?>
<!DOCTYPE struts PUBLIC
    "-//Apache Software Foundation//DTD Struts Configuration 2.5//EN"
    "http://struts.apache.org/dtds/struts-2.5.dtd">
<!--START SNIPPET: xworkSample -->
<struts>
    <package name="default" extends="struts-default">
        <action name="upload" class="action.UploadAction">
            <result name="success">success.jsp</result>
        </action>
    </package>
</struts>
<!--END SNIPPET: xworkSample -->
```

7. 建立 success. jsp

上传成功后，跳转到成功页面。代码非常简单：

```
<%@page language="java" pageEncoding="utf-8"%>
<!DOCTYPE HTML PUBLIC "-//W3C//DTD HTML 4.01 Transitional//EN">
<html>
<head>
    <title>成功页面</title>
</head>
<body>
        恭喜你!上传成功
</body>
</html>
```

8. 部署运行

部署项目，启动 Tomcat，在浏览器中输入 http://localhost:8080/StrutsUpload/index.jsp，出现如图 5.24 所示的界面，选择要上传的文件，单击“上传”按钮，就会跳转到如图 5.25 所示的界面。打开 D 盘，在 upload 文件夹下就能看到已上传的文件。

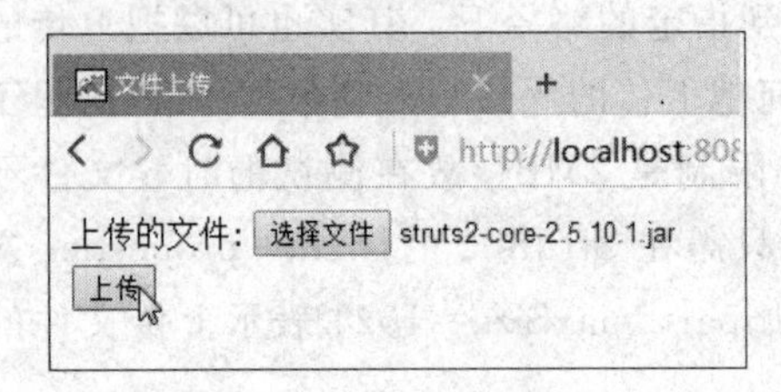

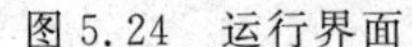
图 5.24 运行界面

图 5.25 成功界面

5.6.2 多文件上传

多文件上传，顾名思义就是把多个文件一起上传到指定地方，与单个文件上传类似，只需要改动几个地方便可。首先是上传页面，由于要上传多个文件，所以就必须有多个供用户选择的文件框，然后就是修改 Action，把 Action 中的属性类型改成 List 集合即可。下面是在单个文件上传示例的基础上修改，来介绍多文件上传。

修改 index.jsp：

```
<%@page language="java" pageEncoding="utf-8"%>
<%@taglib uri="/struts-tags" prefix="s" %>
<!DOCTYPE HTML PUBLIC "-//W3C//DTD HTML 4.01 Transitional//EN">
<html>
<head>
    <title>文件上传</title>
</head>
<body>
    <s:form action="upload.action" method="post" enctype="multipart/form-
data">
        <!--这里上传三个文件,也可以是任意多个-->
        <s:file name="upload" label="上传的文件一"></s:file>
        <s:file name="upload" label="上传的文件二"></s:file>
        <s:file name="upload" label="上传的文件三"></s:file>
        <s:submit value="上传"></s:submit>
    </s:form>
</body>
</html>
```

注意它们的名字必须相同，这样取值时会把它们对应的值都封装到指定的 List 集合中。页面完成以后，修改对应的 Action 如下：

```
package action;
import java.io.File;
import java.io.FileInputStream;
import java.io.FileOutputStream;
```

```
import java.io.InputStream;
import java.io.OutputStream;
import java.util.List;
import com.opensymphony.xwork2.ActionSupport;
public class UploadAction extends ActionSupport{
    private List<File>upload;          //上传的文件内容,由于是多个,用 List 集合
    private List<String>uploadFileName;   //文件名
    public String execute() throws Exception {
        if(upload!=null){
            for (int i=0; i <upload.size(); i++) {   //遍历,对每个文件进行读/写操作
                InputStream is=new FileInputStream(upload.get(i));
                OutputStream os=
                    new FileOutputStream("d:\\upload\\"+getUploadFileName().
                    get(i));
                byte buffer[]=new byte[1024];
                int count=0;
                while((count=is.read(buffer))>0){
                    os.write(buffer,0,count);
                }
                os.close();
                is.close();
            }
        }
        return SUCCESS;
    }
    public List<File>getUpload() {
        return upload;
    }
    public void setUpload(List<File>upload) {
        this.upload=upload;
    }
    public List<String>getUploadFileName() {
        return uploadFileName;
    }
    public void setUploadFileName(List<String>uploadFileName) {
        this.uploadFileName=uploadFileName;
    }
}
```

与上传单个文件类似,部署运行后,可以选择多个文件(总大小不能超过 2MB),如图 5.26 所示,然后单击"上传"按钮,上传成功后跳转到成功页面,这时可以打开 D 盘的 upload 文件夹查看上传的文件。

图 5.26 选择多个文件上传

5.7 Struts 2 综合应用实例

在该实例中,通过构建一个添加学生信息项目,来综合应用 Struts 2 的知识点,包括标签、Struts 2 配置等。首先来看看添加学生信息的界面,如图 5.27 所示。

图 5.27 添加学生信息界面

1. 建立数据库

在早已准备的数据库 XSCJ 中新建表 XSB1(如图 5.28 所示)。为方便起见,专业(ZY)和出生时间(CSSJ)字段用 varchar 型(图 5.28 下画线标出),对应到类中就是 String 类型。

注意:这里表结构不能有该项目没有的字段,因为类与表交互时类要与表的字段一一对应。

2. 建立 Web 项目

打开 MyEclipse,建立一个 Web 项目,命名为“Example_Struts”。

3. 加载类库

本例使用 Struts 2.3.32 版本,这里一共要加载 **3** 种库:

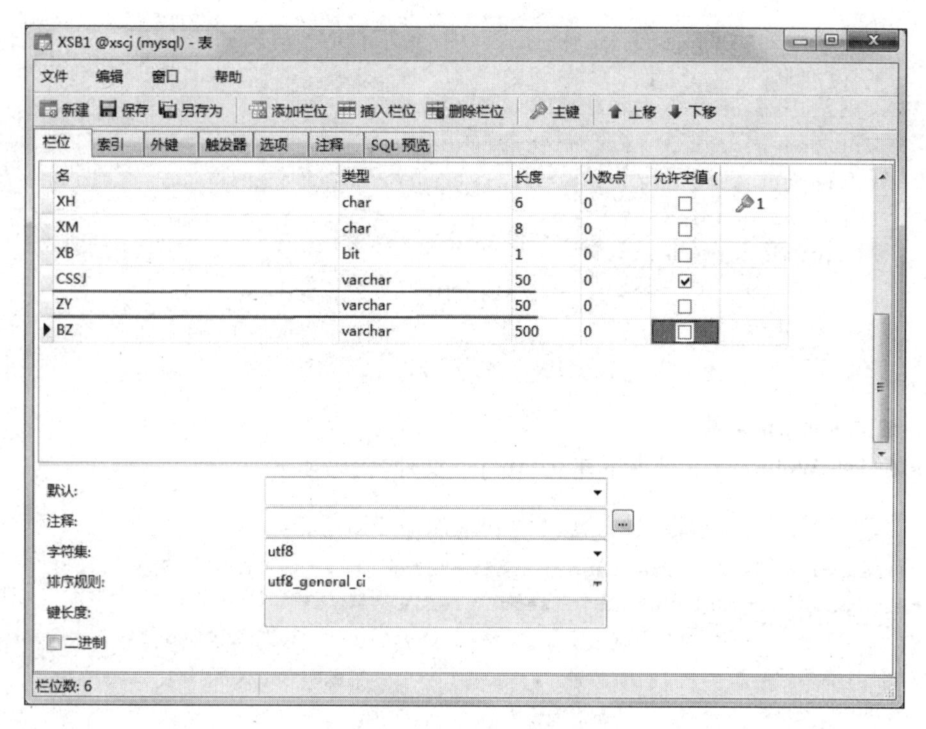

图 5.28　添加学生信息的表 XSB1

① Struts 2 类库(共 9 个)。该步骤与 5.2.1 节的第 3 步相同,这里不再赘述。

② MySQL 5.7 的驱动包 mysql-connector-java-5.1.40-bin.jar。

③ struts2-dojo-plugin-2.3.32.jar 包。是为了能在页面上使用 datetimepicker 日期控件。

后两种库的导入方法与加载 Struts 2 的一样,为避免遗漏,建议大家将它们与 Struts 2 的包一起加载,这样本项目总共需要 11(9+1+1)个包。

4. 修改 web.xml

内容如下:

```
<?xml version="1.0" encoding="UTF-8"?>
<web-app xmlns:xsi="http://www.w3.org/2001/XMLSchema-instance" xmlns=
"http://xmlns.jcp.org/xml/ns/javaee" xsi:schemaLocation="http://xmlns.jcp.
org/xml/ns/javaee http://xmlns.jcp.org/xml/ns/javaee/web-app_3_1.xsd" id=
"WebApp_ID" version="3.1">
   <display-name>xscj</display-name>
   <filter>
   <filter-name>struts2</filter-name>
   <filter-class>org.apache.struts2.dispatcher.ng.filter.
          StrutsPrepareAndExecuteFilter</filter-class>
   <init-param>
      <param-name>actionPackages</param-name>
      <param-value>com.mycompany.myapp.actions</param-value>
```

```
    </init-param>
    </filter>
    <filter-mapping>
    <filter-name>struts2</filter-name>
    <url-pattern>/*</url-pattern>
    </filter-mapping>
    <welcome-file-list>
        <welcome-file>stu.jsp</welcome-file>
    </welcome-file-list>
</web-app>
```

5. 建立 stu.jsp 文件

在项目的 WebRoot 文件夹下建立 stu.jsp 文件，代码如下：

```
<%@page language="java" pageEncoding="utf-8"%>
<%@taglib uri="/struts-tags" prefix="s"%>
<%@taglib uri="/struts-dojo-tags" prefix="sx"%>
<html>
<head>
<s:head/>
<sx:head/>
</head>
<body >
   <h3>添加学生信息</h3>
   <s:form action="save.action" method="post" theme="simple">
         <table>
            <tr><td>学号：</td>
            <td><s:textfield name="xs.xh"></s:textfield></td>
            </tr><tr><td>姓名：</td>
            <td><s:textfield name="xs.xm" ></s:textfield></td>
            </tr><tr><td>性别：</td>
            <td><s:radio name="xs.xb" list="#{1:'男',2:'女'}" value="1">
                </s:radio></td>
            </tr><tr><td>专业：</td>
            <td><s:textfield name="xs.zy" label="专业"></s:textfield></td>
            </tr><tr><td width="70">出生时间:</td>
            <td><sx:datetimepicker name="xs.cssj" id="cssj"
                displayFormat="yyyy-MM-dd" ></sx:datetimepicker></td>
            </tr><tr><td>备注：</td>
            <td><s:textarea name="xs.bz" label="备注"></s:textarea></td>
            </tr><tr><td><s:submit value="添加"></s:submit></td>
            <td><s:reset value="重置"></s:reset></td></tr>
         </table>
      </s:form>
</body>
</html>
```

代码中加粗部分演示了 Struts 2.3.32 中标签控件 datetimepicker 的用法。

6. 建立表对应的 JavaBean 和 DBConn 类

在 src 文件夹下新建包“org.model”，在该包下建立 class 文件，命名为 Xsb，该类中有 6 个字段，分别为 xh、xm、xb、zy、cssj 和 bz，并生成它们的 getter 和 setter 方法，代码如下：

```
package org.model;
import java.sql.Date;
public class Xsb {
    private String xh;
    private String xm;
    private byte xb;
    private String zy;
    private Date cssj;
    private String bz;
    //生成它们的 getter 和 setter 方法
    ...
}
```

注意，cssj 为 java.sql.Date 类型。

在 src 文件夹下建立包 org.work，在该包下建立 class 文件，命名为 DBConn，该类负责和数据库连接，代码如下：

```
package org.work;
import java.sql.*;
import org.model.Xsb;
public class DBConn {
    Connection conn;
    PreparedStatement pstmt;
    public DBConn(){
        try{
            Class.forName("com.mysql.jdbc.Driver");
            conn=DriverManager.getConnection("jdbc:mysql://localhost:3306/
                    xscj","root","njnu123456");
        }catch(Exception e){
            e.printStackTrace();
        }
    }
    //添加学生
    public boolean save(Xsb xs){
        try{
            pstmt=conn.prepareStatement("insert into XSB1
                    values(?,?,?,?,?,?)");
            pstmt.setString(1, xs.getXh());
            pstmt.setString(2, xs.getXm());
```

```
            pstmt.setByte(3, xs.getXb());
            pstmt.setDate(4, xs.getCssj());
            pstmt.setString(5, xs.getZy());
            pstmt.setString(6, xs.getBz());
            pstmt.executeUpdate();
            return true;
        }catch(Exception e){
            e.printStackTrace();
            return false;
        }
    }
}
```

7. 建立 Action 类 SaveAction

在 src 文件夹下建立包 org.action，在该包下建立 class 文件，命名为 SaveAction，SaveAction.java 代码如下：

```
package org.action;
import org.model.Xsb;
import org.work.DBConn;
import com.opensymphony.xwork2.ActionSupport;
public class SaveAction extends ActionSupport{
    private Xsb xs;
    public Xsb getXs() {
        return xs;
    }
    public void setXs(Xsb xs) {
        this.xs=xs;
    }
    public String execute() throws Exception {
        DBConn db=new DBConn();
        Xsb stu=new Xsb();
        stu.setXh(xs.getXh());
        stu.setXm(xs.getXm());
        stu.setXb(xs.getXb());
        stu.setZy(xs.getZy());
        stu.setCssj(xs.getCssj());
        stu.setBz(xs.getBz());
        if(db.save(stu)){
            return SUCCESS;
        }else
            return ERROR;
    }
}
```

8. 创建并配置 struts.xml 文件

在 src 文件夹下建立该文件，代码如下：

```
<?xml version="1.0" encoding="utf-8"?>
<!DOCTYPE struts PUBLIC
    "-//Apache Software Foundation//DTD Struts Configuration 2.0//EN"
    "http://struts.apache.org/dtds/struts-2.0.dtd">
<struts>
    <package name="default" extends="struts-default">
        <action name="save" class="org.action.SaveAction">
            <result name="success">/success.jsp</result>
            <result name="error">/stu.jsp</result>
        </action>
    </package>
</struts>
```

9. 创建 success.jsp 页面

在 WebRoot 文件夹下创建 success.jsp 文件，代码如下：

```
<%@page language="java" pageEncoding="utf-8"%>
<html>
<head>
</head>
<body>
    恭喜你,添加成功!
</body>
</html>
```

10. 部署运行

部署后，启动 Tomcat，在浏览器中输入 http://localhost:8080/Example_Struts/，看到如图 5.27 所示界面。输入要添加的学生信息后，单击“添加”按钮，如果添加成功就会跳转到 success.jsp 页面。此时再打开数据库中事先建立好的表 XSB1，就会发现表中已有了一条记录，如图 5.29 所示。

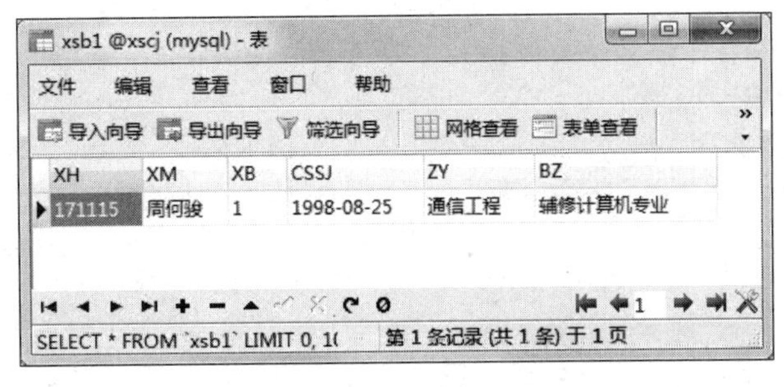

图 5.29　添加记录成功

思考与实验

1. 简述 MVC 框架及 Struts 2 的体系结构。

2. 说明 Struts 2 的工作流程及配置文件的正确配置。

3. 写出 Struts 2 的所有标签并简述它们的作用。

4. 在 struts. xml 中配置一个简单的拦截器。

5. 自己编写实例实现多文件上传。

6. 实验。

(1) 根据 5.6 节实例，完成“添加学生信息”项目，运行项目，实现如图 5.27 所示的界面。填写好学生信息后单击“添加”按钮，完成添加。

(2) 参照 5.5 节内容，将本项目实现国际化。

(3) 参照 5.2.3 节内容实现本项目的验证。

(4) 根据实验步骤，在原项目的基础上完成课程信息添加。

(5) 在原项目的基础上加入“注册”和“登录”功能（项目运行主界面设置为登录界面，在登录界面加入注册超链接，并提示如果没有注册就单击注册）。

CHAPTER 第6章

Hibernate 应用

Hibernate 是一个开放源代码的对象关系映射框架，它对 JDBC 进行了轻量级(未完全)的封装，使 Java 程序员可以使用面向对象的编程思想来操纵数据库。Hibernate 是一个对象/关系映射的解决方案，简单地说就是将 Java 中对象与对象之间的关系映射至关系数据库中的表与表之间的关系。Hibernate 提供了整个过程自动转换的方案。

6.1 Hibernate 概述

Hibernate 是一个轻量级的映射框架，下面先简单介绍 ORM(对象/关系映射)及 Hibernate 的体系结构。

1. ORM 简介

对象/关系映射 ORM(Object-Relation Mapping)是用于将对象与对象之间的关系对应到数据库中表与表之间的关系的一种模式。简单地说，ORM 是通过使用描述对象和数据库之间映射的元数据，将 Java 程序中的对象自动持久化到关系数据库中。对象和关系数据是业务实现的两种表现形式，业务实体在内存中表现为对象，在数据库中则表现为关系数据。内存中的对象之间存在着关联和继承关系。而在数据库中，关系数据无法直接表达多对多关联和继承关系。因此，ORM 系统一般以中间件的形式存在，主要实现**程序对象到关系数据库数据**的映射。一般的 ORM 包括四个部分：对持久类对象进行 CRUD 操作的 API，用来规定类和类属性相关查询的语言或 API，规定 mapping metadata 的工具，以及可以让 ORM 实现同事务对象一起进行 dirty checking、lazy association fetching 和其他优化操作的技术。

目前，很多厂商和开源社区都提供了持久层框架的实现，但其中 Hibernate 的轻量级 ORM 模型逐步确立了在 Java ORM 架构中的领导地位。

2. Hibernate 体系结构

Hibernate 作为模型/数据访问层中间件，它通过配置文件(hibernate. cfg. xml 或 hibernate. properties)和映射文件(*. hbm. xml)把 Java 对象或持久化对象(Persistent Object，PO)映射到数据库中的表，然后通过操作 PO 对表进行各种操作，其中 PO 就是 POJO(普通 Java 对象)加映射文件。Hibernate 的体系结构如图 6.1 所示。

从图 6.1 中可以看出，Hibernate 与数据库的链接配置信息均封装到 hibernate. cfg. xml 或 hibernate. properties 文件中，对象/关系的映射工作依靠 ORM 映射文件进行，最终完

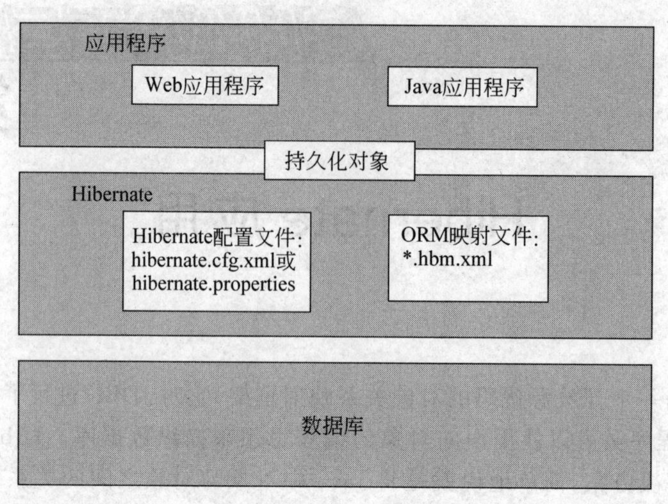

图 6.1 Hibernate 体系结构

成对象/关系间的映射。

6.2 Hibernate 应用基础

Hibernate 作为 ORM 中间件出现，使得应用程序通过 Hibernate 的 API 就可以访问数据库。MyEclipse 中集成了 Hibernate 功能，故当要用到 Hibernate 时，只要在 MyEclipse 中添加 Hibernate 开发能力即可。下面通过实例来介绍 Hibernate 框架是怎么把关系数据映射成持久化对象(PO)的。

6.2.1 Hibernate 应用实例开发

Hibernate 的映射文件是实体对象与数据库关系表之间相互转换的重要依据。一般而言，一个映射文件对应着数据库中一个关系表，表之间的关系也在映射文件中进行配置。目前，已经有很多第三方工具能自动从数据库中导出相应的映射文件，只要程序员再加以修改即可。开发 Hibernate 项目的步骤如下。

1. 建立数据库及表

在 MySQL 5.7 中建立数据库，命名为 XSCJ(学生成绩)，再在其中新建表 KCB，表结构参见附录，建好后的 KCB 表如图 6.2 所示。

2. 创建 Java 项目

命名为 HibernateTest。

3. 添加 Hibernate 开发能力

(1) 在项目 src 目录下创建一个名为 org. util 的包。这么做是因为 Hibernate 中有一个与数据库打交道的重要的类 Session。而这个类是由工厂 HibernateSessionFactory 创建的，HibernateSessionFactory 工厂类的源文件默认就放在 org. util 包里。

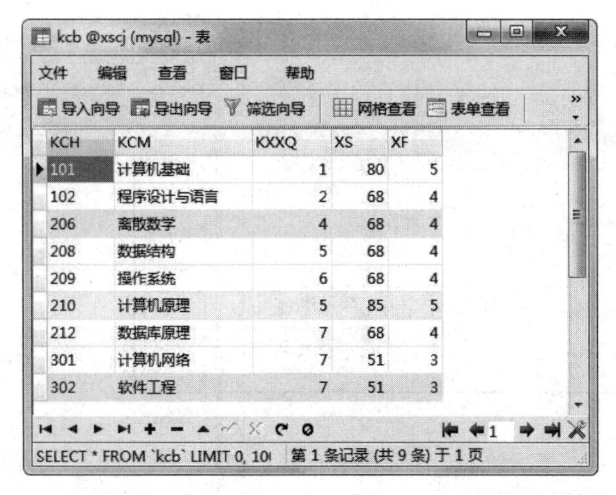

KCH	KCM	KXXQ	XS	XF
101	计算机基础	1	80	5
102	程序设计与语言	2	68	4
206	离散数学	4	68	4
208	数据结构	5	68	4
209	操作系统	6	68	4
210	计算机原理	5	85	5
212	数据库原理	7	68	4
301	计算机网络	7	51	3
302	软件工程	7	51	3

图 6.2　KCB 表

(2) 右击项目 HibernateTest,选择菜单 Configure Facets…→Install Hibernate Facet,弹出对话框单击 Yes 按钮,启动 Install Hibernate Facet 向导,在 Project Configuration 页的 Hibernate specification version 栏后的下拉列表中选择要添加到项目中的 Hibernate 版本,为了最大限度地使用 MyEclipse 2017 集成的 Hibernate 工具,这里选择版本号为最新的 Hibernate 5.1,如图 6.3 所示,单击 Next 按钮。

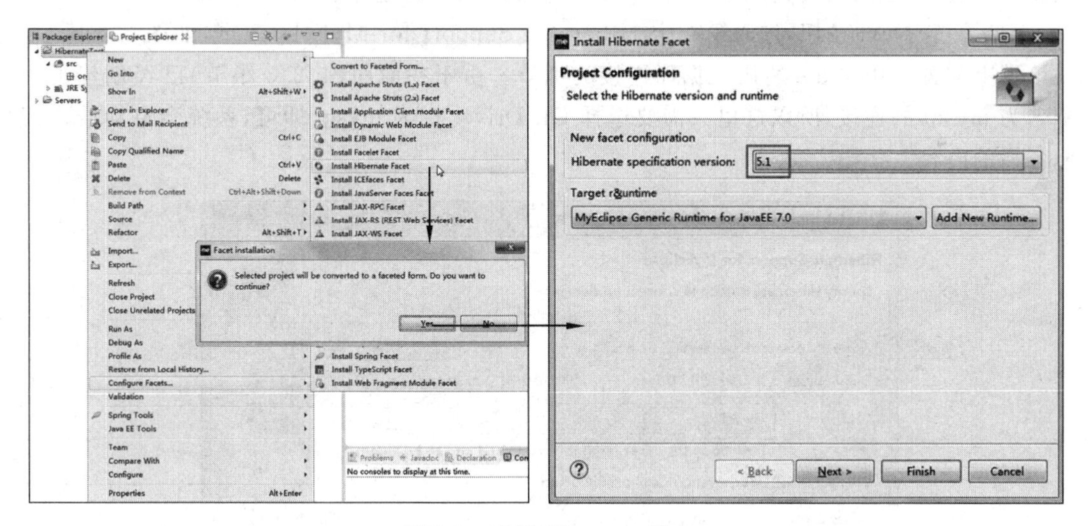

图 6.3　选择 Hibernate 版本

(3) 在第一个 Hibernate Support for MyEclipse 页,创建 Hibernate 配置文件和 SessionFactory 类,如图 6.4 所示。

在 Hibernate config file 栏选中 New 单选按钮(表示新建一个 Hibernate 配置文件),下面 Configuration Folder 栏内容为 src(表示配置文件位于项目 src 目录下),Configuration File Name 栏内容为 hibernate.cfg.xml(这是配置文件名),皆保持默认状态。

再往下,勾选 Create SessionFactory class? 复选框(表示需要创建一个 SessionFactory 类),下面 Java source folder 栏后的下拉列表选中 src,单击 Browse…按钮,弹出 Select

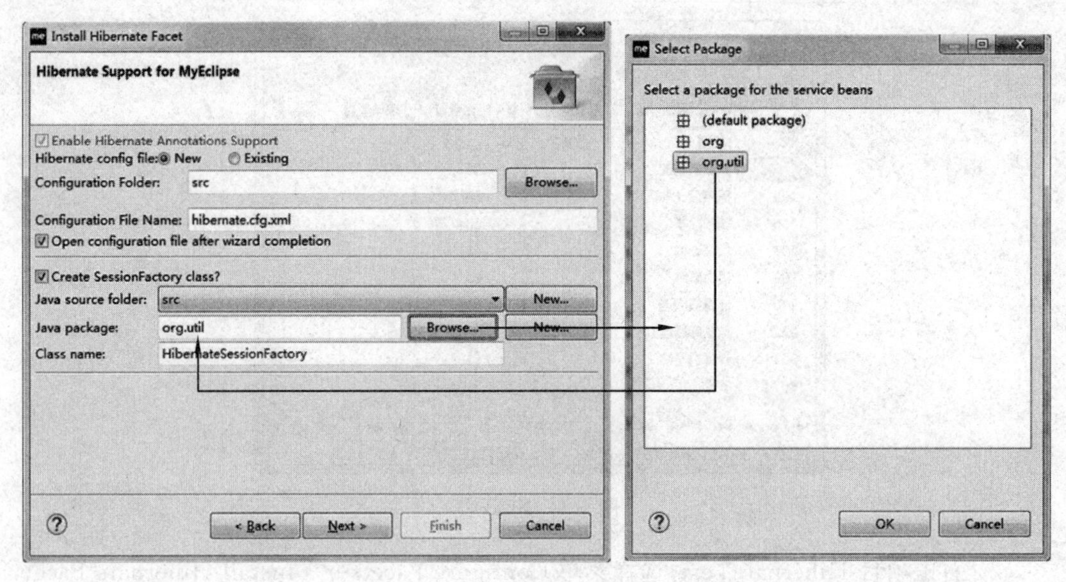

图 6.4　创建 Hibernate 配置文件和 SessionFactory 类

Package 对话框，选中之前创建好的 org. util 包，单击 OK 按钮将其完整包名填入 Java package 栏，Class name 栏填写所要创建的类名，这里取默认的 HibernateSessionFactory。经如上设置后，创建的类将位于项目 src 目录下的 org. util 包中。

(4) 单击 Next 按钮，进入第二个 Hibernate Support for MyEclipse 页，如图 6.5 所示，在该页上配置 Hibernate 所用数据库连接的细节。由于在前面(4.2.3 小节)已经创建了一个名为 mysql 的连接，所以这里只需要选择 DB Driver 栏为 mysql 即可，系统会自动载入其他各栏的内容。

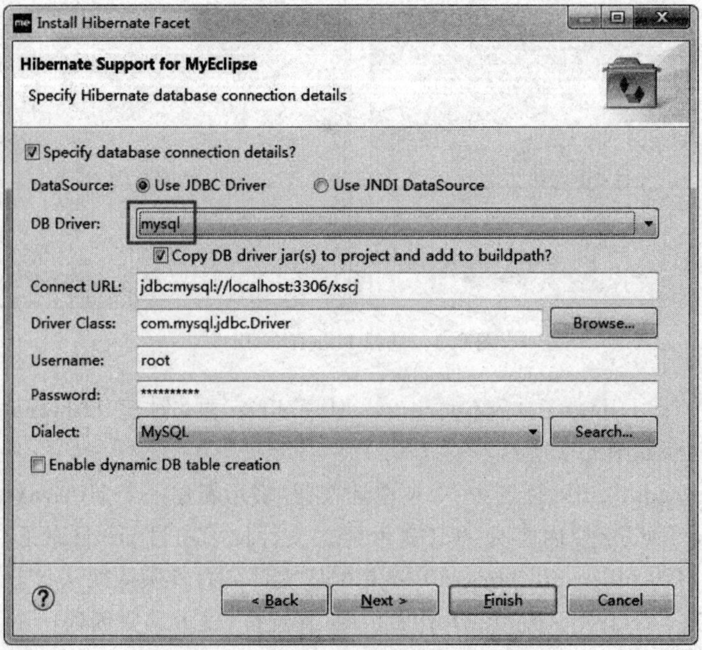

图 6.5　选择 Hibernate 所用的连接

(5) 单击 Next 按钮，在 Configure Project Libraries 页选择要添加到项目中的 Hibernate 框架类库，对于一般的应用来说，并不需要使用 Hibernate 的全部类库，故只须选择必要的库添加即可，这里仅勾选最基本的核心库 Hibernate 5.1 Libraries→Core，如图 6.6 所示。

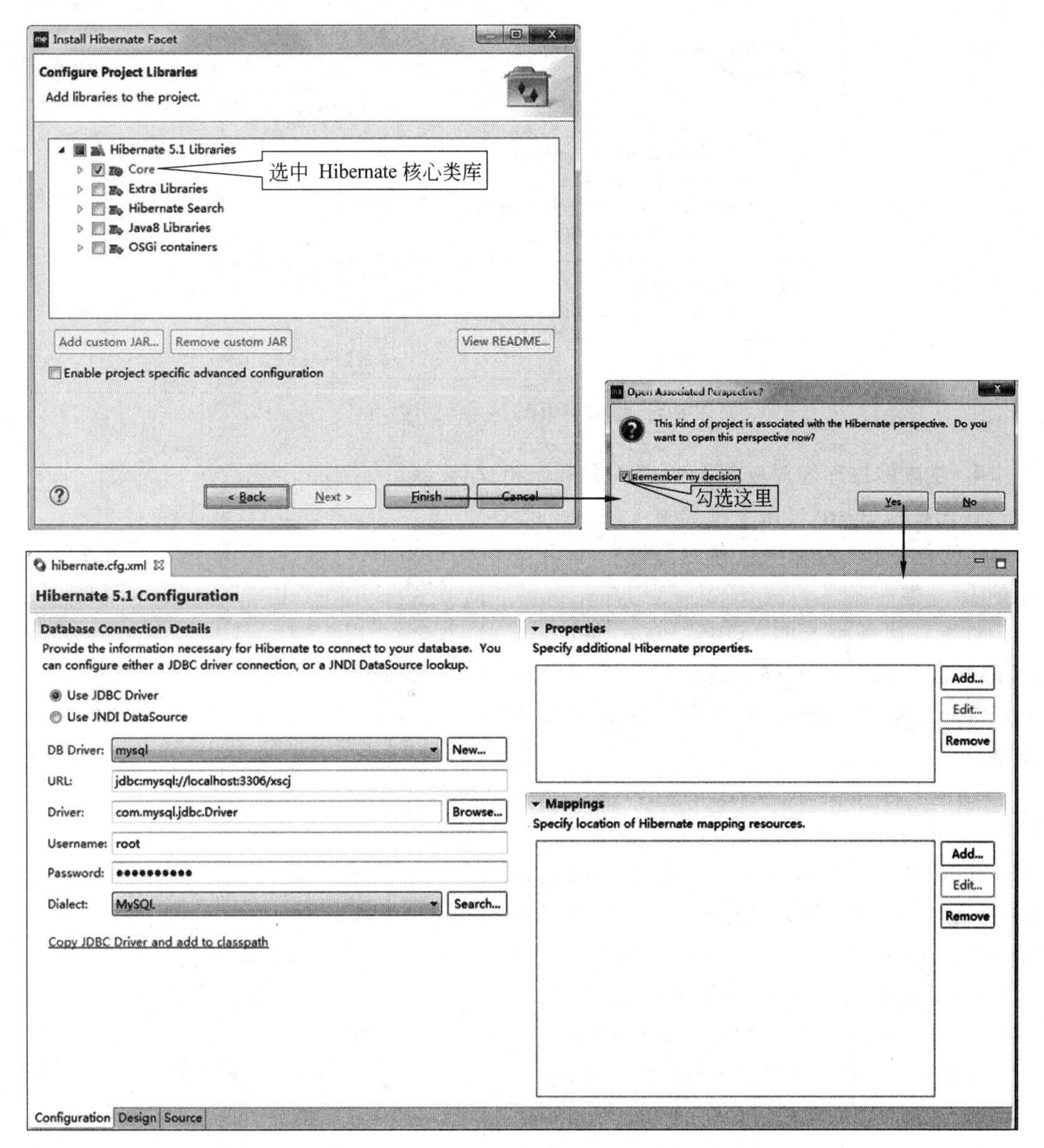

图 6.6　添加 Hibernate 类库及查看配置信息

单击 Finish 按钮，系统会弹出 Open Associated Perspective? 对话框询问用户是否需要打开与 Hibernate 相关的透视图，勾选 Remember my decision 复选框，单击 Yes 按钮打开透视图，在开发环境主界面的中央出现 Hibernate 配置文件 hibernate.cfg.xml 的编辑器，在其 Configuration 选项标签页可看到本例 Hibernate 的各项配置信息。

完成以上步骤后，项目中增加了一个 Hibernate 包目录、一个 hibernate.cfg.xml 配置文件以及一个 HibernateSessionFactory. java 类。另外，数据库的驱动包也被自动载入进来，此时项目的目录树呈现如图 6.7 所示的状态，表明该项目已成功添加了 Hibernate 能力。

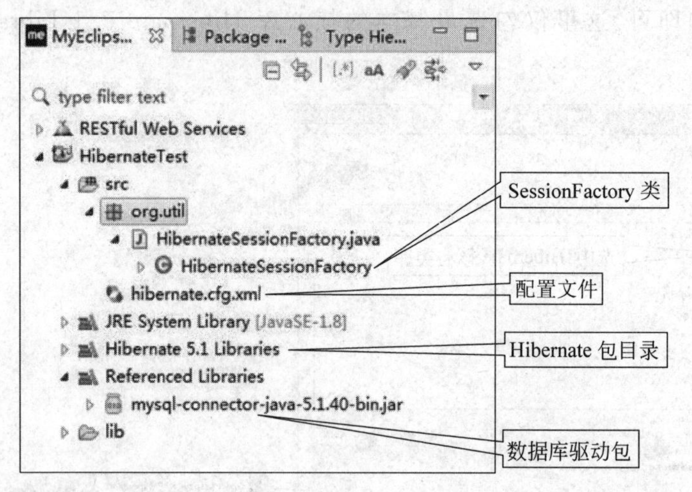

图 6.7　添加了 Hibernate 能力的项目

4. 生成数据库表对应的 Java 类对象和映射文件

首先在项目 src 目录下创建一个名为 org. model 的包，这个包将用来存放与数据库表对应的 Java 类*。

注*：这种类又叫 POJO(Plain Old Java Objects)，即简单的 Java 对象，实际就是**普通 JavaBeans**，是为了避免和 EJB 混淆所创造的简称。

(1) 选择主菜单 Window→Perspective→Open Perspective → Database Explorer，进入 MyEclipse 的 DB Browser 模式。打开先前创建的 mysql 连接，选中数据库表 kcb 并右击，选择菜单 Hibernate Reverse Engineering…，如图 6.8 所示，将启动 Hibernate Reverse Engineering 向导对话框，用于完成从已有的数据库表生成对应的 POJO 类和相关映射文件的配置工作。

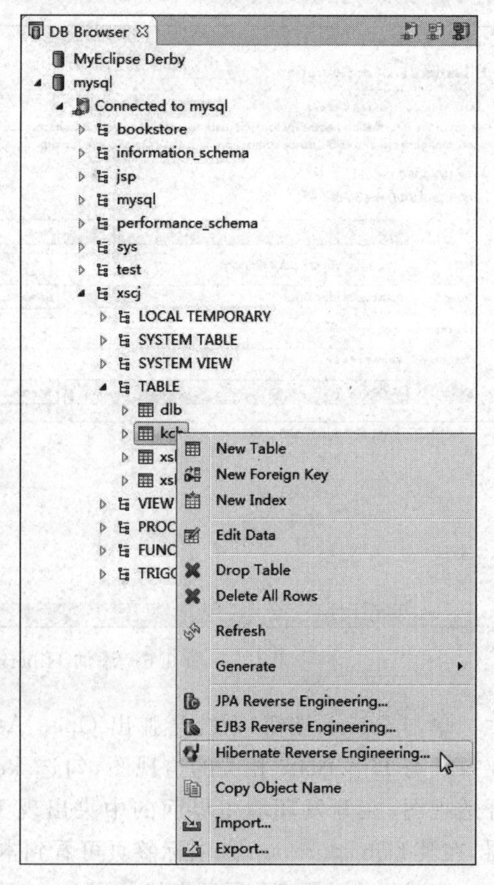

图 6.8　Hibernate 反向工程菜单

(2) 在向导的第一个 Hibernate Mapping and Application Generation 页，选择生成的类及映射文件所在的位置，如图 6.9 所示。

(3) 单击 Next 按钮，进入第二个 Hibernate Mapping and Application Generation 页，配置映射文件的细节，如图 6.10 所示。

(4) 单击 Next 按钮，进入第三个 Hibernate Mapping and Application Generation 页，该页主

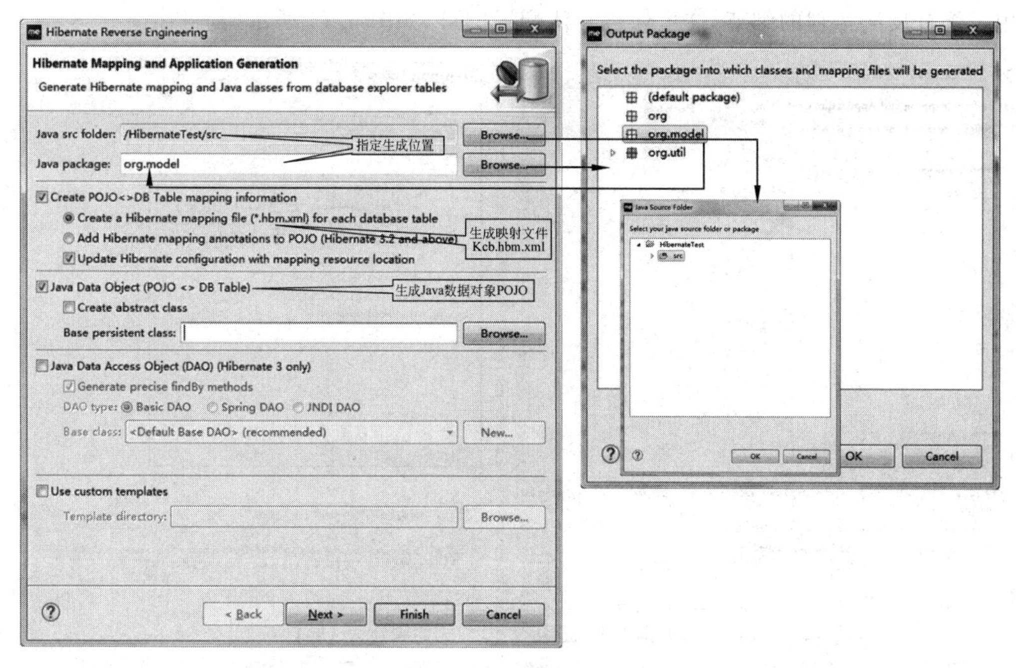

图 6.9　生成 Hibernate 映射文件和 POJO 类

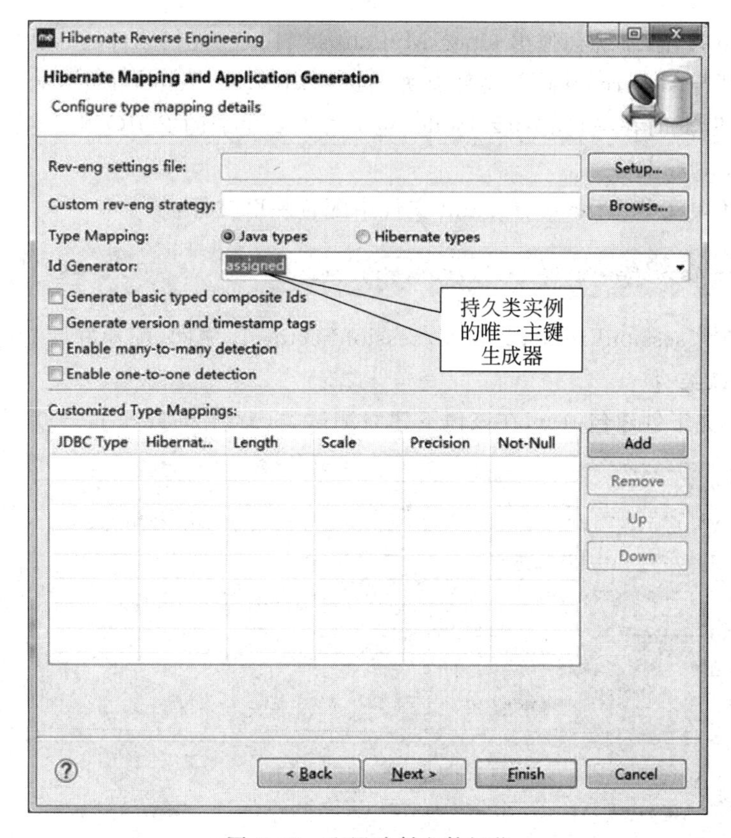

图 6.10　配置映射文件细节

要用于配置反向工程的细节，这里保持默认配置即可，如图 6.11 所示。

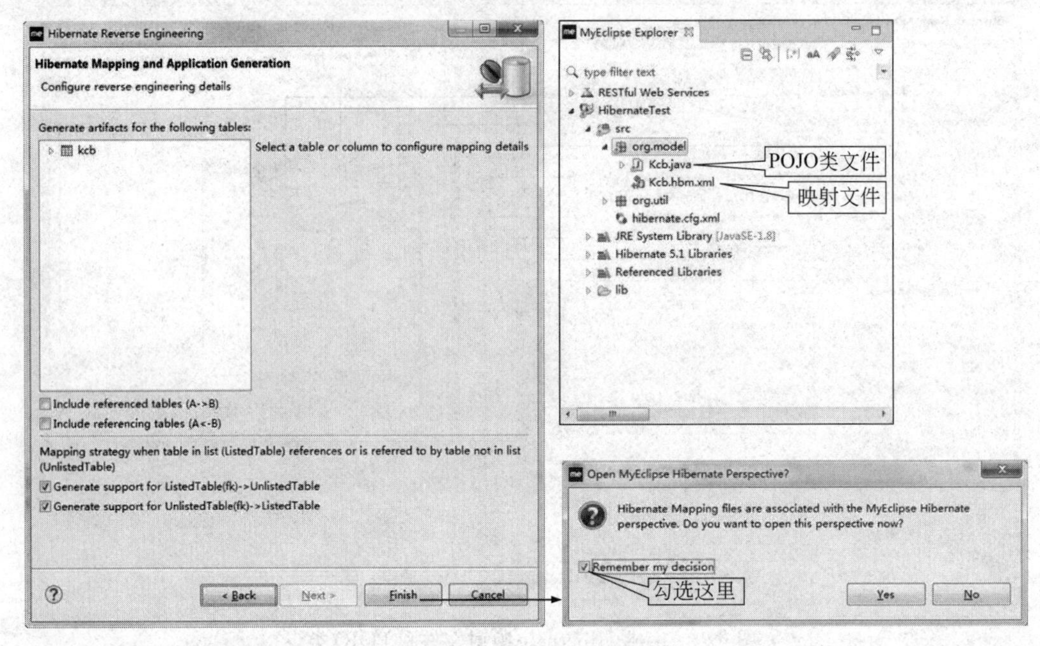

图 6.11　完成反向工程

单击 Finish 按钮，系统会弹出 Open MyEclipse Hibernate Perspective? 对话框询问用户是否需要打开与 Hibernate 映射文件有关的透视图，勾选 Remember my decision 复选框并单击 Yes 按钮，此时在项目的 org. model 包下可看到生成的 POJO 类文件 Kcb. java 及映射文件 Kcb. hbm. xml。

完成之后还要在 hibernate. cfg. xml 文件中配置映射文件：

```
<mapping resource="org/model/Kcb.hbm.xml" />
```

该语句放在<sessionFactory>与</sessionFactory>之间，配置好后就可以测试了。

5. 创建测试类

在 src 文件夹下创建包 test，在该包下建立测试类，命名为 Test. java，其代码如下：

```
package test;
import java.util.List;
import org.hibernate.Query;
import org.hibernate.Session;
import org.hibernate.Transaction;
import org.model.Kcb;
import org.util.HibernateSessionFactory;
public class Test {
    public static void main(String[] args) {
    //调用 HibernateSessionFactory 的 getSession 方法创建 Session 对象
    Session session=HibernateSessionFactory.getSession();
    //创建事务对象
```

```
    Transaction ts=session.beginTransaction();
    Kcb kc=new Kcb();                                   //创建 POJO 类对象
    kc.setKch("198");                                   //设置课程号
    kc.setKcm("机电");                                  //设置课程名
    kc.setKxxq(new Short((short) 5));                   //设置开学学期
    kc.setXs(new Integer(59));                          //设置学时
    kc.setXf(new Integer(5));                           //设置学分
    //保存对象
    session.save(kc);
    ts.commit();                                        //提交事务
    Query query=session.createQuery("from Kcb where kch=198");
    List list=query.list();
    Kcb kc1=(Kcb) list.get(0);
    System.out.println(kc1.getKcm());
    HibernateSessionFactory.closeSession();   //关闭 Session
    }
}
```

6. 运行

该程序为 Java Application,可以直接运行。运行后控制台会打印出“机电”。打开数据库表 KCB,大家会发现里面多了一条记录,如图 6.12 所示。

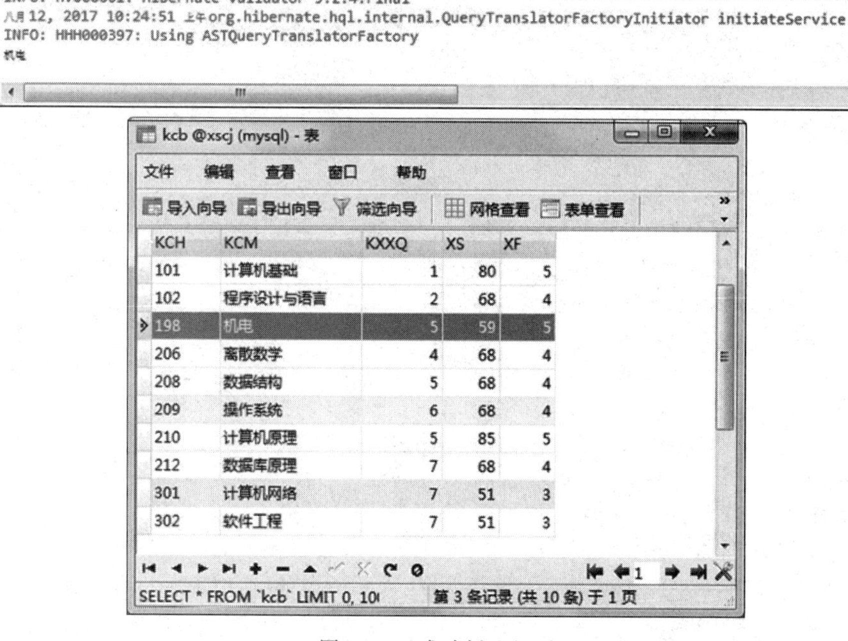

KCH	KCM	KXXQ	XS	XF
101	计算机基础	1	80	5
102	程序设计与语言	2	68	4
198	机电	5	59	5
206	离散数学	4	68	4
208	数据结构	5	68	4
209	操作系统	6	68	4
210	计算机原理	5	85	5
212	数据库原理	7	68	4
301	计算机网络	7	51	3
302	软件工程	7	51	3

图 6.12　成功插入记录

可见,利用 Hibernate,在没有直接操作数据库的情况下,就成功完成了新记录的插入。

6.2.2 Hibernate 各种文件的作用

1. POJO 类和其映射配置文件

Hibernate 的映射配置文件是实体对象与数据库关系表之间相互转换的重要依据，一般而言，一个映射配置文件对应着数据库中的一个关系表，关系表之间的关联关系也在映射文件中配置。

本例的 POJO 类为 Kcb，其源码位于 org.model 包的 Kcb.java 中，内容如下：

```
package org.model;
/**
 * Kcb entity. @author MyEclipse Persistence Tools
 */
public class Kcb implements java.io.Serializable {
    //Fields
    private String kch;
    private String kcm;
    private Short kxxq;
    private Integer xs;
    private Integer xf;
    //Constructors
    /** default constructor */
    public Kcb() {
    }
    /** minimal constructor */
    public Kcb(String kch) {
        this.kch =kch;
    }
    /** full constructor */
    public Kcb(String kch, String kcm, Short kxxq, Integer xs, Integer xf) {
        this.kch =kch;
        this.kcm =kcm;
        this.kxxq =kxxq;
        this.xs =xs;
        this.xf =xf;
    }
    //Property accessors
    public String getKch() {
        return this.kch;
    }
    public void setKch(String kch) {
        this.kch =kch;
    }
    public String getKcm() {
```

```
        return this.kcm;
    }
    public void setKcm(String kcm) {
        this.kcm =kcm;
    }
    public Short getKxxq() {
        return this.kxxq;
    }
    public void setKxxq(Short kxxq) {
        this.kxxq =kxxq;
    }
    public Integer getXs() {
        return this.xs;
    }
    public void setXs(Integer xs) {
        this.xs =xs;
    }
    public Integer getXf() {
        return this.xf;
    }
    public void setXf(Integer xf) {
        this.xf =xf;
    }
}
```

可以发现，该类中的属性和表中的字段是一一对应的。那么通过什么方法把它们一一映射起来呢？就是前面提到的 *.hbm.xml 映射文件。这里当然就是 Kcb.hbm.xml，其代码如下：

```
<?xml version="1.0" encoding="utf-8"?>
<!DOCTYPE hibernate-mapping PUBLIC "-//Hibernate/Hibernate Mapping DTD 3.0//EN"
"http://www.hibernate.org/dtd/hibernate-mapping-3.0.dtd">
<!--
    Mapping file autogenerated by MyEclipse Persistence Tools
-->
<hibernate-mapping>
    <class name="org.model.Kcb" table="kcb" catalog="xscj">
        <id name="kch" type="java.lang.String">
            <column name="KCH" length="3" />
            <generator class="assigned" />
        </id>
        <property name="kcm" type="java.lang.String">
            <column name="KCM" length="12" />
        </property>
```

```
        <property name="kxxq" type="java.lang.Short">
            <column name="KXXQ" />
        </property>
        <property name="xs" type="java.lang.Integer">
            <column name="XS" />
        </property>
        <property name="xf" type="java.lang.Integer">
            <column name="XF" />
        </property>
    </class>
</hibernate-mapping>
```

该文件大致分为 3 个部分：

(1) 类、表映射配置：

```
<class name="org.model.Kcb" table="kcb" catalog="xscj">
```

name 属性指定 POJO 类为 org. model. Kcb，table 属性指定当前类对应数据库表 KCB。经过这样的配置，Hibernate 即可获知类与表的映射关系，即每个 Kcb 类对象对应 KCB 表中的一条记录。

(2) id 映射配置：

```
<id name="kch" type="java.lang.String">
    <column name="KCH" length="3" />
    <generator class="assigned" />
</id>
```

id 节点定义实体类的标志(assigned)，在这里也就是对应数据库表主键的类属性。name="kch" 指定类中的属性 kch 映射 KCB 表中的主键字段 KCH。column 属性中的 name="KCH"指定当前映射表 KCB 的唯一标志(主键)为 KCH 字段。type="java. lang. String"指定当前字段的数据类型。<generator class="assigned"/>指定主键生成方式。对于不同的数据库和应用程序，主键生成方式往往不同。有的情况下，依赖数据库的自增字段生成主键，而有的情况下，主键由应用逻辑生成。

Hibernate 的主键生成策略分为三大类：Hibernate 对主键 id 赋值、应用程序自身对 id 赋值、由数据库对 id 赋值。

- assigned：应用程序自身对 id 赋值。当设置<generator class="assigned"/>时，应用程序自身需要负责主键 id 的赋值。例如下述代码：

```
Kcb kc=new Kcb();                        //创建 POJO 类对象
kc.setKch("198");                        //设置课程号
kc.setKcm("机电");                        //设置课程名
kc.setKxxq(new Short((short) 5));        //设置开学学期
kc.setXs(new Integer(59));               //设置学时
kc.setXf(new Integer(5));                //设置学分
```

- native：由数据库对 id 赋值。当设置<generator class="native"/>时，数据库负责主键 id 的赋值，最常见的是 int 型的自增型主键。例如，在 SQL Server 中建立表的 id 字段为 identity，则程序员就不用为该主键设置值，其会自动设置。
- hilo：通过 hi/lo 算法实现的主键生成机制，需要额外的数据库表保存主键生成历史状态。
- seqhilo：与 hi/lo 类似，通过 hi/lo 算法实现的主键生成机制，只是主键历史状态保存在 sequence 中，适用于支持 sequence 的数据库，如 Oracle。
- increment：主键按数值顺序递增。此方式的实现机制为在当前应用实例中维持一个变量，以保存当前的最大值，之后每次需要生成主键的时候将此值加 1 作为主键。这种方式可能产生的问题是：如果当前有多个实例访问同一个数据库，由于各个实例各自维护主键状态，不同实例可能生成同样的主键，从而造成主键重复异常。因此，如果同一个数据库有多个实例访问，这种方式应该避免使用。
- identity：采用数据库提供的主键生成机制，如 SQL Server、MySQL 中的自增主键生成机制。
- sequence：采用数据库提供的 sequence 机制生成主键，如 Oracle sequence。
- uuid. hex：由 Hibernate 基于 128 位唯一值产生算法，根据当前设备 IP、时间、JVM 启动时间、内部自增量等 4 个参数生成十六进制数值(编码后用长度为 32 位的字符串表示)作为主键。即使是在多实例并发运行的情况下，这种算法在最大程度上保证了产生 id 的唯一性。当然，重复的概率在理论上依然存在，只是概率比较小。一般而言，利用 uuid. hex 方式生成主键将提供最好的数据插入性能和数据平台适应性。
- uuid. string：与 uuid. hex 类似，只是对生成的主键进行编码(长度为 16 位)。在某些数据库中可能出现问题。
- foreign：使用外部表的字段作为主键。
- select：Hibernate 3 新引入的主键生成机制，主要针对遗留系统的改造工程。

由于常用的数据库，如 SQL Server、MySQL 等，都提供了易用的主键生成机制(如 auto-increase 字段)。可以在数据库提供的主键生成机制上，采用 generator class="native" 的主键生成方式。

(3) 属性、字段映射配置

属性、字段映射将映射类属性与库表字段相关联。

```
<property name="kcm" type="java.lang.String">
    <column name="KCM" length="12" />
</property>
```

name="kcm" 指定映像类中的属性名为 kcm，此属性将被映射到指定的库表字段 KCM。type="java. lang. String"指定映像字段的数据类型。column name="KCM"指定类的 kcm 属性映射 KCB 表中的 KCM 字段。

这样，就将 Kcb 类的 kcm 属性和库表 KCB 的 KCM 字段相关联。Hibernate 将把从 KCB 表中 KCM 字段读取的数据作为 Kcb 类的 kcm 属性值。同样在进行数据保存操作时，

Hibernate 将 Kcb 类的 kcm 属性写入 KCB 表的 KCM 字段中。

当然，表与表之间的关系会被映射成类与类之间的关系，这种关系的具体体现也会在该文件中配置，在后面的 Hibernate 关系映射章节中会具体介绍。

2. hibernate.cfg.xml 文件

该文件是 Hibernate 重要的配置文件，主要是配置 SessionFactory 类，其主要代码及解释如下：

```
<?xml version='1.0' encoding='UTF-8'?>
<!DOCTYPE hibernate-configuration PUBLIC
      "-//Hibernate/Hibernate Configuration DTD 3.0//EN"
      "http://www.hibernate.org/dtd/hibernate-configuration-3.0.dtd">
<!--Generated by MyEclipse Hibernate Tools. -->
<hibernate-configuration>
   <session-factory>
      <!--使用的数据库连接,我们创建的 mysql -->
      <property name="myeclipse.connection.profile">mysql</property>
      <!--SQL 方言,这里使用的是 MySQL -->
      <property name="dialect">
         org.hibernate.dialect.MySQLDialect
      </property>
      <!--数据库连接的密码,此处为自己数据库的登录口令 -->
      <property name="connection.password">njnu123456</property>
      <!--数据库连接的用户名,此处为自己数据库的用户名 -->
      <property name="connection.username">root</property>
      <!--数据库连接的 URL -->
      <property name="connection.url">
         jdbc:mysql://localhost:3306/xscj
      </property>
      <!--数据库 JDBC 驱动程序 -->
      <property name="connection.driver_class">
         com.mysql.jdbc.Driver
      </property>
      <!--表和类对应的映射文件,如果有多个,都要在这里注册 -->
      <mapping resource="org/model/Kcb.hbm.xml" />
   </session-factory>
</hibernate-configuration>
```

Hibernate 配置文件主要用于配置数据库连接和 Hibernate 运行时所需要的各种属性，配置文件一般默认为 hibernate.cfg.xml，Hibernate 初始化期间会自动在 CLASSPATH 中寻找这个文件，并读取其中的配置信息，为后期数据库操作做好准备。

3. HibernateSessionFactory

HibernateSessionFactory 类是自定义的 SessionFactory（名字可以根据自己的喜好来决定）。这里用的是 HibernateSessionFactory，其内容及解释如下：

```
package org.util;
import org.hibernate.HibernateException;
import org.hibernate.Session;
import org.hibernate.cfg.Configuration;
import org.hibernate.service.ServiceRegistry;
import org.hibernate.boot.MetadataSources;
import org.hibernate.boot.registry.StandardServiceRegistryBuilder;
/**
 * Configures and provides access to Hibernate sessions, tied to the
 * current thread of execution. Follows the Thread Local Session
 * pattern, see {@link http://hibernate.org/42.html }.
 */
public class HibernateSessionFactory {
    /**
     * Location of hibernate.cfg.xml file.
     * Location should be on the classpath as Hibernate uses
     * #resourceAsStream style lookup for its configuration file.
     * The default classpath location of the hibernate config file is
     * in the default package. Use #setConfigFile() to update
     * the location of the configuration file for the current session.
     */
    //创建一个线程局部变量对象
    private static final ThreadLocal<Session>threadLocal =new ThreadLocal
            <Session>();
    //定义一个静态的 SessionFactory 对象
    private static org.hibernate.SessionFactory sessionFactory;
    //创建一个静态的 Configuration 对象
    private static Configuration configuration =new Configuration();
    private static ServiceRegistry serviceRegistry;
    //根据配置得到 SessionFactory 对象
    static {
        try {
            //得到 configuration 对象
            //该句和上面创建的静态对象合起来即为如下语句
            configuration.configure();
            serviceRegistry =new StandardServiceRegistryBuilder().
                            configure().build();
            try {
                sessionFactory =new MetadataSources(serviceRegistry).
                                buildMetadata().buildSessionFactory();
            } catch (Exception e) {
                StandardServiceRegistryBuilder.destroy(serviceRegistry);
                e.printStackTrace();
            }
```

```
    } catch (Exception e) {
        System.err.println("%%%%Error Creating SessionFactory %%%%");
        e.printStackTrace();
    }
}
private HibernateSessionFactory() {
}
/**
 * Returns the ThreadLocal Session instance. Lazy initialize
 * the <code>SessionFactory</code>if needed.
 *
 * @return Session
 * @throws HibernateException
 */
//取得 Session 对象
public static Session getSession() throws HibernateException {
    Session session = (Session) threadLocal.get();
    if (session ==null || !session.isOpen()) {
        if (sessionFactory ==null) {
            rebuildSessionFactory();
        }
        session = (sessionFactory !=null) ? sessionFactory.openSession()
                : null;
        threadLocal.set(session);
    }
    return session;
}
/**
 * Rebuild hibernate session factory
 *
 */
//可以调用该方法重新创建 SessionFactory 对象
public static void rebuildSessionFactory() {
    try {
        configuration.configure();
        serviceRegistry =new StandardServiceRegistryBuilder().
                    configure().build();
        try {
            sessionFactory =new MetadataSources(serviceRegistry).
                    buildMetadata().buildSessionFactory();
        } catch (Exception e) {
            StandardServiceRegistryBuilder.destroy(serviceRegistry);
            e.printStackTrace();
        }
```

```
        } catch (Exception e) {
            System.err.println("%%%%Error Creating SessionFactory %%%%");
            e.printStackTrace();
        }
    }
    /**
     * Close the single hibernate session instance.
     *
     * @throws HibernateException
     */
    //关闭 Session
    public static void closeSession() throws HibernateException {
        Session session = (Session) threadLocal.get();
        threadLocal.set(null);
        if (session !=null) {
            session.close();
        }
    }
    /**
     * return session factory
     *
     */
    public static org.hibernate.SessionFactory getSessionFactory() {
        return sessionFactory;
    }
    /**
     * return hibernate configuration
     *
     */
    public static Configuration getConfiguration() {
        return configuration;
    }
}
```

在 Hibernate 中，Session 负责完成对象持久化操作。该文件负责创建以及关闭 Session 对象。从上段代码可以看出，Session 对象的创建大致需要以下 3 个步骤：

(1) 初始化 Hibernate 配置管理类 Configuration。

(2) 通过 Configuration 类实例创建 Session 的工厂类 SessionFactory。

(3) 通过 SessionFactory 得到 Session 实例。

6.2.3 Hibernate 核心接口

在项目中使用 Hibernate 框架，了解 Hibernate 的核心接口是非常关键的。Hibernate 核心接口一共有 5 个：Configuration、SessionFactory、Session、Transaction 和 Query。这 5

个接口在任何开发中都会用到。通过这些接口，不仅可以对持久化对象进行存取，还能够进行事务控制。下面详细介绍这些接口。

1. Configuration 接口

Configuration 负责管理 Hibernate 的配置信息。Hibernate 运行时需要一些底层实现的基本信息。这些信息包括：数据库 URL、数据库用户名、数据库用户密码、数据库 JDBC 驱动类、数据库 dialect。用于对特定数据库提供支持，其中包含了针对特定数据库特性的实现，如 Hibernate 数据库类型到特定数据库数据类型的映射等。

使用 Hibernate 必须首先提供这些基础信息以完成初始化工作，为后续操作做好准备。这些属性在 Hibernate 配置文件 hibernate. cfg. xml 中加以设定，当调用：

```
Configuration config=new Configuration().configure();
```

时，Hibernate 会自动在目录下搜索 hibernate. cfg. xml 文件，并将其读取到内存中作为后续操作的基础配置。

2. SessionFactory 接口

SessionFactory 负责创建 Session 实例，可以通过 Configuration 实例构建 SessionFactory。

```
Configuration config=new Configuration().configure();
SessionFactory sessionFactory=config.buildSessionFactory();
```

Configuration 实例 config 会根据当前的数据库配置信息，构造 SessionFactory 实例并返回。SessionFactory 一旦构造完毕，即被赋予特定的配置信息。也就是说，之后 config 的任何变更将不会影响到已经创建的 SessionFactory 实例 sessionFactory。如果需要使用基于变更后的 config 实例的 SessionFactory，需要从 config 重新构建一个 SessionFactory 实例。同样，如果应用中需要访问多个数据库，针对每个数据库，应分别对其创建对应的 SessionFactory 实例。

SessionFactory 保存了对应当前数据库配置的所有映射关系，同时也负责维护当前的二级数据缓存和 Statement Pool。由此可见，SessionFactory 的创建过程非常复杂，代价高昂。这也意味着，在系统设计中充分考虑到 SessionFactory 的重用策略。由于 SessionFactory 采用了线程安全的设计，可由多个线程并发调用。大多数情况下，应用中针对一个数据库共享一个 SessionFactory 实例即可。

3. Session 接口

Session 是 Hibernate 持久化操作的基础，提供了众多持久化方法，如 save、update、delete 等。通过这些方法，透明地完成对象的增加、删除、修改、查找等操作。

同时，值得注意的是，Hibernate Session 的设计是非线程安全的，即一个 Session 实例同时只可由一个线程使用。同一个 Session 实例的多线程并发调用将导致难以预知的错误。Session 实例由 SessionFactory 构建：

```
Configuration config=new Configuration().configure();
SessionFactory sessionFactory=config.buldSessionFactory();
Session session=sessionFactory.openSession();
```

之后可以调用 Session 提供的 save、get、delete 等方法完成持久层操作。

4. Transaction 接口

Transaction 是 Hibernate 中进行事务操作的接口，Transaction 接口是对实际事务实现的一个抽象，这些实现包括 JDBC 的事务、JTA 中的 UserTransaction，甚至可以是 CORBA 事务。之所以这样设计是可以让开发者能够使用一个统一的操作界面，使得自己的项目可以在不同的环境和容器之间方便地移植。事务对象通过 Session 创建。例如以下语句：

```
Transaction ts=session.beginTransaction();
```

5. Query 接口

Hibernate 5.x 的 Query 接口用于执行 HQL 语句。

```
Query query=session.createQuery("from Kcb where kch=198");
```

上面的语句中查询条件的值 198 是直接给出的，如果没有给出，而是设为参数，就要用 Query 接口中的方法来完成。例如以下语句：

```
Query query=session.createQuery("from Kcb where kch=?");
```

就要在后面设置其值：

```
Query.setString(0, "要设置的值");
```

上面的方法是通过“?”来设置参数，还可以用“:”后跟变量的方法来设置参数，如上例可以改为：

```
Query query=session.createQuery("from Kcb where kch=:kchValue");
Query.setString("kchValue","要设置的课程号值");
```

由于上例中的 kch 为 String 类型，所以设置的时候用 setString(…)，如果是 int 型就要用 setInt(…)。还有一种通用的设置方法，就是 setParameter()方法，不管是什么类型的参数都可以应用。其使用方法是相同的，例如：

```
Query.setParameter(0, "要设置的值");
```

Query 还有一个 list()方法，用于取得一个 List 集合的示例，此示例中可能是一个 Object 集合，也可能是 Object 数组集合。例如：

```
Query query=session.createQuery("from Kcb where kch=198");
List list=query.list();
```

当然，由于该例中课程号是主键，只能查出一条记录，所以 List 集合中只能有一条记录。但如果是根据其他条件，就有可能查出很多条记录，这样 List 集合中的每个对象都是一条记录。

6.2.4 HQL 查询

HQL 是 Hibernate Query Language 的缩写。HQL 的语法很像 SQL，但 HQL 是一种面向对象的查询语言。SQL 的操作对象是数据表和列等数据对象，而 HQL 的操作对象是类、实例、属性等。HQL 的查询依赖于 Query 类，每个 Query 实例对应一个查询对象。上面的例子中：

```
Query query=session.createQuery("from Kcb where kch=198");
```

createQuery 方法中的字符串是 HQL 语句，其赋值方法在 6.2.3 节的 Query 接口中已经详细介绍了。下面介绍 HQL 的几种常用的查询方式。

1. 基本查询

基本查询是 HQL 中最简单的一种查询方式。下面以课程信息为例说明几种查询情况。

(1) 查询所有课程信息

```
…
Session session=HibernateSessionFactory.getSession();
Transaction ts=session.beginTransaction();
Query query=session.createQuery("from Kcb");
List list=query.list();
ts.commit();
HibernateSessionFactory.closeSession();
…
```

执行上面的代码片段，得到一个 List 对象，可遍历该对象得出每条课程信息。

(2) 查询某门课程信息

```
…
Session session=HibernateSessionFactory.getSession();
Transaction ts=session.beginTransaction();
//查询一门学时最长的课程
Query query=session.createQuery("from Kcb order by xs desc");
query.setMaxResults(1);              //设置最大检索数目为 1
//装载单个对象
Kcb kc= (Kcb)query.uniqueResult();
ts.commit();
HibernateSessionFactory.closeSession();
…
```

执行上面的代码片段，得到单个对象 kc。

(3) 查询满足条件的课程信息

```
…
Session session=HibernateSessionFactory.getSession();
Transaction ts=session.beginTransaction();
//查询课程号为 001 的课程信息
Query query=session.createQuery("from Kcb where kch=001");
List list=query.list();
ts.commit();
HibernateSessionFactory.closeSession();
…
```

执行上面的代码片段,遍历 List 对象,查询所有满足条件的课程信息。

2. 条件查询

HQL 条件查询可根据程序员指定的查询条件来进行查询,提高了 HQL 查询的灵活性,满足各种复杂的查询情况。查询的条件有几种情况,下面举例说明。

(1) 按指定参数查询

```
…
Session session=HibernateSessionFactory.getSession();
Transaction ts=session.beginTransaction();
//查询课程名为"计算机基础"的课程信息
Query query=session.createQuery("from Kcb where kcm=?");
query.setParameter(0, "计算机基础");
List list=query.list();
ts.commit();
HibernateSessionFactory.closeSession();
…
```

执行上面的代码片段,得到所有符合条件的 List 集合。

(2) 使用范围运算查询

```
…
Session session=HibernateSessionFactory.getSession();
Transaction ts=session.beginTransaction();
//查询这样的课程信息,课程名为"计算机基础"或"数据结构",且学时为 40~60
Query query=session.createQuery("from Kcb where (xs between 40 and 60) and kcm
in('计算机基础','数据结构')");
List list=query.list();
ts.commit();
HibernateSessionFactory.closeSession();
…
```

执行上面的代码片段,得到符合条件的课程的 List 集合。

（3）使用比较运算符查询

```
…
Session session=HibernateSessionFactory.getSession();
Transaction ts=session.beginTransaction();
//查询学时大于 51 且课程名不为空的课程信息
Query query=session.createQuery("from Kcb where xs>51 and kcm is not null");
List list=query.list();
ts.commit();
HibernateSessionFactory.closeSession();
…
```

执行上面的代码片段，得到符合条件的课程的 List 集合。

（4）使用字符串匹配运算查询

```
…
Session session=HibernateSessionFactory.getSession();
Transaction ts=session.beginTransaction();
//查询课程号中包含"001"字符串且课程名前面三个字为"计算机"的所有课程信息
Query query=session.createQuery("from Kcb where kch like '%001%' and kcm like
'计算机%'");
List list=query.list();
ts.commit();
HibernateSessionFactory.closeSession();
…
```

执行上面的代码片段，得到符合条件的课程的 List 集合。

3. 分页查询

在页面上显示查询结果时，如果数据太多，一个页面无法全部展示，这时务必要对查询结果进行分页显示。为了满足分页查询的需要，Hibernate 的 Query 实例提供了两个有用的方法：setFirstResult（int firstResult）和 setMaxResults（int maxResult）。其中 setFirstResult(int firstResult)方法用于指定从哪一个对象开始查询（序号从 0 开始），默认为第 1 个对象，也就是序号 0。SetMaxResults(int maxResult)方法用于指定一次最多查询出的对象的数目，默认为所有对象。如下面的代码片段：

```
…
Session session=HibernateSessionFactory.getSession();
Transaction ts=session.beginTransaction();
Query query=session.createQuery("from Kcb");
int pageNow=1;                                  //想要显示第几页
int pageSize=5;                                 //每页显示的条数
query.setFirstResult((pageNow-1)*pageSize);     //指定从哪一个对象开始查询
query.setMaxResults(pageSize);                  //指定最大的对象数目
List list=query.list();
```

```
ts.commit();
HibernateSessionFactory.closeSession();
...
```

通常情况下,pageNow 会作为一个参数传进来,这样就可以得到想要显示的页数的结果集了。

相关的查询方式还有一些,感兴趣的读者可以参考书籍学习,这里就不再一一列举了。

6.3 Hibernate 关系映射

Hibernate 关系映射的主要任务是实现数据库关系表与持久化类之间的映射。本节主要讲述 Hibernate 关系映射的几种关联关系。

6.3.1 一对一关联

Hibernate 有两种映射实体一对一关联关系的实现方式:共享主键方式和唯一外键方式。共享主键方式就是限制两个数据表的主键使用相同的值,通过主键形成一对一映射关系。唯一外键方式则是一个表的外键和另一个表的唯一主键对应形成一对一映射关系,这种一对一的关系其实就是多对一关联关系的一种特殊情况而已。下面分别介绍。

1. 共享主键方式

在注册某个论坛会员的时候,往往不但要填写登录账号和密码,还要填写其他的详细信息,这两部分信息通常会放在不同的表中,如表 6.1 和表 6.2 所示。

表 6.1 登录表 login

字段名称	数据类型	主键	自增	允许为空	描述
ID	int	是			ID 号
USERNAME	varchar(20)				登录账号
PASSWORD	varchar(20)				登录密码

表 6.2 详细信息表 detail

字段名称	数据类型	主键	自增	允许为空	描述
ID	int(4)	是	增 1		ID 号
TRUENAME	varchar(8)			是	真实姓名
EMAIL	varchar(50)			是	电子邮件

登录表和详细信息表属于典型的一对一关联关系,可按共享主键方式进行,步骤如下:

(1) 创建 Java 项目,命名为 Hibernate_mapping。

(2) 添加 Hibernate 开发能力,步骤同 6.2.1 节第 3 步。HibernateSessionFactory 类同样位于 org.util 包下。

(3) 生成数据库表对应的 Java 类对象和映射文件,步骤同 6.2.1 节第 4 步。

经过上面的操作，虽然 MyEclipse 自动生成了 Login. java、Detail. java、Login. hbm. xml 和 Detail. hbm. xml 共 4 个文件，但两表之间并未自动建立一对一关联，仍需要用户修改代码和配置，手动建立表之间的关联。具体的修改内容如下，并在源文件代码中以加黑标识。

修改 login 表对应的 POJO 类 Login. java：

```
package org.model;
/**
 * Login entity. @author MyEclipse Persistence Tools
 */
public class Login implements java.io.Serializable {
    //Fields
    private Integer id;
    private String username;
    private String password;
    private Detail detail;                  //添加属性字段(详细信息)
    //Constructors
    /** default constructor */
    public Login() {
    }
    /** full constructor */
    public Login(Integer id, String username, String password, Detail detail) {
        this.id =id;
        this.username =username;
        this.password =password;
        this.detail =detail;                //完善构造函数
    }
    //Property accessors
    public Integer getId() {
        return this.id;
    }
    public void setId(Integer id) {
        this.id =id;
    }

    public String getUsername() {
        return this.username;
    }
    public void setUsername(String username) {
        this.username =username;
    }

    public String getPassword() {
        return this.password;
    }
```

```
    public void setPassword(String password) {
        this.password =password;
    }

    //增加 detail 属性的 getter/setter 方法
    public Detail getDetail() {
        return this.detail;
    }
    public void setDetail(Detail detail) {
        this.detail =detail;
    }
}
```

修改 detail 表对应的 Detail. java：

```
package org.model;
/**
 * Detail entity. @author MyEclipse Persistence Tools
 */
public class Detail implements java.io.Serializable {
    //Fields
    private Integer id;
    private String truename;
    private String email;
    private Login login;                          //添加属性字段(登录信息)
    //Constructors
    /** default constructor */
    public Detail() {
    }
    /** full constructor */
    public Detail(Integer id, String truename, String email, Login login) {
        this.id =id;
        this.truename =truename;
        this.email =email;
        this.login =login;          //完善构造函数
    }
    //Property accessors
    //原有属性(id/ truename/email)的 getter/setter 方法
    ...
    //增加 login 属性的 getter/setter 方法
    public Login getLogin() {
        return this.login;
    }
    public void setLogin(Login login) {
```

```
        this.login =login;
    }
}
```

修改 login 表与 Login 类的 ORM 映射文件 Login. hbm. xml：

```
<?xml version="1.0" encoding="utf-8"?>
<!DOCTYPE hibernate-mapping PUBLIC "-//Hibernate/Hibernate Mapping DTD 3.0//EN"
"http://www.hibernate.org/dtd/hibernate-mapping-3.0.dtd">
<!--
    Mapping file autogenerated by MyEclipse Persistence Tools
-->
<hibernate-mapping>
    <class name="org.model.Login" table="login" catalog="xscj">
        <id name="id" type="java.lang.Integer">
            <column name="ID" />
        <!--采用 foreign 标志生成器,直接采用外键的属性值,达到共享主键的目的-->
            <generator class="foreign">
                <param name="property">detail</param>
            </generator>
        </id>
        <property name="username" type="java.lang.String">
            <column name="USERNAME" length="20" not-null="true" />
        </property>
        <property name="password" type="java.lang.String">
            <column name="PASSWORD" length="20" not-null="true" />
        </property>
        <!--name 表示属性名字,class 表示被关联的类的名字,
            constrained="true"表明当前的主键上存在一个外键约束-->
        <one-to-one name="detail" class="org.model.Detail" constrained="true"/>
    </class>
</hibernate-mapping>
```

修改 detail 表与 Detail 类的 ORM 映射文件 Detail. hbm. xml：

```
<?xml version="1.0" encoding="utf-8"?>
<!DOCTYPE hibernate-mapping PUBLIC "-//Hibernate/Hibernate Mapping DTD 3.0//EN"
"http://www.hibernate.org/dtd/hibernate-mapping-3.0.dtd">
<!--
    Mapping file autogenerated by MyEclipse Persistence Tools
-->
<hibernate-mapping>
    <class name="org.model.Detail" table="detail" catalog="xscj">
        <id name="id" type="java.lang.Integer">
            <column name="ID" />
```

```
            <generator class="identity" />
        </id>
        <property name="truename" type="java.lang.String">
            <column name="TRUENAME" length="8" />
        </property>
        <property name="email" type="java.lang.String">
            <column name="EMAIL" length="50" />
        </property>
    <!--name 表示属性名字,class 表示被关联的类的名字,cascade="all"表明主控类的所
    有操作对关联类也执行同样操作,lazy="false"表示此关联为立即加载-->
            <one-to-one name="login" class="org.model.Login" cascade="all"
                lazy="false"/>
    </class>
</hibernate-mapping>
```

(4) 在 hibernate.cfg.xml 文件中加入配置映射文件的语句。

```
<mapping resource="org/model/Login.hbm.xml" />
<mapping resource="org/model/Detail.hbm.xml" />
```

(5) 创建测试类。

在 src 文件夹下创建包 test,在该包下建立测试类,命名为 Test.java,其代码如下:

```
package test;
import java.util.List;
import org.hibernate.Query;
import org.hibernate.Session;
import org.hibernate.Transaction;
import org.model.*;
import org.util.HibernateSessionFactory;
import java.sql.*;
public class Test {
    public static void main(String[] args) {
        //调用 HibernateSessionFactory 的 getSession 方法创建 Session 对象
        Session session=HibernateSessionFactory.getSession();
        //创建事务对象
        Transaction ts=session.beginTransaction();
        Detail detail=new Detail();
        Login login=new Login();
        login.setUsername("yanhong");
        login.setPassword("123");
        detail.setTruename("严红");
        detail.setEmail("yanhong@126.com");
        //相互设置关联
        login.setDetail(detail);
```

```
        detail.setLogin(login);
        //这样完成后就可以通过 Session 对象调用 session.save(detail)来持久化该对象
        session.save(detail);
        ts.commit();
        HibernateSessionFactory.closeSession();
    }
}
```

（6）运行程序，测试结果。

该程序为 Java Application，可以直接运行。在完全没有操作数据库的情况下，程序就完成了对数据的插入。插入数据后，Login 表和 Detail 表的内容如图 6.13 和图 6.14 所示。

图 6.13　login 表

图 6.14　detail 表

2. 唯一外键方式

唯一外键的情况很多，例如，每个人对应一个房间。其实在很多情况下，可以是几个人住在同一个房间里面，就是多对一的关系。但是如果把这个多变成唯一，也就是说让一个人住一个房间，就变成了一对一的关系了，可见前面说的一对一的关系其实是多对一关联关系的一种特殊情况。对应的 Person 表和 Room 表如表 6.3 和表 6.4 所示。

表 6.3　Person 表

字段名称	数据类型	主　键	自　增	允许为空	描　述
Id	int	是	增 1		ID 号
name	varchar(20)				姓名
room_id	int			是	房间号

注意：这里的 room_id 设为外键。

表 6.4　Room 表

字段名称	数据类型	主　键	自　增	允许为空	描　述
id	int	是	增 1		ID 号
address	varchar(100)				地址

步骤如下：

（1）用前面介绍的反向工程方法，在项目 Hibernate_mapping 的 org.model 包下生成数据库表对应的 Java 类对象和映射文件，然后按照如下的方法修改。

修改 Person 表对应的 POJO 类 Person.java：

```
package org.model;
/**
 * Person entity. @author MyEclipse Persistence Tools
 */
public class Person implements java.io.Serializable {
    //Fields
    private Integer id;
    private String name;
    //private Integer roomId;        //注释掉外键 roomId 属性,其对应的 getter/setter
                                     //方法也要删除
    private Room room;               //增加 room 属性
    //Constructors
    ...
    /** full constructor */
    public Person(Integer id, String name, Room room) {
        this.id =id;
        this.name =name;
        this.room =room;             //修改构造函数
    }
    //Property accessors
    ...
    //增加 room 属性的 getter/setter 方法
    public Room getRoom() {
        return this.room;
    }
    public void setRoom(Room room) {
        this.room =room;
    }
}
```

修改 Room 表对应的 POJO 类 Room.java：

```
package org.model;
/**
 * Room entity. @author MyEclipse Persistence Tools
 */
public class Room implements java.io.Serializable {
    //Fields
    private Integer id;
    private String address;
    private Person person;
    //Constructors
    ...
    /** full constructor */
    public Room(Integer id, String address, Person person) {
```

```
        this.id =id;
        this.address =address;
        this.person =person;
    }
    //Property accessors
    …
    public Person getPerson() {
        return this.person;
    }
    public void setPerson(Person person) {
        this.person =person;
    }
}
```

修改 Person 表与 Person 类的 ORM 映射文件 Person. hbm. xml：

```
<?xml version="1.0" encoding="utf-8"?>
<!DOCTYPE hibernate-mapping PUBLIC "-//Hibernate/Hibernate Mapping DTD 3.0//EN"
"http://www.hibernate.org/dtd/hibernate-mapping-3.0.dtd">
<!--
    Mapping file autogenerated by MyEclipse Persistence Tools
-->
<hibernate-mapping>
    <class name="org.model.Person" table="person" catalog="xscj">
        <id name="id" type="java.lang.Integer">
            <column name="Id" />
            <generator class="native" />
        </id>
        <property name="name" type="java.lang.String">
            <column name="name" length="20" not-null="true" />
        </property>
        <many-to-one name="room"        //属性名称
            column="room_id"            //充当外键的字段名
            class="org.model.Room"      //被关联的类的名称
            cascade="all"               //主控类所有操作,对关联类也执行同样操作
            unique="true"/>             //唯一性约束,实现一对一
    </class>
</hibernate-mapping>
```

修改 Room 表与 Room 类的 ORM 映射文件 Room. hbm. xml：

```
<?xml version="1.0" encoding="utf-8"?>
<!DOCTYPE hibernate-mapping PUBLIC "-//Hibernate/Hibernate Mapping DTD 3.0//EN"
"http://www.hibernate.org/dtd/hibernate-mapping-3.0.dtd">
<!--
```

```
    Mapping file autogenerated by MyEclipse Persistence Tools
-->
<hibernate-mapping>
    <class name="org.model.Room" table="room" catalog="xscj">
        <id name="id" type="java.lang.Integer">
            <column name="id" />
            <generator class="native" />
        </id>
        <property name="address" type="java.lang.String">
            <column name="address" length="100" not-null="true" />
        </property>
        <one-to-one name="person"                 //属性名
                class="org.model.Person"          //被关联的类的名称
                property-ref="room"/>             //指定关联类的属性名
    </class>
</hibernate-mapping>
```

(2) 在 hibernate. cfg. xml 文件中加入如下的配置映射文件的语句。

```
<mapping resource="org/model/Person.hbm.xml" />
<mapping resource="org/model/Room.hbm.xml" />
```

(3) 编写测试代码。

在 src 文件夹下的包 test 的 Test 类中加入如下代码：

```
...
Person person=new Person();
person.setName("liumin");
Room room=new Room();
room.setAddress("NJ-S1-328");
person.setRoom(room);
session.save(person);
...
```

(4) 运行程序，测试结果。

该程序为 Java Application，可以直接运行。插入数据后，Person 表和 Room 表的内容如图 6.15 和图 6.16 所示。

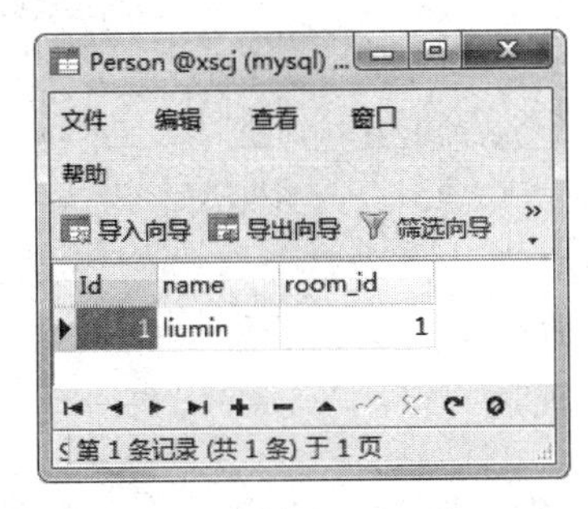

图 6.15　Person 表

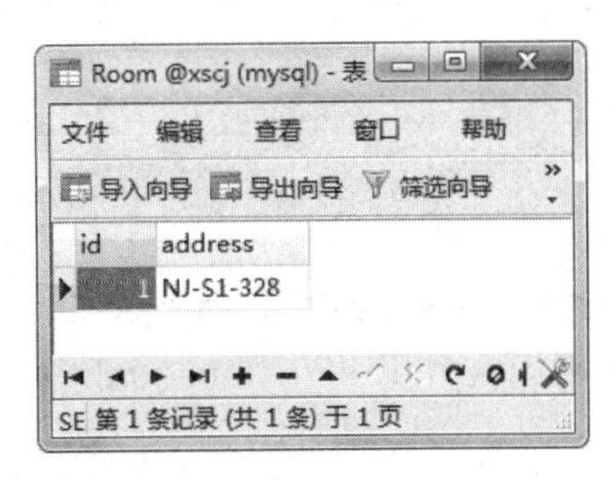

图 6.16　Room 表

6.3.2 多对一单向关联

其实多对一的关联在讲一对一关联的唯一外键关联中已经体现了，只是在唯一外键关联中，把多的一边确定了唯一性，就变成了一对一。只要把上例中的一对一的唯一外键关联实例稍微修改就可以变成多对一，步骤如下：

(1) 仍以项目 Hibernate_mapping 为基础，其对应表不变。

Person. hbm. xml 文件修改为：

```
<?xml version="1.0" encoding="utf-8"?>
…
<hibernate-mapping>
    <class name="org.model.Person" table="person" catalog="xscj">
        …
        <many-to-one name="room" column="room_id" class="org.model.Room"
                cascade="all"/>
    </class>
</hibernate-mapping>
```

对比上例，大家会发现加黑的一行去掉了 unique="true"。

Room 表对应的 POJO 类修改如下：

```
package org.model;
…
public class Room implements java.io.Serializable {
    //Fields
    private Integer id;
    private String address;
    //private Person person;
    //Constructors
    …
    /** full constructor */
    public Room(Integer id, String address) {
        this.id =id;
        this.address =address;
        //this.person =person;
    }
    //Property accessors
    …
}
```

加黑部分为**注释掉**的代码，即删去了 person 属性及其 getter/setter 方法。

最后，在映射文件 Room. hbm. xml 中删去下面这一行：

```
<one-to-one name="person" class="org.model.Person" property-ref="room"/>
```

注意：因为是单向的多对一，所以无须在“一”的一边指明“多”的一边，这种情况也很容易理解。例如，学生和老师是多对一的关系，让学生记住一个老师是很容易的事情，但如果让老师记住所有学生相对来说就困难多了。

(2) 编写测试代码。

在 src 文件夹下的包 test 的 Test 类中加入如下代码：

```
...
Room room=new Room();
room.setAddress("NJ-S1-328");
Person person=new Person();
person.setName("liuyanmin");
person.setRoom(room);
session.save(person);
...
```

在该例中，如果得到 Session 对象后调用 Session 的 save 方法来完成 person 对象的插入，那么在插入的同时 Room 对象也被插入到数据库中。但是反过来，若直接插入一个 Room 对象，则对 Person 没有任何影响。

(3) 运行程序，测试结果。

插入数据后，Person 表和 Room 表的内容分别如图 6.17 和图 6.18 所示。

图 6.17　Person 表

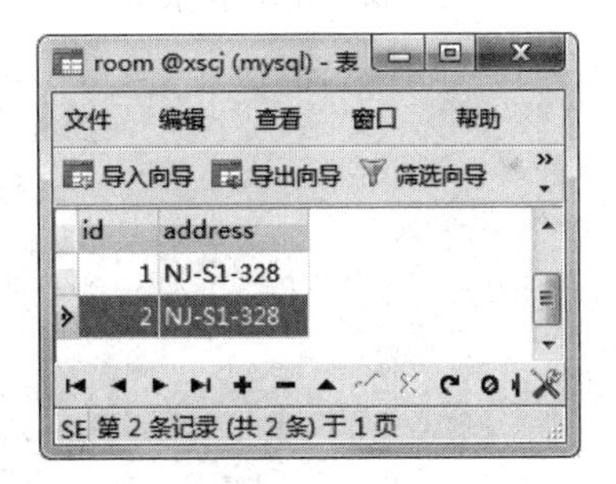

图 6.18　Room 表

6.3.3　一对多双向关联

其实在上面的例子中，多对一单向关联是从“多”的一方控制“一”的一方，也就是说从“多”的一方可以知道“一”的一方，但从“一”的一方不知道“多”的一方。如果再让“一”的一方也知道“多”的一方，那么就变成了双向一对多(或多对一)关联。下面通过修改 6.3.2 节的例子来完成双向多对一，步骤如下：

(1) 修改 POJO 类对象和映射文件

Person 表对应的 POJO 及其映射文件不用改变，只要修改 Room 表对应的 POJO 类及其映射文件即可。

Room.java 修改如下(加黑代码为改动的部分)：

```
package org.model;
import java.util.HashSet;                    //导入用于集合操作的 Jar 包
import java.util.Set;
...
public class Room implements java.io.Serializable {
    //Fields
    private Integer id;
    private String address;
    private Set person =new HashSet();    //定义集合,存放多个 Person 对象
    //Constructors
    ...
    //Property accessors
    ...
    public Set getPerson() {                   //Person 集合的 getter/setter 方法
        return person;
    }
    public void setPerson(Set person) {
        this.person =person;
    }
}
```

映射文件 Room. hbm. xml 中添加<set></set>属性：

```
<?xml version="1.0" encoding="utf-8"?>
...
<hibernate-mapping>
    <class name="org.model.Room" table="room" catalog="xscj">
        ...
        <set name="person" inverse="false" cascade="all">
                                              //此属性为 Set 类型,由 name 指定属性名
            <key column="room_id" />          //充当外键的字段名
            <one-to-many class="org.model.Person" />     //被关联的类名字
        </set>
    </class>
</hibernate-mapping>
```

上面的配置文件中，inverse 表示关联关系的维护工作由谁来负责，默认 false，表示由主控方负责；true 表示由被控方负责。由于该例是双向操作，故需要设为 false，也可不写。

cascade 配置的是级联程度，它有以下几种取值。

- all：表示所有操作。在关联层级上进行连锁操作。
- save-update：表示只有 save 和 update 操作进行连锁操作。
- delete：表示只有 delete 操作进行连锁操作。
- all-delete-orphan：在删除当前持久化对象时，它相当于 delete；在保存或更新当前持久化对象时，它相当于 save-update。另外它还可以删除与当前持久化对象断开关

联关系的其他持久化对象。

(2) 编写测试代码。

在 src 文件夹下的包 test 的 Test 类中加入如下代码：

```
…
Person person1=new Person();
Person person2=new Person();
Room room=new Room();
room.setAddress("NJ-S1-328");
person1.setName("李方方");
person2.setName("王艳");
person1.setRoom(room);
person2.setRoom(room);
session.save(person1);
session.save(person2);
…
```

(3) 运行程序，测试结果。

插入数据后，Person 表和 Room 表的内容如图 6.19 和图 6.20 所示。

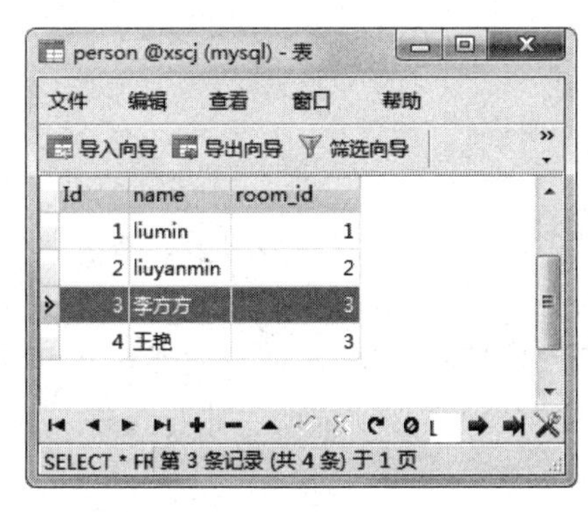

图 6.19 Person 表

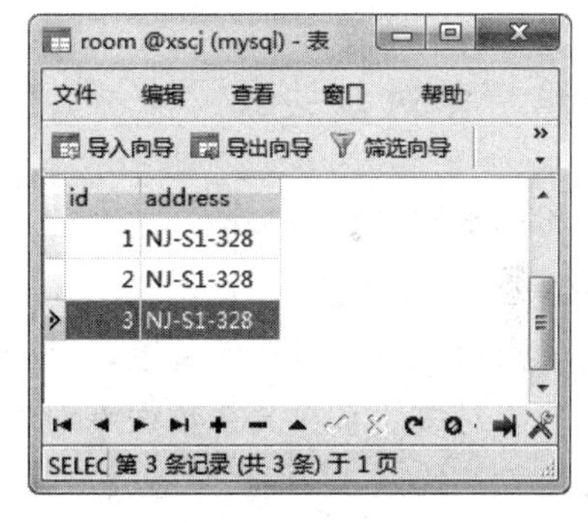

图 6.20 Room 表

既然操作是双向的，当然也可以从 Room 的一方来保存 Person，在 Test.java 中加入如下代码：

```
…
Person person1=new Person();
Person person2=new Person();
Room room=new Room();
person1.setName("李方方");
person2.setName("王艳");
Set persons=new HashSet();
persons.add(person1);
persons.add(person2);
room.setAddress("NJ-S1-328");
```

```
room.setPerson(persons);
session.save(room);
…
```

通过 Session 对象调用 session.save(room)会自动保存 person1 和 person2。再次运行程序后，Person 表和 Room 表的内容变为如图 6.21 和图 6.22 所示。

图 6.21　Person 表

图 6.22　Room 表

6.3.4　多对多关联

多对多关系可以分为两种，一种是单向多对多，另一种是双向多对多。

1. 多对多单向关联

学生和课程就是多对多的关系，一个学生可以选择多门课程，而一门课程又可以被多个学生选择。多对多关系在关系数据库中不能直接实现，还必须依赖一张连接表。如表 6.5、表 6.6 和表 6.7 所示。

表 6.5　学生表 student

字段名称	数据类型	主键	自增	允许为空	描述
ID	int	是	增 1		ID 号
SNUMBER	varchar(10)				学号
SNAME	varchar(10)			是	姓名
SAGE	int			是	年龄

表 6.6　课程表 course

字段名称	数据类型	主键	自增	允许为空	描述
ID	int	是	增 1		ID 号
CNUMBER	varchar(10)				课程号
CNAME	varchar(20)			是	课程名

表 6.7　连接表 stu_cour

字段名称	数据类型	主　键	自　增	允许为空	描　述
SID	int	是			学生 ID 号
CID	int	是			课程 ID 号

由于是单向的，也就是说从一方可以知道另一方，反之不行。这里以从学生知道选择了哪些课程为例实现多对多单向关联，步骤如下：

(1) 用反向工程方法在项目 Hibernate_mapping 的 org.model 包下生成 student 和 course 这两个表的 POJO 对象和映射文件。然后对系统自动生成的源文件和配置文件进行修改，以下为具体的修改方法，修改处加黑显示。

student 表对应的 POJO 类修改如下：

```
package org.model;
import java.util.HashSet;
import java.util.Set;
…
public class Student implements java.io.Serializable {
    //Fields
    private Integer id;
    private String snumber;
    private String sname;
    private Integer sage;
    private Set courses =new HashSet();
    //Constructors
    …
    //Property accessors
    …
    public Set getCourses() {
        return courses;
    }
    public void setCourses(Set courses) {
        this.courses =courses;
    }
}
```

student 表与 Student 类的 ORM 映射文件 Student.hbm.xml 如下：

```
<?xml version="1.0" encoding="utf-8"?>
…
<hibernate-mapping>
    <class name="org.model.Student" table="student" catalog="xscj">
        <id name="id" type="java.lang.Integer">
            <column name="ID" />
            <generator class="identity" />
```

```
        </id>
        …
        <set name="courses" table="stu_cour" lazy="true" cascade="all">
            <key column="SID"></key>            //指定参照 student 表的外键名称
            <many-to-many class="org.model.Course"  //被关联的类的名称
                        column="CID"/>          //指定参照 course 表的外键名称
        </set>
    </class>
</hibernate-mapping>
```

其中，<set>标签中 table＝"stu_cour"连接表的名称；lazy＝"true"表示此关联为延迟加载，所谓延迟加载就是到了用的时候才进行加载，避免大量暂时无用的关系对象。

course 表对应的 POJO 不变，而它与 Course 类的 ORM 映射文件 Course. hbm. xml 仅做一些小的修改：

```
<?xml version="1.0" encoding="utf-8"?>
…
<hibernate-mapping>
    <class name="org.model.Course" table="course" catalog="xscj">
        <id name="id" type="java.lang.Integer">
            <column name="ID" />
            <generator class="identity" />
        </id>
        …
    </class>
</hibernate-mapping>
```

（2）在 hibernate. cfg. xml 文件中加入如下的配置映射文件的语句：

```
<mapping resource="org/model/Student.hbm.xml" />
<mapping resource="org/model/Course.hbm.xml" />
```

（3）编写测试代码。

在 src 文件夹下的包 test 的 Test 类中加入如下代码：

```
…
Course cour1=new Course();
Course cour2=new Course();
Course cour3=new Course();
cour1.setCnumber("101");
cour1.setCname("计算机基础");
cour2.setCnumber("102");
cour2.setCname("数据库原理");
cour3.setCnumber("103");
cour3.setCname("计算机原理");
```

```
Set courses=new HashSet();
courses.add(cour1);
courses.add(cour2);
courses.add(cour3);
Student stu=new Student();
stu.setSnumber("171101");
stu.setSname("李方方");
stu.setSage(21);
stu.setCourses(courses);
session.save(stu);          //完成持久化
...
```

在向 student 表插入学生信息的时候，也会往 course 表插入课程信息，并向连接表中插入二者的关联信息。

（4）运行程序，测试结果。

运行后，student 表、course 表及连接表 stu_cour 的内容分别如图 6.23、图 6.24 和图 6.25 所示。

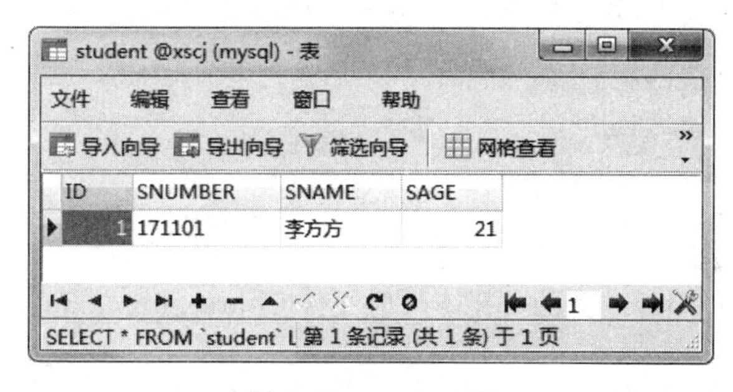

图 6.23　student 表

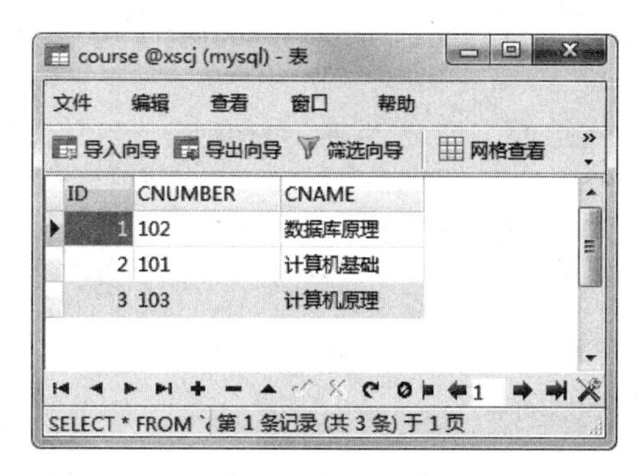

图 6.24　course 表

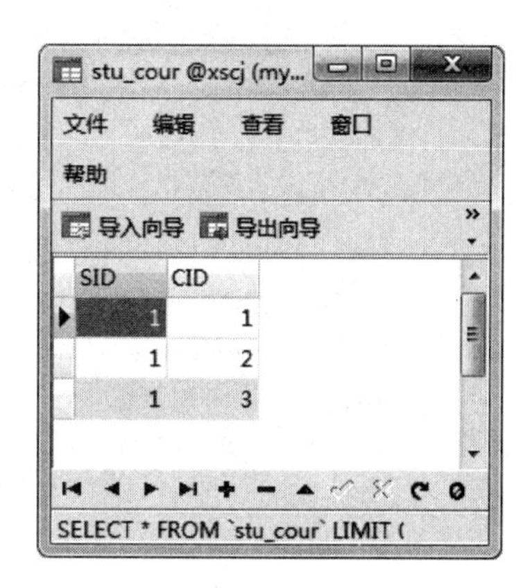

图 6.25　stu_cour 表

2. 多对多双向关联

学会多对多单向关联后，只要同时实现两个互逆的多对多单向关联便可轻而易举地实现多对多双向关联。

在上例的基础上，将 Course 表所对应的 POJO 对象修改成如下代码：

```
package org.model;
import java.util.HashSet;
import java.util.Set;
…
public class Course implements java.io.Serializable {
    //Fields
    private Integer id;
    private String cnumber;
    private String cname;
    private Set stus =new HashSet();
    //Constructors
    …
    //Property accessors
    …
    public Set getStus() {
        return stus;
    }
    public void setStus(Set stus) {
        this.stus =stus;
    }
}
```

修改 Course 表与 Course 类的 ORM 映射文件 Course.hbm.xml：

```
<?xml version="1.0" encoding="utf-8"?>
…
<hibernate-mapping>
    <class name="org.model.Course" table="course" catalog="xscj">
        …
        <set name="stus" table="stu_cour" lazy="true" cascade="all">
            <key column="CID"></key>              //指定参照 course 表的外键名称
            <many-to-many class="org.model.Student"    //被关联的类名
                 column="SID"/>                   //指定参照 student 表的外键名称
        </set>
    </class>
</hibernate-mapping>
```

实际用法和单向关联用法相同，只是主控方不同而已，这里就不再列举了。而且双向关联的操作可以是双向的，也就是说可以从任意一方操作。运行程序，运行结果与单向关联的结果相同。

6.4 Hibernate 与 Struts 2 整合应用实例

6.4.1 整合原理

1. DAO 模式

DAO 是 Data Access Object 数据访问接口，既然是对数据的访问，顾名思义就是与数据库打交道。

为了建立一个健壮的 Java EE 应用，应该将所有对数据源的访问操作抽象封装在一个公共 API 中。用程序设计的语言来说，就是建立一个接口，接口中定义了此应用程序中将会用到的所有事务方法。在这个应用程序中，当需要和数据源进行交互的时候则使用这个接口，并且编写一个单独的类来实现这个接口在逻辑上对应这个特定的数据存储，这就是 **DAO 模式**。

图 6.26 表示 DAO 模式中各种关系的类图，其中 DAO 充当组件和数据源之间的适配器。

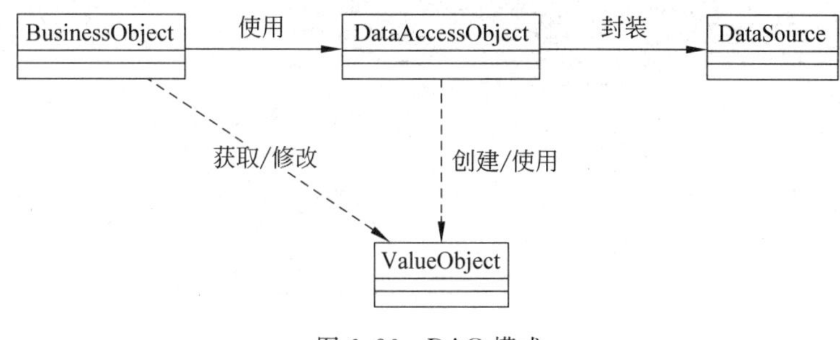

图 6.26　DAO 模式

所以开发一个项目，就要创建其实体的 DAO 层组件，供 Struts 2 的 Action 类调用来处理事务。

2. Struts 2+Hibernate 组合

在正规的开发中应该有一个业务逻辑层，来处理用户的业务逻辑。相对 Struts 2+JDBC 而言，以 Hibernate 技术的优势取代 JDBC 的地位，得到 Struts 2＋Hibernate 组合架构如图 6.27 所示。前面已经介绍了 Struts 2 及 Hibernate 框架，本节将用学生选课系统这个实例来实现上图的整合架构。

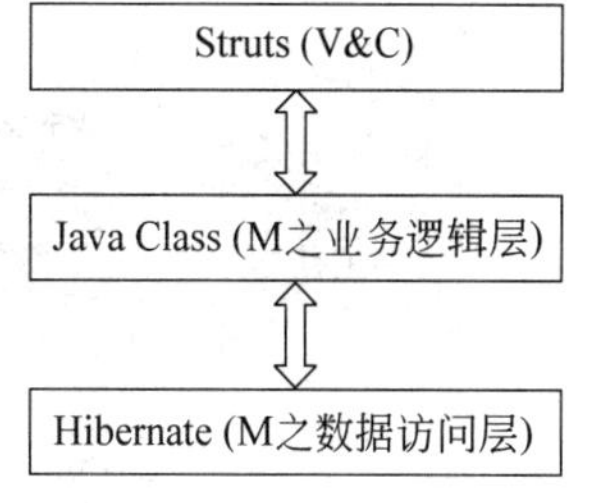

图 6.27　Struts 2+Hibernate 整合架构

6.4.2 需求演示

既然是学生选课系统，顾名思义就是用来为学生在网上选定、退选课程的。该系统实现这样一些功能：学生登录系统后，可以查看、修改个人信息，查看个人选课情况，选定课程及退选课程。其登录界面如图 6.28 所示。

登录成功后进入主界面，如图 6.29 所示。

单击“查询个人信息”超链接，可以查看当前用户的个人信息，如图 6.30 所示。

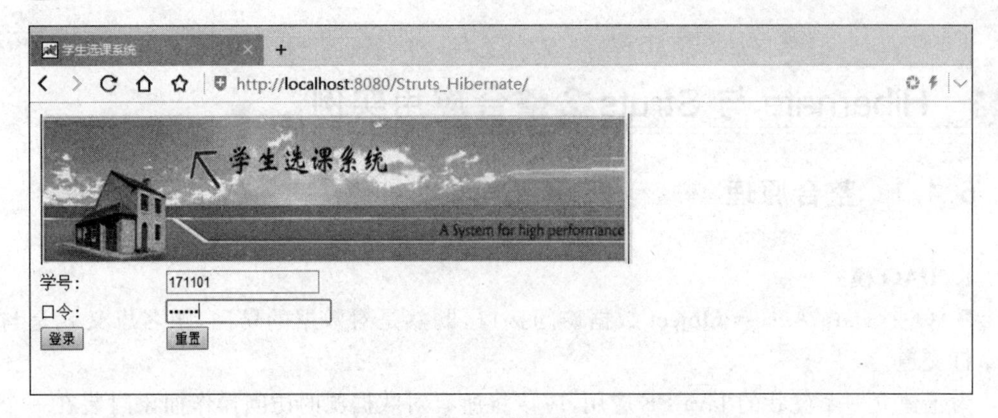

图 6.28　登录界面

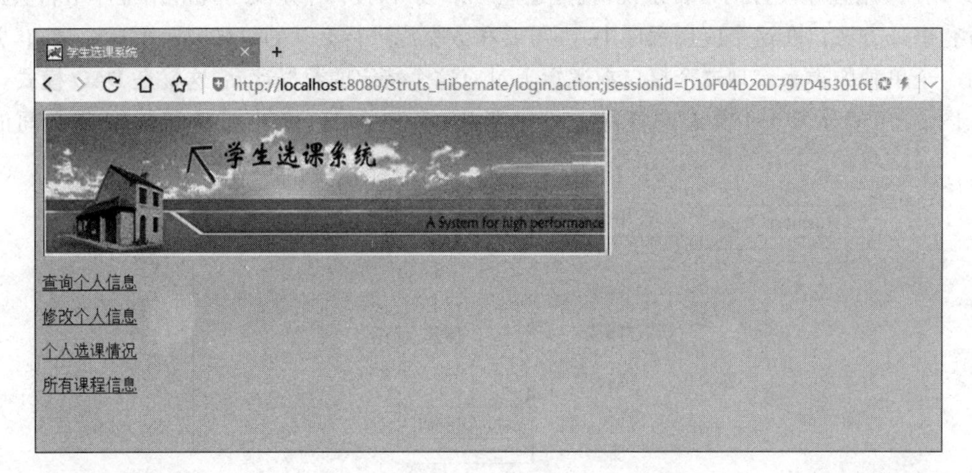

图 6.29　主界面

图 6.30　查询个人信息界面

单击“修改个人信息”超链接，列举出用户信息，并可供用户修改，单击“确定”按钮提交，会提示用户修改成功。然后单击“查看个人信息”超链接则会出现新的个人信息页。

单击“个人选课情况”超链接，列举出用户个人当前的选课情况，如图 6.31 所示。

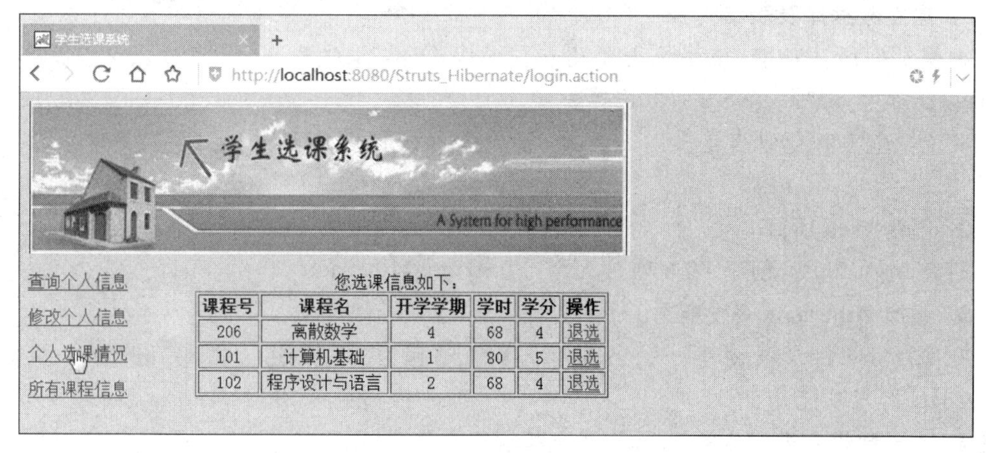

图 6.31　个人选课情况界面

单击表格右边的“退选”超链接就可退选该课程。

单击“所有课程信息”超链接，显示所有课程的信息，如图 6.32 所示。

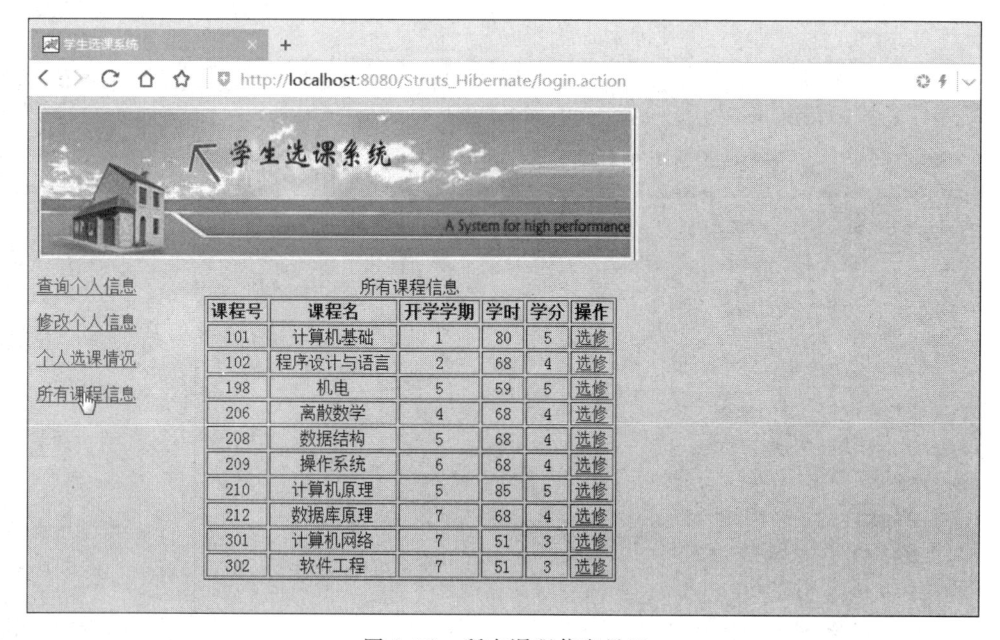

图 6.32　所有课程信息界面

单击表格右边的“选修”超链接，后台就会判断该用户是否已经选修了这门课，如果已经选修就会提示用户不要重复选取；如果没有选修，则会提示用户选修成功。然后再查看个人选课情况，会多出刚刚选修的那门课的信息。

6.4.3 架构和准备

1. 建立数据库及表结构

根据上面所述功能，该系统需要建立登录表 DLB、学生表 XSB、专业表 ZYB、课程表 KCB 以及学生_课程表 XS_KCB(连接表)。

其中学生表和专业表是多对一关系，学生表和课程表是多对多关系。具体表结构见附录。

2. 创建 Web 项目

打开 MyEclipse，创建 Web 项目，命名为 Struts_Hibernate。

3. 添加 Hibernate 开发能力

在项目 src 目录下创建一个名为 org. util 的包，然后按照 6.2.1 节的第 3 步添加 Hibernate 开发功能。

4. 生成数据库表对应的 Java 类对象和映射文件

步骤见 6.2.1 节的第 4 步，不过这里要生成学生表、专业表、登录表和课程表的对应类及映射文件。但它们有对应的关系，所以要进行修改(其中登录表及专业表的对应类及映射文件不用修改，下面列举需要修改的代码)，修改后的代码如下，加黑的代码为改动的部分。

Xsb. java 代码如下：

```
package org.model;
import java.sql.Timestamp;
import java.util.Date;
import java.util.HashSet;
import java.util.Set;
…
public class Xsb implements java.io.Serializable {
    //Fields
    …
    //private Integer zyId;
    private Integer zxf;
    private String bz;
    //private String zp;
    private byte[] zp;
    private Zyb zyb;
    private Set kcs =new HashSet();
    //Constructors
    …
    /** minimal constructor */
    public Xsb(String xh, String xm, Boolean xb) {
        this.xh =xh;
        this.xm =xm;
        this.xb =xb;
```

```
        //this.zyId =zyId;
    }
    /** full constructor */
    public Xsb(String xh, String xm, Boolean xb, Timestamp cssj, Integer zxf,
            String bz, byte[] zp, Zyb zyb) {
        ...
        //this.zyId =zyId;
        ...
        this.zyb =zyb;
    }
    //Property accessors
    ...
    public byte[] getZp() {
        return this.zp;
    }
    public void setZp(byte[] zp) {
        this.zp =zp;
    }

    public Zyb getZyb() {
        return this.zyb;
    }
    public void setZyb(Zyb zyb) {
        this.zyb =zyb;
    }

    public Set getKcs() {
        return kcs;
    }
    public void setKcs(Set kcs) {
        this.kcs =kcs;
    }
}
```

Xsb. hbm. xml 文件代码如下：

```
<?xml version="1.0" encoding="utf-8"?>
...
<hibernate-mapping>
    <class name="org.model.Xsb" table="xsb" catalog="xscj">
        <id name="xh" type="java.lang.String">
            <column name="XH" length="6" />
            <generator class="assigned" />
        </id>
        <!--与专业表是多对一关系 -->
```

```
        <many-to-one name="zyb" class="org.model.Zyb" fetch="select"
              cascade="all" lazy="false" >
            <column name="ZY_ID" />
        </many-to-one>
        <property name="xm" type="java.lang.String">
            <column name="XM" length="8" not-null="true" />
        </property>
        <property name="xb" type="java.lang.Boolean">
            <column name="XB" not-null="true" />
        </property>
        <property name="cssj" type="java.sql.Timestamp">
            <column name="CSSJ" length="19" />
        </property>
        <property name="zxf" type="java.lang.Integer">
            <column name="ZXF" />
        </property>
        <property name="bz" type="java.lang.String">
            <column name="BZ" length="500" />
        </property>
        <property name="zp" type="binary" length="102400">
            <column name="ZP" />
        </property>
        <!--多对多,具体解释见 6.3.4 节 -->
        <set name="kcs" table="XS_KCB" lazy="false" cascade="save-update">
            <key column="XH"></key>
            <many-to-many class="org.model.Kcb" column="KCH"></many-to-many>
        </set>
    </class>
</hibernate-mapping>
```

Kcb.java 代码如下：

```
package org.model;
import java.util.HashSet;
import java.util.Set;
...
public class Kcb implements java.io.Serializable {
    //Fields
    ...
    private Set xss =new HashSet();
    //Constructors
    ...
    //Property accessors
    ...
```

```
    public Set getXss() {
        return xss;
    }
    public void setXss(Set xss) {
        this.xss =xss;
    }
}
```

Kcb. hbm. xml 代码如下：

```
<?xml version="1.0" encoding="utf-8"?>
…
<hibernate-mapping>
    <class name="org.model.Kcb" table="kcb" catalog="xscj">
        …
        <!--与学生表是多对多关系 -->
            <set name="xss" table="XS_KCB" lazy="true" inverse="true">
                <key column="KCH"></key>
                <many-to-many class="org.model.Xsb" column="XH"></many-to-many>
            </set>
    </class>
</hibernate-mapping>
```

类及映射文件修改完成后要在 hibernated. cfg. xml 文件中进行注册，代码修改如下：

```
<?xml version='1.0' encoding='UTF-8'?>
…
<hibernate-configuration>
    <session-factory>
        …
        <mapping resource="org/model/Xsb.hbm.xml" />
        <mapping resource="org/model/Kcb.hbm.xml" />
        <mapping resource="org/model/Dlb.hbm.xml" />
        <mapping resource="org/model/Zyb.hbm.xml" />
    </session-factory>
</hibernate-configuration>
```

5. DAO 层组件实现

在工程 src 目录下创建 org. dao 以及 org. dao. imp 包，分别用于存放这几个实体类的 DAO 层组件接口及其实现代码。

DlDao. java 接口代码如下：

```
package org.dao;
import org.model.Dlb;
public interface DlDao {
```

```
    //根据学号和密码查询
    public Dlb validate(String xh,String kl);
}
```

对应实现类 DlDaoImp.java 代码如下：

```
package org.dao.imp;
import org.dao.DlDao;
import org.hibernate.Query;
import org.hibernate.Session;
import org.hibernate.Transaction;
import org.model.Dlb;
public class DlDaoImp implements DlDao {
    public Dlb validate(String xh, String kl) {
        try{
            Session session=org.util.HibernateSessionFactory.getSession();
            Transaction ts=session.beginTransaction();
            Query query=session.createQuery("from Dlb where xh=? and kl=?");
            query.setParameter(0, xh);
            query.setParameter(1, kl);
            query.setMaxResults(1);
            Dlb dlb=(Dlb) query.uniqueResult();
            if(dlb!=null){
                return dlb;
            }else{
                return null;
            }
        }catch(Exception e){
            e.printStackTrace();
            return null;
        }
    }
}
```

XsDao.java 接口代码如下：

```
package org.dao;
import java.util.List;
import org.model.Xsb;
public interface XsDao {
    //根据学号查询学生信息
    public Xsb getOneXs(String xh);
    //修改学生信息
    public void update(Xsb xs);
}
```

对应实现类 XsDaoImp. java 代码如下：

```
package org.dao.imp;
import java.util.List;
import org.dao.XsDao;
import org.hibernate.Query;
import org.hibernate.Session;
import org.hibernate.Transaction;
import org.model.Xsb;
public class XsDaoImp implements XsDao{
    public Xsb getOneXs(String xh) {
        try{
            Session session=org.util.HibernateSessionFactory.getSession();
            Transaction ts=session.beginTransaction();
            Query query=session.createQuery("from Xsb where xh=?");
            query.setParameter(0, xh);
            query.setMaxResults(1);
            Xsb xs=(Xsb) query.uniqueResult();
            ts.commit();
            session.clear();
            return xs;
        }catch(Exception e){
            e.printStackTrace();
            return null;
        }
    }
    public void update(Xsb xs) {
        try{
            Session session=org.util.HibernateSessionFactory.getSession();
            Transaction ts=session.beginTransaction();
            session.update(xs);
            ts.commit();
            org.util.HibernateSessionFactory.closeSession();
        }catch(Exception e){
            e.printStackTrace();
        }
    }
}
```

ZyDao. java 接口代码如下：

```
package org.dao;
import java.util.List;
import org.model.Zyb;
public interface ZyDao {
```

```
    //根据专业 ID 查询专业信息
    public Zyb getOneZy(Integer zyId);
    //查询所有专业信息
    public List getAll();
}
```

对应实现类 ZyDaoImp.java 代码如下：

```
package org.dao.imp;
import java.util.List;
import org.dao.ZyDao;
import org.hibernate.Query;
import org.hibernate.Session;
import org.hibernate.Transaction;
import org.model.Zyb;
public class ZyDaoImp implements ZyDao{
    public Zyb getOneZy(Integer zyId) {
        try{
            Session session=org.util.HibernateSessionFactory.getSession();
            Transaction ts=session.beginTransaction();
            Query query=session.createQuery("from Zyb where id=?");
            query.setParameter(0, zyId);
            query.setMaxResults(1);
            Zyb zy=(Zyb) query.uniqueResult();
            ts.commit();
            org.util.HibernateSessionFactory.closeSession();
            return zy;
        }catch(Exception e){
            e.printStackTrace();
            return null;
        }
    }
    public List getAll() {
        try{
            Session session=org.util.HibernateSessionFactory.getSession();
            Transaction ts=session.beginTransaction();
            List list=session.createQuery("from Zyb").list();
            ts.commit();
            org.util.HibernateSessionFactory.closeSession();
            return list;
        }catch(Exception e){
            e.printStackTrace();
            return null;
        }
```

```
    }
}
```

KcDao.java 接口代码如下：

```
package org.dao;
import java.util.List;
import org.model.Kcb;
public interface KcDao {
    public Kcb getOneKc(String kch);
    public List getAll();
}
```

对应实现类 KcDaoImp.java 代码如下：

```
package org.dao.imp;
import java.util.List;
import org.dao.KcDao;
import org.hibernate.Query;
import org.hibernate.Session;
import org.hibernate.Transaction;
import org.model.Kcb;
public class KcDaoImp implements KcDao{
    public Kcb getOneKc(String kch) {
        try{
            Session session=org.util.HibernateSessionFactory.getSession();
            Transaction ts=session.beginTransaction();
            Query query=session.createQuery("from Kcb where kch=?");
            query.setParameter(0, kch);
            query.setMaxResults(1);
            Kcb kc=(Kcb) query.uniqueResult();
            ts.commit();
            session.clear();                              //清除缓存
            return kc;
        }catch(Exception e){
            e.printStackTrace();
            return null;
        }
    }
    public List getAll() {
        try{
            Session session=org.util.HibernateSessionFactory.getSession();
            Transaction ts=session.beginTransaction();
            List list=session.createQuery("from Kcb order by kch").list();
            ts.commit();
```

```
            return list;
        }catch(Exception e){
            e.printStackTrace();
            return null;
        }
    }
}
```

6. 添加 Struts 2 的类库及编写 struts. xml 文件

添加步骤见 5.2.1 节第 3 步，不再赘述。

在项目的 src 文件夹下建立文件 struts. xml，内容修改如下：

```
<?xml version="1.0" encoding="UTF-8" ?>
<!DOCTYPE struts PUBLIC
    "-//Apache Software Foundation//DTD Struts Configuration 2.5//EN"
    "http://struts.apache.org/dtds/struts-2.5.dtd">
<!--START SNIPPET: xworkSample -->
<struts>
    <package name="default" extends="struts-default">
    //这里以后添加 Action 配置，后面配置的 Action 都要添加在这里
    </package>
</struts>
<!--END SNIPPET: xworkSample -->
```

7. 修改 web. xml 文件

修改 web. xml 文件，代码如下：

```
<?xml version="1.0" encoding="UTF-8"?>
<web-app id="WebApp_9" version="2.4"
    xmlns="http://java.sun.com/xml/ns/j2ee"
    xmlns:xsi="http://www.w3.org/2001/XMLSchema-instance"
    xsi:schemaLocation="http://java.sun.com/xml/ns/j2ee http://java.sun.
        com/xml/ns/j2ee/web-app_2_4.xsd">
    <filter>
        <filter-name>struts-prepare</filter-name>
        <filter-class>org.apache.struts2.dispatcher.filter.
                StrutsPrepareFilter</filter-class>
    </filter>
    <filter>
        <filter-name>struts-execute</filter-name>
        <filter-class>org.apache.struts2.dispatcher.filter.
                StrutsExecuteFilter</filter-class>
    </filter>
    <filter-mapping>
```

```
        <filter-name>struts-prepare</filter-name>
        <url-pattern>/*</url-pattern>
    </filter-mapping>
    <filter-mapping>
        <filter-name>struts-execute</filter-name>
        <url-pattern>/*</url-pattern>
    </filter-mapping>
    <welcome-file-list>
        <welcome-file>login.jsp</welcome-file>
    </welcome-file-list>
</web-app>
```

至此，已经完成了 Hibernate 开发功能的添加、DAO 数据接口封装和 Struts 2 配置等一系列准备性的编程工作，接下来就可以具体实现功能了。

6.4.4 功能实现

1. 登录界面

首先看登录界面 login.jsp：

```
<%@page language="java" pageEncoding="UTF-8"%>
<%@taglib uri="/struts-tags" prefix="s"%>
<html>
<head>
    <title>学生选课系统</title>
</head>
<body>
    <s:form action="login.action" method="post">
        <table>
            <tr>
                <td colspan="2"><img src="/Struts_Hibernate/image/head.jpg">
                            </td>
            </tr>
            <tr><s:textfield name="dlb.xh" label="学号" size="20">
                 </s:textfield></tr>
            <tr><s:password name="dlb.kl" label="口令" size="22">
                 </s:password></tr>
            <tr>
                <td align="left"><input type="submit" value="登录" /></td>
                <td><input type="reset" value="重置" /></td>
            </tr>
        </table>
    </s:form>
</body>
</html>
```

上面用到图片可以从任意途径获取,然后在 WebRoot 目录下建立文件夹 image,把要使用的图片放进去即可(注意名字要对应)。

从 JSP 文件中可以看出,该表单提交给 login.action,所以在 struts.xml 中的 Action 配置如下:

```
<action name="login" class="org.action.LoginAction">
    <result name="success">main.jsp</result>     //成功后转去主界面
    <result name="error">login.jsp</result>      //失败回到 login.jsp
</action>
```

在项目 src 目录下创建 org.action 包,用于存放各功能模块 Action 的代码。处理该表单的 LoginAction.java 源文件就位于此包中,代码为:

```
package org.action;
import java.util.Map;
import org.dao.DlDao;
import org.dao.imp.DlDaoImp;
import org.model.Dlb;
import com.opensymphony.xwork2.ActionContext;
import com.opensymphony.xwork2.ActionSupport;
public class LoginAction extends ActionSupport{
    //Dlb 类对象,用于存取 Dlb 属性的值
    private Dlb dlb;
    //生成其 getter 和 setter 方法
    public Dlb getDlb() {
        return dlb;
    }
    public void setDlb(Dlb dlb) {
        this.dlb=dlb;
    }
    public String execute() throws Exception {
        DlDao dlDao=new DlDaoImp();                          //得到 Dao 接口对象
        Dlb user=dlDao.validate(dlb.getXh(), dlb.getKl());//调用 Dao 中的方法
        if(user!=null){
            //如果不为空,保存到 Session 中
            Map session=(Map)ActionContext.getContext().getSession();
            session.put("user", user);
            return SUCCESS;
        }else{
            return ERROR;
        }
    }
}
```

登录成功就会返回 success,然后根据 Action 配置,找到 main.jsp 文件(即选课系统主

界面页)。

2. 选课系统主界面

登录成功后就进入系统的主界面 main.jsp,它是由 head.jsp、left.jsp 及 right.jsp 组合而成的多框架网页,各子框架内的页面代码分别如下。

head.jsp 代码:

```
<%@page language="java" pageEncoding="UTF-8"%>
<html>
<body bgcolor="#D9DFAA">
    <img src="/Struts_Hibernate/image/head.jpg">
</body>
</html>
```

left.jsp 代码:

```
<%@page language="java" pageEncoding="UTF-8"%>
<html>
<body bgcolor="#D9DFAA">
    <a href="xsInfo.action" target="right">查询个人信息</a><p>
    <a href="updateXsInfo.action" target="right">修改个人信息</a><p>
    <a href="getXsKcs.action" target="right">个人选课情况</a><p>
    <a href="getAllKc.action" target="right">所有课程信息</a><p>
</body>
</html>
```

right.jsp 代码:

```
<%@page language="java" import="java.util.*" pageEncoding="UTF-8"%>
<html>
<body bgcolor="#D9DFAA">
</body>
</html>
```

主界面 main.jsp 代码:

```
<%@page language="java" import="java.util.*" pageEncoding="UTF-8"%>
<%@taglib uri="/struts-tags" prefix="s" %>
<html>
<head>
    <title>学生选课系统</title>
</head>
    <frameset rows="30%,*" border="0">
        <frame src="head.jsp">
        <frameset cols="15%,*" border="1">
            <frame src="left.jsp">
```

```
            <frame src="right.jsp" name="right">
        </frameset>
    </frameset>
</html>
```

3. 查看个人信息

进入主界面后，单击左边第一条链接查询个人信息。从 left.jsp 中可以发现，其提交给 xsInfo.jsp，对应 Action 配置如下：

```
<action name="xsInfo" class="org.action.XsAction">
    <result name="success">xsInfo.jsp</result>
</action>
<action name="getImage" class="org.action.XsAction" method="getImage">
</action>
```

由于学生的信息中有照片信息，处理思路是：把要处理照片的信息提交给 Action 类来读取，所以这里要加入 getImage 的 Action(XsAction.java)，代码如下：

```
package org.action;
import java.io.File;
import java.io.FileInputStream;
import java.util.Iterator;
import java.util.List;
import java.util.Map;
import java.util.Set;
import javax.servlet.ServletOutputStream;
import javax.servlet.http.HttpServletResponse;
import org.apache.struts 2.ServletActionContext;
import org.dao.XsDao;
import org.dao.ZyDao;
import org.dao.imp.KcDaoImp;
import org.dao.imp.XsDaoImp;
import org.dao.imp.ZyDaoImp;
import org.model.Dlb;
import org.model.Kcb;
import org.model.Xsb;
import org.model.Zyb;
import com.opensymphony.xwork2.ActionContext;
import com.opensymphony.xwork2.ActionSupport;
public class XsAction extends ActionSupport{
    XsDao xsDao;
    //定义学生对象
    private Xsb xs;
    //定义课程对象
    private Kcb kcb;
```

```
//用于获取照片文件
private File zpFile;
//定义专业对象
private Zyb zyb;
//生成其 getter 和 setter 方法
public File getZpFile() {
    return zpFile;
}
public void setZpFile(File zpFile) {
    this.zpFile=zpFile;
}
public Kcb getKcb() {
    return kcb;
}
public void setKcb(Kcb kcb) {
    this.kcb=kcb;
}
public Zyb getZyb() {
    return zyb;
}
public void setZyb(Zyb zyb) {
    this.zyb=zyb;
}
public Xsb getXs() {
    return xs;
}
public void setXs(Xsb xs) {
    this.xs=xs;
}
//默认情况下,用该方法获得当前学生的个人信息
public String execute() throws Exception {
    //获得 Session 对象
    Map session=(Map)ActionContext.getContext().getSession();
    //从 Session 中取出当前用户
    Dlb user=(Dlb) session.get("user");
    //创建 XsDao 接口对象
    xsDao=new XsDaoImp();
    //根据登录学号得到该学生信息
    Xsb xs=xsDao.getOneXs(user.getXh());
    Map request=(Map)ActionContext.getContext().get("request");
    //保存
    request.put("xs", xs);
    return SUCCESS;
}
```

```
    //读取照片信息
    public String getImage() throws Exception{
        xsDao=new XsDaoImp();
        //得到照片的字节数组
        byte[] zp=xsDao.getOneXs(xs.getXh()).getZp();
        HttpServletResponse response=ServletActionContext.getResponse();
        response.setContentType("image/jpeg");
        //得到输出流
        ServletOutputStream os=response.getOutputStream();
        if(zp!=null&&zp.length>0){
            for(int i=0;i<zp.length;i++){
                os.write(zp[i]);
            }
        }
        //不去任何页面
        return NONE;
    }
    //后面还要加入其他方法,这里先不列出,用到后会列出相应代码,要加入到这里
}
```

成功后跳转的页面 xsInfo.jsp 如下：

```
<%@page language="java" pageEncoding="UTF-8"%>
<%@taglib uri="/struts-tags" prefix="s" %>
<html>
<head>
    <title>学生选课系统</title>
</head>
<body bgcolor="#D9DFAA">
    <table width="400">
        <s:set value="#request.xs" var="xs"/>
        <tr><td>学号：</td><td><s:property value="#xs.xh" /></td></tr>
        <tr><td>姓名：</td><td><s:property value="#xs.xm"/></td></tr>
        <tr>
            <td>性别：</td>
        <td>
            <s:if test="#xs.xb==1">男</s:if>
            <s:else>女</s:else>
        </td></tr>
        <tr><td>专业：</td><td><s:property value="#xs.zyb.zym"/></td></tr>
        <tr><td>出生时间：</td><td><s:date name="#xs.cssj" format=
            "yyyy-MM-dd"/></td>
        </tr>
        <tr><td>总学分：</td><td><s:property value="#xs.zxf"/></td></tr>
        <tr><td>备注：</td><td><s:property value="#xs.bz"/></td></tr>
```

```
        <tr><td>照片：</td>
        <td>
            <img src="getImage.action?xs.xh=<s:property value="#xs.xh"/>"
                width="150">
        </td>
        </tr>
    </table>
</body>
</html>
```

这样该功能就完成了，下面介绍修改学生信息。

4. 修改个人信息

单击“修改个人信息”超链接，跳转到修改信息的页面，但是学号不能被修改，专业一栏采用下拉列表选择。从 left.jsp 中看到请求提交给了 updateXsInfo.action，所以 Action 配置为：

```
<action name="updateXsInfo" class="org.action.XsAction" method="updateXsInfo">
    <result name="success">updateXsInfo.jsp</result>
</action>
```

故要在 XsAction 类中加入下面的方法：

```
//进入修改学生信息页面
public String updateXsInfo() throws Exception{
    //获取当前用户对象
    Map session=(Map)ActionContext.getContext().getSession();
    Dlb user=(Dlb) session.get("user");
    xsDao=new XsDaoImp();
    ZyDao zyDao=new ZyDaoImp();
    //取出所有专业信息，因为在修改学生信息时，专业栏是下拉列表
    //选择专业，而不是学生自己随便填写
    List zys=zyDao.getAll();
    //得到当前学生的信息
    Xsb xs=xsDao.getOneXs(user.getXh());
    Map request=(Map)ActionContext.getContext().get("request");
    request.put("zys", zys);
    request.put("xs", xs);
    return SUCCESS;
}
```

修改页面 updateXsInfo.jsp 的代码如下：

```
<%@page language="java" pageEncoding="UTF-8"%>
<%@taglib uri="/struts-tags" prefix="s" %>
```

```
<html>
<head>
    <title>学生选课系统</title>
</head>
<body bgcolor="#D9DFAA">
    <s:set var="xs" value="#request.xs"></s:set>
    <s:form action="updateXs.action" method="post" enctype="multipart/
            form-data">
    <table>
    <tr>
        <td>学号:</td>
        <td><input type="text" name="xs.xh" value="<s:property value=
            "#xs.xh"/>" readOnly/></td>
    </tr>
    <tr>
        <td>姓名:</td>
        <td><input type="text" name="xs.xm" value="<s:property value=
            "#xs.xm"/>" /></td>
    </tr>
    <tr>
        <s:radio list="#{1:'男',0:'女'}" value="#xs.xb" label="性别"
                name="xs.xb"></s:radio>
    </tr>
    <tr>
        <td>专业:</td>
        <td>
        <!--遍历出专业的信息-->
            <select name="zyb.id">
                <s:iterator var="zy" value="#request.zys">
                    <option value="<s:property value="#zy.id"/>">
                    <s:property value="#zy.zym"/></option>
                </s:iterator>
            </select>
        </td>
    </tr>
    <tr>
        <td>出生时间:</td>
        <td><input type="text" name="xs.cssj" value=
            "<s:date name="#xs.cssj" format="yyyy-MM-dd"/>"/></td>
    </tr>
    <tr>
        <td>备注:</td>
        <td><input type="text" name="xs.bz" value="<s:property value=
            "#xs.bz"/>" /></td>
```

```
    </tr>
    <tr>
        <td>总学分:</td>
        <td><input type="text" name="xs.zxf" value="<s:property value=
            "#xs.zxf"/>" /></td>
    </tr>
    <tr>
        <td>照片:</td>
    <!--上传照片-->
        <td><input type="file" name="zpFile"/></td>
    </tr>
    <tr>
        <td><input type="submit" value="修改"/></td>
    </tr>
    </table>
    </s:form>
</body>
</html>
```

当单击“修改”按钮后，就把学生自己填写的内容提交给了 updateXs. action，对应 Action 的配置如下：

```
<action name="updateXs" class="org.action.XsAction" method="updateXs">
    <result name="success">updateXs_success.jsp</result>
</action>
```

XsAction 类中要加入下面的代码来处理请求：

```
//修改学生信息
public String updateXs() throws Exception{
    xsDao =new XsDaoImp();
    ZyDao zyDao=new ZyDaoImp();
    //创建一个学生对象,用于存放要修改的学生信息
    Xsb stu=new Xsb();
    //设置学生学号
    stu.setXh(xs.getXh());
    //由于没有修改学生对应的选修的课程,所以直接取出不用改变
    //Hibernate 级联到第三张表,所以要设置,
    //如果不设置,会认为设置为空,就会把连接表中有关内容删除
    Set list=xsDao.getOneXs(xs.getXh()).getKcs();
    //设置学生对应多项课程的 Set
    stu.setKcs(list);
    //设置用户填写的姓名
    stu.setXm(xs.getXm());
    //性别
```

```
    stu.setXb(xs.getXb());
    //出生时间
    stu.setCssj(xs.getCssj());
    //总学分
    stu.setZxf(xs.getZxf());
    //备注
    stu.setBz(xs.getBz());
    Zyb zy=zyDao.getOneZy(zyb.getId());
    //专业,这里要设置对象,所以下拉列表中传值是要传专业的ID
    stu.setZyb(zy);
    //处理照片信息
    if(this.getZpFile()!=null){
        //得到输入流
        FileInputStream fis=new FileInputStream(this.getZpFile());
        //创建大小为fis.available()的字节数组
        byte[] buffer=new byte[fis.available()];
        //把输入流读到字节数组中
        fis.read(buffer);
        stu.setZp(buffer);
    }
    //修改
    xsDao.update(stu);
    return SUCCESS;
}
```

修改成功后跳转到 updateXs_success.jsp 页面,代码如下:

```
<%@page language="java" pageEncoding="UTF-8"%>
<html>
<head>
</head>
<body bgcolor="#D9DFAA">
    恭喜你,修改成功!
</body>
</html>
```

5. 查询学生的选课情况

left.jsp 文件的第三个超链接是查询学生的选课情况,这个功能很容易实现。只要查出该学生信息,由于级联到第三张表的信息,所以只要取出该学生信息的 Set 集合的内容,遍历出来就行了。下面是 Action 配置代码:

```
<action name="getXsKcs" class="org.action.XsAction" method="getXsKcs">
    <result name="success">xsKcs.jsp</result>
</action>
```

对应的 XsAction 类中的处理方法代码如下：

```
//得到学生选修的课程
public String getXsKcs() throws Exception{
    Map session=(Map)ActionContext.getContext().getSession();
    Dlb user=(Dlb) session.get("user");
    String xh=user.getXh();
    //得到当前学生的信息
    Xsb xsb=new XsDaoImp().getOneXs(xh);
    //取出选修的课程 Set
    Set list=xsb.getKcs();
    Map request=(Map) ActionContext.getContext().get("request");
    //保存
    request.put("list",list);
    return SUCCESS;
}
```

查询成功后的 xsKcs.jsp 页面代码如下：

```
<%@page language="java" pageEncoding="UTF-8"%>
<%@taglib uri="/struts-tags" prefix="s" %>
<html>
<head>
    <title>学生选课系统</title>
</head>
<body bgcolor="#D9DFAA">
    <table width="400" border=1>
    <caption>您选课信息如下：</caption>
    <tr>
    <th>课程号</th><th>课程名</th><th>开学学期</th><th>学时</th><th>学分
        </th><th>操作</th>
    </tr>
    <s:iterator value="#request.list" var="kc">
        <tr>
        <td align="center"><s:property value="#kc.kch"/></td>
        <td align="center"><s:property value="#kc.kcm"/></td>
        <td align="center"><s:property value="#kc.kxxq"/></td>
        <td align="center"><s:property value="#kc.xs"/></td>
        <td align="center"><s:property value="#kc.xf"/></td>
        <td align="center">
            <!--退选该课程,这里用 JavaScript 来确定是否退选-->
            <a href="deleteKc.action?kcb.kch=<s:property value="#kc.kch"/>
            "onClick="if(!confirm('您确定退选该课程吗?'))return false;else
                    return true;">
            退选</a>
```

```
        </td>
        </tr>
    </s:iterator>
    </table>
</body>
</html>
```

6. 退选课程

退选课程,只要把该学生的这个课程从 Set 中删除就行了。对应的 Action 配置如下：

```
<action name="deleteKc" class="org.action.XsAction" method="deleteKc">
    <result name="success">deleteKc_success.jsp</result>
</action>
```

对应 XsAction 类中的处理方法：

```
//退选课程
public String deleteKc() throws Exception{
    Map session=(Map)ActionContext.getContext().getSession();
    String xh=((Dlb)session.get("user")).getXh();
    xsDao=new XsDaoImp();
    Xsb xs2=xsDao.getOneXs(xh);
    Set list=xs2.getKcs();
    Iterator iter=list.iterator();
    //取出所有选择的课程进行迭代
    while(iter.hasNext()){
        Kcb kc2=(Kcb)iter.next();
        //如果遍历到退选的课程的课程号就从 list 中删除
        if(kc2.getKch().equals(kcb.getKch())){
            iter.remove();
        }
    }
    //设置课程的 Set
    xs2.setKcs(list);
    xsDao.update(xs2);
    return SUCCESS;
}
```

退选成功界面 deleteKc_success.jsp 代码如下：

```
<%@page language="java" pageEncoding="UTF-8"%>
<html>
<body bgcolor="#D9DFAA">
    退选成功!
</body>
</html>
```

7. 查询所有课程信息

在left.jsp中还有一个链接就是查询所有课程的，其目的也是为方便学生选课提供服务，其Action配置如下：

```
<action name="getAllKc" class="org.action.KcAction">
    <result name="success">allKc.jsp</result>
</action>
```

该功能对应一个新的Action实现类，类名为KcAction.java，源文件同样位于org.action包中，代码如下：

```
package org.action;
import java.util.List;
import java.util.Map;
import org.dao.KcDao;
import org.dao.imp.KcDaoImp;
import com.opensymphony.xwork2.ActionContext;
import com.opensymphony.xwork2.ActionSupport;
public class KcAction extends ActionSupport{
    public String execute()throws Exception{
        KcDao kcDao=new KcDaoImp();
        List list=kcDao.getAll();
        Map request=(Map)ActionContext.getContext().get("request");
        request.put("list", list);
        return SUCCESS;
    }
}
```

成功页面allKc.jsp：

```
<%@page language="java" pageEncoding="UTF-8"%>
<%@taglib uri="/struts-tags" prefix="s" %>
<html>
<head >
    <title>学生选课系统</title>
</head>
<body bgcolor="#D9DFAA">
    <table width="400" border="1">
        <caption>所有课程信息</caption>
            <tr>
                <th>课程号</th><th>课程名</th><th>开学学期</th>
                <th>学时</th><th>学分</th><th>操作</th>
            </tr>
            <s:iterator value="#request.list" var="kc">
                <tr>
```

```
                <td align="center"><s:property value="#kc.kch"/></td>
                <td align="center"><s:property value="#kc.kcm"/></td>
                <td align="center"><s:property value="#kc.kxxq"/></td>
                <td align="center"><s:property value="#kc.xs"/></td>
                <td align="center"><s:property value="#kc.xf"/></td>
                <td align="center">
                <a href="selectKc.action?kcb.kch=<s:property value=
                        "#kc.kch"/>"
                    onClick="if(!confirm('您确定选修该课程吗?'))
                    return false;else return true;">选修</a></td>
            </tr>
        </s:iterator>
    </table>
</body>
</html>
```

8. 选课

在每个课程的后面都有“选修”超链接，提交给 selectKc. action，Action 的配置如下：

```
<action name="selectKc" class="org.action.XsAction" method="selectKc">
    <result name="success">selectKc_success.jsp</result>
    <result name="error">selectKc_fail.jsp</result>
</action>
```

对应 Action 实现类的方法(由于是学生选课，所以该方法在 XsAction 中)如下：

```
//选定课程
public String selectKc() throws Exception{
    Map session=(Map)ActionContext.getContext().getSession();
    String xh=((Dlb)session.get("user")).getXh();
    xsDao=new XsDaoImp();
    Xsb xs3=xsDao.getOneXs(xh);
    Set list=xs3.getKcs();
    Iterator iter=list.iterator();
    //选修课程时先遍历已经选的课程,如果在已经选修的课程中找到就返回 ERROR
    while(iter.hasNext()){
        Kcb kc3=(Kcb)iter.next();
        if(kc3.getKch().equals(kcb.getKch())){
            return ERROR;
        }
    }
    //如果没找到,就添加到集合中
    list.add(new KcDaoImp().getOneKc(kcb.getKch()));
    xs3.setKcs(list);
```

```
    xsDao.update(xs3);
    return SUCCESS;
}
```

成功页面 selectKc_success.jsp：

```
<%@page language="java" pageEncoding="UTF-8"%>
<html>
<body bgcolor="#D9DFAA">
    你已经成功选择该课程！
</body>
</html>
```

失败页面 selectKc_fail.jsp：

```
<%@page language="java" pageEncoding="UTF-8"%>
<html>
<body bgcolor="#D9DFAA">
    你已经选择该课程,请不要重复选取！
</body>
</html>
```

完成以后，部署项目，启动 Tomcat，浏览器输入 http://localhost:8080/Struts_Hibernate/就可以运行整个程序。一个简易的学生选课系统雏形就这样开发出来了。

思考与实验

1. 自己建立一个表，在 MyEclipse 中配置数据源，并用 Hibernate 对其进行反向工程。
2. 寻找生活中的例子，阐述一对一、多对一、多对多的关系。
3. 模仿书中实例开发一个简单的学生选课系统，并尝试增加新功能。
4. 实验。

(1) 根据 6.2.1 节的步骤，实现对数据库的映射，并进行测试以验证其正确性。

(2) 根据 6.4 节内容，完成“学生选课系统”功能要求如下。

① 运行程序进入登录界面，如图 6.28 所示。

② 输入正确的学号和口令，单击“登录”按钮，登录成功后进入主界面，如图 6.29 所示。

③ 单击左边的“查询个人信息”超链接，查看当前用户的个人信息，如图 6.30 所示。

④ 单击“修改个人信息”超链接，列举用户信息并允许进行修改，单击“确定”提交，提示用户修改成功。然后单击“查询个人信息”超链接，显示新的个人信息。

⑤ 单击“个人选课情况”超链接，列举当前用户的个人选课情况，如图 6.31 所示。

⑥ 单击右边的“退选”超链接就可退选该课程。

⑦ 单击“所有课程信息”超链接，列出所有课程信息，如图 6.32 所示。

⑧ 单击右边的“选修”超链接，后台会判断该用户是否已经选修了该课程，如果已经选修，就提示用户已经选修了该课程，不要重复选取；如果没有选修，则提示用户选修成功。然后在查询个人选课情况时，就会多出刚刚选修的那门课程信息。

⑨ 把运行主界面改为 main. jsp，思考利用 Struts 2 的拦截器实现单击左边的超链接时先判断有没有登录，如果没有登录跳转到登录界面（本题目为思考题）。

CHAPTER 7 第7章

Spring应用

Spring框架是一个从实际开发中抽取出来的框架,它完成了大量开发中的通用步骤,留给开发人员的仅仅是与特定应用相关的部分,大大提高了企业应用的开发效率。

7.1 Spring概述

Spring是一个开源框架,由Rod Johnson创建。它是为了解决企业应用开发的复杂性而创建的。Spring使用基本的JavaBean来完成以前只可能由EJB完成的事情。然而,Spring的用途不仅限于服务器端的开发。从简单性、可测试性和松耦合的角度而言,任何Java应用都可以从Spring中受益。

Spring框架的主要优势之一是其分层架构,分层架构允许选择使用任一个组件,同时为Java EE应用程序开发提供集成的框架。Spring框架的分层架构,由7个定义良好的模块组成。Spring模块构建在核心容器之上,核心容器定义了创建、配置和管理Bean的方式,如图7.1所示。

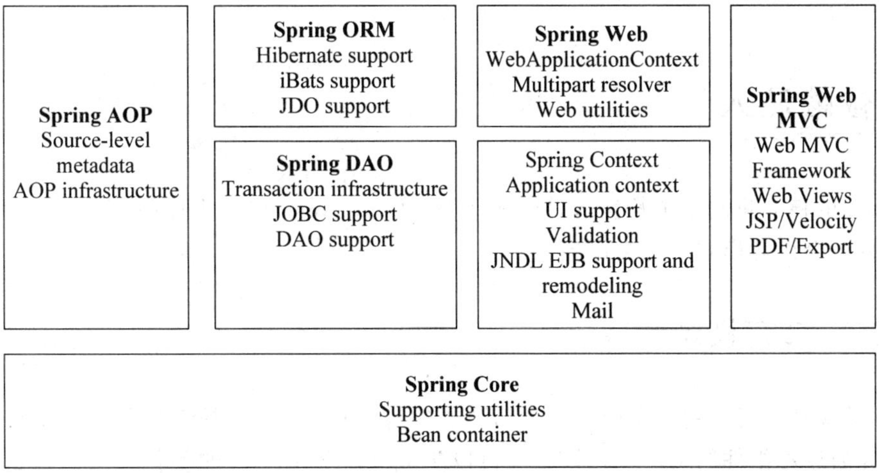

Spring AOP
Source-level metadata
AOP infrastructure

Spring ORM
Hibernate support
iBats support
JDO support

Spring DAO
Transaction infrastructure
JOBC support
DAO support

Spring Web
WebApplicationContext
Multipart resolver
Web utilities

Spring Context
Application context
UI support
Validation
JNDL EJB support and remodeling
Mail

Spring Web MVC
Web MVC Framework
Web Views
JSP/Velocity
PDF/Export

Spring Core
Supporting utilities
Bean container

图7.1 Spring框架的组件结构图

组成Spring框架的每个模块(或组件)都可以单独存在,或者与其他一个或多个模块联合实现。各模块的功能如下。

（1）**核心容器**。提供 Spring 框架的基本功能，其主要组件是 BeanFactory，是工厂模式的实现。它通过控制反转模式，将应用程序配置和依赖性规范与实际应用程序代码分开。

（2）**Spring 上下文**。向 Spring 框架提供上下文信息，包括企业服务，如 JNDI、EJB、电子邮件、国际化、校验和调度等。

（3）**Spring AOP**。通过配置管理特性，可以很容易地使 Spring 框架管理的任何对象支持 AOP。Spring AOP 模块直接将面向方面编程的功能集成到 Spring 框架中。它为基于 Spring 应用程序的对象提供了事务管理服务。通过它，不用依赖 EJB 组件，就可以将声明性事务管理集成到应用程序中。

（4）**Spring DAO**。JDBC DAO 抽象层提供了有用的异常层次结构，用来管理异常处理和不同数据库供应商抛出的错误消息。异常层次结构简化了错误处理，并且极大地降低了需要编写的异常代码数量（如打开和关闭连接）。面向 JDBC 的异常符合通用的 DAO 异常层次结构。

（5）**Spring ORM**。Spring 框架插入了若干 ORM 框架，提供 ORM 的对象关系工具，其中包括 JDO、Hibernate 和 iBatis SQL Map，并且都遵从 Spring 的通用事务和 DAO 异常层次结构。

（6）**Spring Web 模块**。为基于 Web 的应用程序提供上下文。它建立在应用程序上下文模块之上，简化了处理多份请求及将请求参数绑定到域对象的工作。Spring 框架支持与 Jakarta Struts 的集成。

（7）**Spring MVC 框架**。一个全功能构建 Web 应用程序的 MVC 实现。通过策略接口实现高度可配置，MVC 容纳了大量视图技术，其中包括 JSP、Velocity、Tiles、iText 和 POI。

Spring 框架的功能可以用于任何 Java EE 服务器中，大多数功能也适用于不受管理的环境。Spring 的核心要点是：支持不绑定到特定 Java EE 服务的可重用业务和数据访问对象。毫无疑问，这样的对象可以在不同 Java EE 环境（Web 或 EJB）、独立应用程序、测试环境之间重用。

7.2 依赖注入

Spring 的核心机制是依赖注入（Dependency Inversion），也称为控制反转。在学习它之前，先引入一个设计模式——工厂模式。

7.2.1 工厂模式

工厂模式是指当应用程序中甲组件需要乙组件协助时，并不是直接创建乙组件的实例对象，而是通过乙组件的工厂——该工厂可以生成某一类型组件的实例对象。在这种模式下，甲组件无须与乙组件以硬编码方式耦合在一起，而只需要与乙组件的工厂耦合。下面举例说明工厂模式的应用。

创建一个 Java Project，命名为 FactoryExample。在 src 文件夹下建立包 face，在该包下建立接口 Human.java，代码如下：

```
package face;
public interface Human {
    void eat();
    void walk();
}
```

在 src 下建立包 iface，在该包下建立 Chinese 类和 American 类，分别实现了 Human 接口。

Chinese. java 代码如下：

```
package iface;
import face.Human;
public class Chinese implements Human{
    public void eat() {
        System.out.println("中国人很会吃!");
    }
    public void walk() {
        System.out.println("中国人健步如飞!");
    }
}
```

American. java 代码如下：

```
package iface;
import face.Human;
public class American implements Human{
    public void eat() {
        System.out.println("美国人吃西餐!");
    }
    public void walk() {
        System.out.println("美国人经常坐车!");
    }
}
```

在 src 下建立包 factory，在该包内建立工厂类 Factory. java，代码如下：

```
package factory;
import iface.American;
import iface.Chinese;
import face.Human;
public class Factory {
    public Human getHuman(String name){
        if(name.equals("Chinese")){
            return new Chinese();
        }else if(name.equals("American")){
            return new American();
```

```
        }else{
            throw new IllegalArgumentException("参数不正确");
        }
    }
}
```

在 src 下建立包 test，在该包内建立 Test 测试类，代码如下：

```
package test;
import face.Human;
import factory.Factory;
public class Test {
    public static void main(String[] args) {
        Human human=null;
        human=new Factory().getHuman("Chinese");
        human.eat();
        human.walk();
        human=new Factory().getHuman("American");
        human.eat();
        human.walk();
    }
}
```

该程序为 Java 应用程序，直接运行可看出结果，如图 7.2 所示。

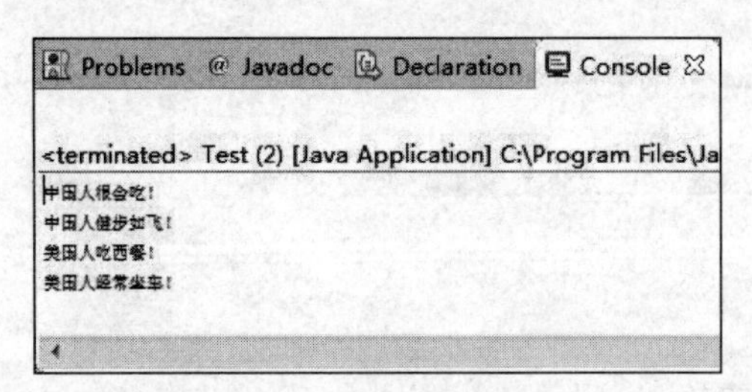

图 7.2　工厂模式运行结果

可以看出，在测试类中，要用 Chinese 类的对象和 American 类的对象，传统的方法就是直接创建，但是这里并没有直接创建它们的对象，而是通过工厂类来获得。这样就大大降低了程序的耦合性。

7.2.2　依赖注入应用

工厂模式下，甲组件需要乙组件的对象的时候，只要创建一个工厂便可。而 Spring 容器则提供了更好的办法，开发人员连工厂也不用创建了，可以直接应用 Spring 提供的依赖注入方式。下面把 7.2.1 节中的例子修改为使用 Spring 容器来创建对象。

1. 为项目添加 Spring 开发能力

为证实 Spring 的作用，在进行之前先将项目 factory 包及其下的工厂类 Factory. java

删除（因为接下来 Spring 会实现与它同样的功能）。

（1）右击项目名，选择菜单 Configure Facets…→Install Spring Facet，弹出对话框单击 Yes 按钮，启动 Install Spring Facet 向导，在 Project Configuration 页 Spring version 栏后的下拉列表中选择要添加到项目中的 Spring 版本，为了最大限度地使用 MyEclipse 2017 集成的 Spring 工具，这里选择版本号为最高的 Spring 4.1，如图 7.3 所示，单击 Next 按钮。

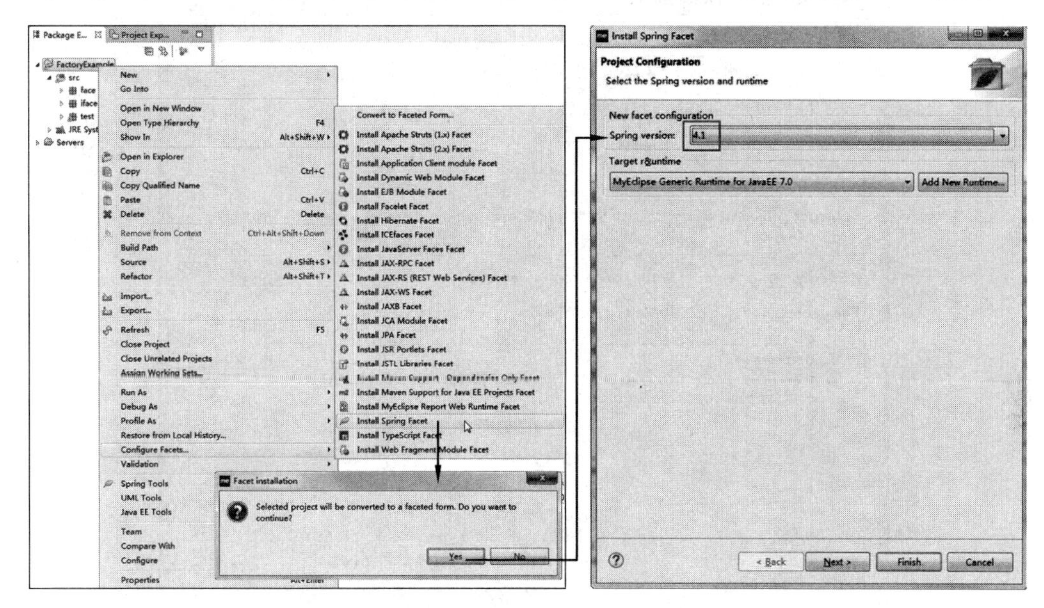

图 7.3　选择 Spring 版本

（2）在 Add Spring Capabilities 页，创建 Spring 的配置文件，如图 7.4 所示，勾选 Specify new or existing Spring bean configuration file？复选框，在 Bean configuration type 栏选中 New 单选按钮（表示新建一个 Spring 配置文件），下面 Folder 栏内容为 src（表示配置文件位于项目 src 目录下），File 栏内容为 applicationContext.xml（这是配置文件名），皆保持默认状态。单击 Next 按钮。

（3）接下来，在 Configure Project Libraries 页选择要应用的 Spring 类库。在图 7.5 的树状列表里，选中 Spring 4.1 的核心类库 Core（本例比较简单，故只须使用 Spring 的核心库即可）。

单击 Finish 按钮完成添加。此时在项目的 src 下会出现一个名为 applicationContext.xml 的文件，这个就是 Spring 的核心配置文件。

2．修改配置文件 applicationContext.xml

修改后，其代码如下：

```
<?xml version="1.0" encoding="UTF-8"?>
<beans
    xmlns="http://www.springframework.org/schema/beans"
    xmlns:xsi="http://www.w3.org/2001/XMLSchema-instance"
    xmlns:p="http://www.springframework.org/schema/p"
    xsi:schemaLocation="http://www.springframework.org/schema/beans
http://www.springframework.org/schema/beans/spring-beans-4.1.xsd">
```

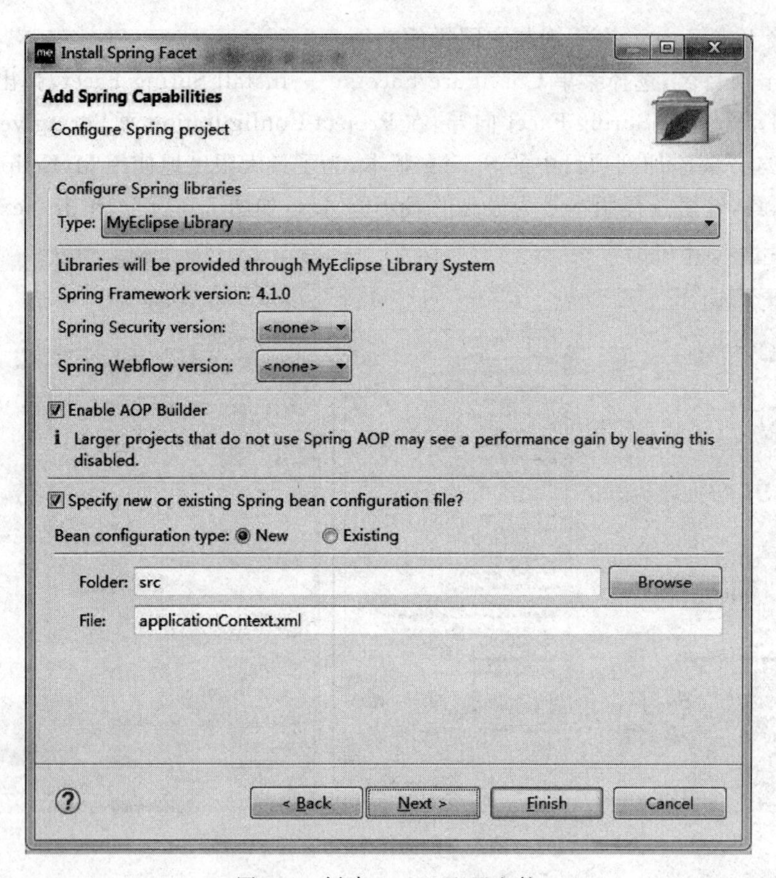

图 7.4 创建 Spring 配置文件

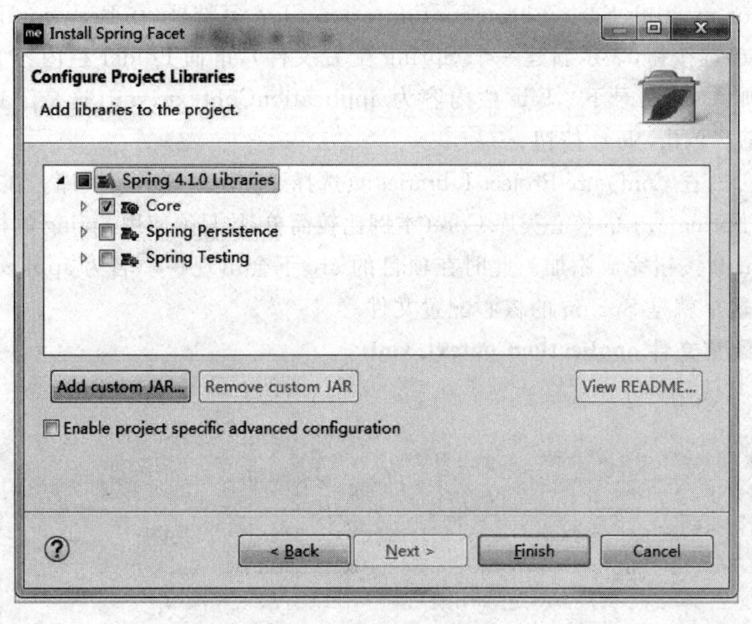

图 7.5 添加 Spring 类库

```
    <bean id="chinese" class="iface.Chinese"></bean>
    <bean id="american" class="iface.American"></bean>
</beans>
```

3. 修改测试类

配置完成后，就可以修改 Test 类的代码如下：

```
package test;
import org.springframework.context.ApplicationContext;
import org.springframework.context.support.FileSystemXmlApplicationContext;
import face.Human;
public class Test {
    public static void main(String[] args) {
        ApplicationContext ctx=
            new FileSystemXmlApplicationContext("src/applicationContext.xml");
        Human human =null;
        human = (Human) ctx.getBean("chinese");
        human.eat();
        human.walk();
        human = (Human) ctx.getBean("american");
        human.eat();
        human.walk();
    }
}
```

4. 运行

运行该测试类，结果如图 7.6 所示。

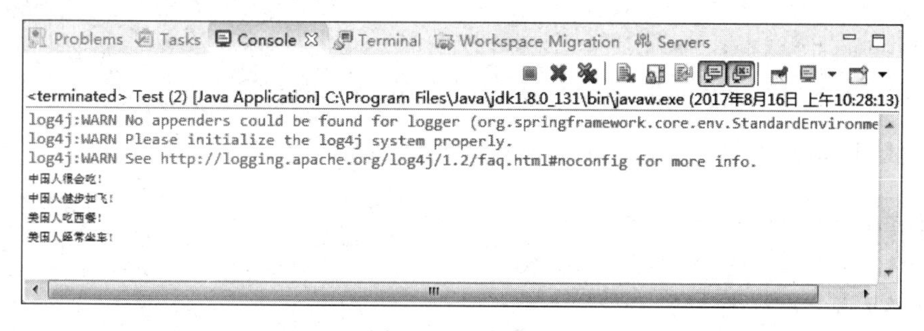

图 7.6　运行结果

从这个程序看，对象 ctx 相当于原来的 Factory 工厂。再回头看 applicationContext.xml 文件配置有如下两句：

```
<bean id="chinese" class="iface.Chinese"></bean>
<bean id="american" class="iface.American"></bean>
```

id 就是 ctx.getBean 的参数值，一个字符串。class 则是一个类(包名+类名)。然后在 Test 类里获得 Chinese 对象及 American 对象：

```
human = (Human) ctx.getBean("chinese");
human = (Human) ctx.getBean("american");
```

注意：getBean 方法返回的是 Object 类型，所以前面要加一个类型转换。

7.2.3 注入的两种方式

通过前面的学习，可以清楚地知道，所谓依赖注入，就是指运行过程中，如果需要调用另一个对象协助时，无须在代码中创建被调用者，而是依赖于外部的注入。Spring 的依赖注入对调用者和被调用者几乎没有任何要求，完全支持 POJO 之间依赖关系的管理。

依赖注入通常有两种：设置注入与构造注入。

1. 设置注入

设置注入是通过 setter 方法注入被调用者的实例。这种方法简单、直观，很容易理解，因而 Spring 的依赖注入被大量使用，下面举例说明。注意，后面不再一步一步地手把手介绍，而是介绍主要代码及解释，具体步骤和 7.2.2 例相同。

创建一个 Java Project，命名为 FactoryExample1。在项目的 src 目录下建立下面的源文件。

人类的接口 Human.java，代码如下：

```
public interface Human {
    void speak();
}
```

语言接口 Language.java，代码如下：

```
public interface Language {
    public String kind();
}
```

下面是 Human 实现类 Chinese.java 代码：

```
public class Chinese implements Human{
    private Language lan;
    public void speak() {
        System.out.println(lan.kind());
    }
    public void setLan(Language lan) {
        this.lan = lan;
    }
}
```

下面是 Language 实现类 English.java 代码：

```
public class English implements Language{
    public String kind() {
        return "中国人也会说英语!";
    }
}
```

可以看出,在Human的实现类里面,要用到Language的对象,当然,Language是一个接口,要用它的实现类来为其创建对象,而这里只是为其写了一个set方法,下面通过Spring的配置文件来完成其对象的注入。其代码如下:

```
<?xml version="1.0" encoding="UTF-8"?>
<beans
    xmlns="http://www.springframework.org/schema/beans"
    xmlns:xsi="http://www.w3.org/2001/XMLSchema-instance"
    xmlns:p="http://www.springframework.org/schema/p"
    xsi:schemaLocation="http://www.springframework.org/schema/beans
        http://www.springframework.org/schema/beans/spring-beans-4.1.xsd">
    <!--定义第一个Bean,注入Chinese类对象 -->
    <bean id="chinese" class="Chinese">
        <!--property元素用来注定需要容器注入的属性,lan属性需要容器注入 ref就指
            向lan注入的id -->
        <property name="lan" ref="english"></property>
    </bean>
    <!--注入english -->
    <bean id="english" class="English"></bean>
</beans>
```

从配置文件中可以看到Spring管理Bean的好处,Bean与Bean之间的依赖关系放在配置文件中完成,而不是用代码来体现。通过配置文件,Spring能精确地为每个Bean注入属性。注意,配置文件的Bean的class属性值,不能是接口,必须是真正的实现类。

Spring会自动接管每个Bean定义里的property元素定义。Spring会在执行无参数的构造器并创建默认的Bean实例后,调用对应的set方法为程序注入属性值。

每个Bean的id属性是该Bean的唯一标识,程序通过id属性访问Bean。而且Bean与Bean的依赖关系也通过id属性关联。

测试代码如下:

```
import org.springframework.context.ApplicationContext;
import org.springframework.context.support.FileSystemXmlApplicationContext;
public class Test {
    public static void main(String[] args) {
        ApplicationContext ctx =new FileSystemXmlApplicationContext
            ("src/applicationContext.xml");
        Human human =null;
        human = (Human) ctx.getBean("chinese");
```

```
        human.speak();
    }
}
```

程序执行结果如图 7.7 所示。

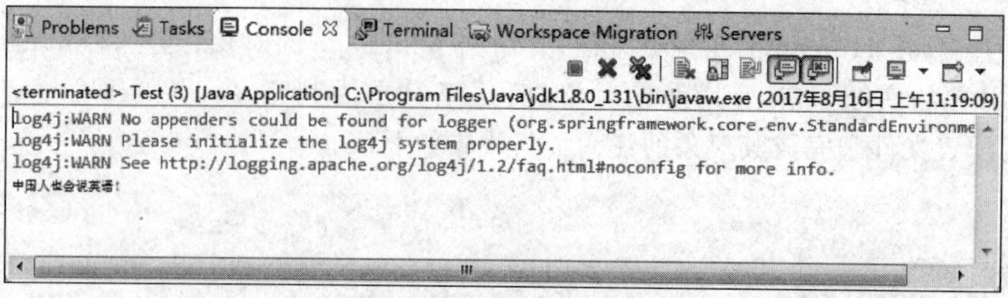

图 7.7　程序运行结果

2. 构造注入

通过 set 方法来为目标 Bean 注入属性的方式称为设置注入。另外还有一种方式，这种方式在构造实例时，已经为其完成了属性的初始化。利用构造函数来设置依赖注入的方式，称为构造注入。

例如，只要对前面的代码 Chinese 类进行简单的修改：

```
public class Chinese implements Human{
    private Language lan;
    public Chinese(){};
    //构造注入所需要的带参数的构造函数
    public Chinese(Language lan){
        this.lan=lan;
    }
    public void speak() {
        System.out.println(lan.kind());
    }
}
```

此时，Chinese 类无须 lan 属性的 set 方法，在构造 Human 实例的时候，Spring 为 Human 实例注入所依赖的 Language 实例。

配置文件也需要做简单的修改：

```
<?xml version="1.0" encoding="UTF-8"?>
<beans
    …>
    <!--定义第一个 Bean,注入 Chinese 类对象 -->
    <bean id="chinese" class="Chinese">
    <!--使用构造注入,为 Chinese 实例注入 Language 实例 -->
        <constructor-arg ref="english"></constructor-arg>
    </bean>
```

```
    <!--注入 english -->
    <bean id="english" class="English"></bean>
</beans>
```

测试用例不用改变，其结果和使用设置注入时完全一样。区别在于创建 Human 实例中的 Language 属性的时间不同。设置注入是先创建一个默认的 Bean 实例，然后调用对应的 set 方法注入依赖关系，而构造注入则在创建 Bean 实例时，已经完成了依赖关系的注入。

7.3 接口及基本配置

7.3.1 Spring 核心接口

Spring 有两个核心接口：BeanFactory(Bean 工厂，由 org. springframework. beans. factory. BeanFactory 接口定义）和 ApplicationContext(应用上下文，由 org. springframework. context. ApplicationContext 接口定义)，其中 ApplicationContext 是 BeanFactory 的子接口。它们代表了 Spring 容器。

1. BeanFactory

BeanFactory 采用了工厂设计模式。这个接口负责创建和分发 Bean，但是不像其他工厂模式的实现，它们只是分发一种类型的对象。Bean 工厂是一个通用的工厂，可以创建和分发各种类型的 Bean。

在 Spring 中有几种 BeanFactory 的实现，其中最常使用的是 org. springframework. bean. factory. xml. XmlBeanFactory。它根据 XML 文件中的定义装载 Bean。要创建 XmlBeanFactory，需要传递一个 java. io. InputStream 对象给构造函数。InputStream 对象提供 XML 文件给工厂。例如，下面的代码片段使用一个 java. io. FileInputStream 对象把 Bean XML 定义文件给 XmlBeanFactory：

```
BeanFactory factory =new XmlBeanFactory(new FileInputStream
    ("applicationContext.xml"));
```

这行简单的代码告诉 Bean 工厂从 XML 文件中读取 Bean 的定义信息，但是现在 Bean 工厂没有实例化 Bean，Bean 被延迟载入到 Bean 工厂中，就是说 Bean 工厂会立即把 Bean 定义信息载入进来，但是 Bean 只有在需要的时候才被实例化。

为了从 BeanFactory 得到一个 Bean，只要简单地调用 getBean()方法，把需要的 Bean 的名字当作参数传递进去即可。由于得到的是 Object 类型，所以要进行强制类型转化。

```
MyBean myBean = (MyBean)factory.getBean("myBean");
```

当 getBean()方法被调用的时候，工厂就会实例化 Bean 并且使用依赖注入开始设置 Bean 的属性。这样就在 Spring 容器中开始了 Bean 的生命周期。

2. ApplicationContext

BeanFactory 对简单应用来说已经很好了，但是为了获得 Spring 框架的强大功能，需要使用 Spring 更加高级的容器——ApplicationContext(应用上下文)。

表面上,ApplicationContext 和 BeanFactory 差不多。两者都是载入 Bean 定义信息,装配 Bean,根据需要分发 Bean。但是 ApplicationContext 提供了更多功能。

(1) 应用上下文提供了文本信息解析工具,包括对国际化的支持。

(2) 应用上下文提供了载入文本资源的通用方法,如载入图片。

(3) 应用上下文可以向注册为监听器的 Bean 发送事件。

由于它提供的附加功能,几乎所有的应用系统**都选择 ApplicationContext**,而不是 BeanFactory。

在 ApplicationContext 的诸多实现中,有三个常用的实现。

(1) ClassPathXmlApplicationContext:从类路径中的 XML 文件载入上下文定义信息,把上下文定义文件当成类路径资源。

(2) FileSystemXmlApplicationContext:从文件系统中的 XML 文件载入上下文定义信息。

(3) XmlWebApplicationContext:从 Web 系统中的 XML 文件载入上下文定义信息。

例如:

```
ApplicationContext context=new FileSystemXmlApplicationContext("src/
    applicationContext.xml");
ApplicationContext context=new ClassPathApplicationContext
    ("applicationContext.xml");
ApplicationContext context=
    WebApplicationContextUtils.getWebApplicationContext (request.getSession().
        getServletContext ());
```

使用 FileSystemXmlApplicationContext 和 ClassPathXmlApplicationContext 的区别是: FileSystemXmlApplicationContext 只能在**指定的路径**中寻找 applicationContext.xml 文件,而 ClassPathXmlApplicationContext 可以在**整个类路径**中寻找 applicationContext.xml。

除了 ApplicationContext 提供的附加功能外,ApplicationContext 与 BeanFactory 的另一个重要区别是关于单实例 Bean 是如何被加载的。Bean 工厂延迟载入所有的 Bean,直到 getBean()方法被调用时,Bean 才被创建。ApplicationContext 则“聪明”一点,它会在上下文启动后预载入所有的单实例 Bean。通过预载入单实例 Bean,确保当需要的时候它们已经准备好了,应用程序不需要等待它们被创建。

7.3.2 Spring 基本配置

在 Spring 容器内拼接 Bean 叫作装配。装配 Bean 实际上是在告诉容器需要哪些 Bean,以及容器如何使用依赖注入将它们配合起来。

1. 使用 XML 装配

理论上,Bean 装配可以从任何配置资源获得。但实际上,XML 是最常见的 Spring 应用系统配置源。

如下的 XML 文件展示了一个简单的 Spring 上下文定义文件:

```
<?xml version="1.0" encoding="UTF-8"?>
...
<beans …>                                               //根元素
   <bean id="foo" class="com.spring.Foo"/>?            //Bean 实例
   <bean id="bar"class="com.spring.Bar"/>?             //Bean 实例
</beans>
```

上下文定义文件的根元素<beans>有多个<bean>子元素，每个子元素定义了一个 Bean(任何一个 Java 对象)如何被装配到 Spring 容器中。

这个简单的 Bean 装配 XML 文件在 Spring 中配置了两个 Bean，分别是 foo 和 bar。

2. 添加一个 Bean

在 Spring 中对一个 Bean 的最基本配置包括 Bean 的 id 和它的全称类名。向 Spring 容器中添加一个 Bean 只需要向 XML 文件中添加一个<bean>子元素。例如下面的语句：

```
<bean id="foo" class="com.spring.Foo"/>
```

当通过 Spring 容器创建一个 Bean 实例时，不仅可以完成 Bean 的实例化，还可以为 Bean 指定特定的作用域。

(1) 原型模式与单实例模式：Spring 中的 Bean 默认情况下是单实例模式。在容器分配 Bean 的时候，它总是返回同一个实例。但是，如果每次向 ApplicationContext 请求一个 Bean 的时候需要得到一个不同的实例，需要将 Bean 定义为原型模式。

<bean>的 singleton 属性告诉 ApplicationContext 这个 Bean 是不是单实例 Bean，默认是 true，如果把它设置为 false 就成了原型 Bean。

```
<bean id="foo" class="com.spring.Foo" singleton="false"/>          //原型 Bean
```

(2) request 或 session：对于每次 http 请求或 HttpSession，使用 request 或 session 定义的 Bean 都将产生一个新实例，即每次 http 请求或 HttpSession 将会产生不同的 Bean 实例。只有在 Web 应用中使用 Spring 时，该作用域才有效。

(3) global session：每个全局的 HttpSession 对应一个 Bean 实例。典型情况下，仅在使用 portlet context 的时候有效。只有在 Web 应用中使用 Spring 时，该作用域才有效。

当一个 Bean 实例化的时候，有时需要做一些初始化的工作，然后才能使用。同样，当 Bean 不再需要，从容器中删除的时候，又要按顺序做一些清理工作。因此，Spring 可以在创建和拆卸 Bean 的时候调用 Bean 的两个生命周期方法。

在 Bean 的定义中设置自己的 init-method，这个方法在 Bean 被实例化的时候马上被调用。同样，也可以设置自己的 destroy-method，在 Bean 从容器中删除之前调用。

一个典型的例子是连接池 Bean。

```
public class MyConnectionPool{
   ...
   public void initalize(){//initialize connection pool}
   public void close(){ //release connections}
```

```
    ...
}
```

Bean 的定义如下：

```
<bean id="connectionPool" class="com.spring.MyConnectionPool"
    init-method="initializ"     //当 Bean 被载入容器的时候调用 initialize 方法
    destroy-method="close">     //当 Bean 从容器中删除的时候调用 close 方法
</bean>
```

按这样配置，MyConnectionPool 被实例化后，initialize()方法马上被调用，给 Bean 初始化的机会。在 Bean 从容器中删除之前，close()方法将释放数据库连接。

7.4 Spring AOP

AOP(Aspect Oriented Programming 的缩写)意为：**面向切面编程**(也叫面向方面)，是通过预编译方式和运行期动态代理，实现在不修改源代码的情况下给程序动态统一添加功能的一种技术。本节从代理机制入手，以一个简单常见的例子开始介绍 Spring 的 AOP。

7.4.1 代理机制

1. 问题的由来

程序中经常需要为某些动作或事件作下记录，以便随时检查运行过程和排除错误信息。当需要在执行某些方法时留下日志信息，程序员可能会这样写：

```
import java.util.logging.*;
public class HelloSpeaker{
pirvate Logger logger=Logger.getLogger(this.getClass().getName());
        public void hello(String name){
        logger.log(Level.INFO,"hello method starts…");  //方法开始执行时留下日志
        Sytem.out.println("hello, "+name);              //程序的主要功能
        logger.log(Level.INFO, "hello method ends…");   //方法执行完毕时留下日志
    }
}
```

在 HelloSpeaker 类中执行 hello()方法，程序员希望开始与执行完毕时都会留下日志。最简单的做法是用上面的设计，在方法执行的前后分别加上日志动作。然而对于 HelloSpeaker 来说，日志的这种动作并不属于 HelloSpeaker 逻辑，这使得 HelloSpeaker 增加了额外的职责。

如果程序中这种日志动作到处都有需求，以上的写法势必造成程序员到处撰写这些日志动作代码。这将使得维护日志代码的困难加大。如果需要的服务不只是日志动作，另外

一些非类本身职责的相关动作也混入到类中，例如权限检查、事务管理等，会使得类的负担越发加重，甚至混淆类本身的职责！

另一方面，使用以上的写法，如果有一天不再需要日志（或权限检查、事务管理等）的服务，将需要修改所有留下日志动作的程序，无法简单地将这些相关服务从现有的程序中移除。

可以使用代理（Proxy）机制来解决这个问题，有两种代理方式：静态代理（static proxy）和动态代理（dynamic proxy）。

2. 静态代理

在静态代理的实现中，代理类与被代理的类必须实现同一个接口。在代理类中可以实现记录等相关服务，并在需要的时候再呼叫被代理类。这样被代理类中就可以仅仅保留业务相关的职责了。

举个简单的例子，首先定义一个 Ihello 接口。

Ihello. java 代码如下：

```
public interface Ihello{
    public void hello(String name);
}
```

然后让实现业务逻辑的 HelloSpeaker 类实现 Ihello 接口，HelloSpeaker. java 代码如下：

```
public class HelloSpeaker implements Ihello{
    public void hello(String name){
        System.out.println("hello,"+name);
    }
}
```

可以看到，在 HelloSpeaker 类中没有任何日志的代码插入其中，日志服务的实现将被放到代理类中，代理类同样要实现 Ihello 接口。

HelloProxy. java 代码如下：

```
import java.util.logging.*;
public class HelloProxy implements Ihello{
    private Logger logger=Logger.getLogger(this.getClass().getName());
    private Ihello helloObject;
    public HelloProxy(Ihello helloObject){
        this.helloObject=helloObject;
    }
    public void hello(String name){
        log("hello method starts…");                //日志服务
        helloObject.hello(name);                    //执行业务逻辑
        log("hello method ends…");                  //日志服务
    }
```

```
    private void log(String msg){
        logger.log(Level.INFO,msg);
    }
}
```

在 HelloProxy 类的 hello()方法中，真正实现业务逻辑前后可以安排记录服务，可以实际撰写一个测试程序来看如何使用代理类，代码如下：

```
public class ProxyDemo{
    public static void main(String[] args){
        Ihello proxy=new HelloProxy(new HelloSpeaker());
        proxy.hello("Justin");
    }
}
```

程序运行结果(日志显示为程序实际运行的时刻)如下：

```
八月 16, 2017 11:49:25 上午 HelloProxy log
信息：hello method starts…
hello,Justin
八月 16, 2017 11:49:25 上午 HelloProxy log
信息：hello method ends…
```

这是静态代理的基本示例，但是可以看到，代理类的一个接口只能服务于一种类型的类，而且如果要代理的方法很多，势必要为每个方法进行代理。静态代理在程序规模稍大时必定无法胜任。

3. 动态代理

在 JDK1.3 之后加入了可协助开发动态代理功能的 API 等相关类别，不需要为特定类和方法编写特定的代理类，即使用动态代理。这样做使得一个处理者(Handler)可以为各个类服务。

要实现动态代理，同样需要定义所要代理的接口：

IHello.java 代码如下：

```
public interface IHello{
    public void hello(String name);
}
```

然后让实现业务逻辑的 HelloSpeaker 类实现 IHello 接口。

HelloSpeaker.java 代码如下：

```
public class HelloSpeaker implements IHello{
    public void hello(String name){
        System.out.println("Hello, "+name);
    }
}
```

与上例不同的是，这里要实现不同的代理类：

```
import java.lang.reflect.InvocationHandler;
import java.lang.reflect.Method;
public class LogHandler implements InvocationHandler{
    private Object sub;
    public LogHandler() {
    }
    public LogHandler(Object obj){
        sub =obj;
    }
    public Object invoke(Object proxy, Method method, Object[] args)
            throws Throwable{
        System.out.println("before you do thing");
        method.invoke(sub, args);
        System.out.println("after you do thing");
        return null;
    }
}
```

写一个测试程序，要使用 LogHandler 来绑定被代理类。

ProxyDemo.java 代码如下：

```
import java.lang.reflect.Proxy;
public class ProxyDemo {
    public static void main(String[] args) {
        HelloSpeaker helloSpeaker=new HelloSpeaker();
        LogHandler logHandler=new LogHandler(helloSpeaker);
        Class cls=helloSpeaker.getClass();
        IHello iHello=
            (IHello)Proxy.newProxyInstance(cls.getClassLoader(),cls.
                        getInterfaces(),logHandler);
        iHello.hello("Justin");
    }
}
```

程序运行结果：

```
before you do thing
Hello, Justin
after you do thing
```

HelloSpeaker 本身的职责是显示文字，却必须插入日志动作，这使得 HelloSpeaker 的职责加重。用 AOP 的术语来说是日志的程序代码**横切**(cross-cutting)到 HelloSpeaker 的执行流程中，这样的动作在 AOP 中被称为**横切关注点**(cross-cutting concern)。

使用代理机制将与业务逻辑无关的动作提取出来，设计为一个服务类，如同上面两个范例中的 HelloProxy 和 LogHandler，这样的类称为**切面**(Aspect)。

AOP 中的 aspect 所指的可以是像日志等这类的动作或服务，将这些动作(cross-cutting concern)设计为通用、不介入特定业务类的一个职责清楚的独立 Aspect 类，就是所谓的 Aspect-oriented programming 即 AOP。

7.4.2 AOP 基本概念

在上一小节两实例的感性认识基础上，下面介绍 AOP 的基本概念和有关术语。

1. Cross-cutting concern

在 DynamicProxyDemo 的例子中，记录的动作原先被横切(Cross-cutting)到 HelloSpeaker 本身所负责的业务流程中。另外类似于日志这类的动作，如安全检查、事务等服务，在一个应用程序中常被安排到各个类的处理流程之中。这些动作在 AOP 的术语中被称为 Cross-cutting concern。如图 7.8 所示，原来的业务流程是很单纯的。

Cross-cutting concern 如果直接写在负责某业务的类的流程中，使得维护程序的成本增加。如果以后要把类的记录功能修改或者移除这些服务，则必须修改所有撰写曾记录服务的程序，然后重新编译。另一方面，Cross-cutting concern 混杂在业务逻辑之中，使得业务类本身的逻辑或者程序的撰写更为复杂。

为了要加入日志与安全检查等服务，类的程序代码中被硬生生地写入了不相关的 Logging、Security 等程序片段，如图 7.9 所示。

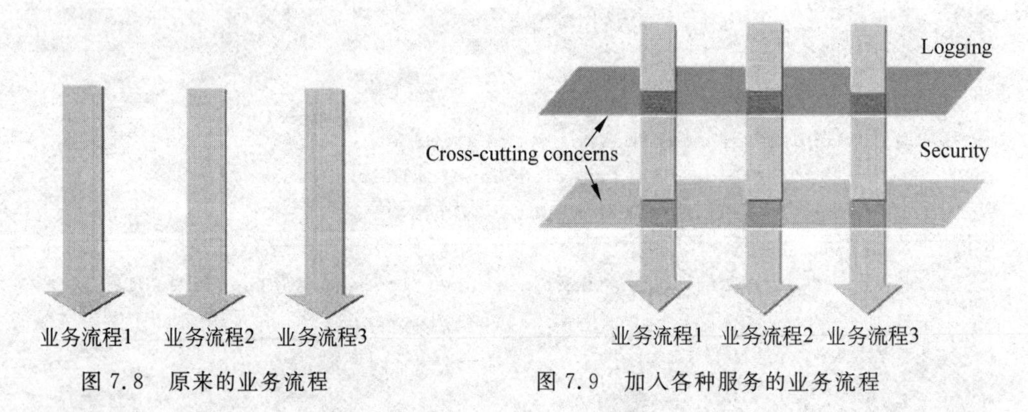

图 7.8 原来的业务流程

图 7.9 加入各种服务的业务流程

2. Aspect

将散落在各个业务类中的 Cross-cutting concerns 收集起来，设计各个独立可重用的类，这种类称之为 Aspect。例如在动态代理中将日志的动作设计为一个 LogHandler 类，LogHandler 类在 AOP 术语中就是 Aspect 的一个具体实例。在需要该服务的时候，缝合到应用程序中；不需要服务的时候，也可以马上从应用程序中脱离。应用程序中的可重用组件不用做任何的修改。例如，在动态代理中的 HelloSpeaker 所代表的角色就是应用程序中可重用的组件，在它需要日志服务时并不用修改本身的程序代码。

另一方面，对于应用程序中可重用的组件来说，以 AOP 的设计方式，它不用知道处理提供服务的类的存在。即与服务相关的 API 不会出现在可重用的应用组件中，因而可提高这些组件的重用性，可以将这些组件应用到其他的应用程序中，而不会因为目前加入了某个服务或与目前的应用框架发生耦合。

不同的 AOP 框架对 AOP 概念有不同的实现方式，主要差别在于所提供的 Aspect 的丰富程度，以及它们如何被缝合(Weave)到应用程序中。

7.4.3 通知 Advice

Spring 提供了 5 种通知(Advice)类型：Interception Around、Before、After Returning、Throw 和 Introduction。它们分别在以下情况被调用。

- Interception Around Advice：在目标对象的方法执行前后被调用。
- Before Advice：在目标对象的方法执行前被调用。
- After Returning Advice：在目标对象的方法执行后被调用。
- Throw Advice：在目标对象的方法抛出异常时被调用。
- Introduction Advice：一种特殊类型的拦截通知，只有在目标对象的方法调用完毕后才执行。

这里，用前置通知 Before Advice 来说明。

创建一个 Before Advice 的 Web 项目，步骤如下。

(1) 创建一个 Web 项目，命名为 Spring_Advices。

(2) 编写 Java 类。

Before Advice 会在目标对象的方法执行之前被呼叫。如同在便利店里，在客户购买东西之前，老板要给客户一个热情的招呼。为了实现这一点，需要扩展 MethodBeforeAdvice 接口。这个接口提供了获取目标的方法、参数以及目标对象。

MethodBeforeAdvice 接口的代码如下：

```
import java.lang.ref.*;
import java.lang.reflect.Method;
public interface MethodBeforeAdvice{
    void before(Method method, Object[] args, Object target) throws Exception;
}
```

用实例来示范如何使用 Before Advice。首先要定义目标对象必须实现的接口 IHello。

IHello.java 代码如下：

```
public interface IHello{
    public void hello(String name);
}
```

接着定义一个 HelloSpeaker，实现 IHello 接口。

HelloSpeaker.java 代码如下：

```
public class HelloSpeaker implements IHello{
    public void hello(String name){
        System.out.println("Hello,"+name);
```

```
    }
}
```

在对 HelloSpeaker 不进行任何修改的情况下，想要在 hello()方法执行之前可以记录一些信息。有一个组件，但是没有源代码，想对它增加一些日志的服务。

LogBeforeAdvice.java 代码如下：

```
import java.lang.reflect.*;
import java.util.logging.Level;
import java.util.logging.Logger;
import org.springframework.aop.MethodBeforeAdvice;
public class LogBeforeAdvice implements MethodBeforeAdvice{
    private Logger logger=Logger.getLogger(this.getClass().getName());
    public void before(Method method, Object[] args, Object target) throws
Exception{
        logger.log(Level.INFO, "method starts…"+method);
    }
}
```

在 before()方法中，加入了一些记录信息的程序代码。LogBeforeAdvice 类被设计为一个独立的服务。

(3) 添加 Spring 开发能力。

步骤如 7.2.2 所示，由于这是一个 Web 项目，故默认选择 Spring 的两个包：Core 和 Facets，如图 7.10 所示。

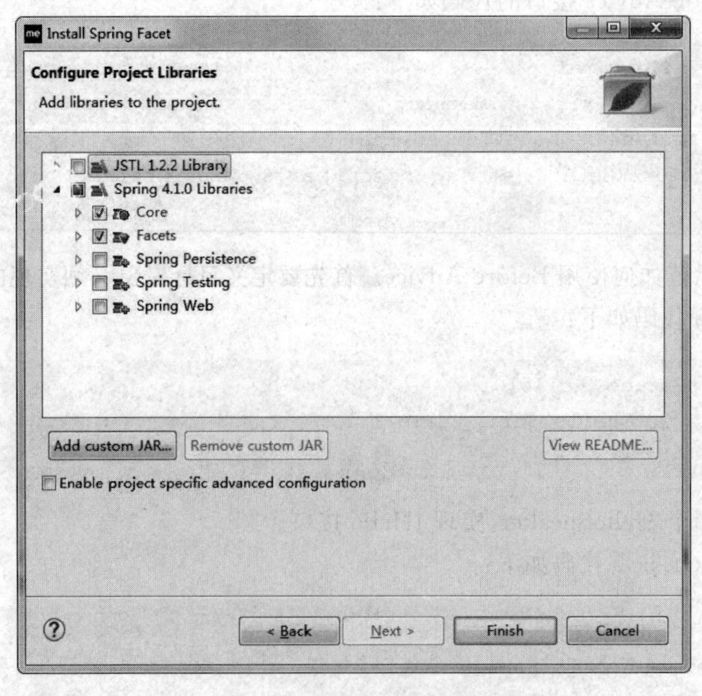

图 7.10　Web 项目默认选择的 Spring 包

applicationContext.xml 的代码如下：

```
<?xml version="1.0" encoding="UTF-8"?>
<beans
      …>
   <bean id="logBeforeAdvice" class="LogBeforeAdvice" />
   <bean id="helloSpeaker" class="HelloSpeaker" />
   <bean id="helloProxy"
       class="org.springframework.aop.framework.ProxyFactoryBean">
       <property name="proxyInterfaces">
          <value>IHello</value>
       </property>
       <property name="target">
          <ref bean="helloSpeaker" />
       </property>
       <property name="interceptorNames">
          <list>
             <value>logBeforeAdvice</value>
          </list>
       </property>
   </bean>
</beans>
```

注意：除了建立 Advice 和 Target 实例之外，还使用了 org.springframework.aop.framework.ProxyFactoryBean。这个类会被 BeanFactory 或者 ApplicationContext 用来建立代理对象。需要在 proxyInterfaces 属性中告诉代理可运行的界面，在 target 上告诉 Target 对象，在 interceptorNames 上告诉要应用的 Advice 实例，在不指定目标方法的时候，Before Advice 会被缝合(Weave)到界面上多处有定义的方法之前。

(4) 运行程序，测试结果。

编写一个程序 SpringAOPDemo.java，测试 Before Advice 的运作，代码如下：

```
import org.springframework.context.ApplicationContext;
import org.springframework.context.support.FileSystemXmlApplicationContext;
public class SpringAOPDemo{
   public static void main(String[] args){
       ApplicationContext context=new FileSystemXmlApplicationContext
               ("/WebRoot/WEB-INF/classes/applicationContext.xml");
       IHello helloProxy=(IHello)context.getBean("helloProxy");
       helloProxy.hello("Justin");
   }
}
```

程序运行结果如下：

```
八月 16, 2017 3:45:06 下午 LogBeforeAdvice before
```

```
信息：method starts…public abstract void IHello.hello(java.lang.String)
Hello,Justin
```

HelloSpeaker 与 LogBeforeAdvice 是两个独立的类。对于 HelloSpeaker 来说，它不用知道 LogBeforeAdvice 的存在；而 LogBeforeAdvice 也可以运行到其他类之上。HelloSpeaker 与 LogBefore 都可以重复使用。

7.4.4 切入点 Pointcut

Pointcut 定义了通知 Advice 应用的时机。下面再以一个实例来介绍如何使用 Spring 提供的 org.springframework.aop.support.NameMatchMethodPointcutAdvisor。可以指定 Advice 所要应用的目标上的方法名称，或者是用 * 来指定。例如，hello * 表示调用代理对象上以 hello 作为开头的方法名称时，都会应用指定的 Advice。

创建一个切入点 Pointcut 项目，步骤如下。

(1) 创建一个 Web 项目，命名为 Spring_Pointcut。

(2) 编写 Java 类。

IHello.java 代码如下：

```
public interface IHello{
    public void helloNewbie(String name);
    public void helloMaster(String name);
}
```

HelloSpeaker 类实现 IHello 接口。HelloSpeaker.java 代码如下：

```
public class HelloSpeaker implements IHello{
    public void helloNewbie(String name){
        System.out.println("Hello, "+name+"newbie! ");
    }
    public void helloMaster(String name){
        System.out.println("Hello, "+name+"master! ");
    }
}
```

本实例程序也需要扩展 MethodBeforeAdvice 接口以及设计 LogBeforeAdvice 类，它们的代码与前面 7.4.3 节的例子完全一样，此处从略。

(3) 添加 Spring 开发能力。

步骤如 7.2.2 所示。

applicationContext.xml 的代码如下：

```
<?xml version="1.0" encoding="UTF-8"?>
<beans
        …>
```

```
    <bean id="logBeforeAdvice" class="LogBeforeAdvice" />
    <bean id="helloAdvisor"
        class="org.springframework.aop.support.NameMatchMethodPointcutAdvisor">
        <property name="mappedName">
            <value>hello * </value>
        </property>
        <property name="advice">
            <ref bean="logBeforeAdvice" />
        </property>
    </bean>
    <bean id="helloSpeaker" class="HelloSpeaker" />
    <bean id="helloProxy"
        class="org.springframework.aop.framework.ProxyFactoryBean">
        <property name="proxyInterfaces">
            <value>IHello</value>
        </property>
        <property name="target">
            <ref bean="helloSpeaker" />
        </property>
        <property name="interceptorNames">
            <list>
                <value>helloAdvisor</value>
            </list>
        </property>
    </bean>
</beans>
```

在 NameMatchMethodPointcutAdvosor 的 mappedName 属性上，由于指定了 hello * ，所以当调用 helloNewbie()或者 helloMaster()方法时，由于方法名称的开头符合 hello，就会应用 logBeforeAdvice 的服务逻辑，可以编写一个程序来测试。

（4）运行程序，测试结果。

SpringAOPDemo. java 代码如下：

```
import org.springframework.context.ApplicationContext;
import org.springframework.context.support.FileSystemXmlApplicationContext;
public class SpringAOPDemo {
    public static void main(String[] args) {
        ApplicationContext context =new FileSystemXmlApplicationContext(
                "/WebRoot/WEB-INF/classes/applicationContext.xml");
        IHello helloProxy = (IHello) context.getBean("helloProxy");
        helloProxy.helloNewbie("Justin");
        helloProxy.helloMaster("Tom");
    }
}
```

程序运行结果：

```
八月 16, 2017 3:59:03 下午 LogBeforeAdvice before
信息: method starts … public abstract void IHello. helloNewbie (java. lang.
String)
Hello, Justinnewbie!
八月 16, 2017 3:59:03 下午 LogBeforeAdvice before
信息: method starts … public abstract void IHello. helloMaster (java. lang.
String)
Hello, Tommaster!
```

在 Spring 中使用 PointcutAdvisor 把 Pointcut 与 Advice 结合为一个对象。Spring 中大部分内建的 Pointcut 都有对应的 PointAdvisor。org. springframework. aop. support . NameMatchMethodPointcutAdvisor，这是最简单的 PointAdvisor，它是 Spring 中静态的 Pointcut 实例。使用 org. springframework. aop. support. RegexpMethodPointcut 可以实现静态切入点。RegexpMethodPointcut 是一个通用的正则表达式切入点，它是通过 Jakarta ORO 来实现的。

静态切入点只限于给定的方法和目标类，而不考虑方法的参数。动态切入点与静态切入点的区别是，它不仅限定于给定的方法和类，动态切入点还可以指定方法的参数。当切入点需要在执行时根据参数值来调用通知时，就需要使用动态切入点。在大多数的切入点，可以使用静态切入点，很少有机会创建动态切入点。

7.5 Spring 的事务支持

Spring 的事务管理不需要与任何特定的事务 API 耦合。Spring 同时支持编程式事务策略和声明式事务策略，大部分时候都采用声明式事务策略。声明式事务管理的优势非常明显：代码中无须关注事务逻辑，让 Spring 声明式事务管理负责事务逻辑，声明式事务管理无须与具体的事务逻辑耦合，可以方便地在不同事务逻辑之间切换。

声明式事务管理的配置方式，通常有如下 4 种。

(1) 采用 TransactionProxyFactoryBean 为目标 Bean 生成事务代理的配置。此方式是最传统、配置文件最臃肿、最难以阅读的方式。

(2) 采用 Bean 继承的事务代理配置方式，比较简洁，但依然是增量式配置。

(3) 采用 BeanNameAutoProxyCreator，根据 Bean 名自动生成事务代理的方式，这是直接利用 Spring 的 AOP 框架配置事务代理的方式，需要对 Spring 的 AOP 框架有所理解。但这种方式避免了增量式配置，效果非常好。

(4) 采用 DefaultAdvisorAutoProxyCreator，这也是直接利用 Spring 的 AOP 框架配置事务代理的方式，效果也非常不好，只是这种配置方式的可读性不如第三种方式。

下面逐一介绍这几种方式的配置文件。

7.5.1　采用TransactionProxyFactoryBean生成事务代理

采用这种方式的配置，配置文件的增加非常快。每个Bean需要两个Bean配置：一个目标Bean，另外一个是使用TransactionProxyFactoryBean配置一个代理Bean。这是一种最原始的配置方式，其配置文件如下：

```
<?xml version="1.0" encoding="gb2312"?>
<!--Spring配置文件的文件头,包含DTD等信息-->
<!DOCTYPE beans PUBLIC "-//SPRING//DTD BEAN//EN"
"http://www.springframework.org/dtd/spring-beans.dtd">
<beans>
    …
    <!--定义事务管理器,适用于Hibernte的事务管理器-->
    <bean id="transactionManager"
        class="org.springframework.orm.hibernate3.HibernateTransactionManager">
        <!--HibernateTransactionManager bean需要依赖注入一个SessionFactory
            bean的引用-->
        <property name="sessionFactory"><ref local="sessionFactory"/>
                  </property>
    </bean>
    <bean id="xsDao"
        class="org.springframework.transaction.interceptor.
              TransactionProxyFactoryBean">
        <!--为事务代理Bean注入事务管理器-->
        <property name="transactionManager"><ref bean=
                "transactionManager"/></property>
        <!--设置事务属性-->
        <property name="transactionAttributes">
            <props>
            <!--所有以save开头的方法,采用required的事务策略,并且为只读-->
                <prop key="save*">PROPAGATION_REQUIRED,readOnly</prop>
                <!--其他方法,采用required的事务策略 ->
                <prop key="*">PROPAGATION_REQUIRED</prop>
            </props>
        </property>
        <!--为事务代理Bean设置目标Bean -->
        <property name="target">
        <!--采用嵌套Bean配置目标Bean-->
            <bean class="org.dao.imp.XsDaoImp">
            <!--为DAO Bean注入SessionFactory引用-->
                <property name="sessionFactory">
                    <ref local="sessionFactory"/>
                </property>
```

```
            </bean>
        </property>
</bean>
</beans>
```

注意：在上面的配置文件中，xsDao 需要配置两个部分，一个是 xsDao 的目标 Bean，一个是事务代理。上面的配置中把目标 Bean 配置成嵌套 Bean，使目标 Bean 没有直接暴露在 Spring 容器中，避免了目标 Bean 被错误引用。

7.5.2 利用继承简化配置

大部分情况下，每个事务代理的事务属性大同小异，事务代理的实现类都是 TransactionProxyFactoryBean。事务代理 Bean 都必须注入事务管理器。

对于这种情况，Spring 提供了 Bean 与 Bean 之间的继承，可以简化配置。将大部分的通用配置设置成事务模板。而实际的事务代理 Bean 则继承事务模板。其配置文件如下：

```
<?xml version="1.0" encoding="gb2312"?>
<!--Spring 配置文件的文件头,包含 DTD 等信息-->
<!DOCTYPE beans PUBLIC "-//SPRING//DTD BEAN//EN"
    "http://www.springframework.org/dtd/spring-beans.dtd">
<beans>
    …
    <!--定义事务管理器,使用适用于 Hibernte 的事务管理器-->
    <bean id="transactionManager"
        class="org.springframework.orm.hibernate3.HibernateTransactionManager">
        <!--HibernateTransactionManager bean 需要依赖注入一个 SessionFactory
            bean 的引用-->
        <property name="sessionFactory"><ref local="sessionFactory"/>
                </property>
    </bean>
    <!--配置事务模板,模板 Bean 被设置成 abstract bean,保证不会被初始化-->
    <bean id="txBase"
        class="org.springframework.transaction.interceptor.
            TransactionProxyFactoryBean"
          lazy-init="true" abstract="true">
        <!--为事务模板注入事务管理器-->
        <property name="transactionManager"><ref bean="transactionManager"/>
                </property>
        <!--设置事务属性-->
        <property name="transactionAttributes">
            <props>
                <prop key="find*">PROPAGATION_REQUIRED,readOnly</prop>
                <prop key="*">PROPAGATION_REQUIRED</prop>
```

```
            </props>
        </property>
    </bean>
    <!--实际的事务代理 Bean-->
    <bean id="xsDao" parent="txBase">
        <!--采用嵌套 Bean 配置目标 Bean -->
        <property name="target">
            <bean class="org.dao.imp.XsDaoImp ">
                <property name="sessionFactory">
                    <ref local="sessionFactory"/>
                </property>
            </bean>
        </property>
    </bean>
</beans>
```

这种配置方式,相比直接采用 TransactionProxyFactoryBean 的方式,大大减少配置文件的代码量。每个事务代理的配置都继承事务模板,无须重复指定事务代理的实现类,无须重复指定事务传播属性;当然,如果新的事务代理有额外的事务属性,也可指定自己的事务属性。此时,子 Bean 的属性覆盖父 Bean 的属性。当然每个事务代理 Bean 都必须配置自己的目标 Bean,这不可避免。

从上面的配置可看出,事务代理的配置依然是增量式的,虽然增量已经减少,但每个事务代理都需要单独配置。

7.5.3 采用 BeanNameAutoProxyCreator 自动创建事务代理

下面介绍一种优秀的事务代理配置策略——**BeanNameAutoProxyCreator**,它完全可以避免增量式配置,所有的事务代理由系统自动创建。容器中的目标 Bean 自动消失,避免需要使用嵌套 Bean 来保证目标 Bean 不可被访问。采用 BeanNameAutoProxyCreator 配置事务代理的源文件如下:

```
<?xml version="1.0" encoding="gb2312"?>
<!--Spring 配置文件的文件头,包含 DTD 等信息-->
<!DOCTYPE beans PUBLIC "-//SPRING//DTD BEAN//EN"
    "http://www.springframework.org/dtd/spring-beans.dtd">
<beans>
    …
    <!--定义事务管理器,使用适用于 Hibernte 的事务管理器-->
    <bean id="transactionManager"
        class="org.springframework.orm.hibernate3.
              HibernateTransactionManager">
        <!--HibernateTransactionManager bean 需要依赖注入一个 SessionFactory
            bean 的引用-->
```

```
        <property name="sessionFactory"><ref local="sessionFactory"/>
                </property>
    </bean>
    <!--配置事务拦截器-->
    <bean id="transactionInterceptor"
        class="org.springframework.transaction.interceptor.
             TransactionInterceptor">
        <!--事务拦截器 Bean 需要依赖注入一个事务管理器 -->
        <property name="transactionManager" ref="transactionManager"/>
        <property name="transactionAttributes">
            <!--下面定义事务传播属性-->
            <props>
                <prop key="save*">PROPAGATION_REQUIRED,readOnly</prop>
                <prop key="*">PROPAGATION_REQUIRED</prop>
            </props>
        </property>
    </bean>
    <!--定义 BeanNameAutoProxyCreator,该 Bean 无须被引用,因此没有 id 属性,这个
        Bean 根据事务拦截器为目标 Bean 自动创建事务代理-->
    <bean
        class="org.springframework.aop.framework.autoproxy.
             BeanNameAutoProxyCreator">
        <!--指定对满足哪些 Bean 名的 Bean 自动生成业务代理 -->
        <property name="beanNames">
            <!--下面是所有需要自动创建事务代理的 Bean-->
            <list>
                <value>xsDao</value>
            </list>
            <!--此处可增加其他需要自动创建事务代理的 Bean-->
        </property>
            <!--下面定义 BeanNameAutoProxyCreator 所需的事务拦截器-->
        <property name="interceptorNames">
            <list>
                <value>transactionInterceptor</value>
                <!--此处可增加其他新的 Interceptor -->
            </list>
        </property>
    </bean>
    <!--定义 DAO Bean ,由 BeanNameAutoProxyCreator 自动生成事务代理-->
    <bean id="xsDao" class="org.dao.imp.XsDaoImp">
        <property name="sessionFactory">
            <ref local="sessionFactory"/>
        </property>
    </bean>
</beans>
```

TransactionInterceptor 是一个事务拦截器 Bean，需要传入一个 TransactionManager 的引用。配置中使用 Spring 依赖注入该属性，事务拦截器的事务属性通过 TransactionAttributes 来指定，该属性有 props 子元素，配置文件中定义了两个事务传播规则。

所有以 save 开头的方法，采用 PROPAGATION_REQUIRED 事务传播规则，并且只读。其他方法，则采用 PROPAGATION_REQUIRED 的事务传播规则。

BeanNameAutoProxyCreator 是个根据 Bean 名生成自动代理的代理创建器，该 Bean 通常需要接受两个参数。第一个是 beanNames 属性，该属性用来设置哪些 Bean 需要自动生成代理。另一个属性是 interceptorNames，该属性则指定事务拦截器，自动创建事务代理时，系统会根据这些事务拦截器的属性来生成对应的事务代理。

7.5.4 用 DefaultAdvisorAutoProxyCreator 自动创建事务代理

这种配置方式与 BeanNameAutoProxyCreator 自动创建代理的方式非常相似，区别是前者使用事务拦截器创建代理，后者需要使用 Advisor 创建事务代理。

事实上，采用 DefaultAdvisorAutoProxyCreator 的事务代理配置方式更加简洁，这个代理生成器自动搜索 Spring 容器中的 Advisor，并为容器中所有的 Bean 创建代理。相对前一种方式，这种方式的可读性不如前一种直观，所以还是推荐采用第三种配置方式，下面是该方式下的配置文件：

```
<?xml version="1.0" encoding="gb2312"?>
<!--Spring 配置文件的文件头，包含 DTD 等信息-->
<!DOCTYPE beans PUBLIC "-//SPRING//DTD BEAN//EN"
    "http://www.springframework.org/dtd/spring-beans.dtd">
<beans>
   ...
<!--定义事务管理器，使用适用于 Hibernte 的事务管理器-->
   <bean id="transactionManager"
       class="org.springframework.orm.hibernate3.HibernateTransaction-
             Manager">
       <!--HibernateTransactionManager bean 需要依赖注入一个 SessionFactory
           bean 的引用-->
          <property name="sessionFactory"><ref local="sessionFactory"/>
                   </property>
   </bean>
   <!--配置事务拦截器-->
   <bean id="transactionInterceptor"
       class="org.springframework.transaction.interceptor.
             TransactionInterceptor">
       <!--事务拦截器 Bean 需要依赖注入一个事务管理器 -->
       <property name="transactionManager" ref="transactionManager"/>
       <property name="transactionAttributes">
          <!--下面定义事务传播属性-->
```

```
            <props>
                <prop key="save * ">PROPAGATION_REQUIRED,readOnly</prop>
                <prop key=" * ">PROPAGATION_REQUIRED</prop>
            </props>
        </property>
    </bean>
    <!--定义事务 Advisor-->
    <bean
        class="org.springframework.transaction.interceptor.
            TransactionAttributeSourceAdvisor">
        <!--定义 advisor 时,必须传入 Interceptor-->
        <property name="transactionInterceptor" ref="transactionInterceptor"/>
    </bean>
    <!--DefaultAdvisorAutoProxyCreator 搜索容器中的 advisor,并为每个 bean 创建
        代理 -->
    <bean
        class="org.springframework.aop.framework.autoproxy.
            DefaultAdvisorAutoProxyCreator"/>
    <!--定义 DAO Bean ,由于 BeanNameAutoProxyCreator 自动生成事务代理-->
    <bean id="xsDao" class="org.dao.imp.XsDaoImp">
        <property name="sessionFactory">
            <ref local="sessionFactory"/>
        </property>
    </bean>
</beans>
```

在这种配置方式下，配置文件变得更加简洁，增加目标 Bean，不需要增加任何额外的代码，容器自动为目标 Bean 生成代理。但这种方式的可读性相对较差。

不管是哪种方式，都定义了事务传播的属性，下面具体介绍事务传播的种类。

Spring 在 TransactionDefinition 接口中规定了 7 种类型的事务传播行为，它们规定了事务方法和事务方法发生嵌套调用时事务如何进行传播。

PROPAGATION_REQUIRED：如果当前没有事务，就新建一个事务；如果已经存在一个事务，加入到这个事务中。这是最常见的选择。

PROPAGATION_SUPPORTS：支持当前事务。如果当前没有事务，就以非事务方式执行。

PROPAGATION_MANDATORY：使用当前的事务。如果当前没有事务，就抛出异常。

PROPAGATION_REQUIRES_NEW：新建事务。如果当前存在事务，把当前事务挂起。

PROPAGATION_NOT_SUPPORTED：以非事务方式执行操作，如果当前存在事务，就把当前事务挂起。

PROPAGATION_NEVER：以非事务方式执行。如果当前存在事务，则抛出异常。

PROPAGATION_NESTED：如果当前存在事务，则在嵌套事务内执行。如果当前没有事务，则执行与 PROPAGATION_REQUIRED 类似的操作。

注意：当使用 PROPAGATION_NESTED 时，底层的数据源必须基于 JDBC 3.0 或以上，并且实现者需要支持保存点事务机制。

7.6 Spring 与 Struts 2 的整合

在这种组合中 Struts 2 依然充当着视图层和控制层角色，但是控制层不直接调用模型层中的业务逻辑层，而是在中间加了一个 Spring，采用控制反转的方式进行松耦合。框架如图 7.11 所示。

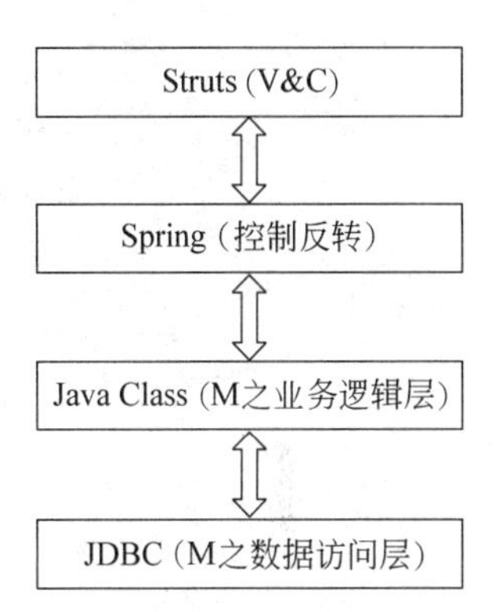

图 7.11　Struts 2+Spring 架构

这节以开发一个简单的项目来具体介绍 Spring 是如何整合 Struts 2 的。在这个项目中，用户在登录页面输入正确的登录名和密码，则跳转到另外一个欢迎页面，反之，将进入失败页面。

开发一个 Spring 与 Struts 2 的整合项目的步骤如下。

(1) 创建 Web 项目 Struts_Spring。

(2) 添加 Struts 2 框架。

(3) 创建 login.jsp。

login.jsp 代码如下：

```
<%@page language="java" pageEncoding="utf-8"%>
<%@taglib uri="/struts-tags" prefix="s" %>
<html>
<head>
    <title>登录界面</title>
</head>
<body>
    <s:form action="login.action" method="post">
        <s:textfield name="xh" label="用户"/>
        <s:password name="kl" label="口令"/>
        <s:submit value="登录"/>
    </s:form>
</body>
</html>
```

(4) 创建 Action。

LoginAction.java 代码如下：

```
package org.action;
import com.opensymphony.xwork2.ActionSupport;
public class LoginAction extends ActionSupport{
    private String xh;
    private String kl;
```

```
    public String getXh() {
        return xh;
    }
    public void setXh(String xh) {
        this.xh = xh;
    }
    public String getKl() {
        return kl;
    }
    public void setKl(String kl) {
        this.kl = kl;
    }
    public String execute() throws Exception {
        return SUCCESS;
    }
}
```

配置 struts. xml 文件，代码如下：

```
<?xml version="1.0" encoding="UTF-8" ?>
<!DOCTYPE struts PUBLIC
    "-//Apache Software Foundation//DTD Struts Configuration 2.5//EN"
    "http://struts.apache.org/dtds/struts-2.5.dtd">
<!--START SNIPPET: xworkSample -->
<struts>
    <package name="default" extends="struts-default">
        <action name="login" class="org.action.LoginAction">
            <result name="success">login_success.jsp</result>
        </action>
    </package>
</struts>
<!--END SNIPPET: xworkSample -->
```

（5）创建 login_success. jsp。

代码如下：

```
<%@page contentType="text/html;charset=gb2312" %>
<%@taglib prefix="s" uri="/struts-tags" %>
<html>
<body >
<h2>您好！<s:property value=" xh"/>欢迎您登录成功 </h2>
</body>
</html>
```

(6) 部署运行。

部署测试 Struts 2 是否正常运行，在浏览器中输入 http://localhost:8080/Struts_Spring/login.jsp。在登录框和密码框中任意输入，单击"登录"按钮会转到登录成功界面，并输出登录名，如图 7.12 所示。

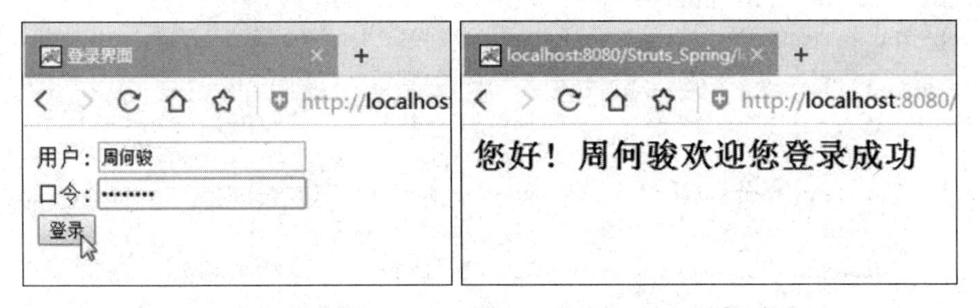

图 7.12　登录成功后输出登录名

(7) 添加 Spring 框架。

该步骤见 7.2.2 节。注意：一定要勾选 Spring Web 库，如图 7.13 所示。

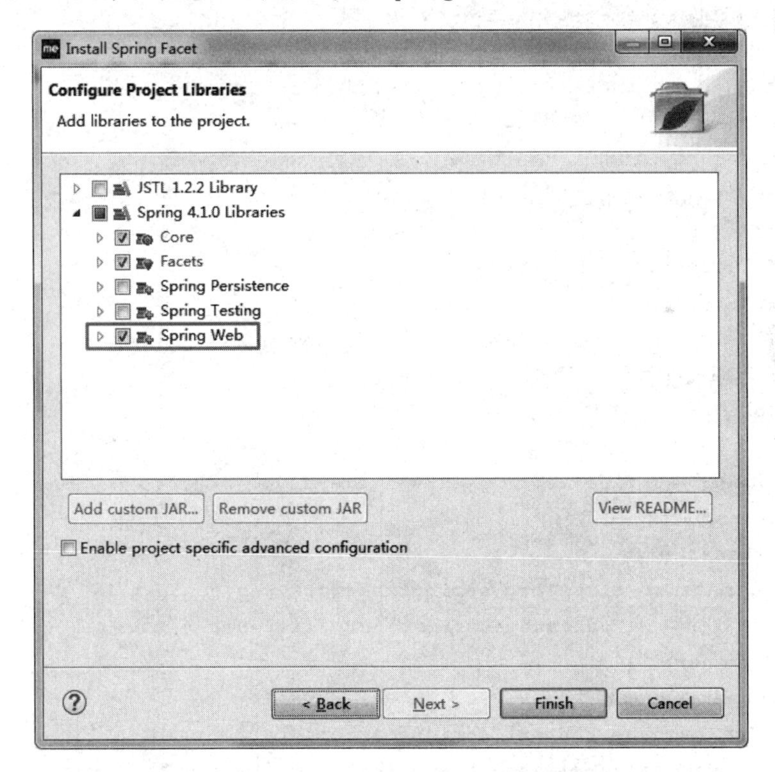

图 7.13　加选 Spring Web 库

(8) 添加 Spring 支持包 struts2-spring-plugin.jar。

将 struts2-spring-plugin-2.5.10.1.jar 包复制到\WebRoot\WEB-INF\lib 目录下，然后再添加，具体操作同添加 Struts 2 包一样。

注意：一定要加入该包，该包位于 Struts 2 完整版的 lib 目录下，读者可去 Struts 2 官网下载其完整版的压缩包。

（9）修改 web. xml。

在做了添加 Spring 框架的操作后，系统会自动修改 web. xml 文件，增加对 Spring 的支持（如下加黑处）：

```
<?xml version="1.0" encoding="UTF-8"?>
<web-app xmlns:xsi="http://www.w3.org/2001/XMLSchema-instance" xmlns=
"http://java.sun.com/xml/ns/j2ee" xmlns:web="http://xmlns.jcp.org/xml/ns/
javaee" xsi:schemaLocation="http://java.sun.com/xml/ns/j2ee http://java.
sun.com/xml/ns/j2ee/web-app_2_4.xsd http://xmlns.jcp.org/xml/ns/javaee
http://java.sun.com/xml/ns/javaee/web-app_2_5.xsd" id="WebApp_9" version="2.4">
    <filter>
        <filter-name>struts-prepare</filter-name>
        <filter-class>org.apache.struts 2.dispatcher.filter.
                StrutsPrepareFilter</filter-class>
    </filter>
    <filter>
        <filter-name>struts-execute</filter-name>
        <filter-class>org.apache.struts2.dispatcher.filter.
                StrutsExecuteFilter</filter-class>
    </filter>
    <filter-mapping>
        <filter-name>struts-prepare</filter-name>
        <url-pattern>/*</url-pattern>
    </filter-mapping>
    <filter-mapping>
        <filter-name>struts-execute</filter-name>
        <url-pattern>/*</url-pattern>
    </filter-mapping>
    <welcome-file-list>
        <welcome-file>login.jsp</welcome-file>
    </welcome-file-list>
    <listener>
        <listener-class>org.springframework.web.context.
                ContextLoaderListener</listener-class>
    </listener>
    <context-param>
        <param-name>contextConfigLocation</param-name>
        <param-value>classpath:applicationContext.xml</param-value>
    </context-param>
</web-app>
```

Listener 是 Servlet 的监听器，它可以监听客户端的请求，服务器的操作等。通过监听器，可以自动激发一些操作，比如监听到在线的数量。当增加一个 HttpSession 时，就激发 sessionCreated 方法。

监听器需要知道 applicationContext. xml 配置文件的位置，通过节点<context-param>

来配置。

(10) 创建消息包文件 struts. properties。

在 src 目录下创建 struts. properties 文件,内容如下:

```
struts.objectFactory=spring
```

这是为了把 Struts 2 的类的生成指定交给 Spring 完成。

(11) 修改 applicationContext. xml。

```
<?xml version="1.0" encoding="UTF-8"?>
<beans
   …
   <bean id="loginAction" class="org.action.LoginAction"></bean>
</beans>
```

(12) 修改 Struts. xml。

使得 Struts 2 的类的生成由 Spring 完成。

```
<?xml version="1.0" encoding="UTF-8" ?>
<!DOCTYPE struts PUBLIC
   "-//Apache Software Foundation//DTD Struts Configuration 2.5//EN"
   "http://struts.apache.org/dtds/struts-2.5.dtd">
<!--START SNIPPET: xworkSample -->
<struts>
   <package name="default" extends="struts-default">
   <!--使用 Spring 生成的类对象 -->
      <action name="login" class="loginAction">
         <result name="success">login_success.jsp</result>
      </action>
   </package>
</struts>
<!--END SNIPPET: xworkSample -->
```

(13) 部署测试。

部署应用程序,启动测试,会得到与图 7.12 同样的结果。

7.7 Spring 与 Hibernate 的整合

Spring 与 Struts 一样具有 V 层和 C 层的能力,即视图与控制器能力。在 Spring+Hibernate 方式的组合中,Spring 最重要的角色还是视图和控制,尽管它的控制反转机制也发挥了作用,架构如图 7.14 所示。

下面以一个简单的实例说明 Spring 与 Hibernate 的整合策略,步骤如下。

(1) 创建 Web 项目,名 Hibernate_Spring。

（2）添加 Spring 开发能力。

方法同前，但本例生成的配置文件位于项目的 WebRoot/WEB-INF 目录下，另外需要添加的类库较多，在如图 7.15 所示的对话框里同时选中 Spring 4.1 的 4 个核心类库：Core、Facets、Spring Persistence 以及 Spring Web，单击 Finish 按钮。

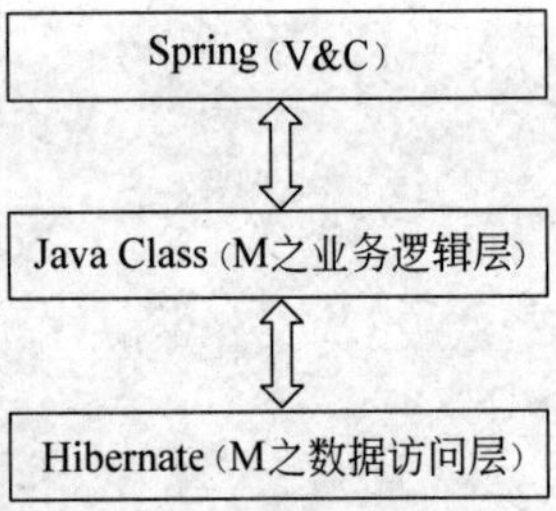

Spring (V&C)

Java Class (M之业务逻辑层)

Hibernate (M之数据访问层)

图 7.14　Spring＋Hibernate 架构

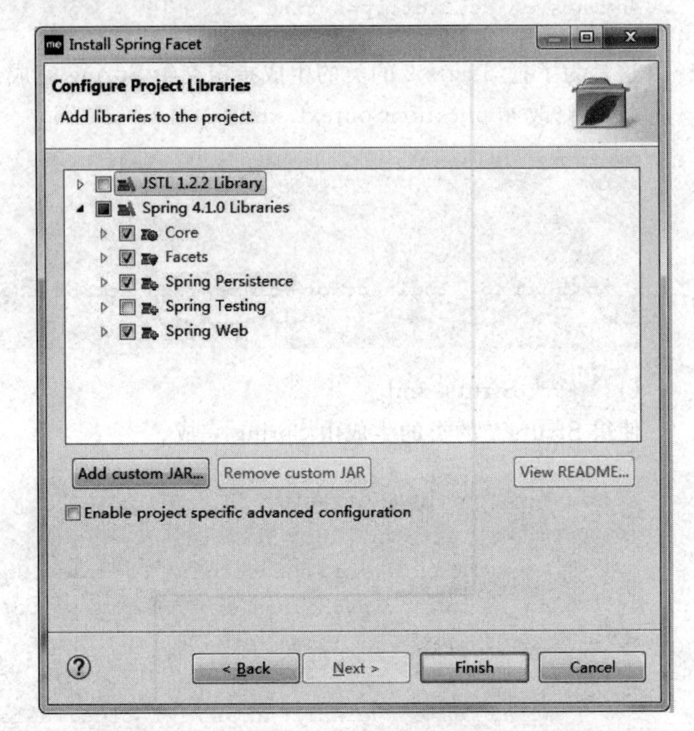

图 7.15　添加 Spring 4.1 的 4 个核心类库

（3）加载 Hibernate 框架。

由于 Hibernate 5 需要 Spring 4.2 及以上版本，而 MyEclipse 2017 最高只支持到 Spring 4.1，故本例用的 Hibernate 版本也只能降低到 4.1 版。在 Spring 项目中加载 Hibernate 框架的步骤如下。

① 右击项目 Hibernate_Spring，选择菜单 Configure Facets…→Install Hibernate Facet，启动 Install Hibernate Facet 向导，在 Project Configuration 页 Hibernate specification version 栏后的下拉列表中选择要添加到项目中的 Hibernate 版本 4.1，如图 7.16 所示，单击 Next 按钮。

② 在第一个 Hibernate Support for MyEclipse 页，向导提示用户是用 Hibernate 的配置文件还是用 Spring 的配置文件进行 SessionFactory 的配置。取消勾选 Create/specify hibernate.cfg.xml file 就表示使用 Spring 来对 Hibernate 进行管理，如图 7.17 所示。

这样配置后，上方 Spring Config 后的下拉列表会自动选中刚刚生成的 Spring 配置文件的路径（为 WebRoot/WEB-INF/applicationContext.xml）；接下来的 SessionFactory Id 栏的内容就是为 Hibernate 注入的一个新 ID（此处取默认为 SessionFactory）。如此一来，最后生成的工程中将不包含 hibernate.cfg.xml，在同一个地方就可对 Hibernate 进行管理了。

由于本程序 Spring 为注入 sessionfactory，所以不用创建 SessionFactory 类，取消选择

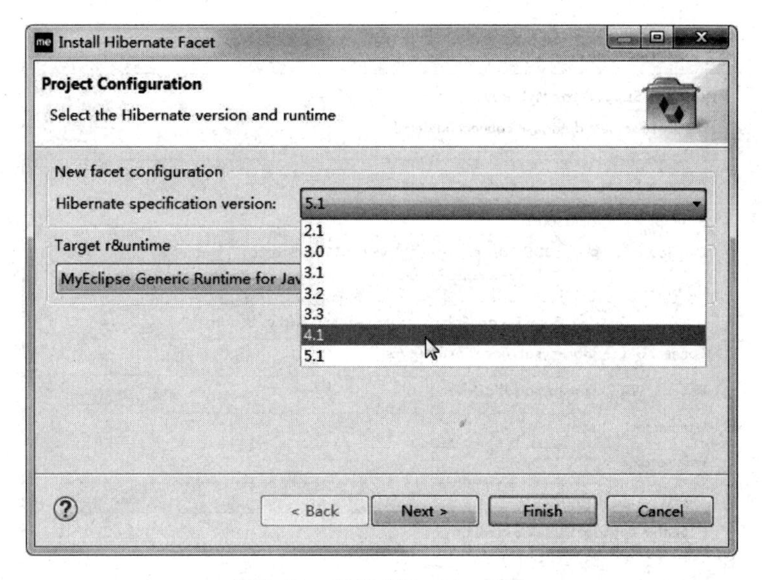

图 7.16　选择 Hibernate 版本

图 7.17　将 Hibernate 交由 Spring 管理

Create SessionFactory class? 复选项，单击 Next 按钮。

③ 在第二个 Hibernate Support for MyEclipse 页上配置 Hibernate 所用数据库连接的细节。这里同样是选择 4.2.3 小节已经创建好的那个名为 mysql 的连接，如图 7.18 所示，系统自动载入其他各栏内容，单击 Next 按钮。

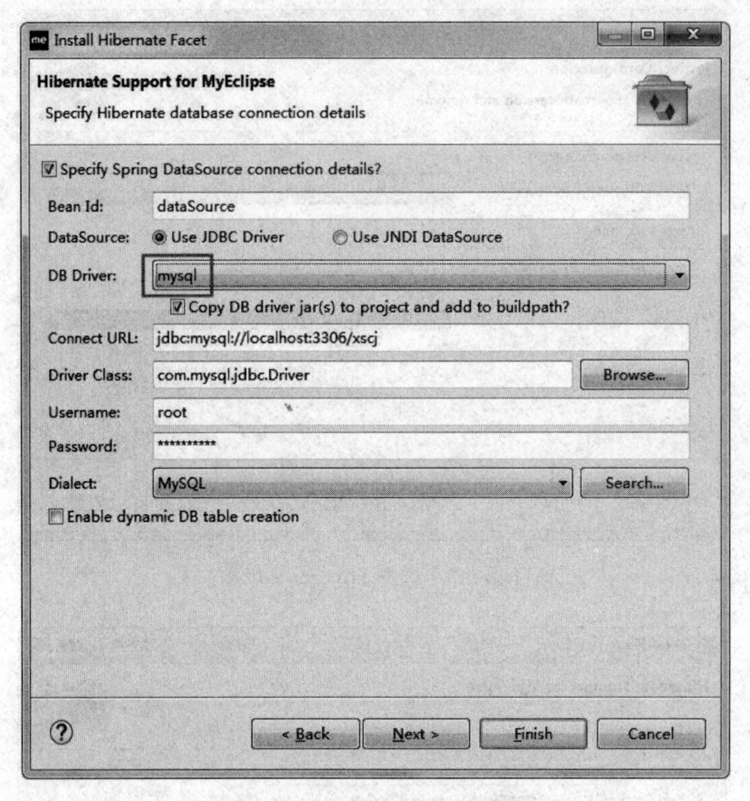

图 7.18　选择 Hibernate 所用的连接

④ 在接下来的 Configure Project Libraries 页选择要添加到项目中的 Hibernate 框架类库，这里仅勾选最基本的核心库 Hibernate 4.1.4 Libraries→Core，如图 7.19 所示。

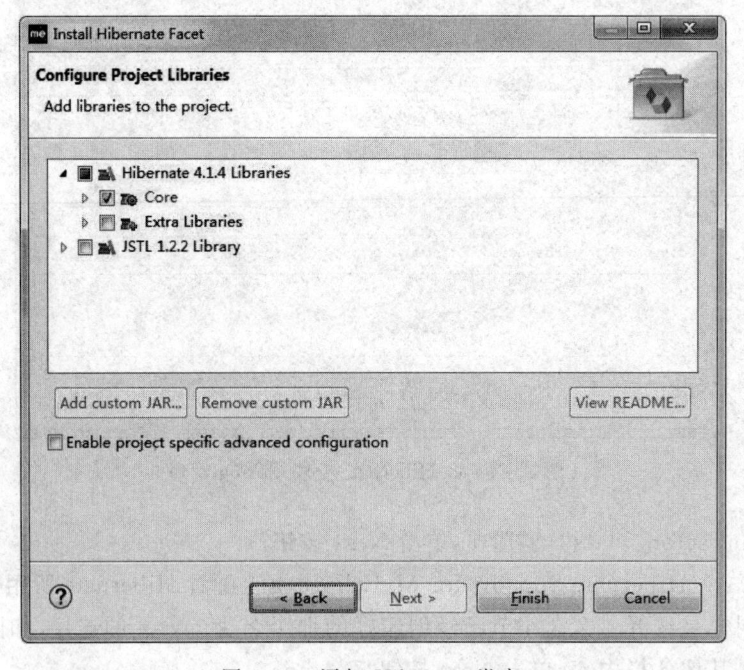

图 7.19　添加 Hibernate 类库

单击 Finish 按钮，完成加载。

(4) 生成与数据库表对应的 Java 数据对象和映射。

在项目 src 下建立包 org.model，打开 MyEclipse 的 Database Explorer Perspective，右键选择 DLB 表，选择 Hibernate Reverse Engineering，如图 7.20 所示，选择 POJO 类和映射文件的存放路径。

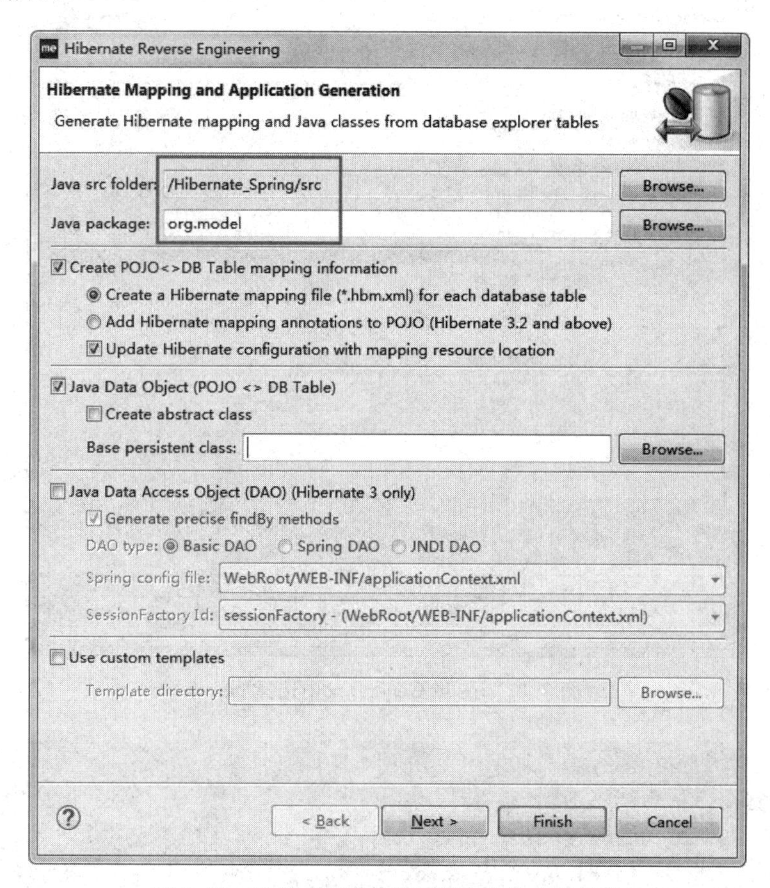

图 7.20 选择 POJO 类和映射文件的存放路径

单击 Next 按钮，在 Id Generator 中选择 native，如图 7.21，直接单击 Finish 按钮完成。

(5) 编写 DlDao.java 接口。

在 src 下建立包 org.dao，在该包下建立接口，命名为 DlDao，这里主要以添加用户为例，代码如下：

```
package org.dao;
import org.model.Dlb;
public interface DlDao {
    public void save(Dlb dl);
}
```

(6) 编写 DlDao.java 实现类。

在 src 下建立包 org.dao.imp，在该包下建立类，命名为 DlDaoImp，代码如下：

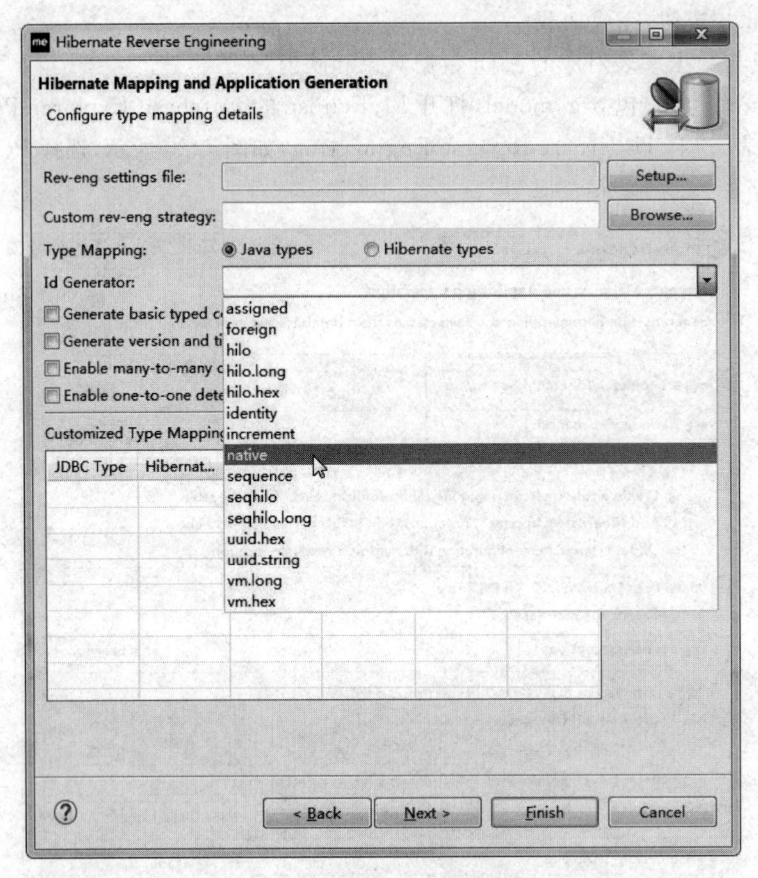

图 7.21　在 Id Generator 中选择 native

```
package org.dao.imp;
import org.dao.DlDao;
import org.hibernate.Session;
import org.hibernate.SessionFactory;
import org.hibernate.Transaction;
import org.model.Dlb;
public class DlDaoImp implements DlDao{
    //依赖注入 SessionFacotry 对象,set 方法注入
    private SessionFactory sessionFactory;
    public void setSessionFactory(SessionFactory sessionFactory) {
        this.sessionFactory =sessionFactory;
    }
    public void save(Dlb dl) {
        try{
            //获得 Session 对象
            Session session=sessionFactory.openSession();
            Transaction ts=session.beginTransaction();
            session.save(dl);
```

```
            ts.commit();
        }catch(Exception e){
            e.printStackTrace();
        }
    }
}
```

(7) 修改 Spring 配置文件 applicationContext.xml。

applicationContext.xml 文件的代码修改为:

```
<?xml version="1.0" encoding="UTF-8"?>
<beans
    …>
<!--用 Bean 定义数据源 -->
<bean id="dataSource"
    class="org.apache.commons.dbcp.BasicDataSource">
    …
</bean>
<!--定义 Hibernate 的 SessionFactory -->
<bean id="sessionFactory"
    class="org.springframework.orm.hibernate4.LocalSessionFactoryBean">
    …
    <!--定义 POJO 的映射文件 -->
    <property name="mappingResources">
        <list>
            <value>org/model/Dlb.hbm.xml</value>
        </list>
    </property>
</bean>
<!--注入 dlDao -->
<bean id="dlDao" class="org.dao.imp.DlDaoImp">
    <property name="sessionFactory">
        <ref bean="sessionFactory"/>
    </property>
</bean>
…
</beans>
```

可见,Spring 的 Bean 很好地管理了以前在 hibernate.cfg.xml 文件中创建的 SessionFactory,使文件更易于阅读。

(8) 编写测试类。

在 src 下建立包 test,在该包下建立类 Test,代码如下:

```
package test;
import org.dao.DlDao;
```

```
import org.model.Dlb;
import org.springframework.context.ApplicationContext;
import org.springframework.context.support.FileSystemXmlApplicationContext;
public class Test {
    public static void main(String[] args){
        Dlb dlb=new Dlb();
        dlb.setXh("171109");
        dlb.setKl("123456");
        ApplicationContext context=new
            FileSystemXmlApplicationContext("WebRoot/WEB-INF/
                applicationContext.xml");
        DlDao dlDao=(DlDao) context.getBean("dlDao");
        dlDao.save(dlb);
    }
}
```

运行该测试类后，打开数据库，就可以发现在 DLB 表中添加了一条记录，如图 7.22 所示。

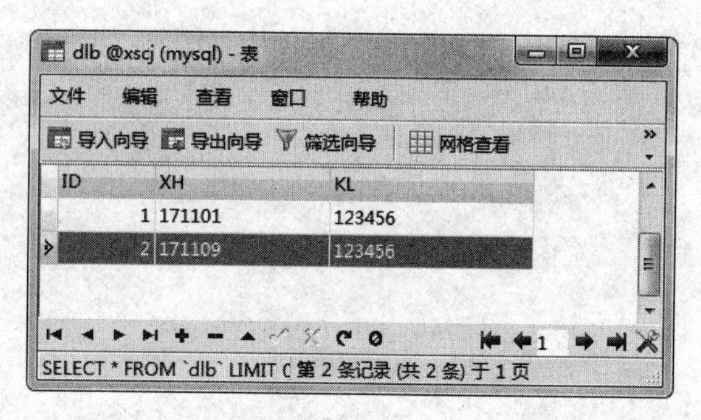

图 7.22 登录表中添加了一条记录

Spring 的 Hibernate ORM 框架带来了方便的 HibernateDaoSupport 类，该类为 Dao 类提供了非常方便的方法 getHibernateTemplate()，Dao 类只要继承 HibernateDaoSupport 就可以使用该方法，例如上例的 Dao 实现类可以改成如下的代码：

```
package org.dao.imp;
import org.dao.DlDao;
import org.model.Dlb;
import org.springframework.orm.hibernate4.support.HibernateDaoSupport;
public class DlDaoImp extends HibernateDaoSupport implements DlDao{
    public void save(Dlb dl) {
        getHibernateTemplate().save(dl);
    }
}
```

同样可以完成用户的插入操作。

思考与实验

1. 开发一个工厂模式的实例,掌握工厂模式的应用。

2. 简述什么是依赖注入,并说明依赖注入的两种方式。

3. 模仿7.4节的AOP简单示例,自己动手练习。

4. 实验。

(1) 根据7.6节步骤,完成Struts 2与Spring的整合。运行项目,观察运行结果,并掌握实现方法。

(2) 在(1)的基础上添加注册功能,该功能的Action类重新建立为RegisterAction,并把该类交由Spring的容器来管理。

(3) 根据7.7节步骤,完成Spring与Hibernate的整合。运行项目,观察运行结果,并掌握实现方法。

(4) 在(3)的基础上实现删除、修改、查询等功能。

CHAPTER 第8章

Struts 2、Hibernate 和 Spring 整合：学生成绩管理系统

前面分别介绍了 Struts 2、Hibernate 和 Spring 的一些特性及它们的两两组合应用，本章介绍由这三个框架(称为 SSH2 框架)的整合开发一个学生成绩管理系统。

8.1 整合原理

如何建立自己的架构，并且怎样让各个应用层保持一致？如何整合框架，以便让每层以一种松散耦合的方式彼此作用而不用管底层的技术细节？这里将讨论一个使用 3 种开源框架的策略：表示层用 Struts 2，业务层用 Spring，而持久层则用 Hibernate。这个策略简称 SSH2，如图 8.1 所示。

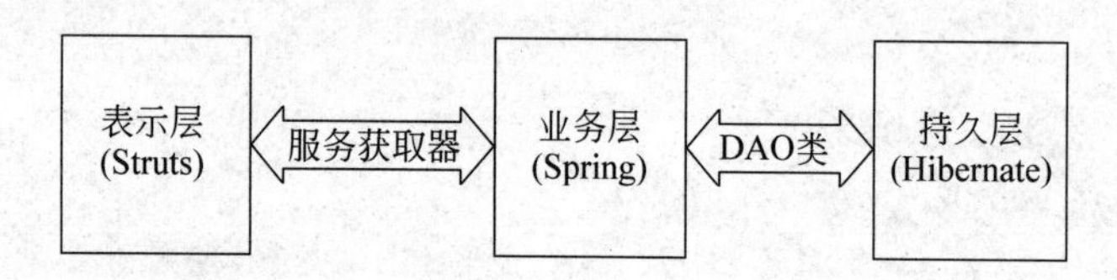

图 8.1　Struts 2＋Spring＋Hibernate 架构

事实上更准确地说，当这 3 种框架组合在一起，Struts 2 是充当视图层和控制层，普通的 Java 类为业务逻辑层，而 Hibernate 则是充当数据访问层，Spring 的作用是通过控制反转让控制层间接调用业务逻辑层。

Web 应用在职责上也可以分成表示层(Presentation Layer)、持久层(PersistenceLayer)、业务层(Business Layer)3 层。每个层在功能上都应该是十分明确的，不应该与其他层混合。每个层要相互独立，通过一个通信接口而相互联系。下面详细介绍这 3 个层。

1. 表示层

一般来说，一个典型的 Web 应用的前端应该是表示层，这里可以使用 Struts 2 框架。

下面是 Struts 2 所负责的内容。

(1) 管理用户的请求，做出相应的响应。

(2) 提供一个流程控制器，委派调用业务逻辑和其他上层处理。

(3) 处理异常。

(4) 为显示提供一个数据模型。

(5) 用户界面的验证。

2. 持久层

典型的 Web 应用的后端是持久层。开发者总是低估构建他们的持久层框架的挑战性。系统内部的持久层不但需要大量调试时间，而且还经常因为缺少功能使之变得难以控制，这是持久层的通病。幸运的是，有几个对象/关系映射(Object/Relation Mapping，ORM)开源框架很好地解决了这类问题，尤其是 Hibernate。Hibernate 为 Java 提供了持久化机制和查询服务，还给已经熟悉 SQL 和 JDBC API 的 Java 开发者创造了一个学习桥梁，使他们学习起来很方便。Hibernate 的持久对象是基于 POJO (Plain Old Java Object) 和 Java 集合(collections)的。

下面是 Hibernate 所负责的内容。

(1) 如何查询对象的相关信息。Hibernate 是通过一个面向对象的查询语言(HQL)或正则表达的 API 来完成查询的。HQL 非常类似于 SQL，它是一种面向对象查询的自然语言，很容易就能学会它。

(2) 如何存储、更新、删除数据库记录。Hibernate 这类的高级 ORM 框架支持大部分主流数据库，并且支持父表/子表(Parent/Child)关系、事务处理、继承和多态。

3. 业务层

一个典型 Web 应用的中间部分是业务层或服务层。从编码的视角来看，这层是最容易被忽视的。往往在用户界面层或持久层周围看到这些业务处理的代码，这其实是不正确的。因为它会造成程序代码的高耦合，随着时间推移，这些代码将很难维护。幸好，针对这一问题有几种框架(Framework)存在，最受欢迎的两个框架是 Spring 和 PicoContainer。这些也被称为轻量级容器(Micro Container)，它们能够很好地把对象搭配起来。这两个框架都着手于“依赖注射”(Dependency Injection)和“控制反转”(Inversion of Control，IoC)。另外，Spring 把程序中所涉及的包含业务逻辑和数据存取对象(DataAccess Object)的 Objects-transaction management handler(事务管理控制)、Object Factories(对象工厂)、Service Objects(服务组件)都通过 XML 配置联系起来。

下面是业务层所负责的内容。

(1) 处理应用程序的业务逻辑和业务校验。

(2) 管理事务。

(3) 提供与其他层相互作用的接口。

(4) 管理业务层级别的对象的依赖。

(5) 在表示层和持久层之间增加一个灵活的机制，使得他们不直接联系在一起。

(6) 通过揭示从表示层到业务层之间的上下文(Context)得到业务逻辑(Business Services)。

(7) 管理程序的执行(从业务层到持久层)。

那么怎么整合呢?

从前面章节 Spring 和 Hibernate 的整合中可以看出，由 Spring 的配置文件来管理 Hibernate 的配置，由 Bean 来实现数据库的连接，而它们的整合还提供了 HibernateSupportDao

类来实现 DAO。

又由前一章 Struts 2 与 Spring 的整合中看出,Struts 2 也可把 Action 类的生成交给 Spring,利用 Spring 的依赖注入,完成业务逻辑对象的生成。

进一步将这三者结合起来:当用户发出请求时,ActionInvocation 执行相应的 Action,程序运行到切入点处 Spring AOP 被触发,AOP 开始启动事务,调用相应的事务处理策略,接着 Hibernate DAO 开始访问数据库进行字段投影,投影数据经过数据类型转换后被赋给 Bean,JSP 所需的数据就来自这个 Bean,如图 8.2 所示。

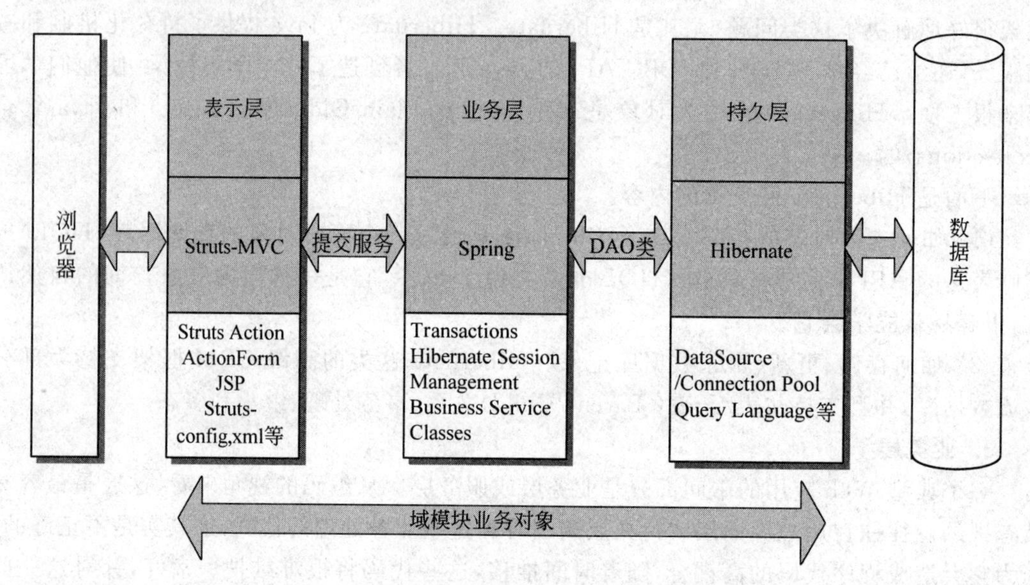

图 8.2 Web 应用程序经 3 个框架整合后的模型

通过集成 Struts 2、Hibernate 和 Spring,Web 应用程序的开发工作变得非常轻松简单,Hibernate 封装 JDBC 减轻了程序员编写代码的负担,Spring AOP 的动态注入技术使得事务处理更加灵活、高效。

这样就完成了它们 3 个框架之间的整合。下面以学生成绩管理系统的开发为例,介绍这 3 个框架整合的一个典型架构的实现过程。

8.2 整合方法

创建一个 Web 项目,命名为 xscjManage。该项目要实现学生、课程及成绩的增、删、改、查功能,需要五个表:XSB 表、KCB 表、CJB 表、ZYB 表和 DLB 表。这些表大家在学习本书前面诸章节的过程中,应该已经在数据库中建好了。

根据前面的学习,可以分别用 SSH2 来实现本项目的目标:用 Hibernate 来完成数据的持久层应用,用 Spring 的 Bean 来管理组件(主要是 Dao、业务逻辑和 Struts 2 的 Action),而 Struts 2 则完成页面的控制跳转。

(1) 添加 Spring 核心容器,步骤同 7.2.2 小节,不再赘述。

(2) 添加 Hibernate,步骤同 6.2.1 小节第 3 步,不再赘述。

(3) 添加 Struts 2 框架，步骤同 5.2.1 小节(数据库驱动不用重复添加)。

(4) Struts 2 与 Spring 集成，步骤同 7.6 节。

整合完成后的项目目录树，如图 8.3 所示。

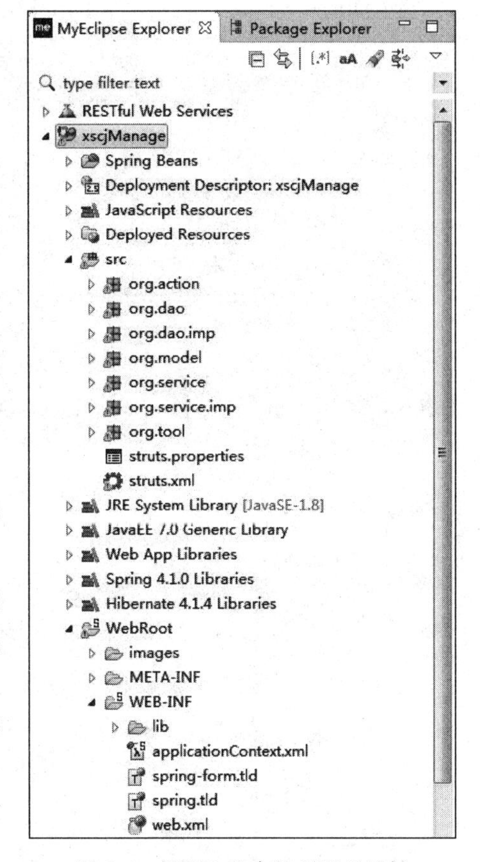

图 8.3　SSH2 整合的项目目录树

其中，src 下各子包放置的代码用途分别如下。

org.action：该包中放置对应的用户自定义的 Action 类。由 Action 类调用业务逻辑来处理用户请求然后控制跳转。

org.dao：该包中放置 DAO(数据访问对象)的接口，接口中的方法用来和数据库进行交互，这些方法由实现它们的类来完成。

org.dao.imp：该包中放置实现 DAO 接口的类。

org.model：该包中放置表对应的 POJO 类及映射文件 *.hbm.xml。

org.service：该包中放置业务逻辑接口。接口中的方法用来处理用户请求。这些方法由实现接口的类来完成。

org.service.imp：该包中放置实现业务逻辑接口的类。

org.tool：该包中放置公用的工具类，例如分页类。

struts.properties：该文件实现 Struts 2 和 Spring 整合。

struts.xml：该文件配置 Action。

一个项目往往很庞大，在项目开发中，需要一个团队而不是一个程序员来完成。这就需要整个团队协同工作，分工进行。所以面向接口编程给团队开发提供了很大的好处，只要有了这些接口，别的程序员就可以直接调用其中的方法，不管这个接口中的方法如何实现。开发一个项目，一般要先完成持久层数据连接，然后实现 DAO，接着业务逻辑，最后实现页面及控制逻辑。

8.3 持久层开发

8.3.1　生成 POJO 类及映射文件

具体步骤见 7.7 节第(4)步，不过这里要重复其步骤把 5 个表(XSB/KCB/CJB/ZYB/DLB)全部生成对应文件。然后也要对它们稍作修改，建立表之间的关系。下面分别列出 XSB、ZYB 及 CJB 对应的文件。由于操作课程信息与学生信息类似，本章就不再列举有关课程信息操作的代码,读者可以参照学生信息的操作自己开发。

修改 Dlb.java 对应映射文件 Dlb.hbm.xml:

```
<?xml version="1.0" encoding="utf-8"?>
…
<hibernate-mapping>
    <class name="org.model.Dlb" table="dlb" catalog="xscj">
        <id name="id" type="java.lang.Integer">
            <column name="ID" />
            <generator class="identity" />
        </id>
        …
    </class>
</hibernate-mapping>
```

修改 Xsb.java 文件:

```
package org.model;
import java.sql.Timestamp;
…
public class Xsb implements java.io.Serializable {
    //Fields
    private String xh;
    private String xm;
    private Boolean xb;
    private Timestamp cssj;
    //private Integer zyId;            //注释掉
    private Zyb zyb;
    private Integer zxf;
    private String bz;
    private String zp;
    //Constructors
    …
    /** minimal constructor */
    public Xsb(String xh, String xm, Boolean xb) {
        this.xh =xh;
        this.xm =xm;
        this.xb =xb;
        //this.zyId =zyId;            //注释掉
    }
    /** full constructor */
    public Xsb(String xh, String xm, Boolean xb, Timestamp cssj, Zyb zyb,
            Integer zxf, String bz, String zp) {
        this.xh =xh;
        this.xm =xm;
```

```
        this.xb =xb;
        this.cssj =cssj;
        //this.zyId =zyId;                //注释掉
        this.zyb =zyb;
        this.zxf =zxf;
        this.bz =bz;
        this.zp =zp;
    }
    //Property accessors
        …
    public Zyb getZyb() {
        return this.zyb;
    }

    public void setZyb(Zyb zyb) {
        this.zyb =zyb;
    }
        …
}
```

修改 Xsb.hbm.xml：

```
<?xml version="1.0" encoding="utf-8"?>
…
<hibernate-mapping>
    <class name="org.model.Xsb" table="xsb" catalog="xscj">
        <id name="xh" type="java.lang.String">
            <column name="XH" length="6" />
            <generator class="assigned" />
        </id>
        <property name="xm" type="java.lang.String">
            <column name="XM" length="8" not-null="true" />
        </property>
        <property name="xb" type="java.lang.Boolean">
            <column name="XB" not-null="true" />
        </property>
        <property name="cssj" type="java.sql.Timestamp">
            <column name="CSSJ" length="19" />
        </property>
        <property name="zxf" type="java.lang.Integer">
            <column name="ZXF" />
        </property>
        <property name="bz" type="java.lang.String">
            <column name="BZ" length="500" />
```

```
        </property>
        <property name="zp" type="java.lang.String">
            <column name="ZP" />
        </property>
        <many-to-one name="zyb" class="org.model.Zyb" fetch="select" lazy=
              "false">
            <column name="ZY_ID" />
        </many-to-one>
    </class>
</hibernate-mapping>
```

修改映射文件 Zyb. hbm. xml：

```
<?xml version="1.0" encoding="utf-8"?>
…
<hibernate-mapping>
    <class name="org.model.Zyb" table="zyb" catalog="xscj">
        <id name="id" type="java.lang.Integer">
            <column name="ID" />
            <generator class="identity" />
        </id>
        …
    </class>
</hibernate-mapping>
```

由于成绩表中用的是复合主键，所以会生成两个对应 POJO，其中 CjbId 类（对应 CjbId. java 文件）包含了两个主键，而 Cjb 类包含 CjbId 类对象及其他属性。

8.3.2 实现 DAO

在开发阶段，一般用 DAO 来实现与数据库的交互进行 CRUD 操作，用来完成对底层数据库的持久化访问。

下面介绍 5 个 POJO 类对应的 DAO 组件的实现。

1. 登录表类（Dlb. java）对应 DAO

DlDao. java 接口：

```
package org.dao;
import java.util.List;
import org.model.Dlb;
public interface DlDao {
    //根据学号和口令查找
    public Dlb find(String xh,String kl);
}
```

其实现类 DlDaoImp. java：

```
package org.dao.imp;
import java.util.*;
import org.dao.*;
import org.model.*;
import org.hibernate.*;
public class DlDaoImp extends BaseDAO implements DlDao{
    //实现：根据学号和口令查找
    public Dlb find(String xh, String kl){
        //查询 DLB 表中的记录
        String hql="from Dlb u where u.xh=? and u.kl=?";
        Session session=getSession();
        Query query=session.createQuery(hql);
        query.setParameter(0, xh);
        query.setParameter(1, kl);
        List users=query.list();
        Iterator it=users.iterator();
        while(it.hasNext()){
            if(users.size()!=0){
                Dlb user=(Dlb)it.next();     //创建持久化的 JavaBean 对象 user
                return user;
            }
        }
        session.close();
        return null;
    }
}
```

2. 学生表类(Xsb. java)对应 DAO

XsDao. java 接口：

```
package org.dao;
import java.util.List;
import org.model.Xsb;
public interface XsDao {
    //插入学生
    public void save(Xsb xs);
    //根据学号删除学生
    public void delete(String xh);
    //修改学生信息
    public void update(Xsb xs);
    //根据学号查询学生信息
    public Xsb find(String xh);
    //分页显示学生信息
```

```
    public List findAll(int pageNow,int pageSize);
    //查询一共多少条学生记录
    public int findXsSize();
}
```

对应实现类 XsDaoImp. java：

```
package org.dao.imp;
import java.util.*;
import org.dao.*;
import org.model.*;
import org.hibernate.*;
public class XsDaoImp extends BaseDAO implements XsDao{
    /* 实现:学生信息查询 */
    public List findAll(int pageNow, int pageSize){
        try{
            Session session=getSession();
            Transaction ts=session.beginTransaction();
            Query query=session.createQuery("from Xsb order by xh");
            int firstResult=(pageNow-1)*pageSize;
            query.setFirstResult(firstResult);
            query.setMaxResults(pageSize);
            List list=query.list();
            ts.commit();
            session.close();
            session=null;
            return list;
        }catch(Exception e){
            e.printStackTrace();
            return null;
        }
    }
    public int findXsSize(){
        try{
            Session session=getSession();
            Transaction ts=session.beginTransaction();
            return session.createQuery("from Xsb").list().size();
        }catch(Exception e){
            e.printStackTrace();
            return 0;
        }
    }

    /* 实现:查看某个学生的详细信息 */
```

```
public Xsb find(String xh){
    try{
        Session session=getSession();
        Transaction ts=session.beginTransaction();
        Query query=session.createQuery("from Xsb where xh=?");
        query.setParameter(0, xh);
        query.setMaxResults(1);
        Xsb xs=(Xsb)query.uniqueResult();
        ts.commit();
        session.clear();
        return xs;
    }catch(Exception e){
        e.printStackTrace();
        return null;
    }
}

/* 实现：删除某学生信息 */
public void delete(String xh){
    try{
        Session session=getSession();
        Transaction ts=session.beginTransaction();
        Xsb xs=find(xh);
        session.delete(xs);
        ts.commit();
        session.close();
    }catch(Exception e){
        e.printStackTrace();
    }
}

/* 实现：修改某学生信息 */
public void update(Xsb xs){
    try{
        Session session=getSession();
        Transaction ts=session.beginTransaction();
        session.update(xs);
        ts.commit();
        session.close();
    }catch(Exception e){
        e.printStackTrace();
    }
}
```

```
    /* 实现:学生信息录入 */
    public void save(Xsb xs){
        try{
            Session session=getSession();
            Transaction ts=session.beginTransaction();
            session.save(xs);
            ts.commit();
            session.close();
        }catch(Exception e){
            e.printStackTrace();
        }
    }
}
```

3. 课程表类(Kcb.java)对应 DAO

KcDao.java 接口：

```
package org.dao;
import java.util.List;
import org.model.Kcb;
public interface KcDao {
    //根据课程号查找课程信息
    public Kcb find(String kch);
    //分页显示课程信息
    public List findAll(int pageNow,int pageSize);
    //查询一共多少条课程记录
    public int findKcSize();
}
```

这里只列举在成绩信息中应用到的课程信息方法。

对应实现类 KcDaoImp.java：

```
package org.dao.imp;
import java.util.List;
import org.dao.*;
import org.hibernate.*;
import org.model.*;
public class KcDaoImp extends BaseDAO implements KcDao{
    /* 实现:成绩信息录入 */
    public List findAll(int pageNow, int pageSize){
        Session session=getSession();
        Transaction ts=session.beginTransaction();
        Query query=session.createQuery("from Kcb");
        int firstResult=(pageNow-1)*pageSize;
```

```
        query.setFirstResult(firstResult);
        query.setMaxResults(pageSize);
        List list=query.list();
        ts.commit();
        session.close();
        session=null;
        return list;
    }
    public int findKcSize(){
        Session session=getSession();
        Transaction ts=session.beginTransaction();
        return session.createQuery("from Kcb").list().size();
    }
    public Kcb find(String kch){
        try{
            Session session=getSession();
            Transaction ts=session.beginTransaction();
            Query query=session.createQuery("from Kcb where kch=?");
            query.setParameter(0, kch);
            query.setMaxResults(1);
            Kcb kc=(Kcb)query.uniqueResult();
            ts.commit();
            session.clear();                //清除缓存
            return kc;
        }catch(Exception e){
            e.printStackTrace();
            return null;
        }
    }
}
```

4. 专业表类(Zyb.java)对应 DAO

ZyDao.java 接口：

```
package org.dao;
import java.util.List;
import org.model.Zyb;
public interface ZyDao {
    //根据专业 Id 查找专业信息
    public Zyb getOneZy(Integer zyId);
    //查找所有专业信息
    public List getAll();
}
```

对应实现类 ZyDaoImp.java：

```
package org.dao.imp;
import java.util.*;
import org.dao.*;
import org.hibernate.*;
import org.model.*;
public class ZyDaoImp extends BaseDAO implements ZyDao{
    /* 实现：学生信息查询 */
    public Zyb getOneZy(Integer zyId){
        try{
            Session session=getSession();
            Transaction ts=session.beginTransaction();
            Query query=session.createQuery("from Zyb where id=?");
            query.setParameter(0, zyId);
            query.setMaxResults(1);
            return (Zyb)query.uniqueResult();
        }catch(Exception e){
            e.printStackTrace();
            return null;
        }
    }

    /* 实现：修改某学生信息 */
    public List getAll(){
        try{
            Session session=getSession();
            Transaction ts=session.beginTransaction();
            List list=session.createQuery("from Zyb").list();
            ts.commit();
            session.close();
            return list;
        }catch(Exception e){
            e.printStackTrace();
            return null;
        }
    }
}
```

5. 成绩表类(Cjb.java)对应 DAO

CjDao.java 接口：

```
package org.dao;
import java.util.List;
import org.model.Cjb;
import org.model.CjbId;
public interface CjDao {
```

```
    //插入学生成绩
    public void saveorupdateCj(Cjb cj);
    //根据学号和课程号删除学生成绩
    public void deleteCj(String xh,String kch);
    //根据学号和课程号查询学生成绩
    public Cjb getXsCj(String xh,String kch);
    //分页显示所有学生成绩
    public List findAllCj(int pageNow,int pageSize);
    //查询某学生成绩
    public List getXsCjList(String xh);
    //删除某学生的成绩
    public void deleteOneXsCj(String xh);
    //查询一共多少条成绩记录
    public int findCjSize();
}
```

对应实现类 CjDaoImp.java：

```
package org.dao.imp;
import java.util.*;
import org.dao.*;
import org.hibernate.*;
import org.model.*;
public class CjDaoImp extends BaseDAO implements CjDao{
/* 实现：成绩信息录入 */
public Cjb getXsCj(String xh, String kch){
        CjbId cjbId=new CjbId();
        cjbId.setXh(xh);
        cjbId.setKch(kch);
        Session session=getSession();
        Transaction ts=session.beginTransaction();
        return (Cjb)session.get(Cjb.class, cjbId);
    }
    public void saveorupdateCj(Cjb cj){
        Session session=getSession();
        Transaction ts=session.beginTransaction();
        session.saveOrUpdate(cj);
        ts.commit();
        session.close();
    }

    /* 实现：学生成绩查询 */
    public List findAllCj(int pageNow, int pageSize){
        Session session=getSession();
        Transaction ts=session.beginTransaction();
```

```
        Query query=session.createQuery("SELECT c.id.xh,a.xm,b.kcm,c.cj,
            c.xf,c.id.kch FROM Xsb a,Kcb b,Cjb c WHERE a.xh=c.id.xh AND b.kch=
            c.id.kch");
        query.setFirstResult((pageNow-1) * pageSize);     //分页从记录开始查找
        query.setMaxResults(pageSize);                     //查找到的最大条数
        List list=query.list();
        ts.commit();
        session.close();
        return list;
    }
    public int findCjSize(){
        try{
            Session session=getSession();
            Transaction ts=session.beginTransaction();
            return session.createQuery("from Cjb").list().size();
        }catch(Exception e){
            e.printStackTrace();
            return 0;
        }
    }

    /* 实现:查看某个学生的成绩表 */
    public List getXsCjList(String xh){
        Session session=getSession();
        Transaction ts=session.beginTransaction();
        Query query=session.createQuery("SELECT c.id.xh,a.xm,b.kcm,c.cj,c.
            xf FROM Xsb a,Kcb b,Cjb c WHERE c.id.xh=? AND a.xh=c.id.xh AND b.
            kch=c.id.kch");
        query.setParameter(0, xh);
        List list=query.list();
        ts.commit();
        session.close();
        return list;
    }

    /* 实现:删除学生成绩 */
    public void deleteCj(String xh, String kch){
        try{
            Session session=getSession();
            Transaction ts=session.beginTransaction();
            session.delete(getXsCj(xh, kch));
            ts.commit();
            session.close();
        }catch(Exception e){
```

```
            e.printStackTrace();
        }
    }
    public void deleteOneXsCj(String xh){
        try{
            Session session=getSession();
            Transaction ts=session.beginTransaction();
            session.delete(getXsCjList(xh));
            ts.commit();
            session.close();
        }catch(Exception e){
            e.printStackTrace();
        }
    }
}
```

在 Spring 的配置文件中加入下面代码：

```
<bean id="baseDAO" class="org.dao.BaseDAO">
    <property name="sessionFactory" ref="sessionFactory"/>
</bean>
<bean id="dlDao" class="org.dao.imp.DlDaoImp" parent="baseDAO"/>
<bean id="xsDao" class="org.dao.imp.XsDaoImp" parent="baseDAO"/>
<bean id="kcDao" class="org.dao.imp.KcDaoImp" parent="baseDAO"/>
<bean id="zyDao" class="org.dao.imp.ZyDaoImp" parent="baseDAO"/>
<bean id="cjDao" class="org.dao.imp.CjDaoImp" parent="baseDAO"/>
```

8.4 业务层开发

业务逻辑组件是为控制器提供服务的，它依赖于 DAO 组件，业务逻辑是对 DAO 的封装，通过这种封装，使控制器调用业务逻辑方法而无须直接访问 DAO。

DlService.java 接口：

```
package org.service;
import org.model.Dlb;
public interface DlService {
    //根据学号和口令查找
    public Dlb find(String xh,String kl);
}
```

对应实现类 DlServiceManage.java：

```
package org.service.imp;
```

```
import org.dao.DlDao;
import org.model.Dlb;
import org.service.DlService;
public class DlServiceManage implements DlService{
    //对 DlDao 进行依赖注入
    private DlDao dlDao;
    public void setDlDao(DlDao dlDao) {
        this.dlDao =dlDao;
    }
    public Dlb find(String xh, String kl) {
        return dlDao.find(xh, kl);
    }
}
```

XsService. java 接口：

```
package org.service;
import java.util.List;
import org.model.Xsb;
public interface XsService {
    //插入学生
    public void save(Xsb xs);
    //根据学号删除学生信息
    public void delete(String xh);
    //修改学生信息
    public void update(Xsb xs);
    //根据学号查询学生信息
    public Xsb find(String xh);
    //分页显示学生信息
    public List findAll(int pageNow,int pageSize);
    //查询一共多少条学生记录
    public int findXsSize();
}
```

对应实现类 XsServiceManage. java：

```
package org.service.imp;
import java.util.List;
import org.dao.CjDao;
import org.dao.XsDao;
import org.model.Xsb;
import org.service.XsService;
public class XsServiceManage implements XsService {
    //对 XsDao 和 CjDao 进行依赖注入
    private XsDao xsDao;
```

```
    private CjDao cjDao;
    public void setXsDao(XsDao xsDao) {
        this.xsDao =xsDao;
    }
    public void setCjDao(CjDao cjDao) {
        this.cjDao =cjDao;
    }
    public void delete(String xh) {
        //删除学生时同时要删除对应成绩
        xsDao.delete(xh);
        cjDao.deleteOneXsCj(xh);
    }
    public Xsb find(String xh) {
        return xsDao.find(xh);
    }
    public List findAll(int pageNow, int pageSize) {
        return xsDao.findAll(pageNow, pageSize);
    }
    public int findXsSize() {
        return xsDao.findXsSize();
    }
    public void save(Xsb xs) {
        xsDao.save(xs);
    }
    public void update(Xsb xs) {
        xsDao.update(xs);
    }
}
```

ZyService. java 接口：

```
package org.service;
import java.util.List;
import org.model.Zyb;
public interface ZyService {
    //根据专业 Id 查找专业信息
    public Zyb getOneZy(Integer zyId);
    //查找所有专业信息
    public List getAll();
}
```

对应实现类 ZyServiceManage. java：

```
package org.service.imp;
import java.util.List;
```

```
import org.dao.ZyDao;
import org.model.Zyb;
public class ZyServiceManage implements org.service.ZyService {
    //对 ZyDao 进行依赖注入
    private ZyDao zyDao;
    public void setZyDao(ZyDao zyDao) {
        this.zyDao =zyDao;
    }
    public List getAll() {
        return zyDao.getAll();
    }
    public Zyb getOneZy(Integer zyId) {
        return zyDao.getOneZy(zyId);
    }
}
```

KcService. java 接口：

```
package org.service;
import java.util.List;
import org.model.Kcb;
public interface KcService {
    //根据课程号查找课程信息
    public Kcb find(String kch);
    //分页显示课程信息
    public List findAll(int pageNow,int pageSize);
    //查询一共多少条课程记录
    public int findKcSize();
}
```

对应实现类 KcServiceManage. java：

```
package org.service.imp;
import java.util.List;
import org.dao.CjDao;
import org.dao.KcDao;
import org.model.Kcb;
import org.service.KcService;
public class KcServiceManage implements KcService {
    private KcDao kcDao;
    private CjDao cjDao;
    public void setKcDao(KcDao kcDao) {
        this.kcDao =kcDao;
    }
    public void setCjDao(CjDao cjDao) {
```

```
        this.cjDao =cjDao;
    }
    public Kcb find(String kch) {
        return kcDao.find(kch);
    }
    public List findAll(int pageNow, int pageSize) {
        return kcDao.findAll(pageNow, pageSize);
    }
    public int findKcSize() {
        return kcDao.findKcSize();
    }
}
```

CjService.java 接口：

```
package org.service;
import java.util.List;
import org.model.Cjb;
public interface CjService {
    //插入学生成绩
    public void saveorupdateCj(Cjb cj);
    //根据学号和课程号删除学生成绩
    public void deleteCj(String xh,String kch);
    //根据学号和课程号查询学生成绩
    public Cjb getXsCj(String xh,String kch);
    //分页显示所有学生成绩
    public List findAllCj(int pageNow,int pageSize);
    //查询某学生成绩
    public List getXsCjList(String xh);
    //删除某学生的成绩
    public void deleteOneXsCj(String xh);
    //查询一共多少条成绩记录
    public int findCjSize();
}
```

对应实现类 CjServiceManage.java：

```
package org.service.imp;
import java.util.List;
import org.dao.CjDao;
import org.model.Cjb;
import org.service.CjService;
public class CjServiceManage implements CjService {
    //对 CjDao 进行依赖注入
    private CjDao cjDao;
```

```
    public void setCjDao(CjDao cjDao) {
        this.cjDao =cjDao;
    }
    public void deleteCj(String xh, String kch) {
        cjDao.deleteCj(xh, kch);
    }
    public void deleteOneXsCj(String xh) {
        cjDao.deleteOneXsCj(xh);
    }
    public List findAllCj(int pageNow, int pageSize) {
        return cjDao.findAllCj(pageNow, pageSize);
    }
    public int findCjSize() {
        return cjDao.findCjSize();
    }
    public Cjb getXsCj(String xh, String kch) {
        return cjDao.getXsCj(xh, kch);
    }
    public List getXsCjList(String xh) {
        return cjDao.getXsCjList(xh);
    }
    public void saveorupdateCj(Cjb cj) {
        cjDao.saveorupdateCj(cj);
    }
}
```

把业务逻辑交由 Spring 容器的 Bean 管理，在 Spring 的配置文件中加入以下代码：

```
<bean id="dlService" class="org.service.imp.DlServiceManage">
    <property name="dlDao" ref="dlDao"/>
</bean>
<bean id="xsService" class="org.service.imp.XsServiceManage">
    <property name="xsDao" ref="xsDao"/>
    <property name="cjDao" ref="cjDao"/>
</bean>
<bean id="zyService" class="org.service.imp.ZyServiceManage">
    <property name="zyDao" ref="zyDao"/>
</bean>
<bean id="kcService" class="org.service.imp.KcServiceManage">
    <property name="kcDao" ref="kcDao"/>
    <property name="cjDao" ref="cjDao"/>
</bean>
<bean id="cjService" class="org.service.imp.CjServiceManage">
    <property name="cjDao" ref="cjDao"/>
</bean>
```

到此为止，业务逻辑层基本上完成了。

8.5 表示层开发

8.5.1 配置过滤器及监听器

既然要用到 Struts 2 和 Spring，就需要在 web. xml 中配置响应的过滤器及监听器：

```
<?xml version="1.0" encoding="UTF-8"?>
<web-app xmlns:xsi="http://www.w3.org/2001/XMLSchema-instance" xmlns=
"http://java.sun.com/xml/ns/j2ee" xmlns:web="http://xmlns.jcp.org/xml/ns/
javaee" xsi:schemaLocation="http://java.sun.com/xml/ns/j2ee http://java.
sun.com/xml/ns/j2ee/web-app_2_4.xsd http://xmlns.jcp.org/xml/ns/javaee
http://java.sun.com/xml/ns/javaee/web-app 2 5.xsd" id="WebApp 9" version="2.4">
    <filter>
        <filter-name>struts-prepare</filter-name>
        <filter-class>org.apache.struts2.dispatcher.filter.
                StrutsPrepareFilter</filter-class>
    </filter>
    <filter>
        <filter-name>struts-execute</filter-name>
        <filter-class>org.apache.struts2.dispatcher.filter.
                StrutsExecuteFilter</filter-class>
    </filter>
    <filter-mapping>
        <filter-name>struts-prepare</filter-name>
        <url-pattern>/*</url-pattern>
    </filter-mapping>
    <filter-mapping>
        <filter-name>struts-execute</filter-name>
        <url-pattern>/*</url-pattern>
    </filter-mapping>
    <welcome-file-list>
        <welcome-file>main.jsp</welcome-file>
    </welcome-file-list>
    <listener>
        <listener-class>org.springframework.web.context.
                ContextLoaderListener</listener-class>
    </listener>
    <context-param>
        <param-name>contextConfigLocation</param-name>
        <param-value>WEB-INF/applicationContext.xml</param-value>
```

```
    </context-param>
</web-app>
```

还要配置 Struts 2 与 Spring 整合用到的 struts. properties 文件，在文件中写入：

```
struts.objectFactory=spring
```

8.5.2 主界面设计

打开浏览器，输入 http://localhost:8080/xscjManage/，运行学生成绩管理系统，首先显示如图 8.4 所示的主界面。

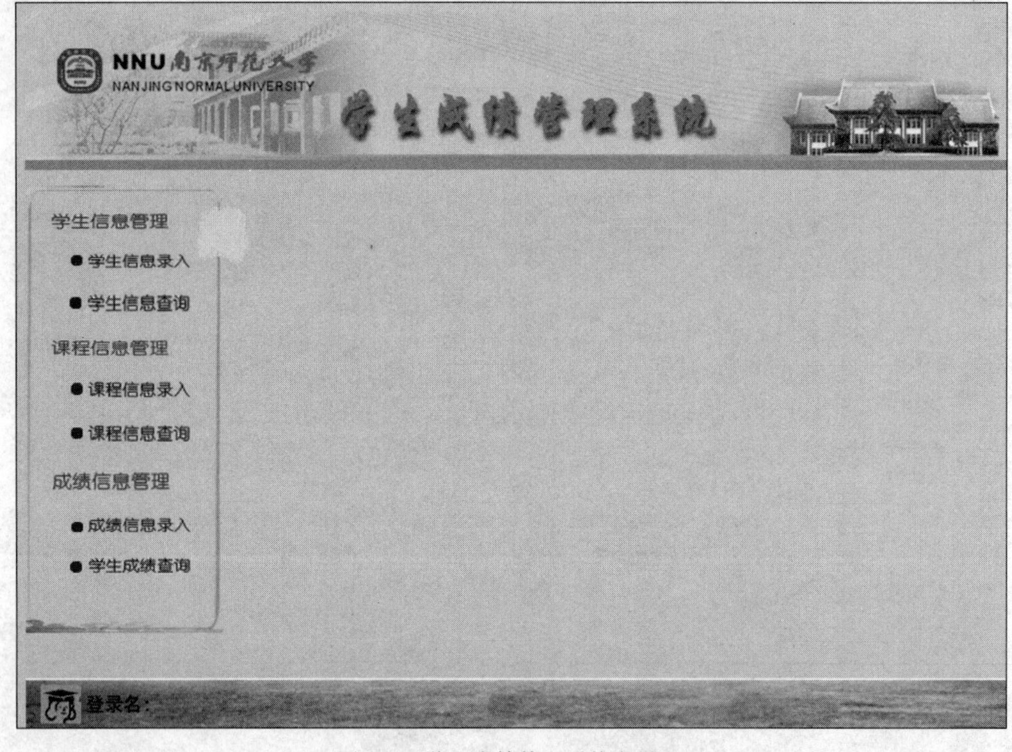

图 8.4 学生成绩管理系统主界面

界面分为 4 个部分：头部 head. jsp，左部 left. jsp，右部 rigtht. jsp 及底部 foot. jsp，通过 main. jsp 整合在一起。左边部分是用图片做的超链接，读者可以去本书指定的网站下载源代码，里面包含了这些图片，把它们放在项目 WebRoot\images 文件夹下即可。

head. jsp 的代码如下：

```
<%@page language="java" pageEncoding="UTF-8"%>
<html>
<head>
    <title>学生成绩管理系统</title>
```

```
</head>
<body bgcolor="#D9DFAA">
    <img src="/xscjManage/images/head.gif" />
</body>
</html>
```

left.jsp 的代码如下：

```
<%@page language="java" pageEncoding="UTF-8"%>
<html>
    <head>
        <title>学生成绩管理系统</title>
    </head>
    <body bgcolor="#D9DFAA" link="#D9DFAA" vlink="#D9DFAA">
        <table border="0" cellpadding="0" cellspacing="0">
            <tr>
                <td>
                    <img src="/xscjManage/images/xsInfo.gif" width="184"
                            height="47" />
                </td>
            </tr>
            <tr>
                <td>
                    <a href="addXsView.action" target="right">
                        <img src="/xscjManage/images/addXs.gif" width="184"
                                height="40" /></a>
                </td>
            </tr>
            <tr>
                <td>
                    <a href="xsInfo.action" target="right">
                        <img src="/xscjManage/images/findXs.gif" width="184"
                                height="40"/></a>
                </td>
            </tr>
            <tr>
                <td>
                    <img src="/xscjManage/images/kcInfo.gif" width="184"
                            height="40" />
                </td>
            </tr>
            <tr>
                <td>
                    <a href="#" target="right">
```

```
                    <img src="/xscjManage/images/addKc.gif" width="184"
                            height="39" /></a>
                </td>
            </tr>
            <tr>
                <td>
                    <a href="#" target="right">
                        <img src="/xscjManage/images/findKc.gif" width="184"
                            height="39" /></a>
                </td>
            </tr>
            <tr>
                <td>
                    <img src="/xscjManage/images/cjInfo.gif" width="184"
                        height="40"/>
                </td>
            </tr>
            <tr>
                <td>
                    <a href="addXscjView.action" target="right">
                        <img src="/xscjManage/images/addCj.gif" width="184"
                            height="40" /></a>
                </td>
            </tr>
            <tr>
                <td>
                    <a href="xscjInfo.action" target="right">
                        <img src="/xscjManage/images/findCj.gif" width="184"
                            height="40"/></a>
                </td>
            </tr>
            <tr>
                <td>
                    <img src="/xscjManage/images/bottom.gif" width="184"
                        height="40"/>
                </td>
            </tr>
        </table>
    </body>
</html>
```

right.jsp 的代码如下：

```
<%@page language="java" pageEncoding="UTF-8"%>
<html>
```

```
<head>
    <title>学生成绩管理系统</title>
</head>
<body bgcolor="#D9DFAA">
</body>
</html>
```

foot. jsp 的代码如下：

```
<%@page language="java" pageEncoding="UTF-8"%>
<html>
    <head>
        <title>学生成绩管理系统</title>
    </head>
    <body bgcolor="#D9DFAA">
        <img src="/xscjManage/images/foot.gif" />
    </body>
</html>
```

main. jsp 的代码如下：

```
<%@page language="java" pageEncoding="UTF-8"%>
<html>
<head>
    <title>学生成绩管理系统</title>
</head>
    <frameset rows="24%,68%,*" border="0">
        <frame src="head.jsp">
        <frameset cols="15%,*">
            <frame src="left.jsp">
            <frame src="right.jsp" name="right">
        </frameset>
        <frame src="foot.jsp">
    </frameset>
<body>
</body>
</html>
```

8.5.3 学生信息管理

对于学生信息的管理，主要包括学生信息的查询和录入两类操作，具体说来包括对数据库学生表的增、删、改、查等。在此仅对查询所有学生信息以及录入某个学生信息这两种功能的实现作具体介绍，其他更多功能的实现细节参见本书附带的完整系统源代码。

1. 查询所有学生信息

在 left.jsp 中有个学生信息查询的图片链接，单击它就会显示出所有学生信息的列表，如图 8.5 所示。

图 8.5　所有学生信息

对应 Action 类实现代码如下：

```
package org.action;
import java.io.File;
import java.io.FileInputStream;
import java.util.List;
import java.util.Map;
import javax.servlet.ServletOutputStream;
import javax.servlet.http.HttpServletResponse;
import org.apache.struts2.ServletActionContext;
import org.model.Xsb;
import org.service.XsService;
import org.service.ZyService;
import org.tool.Pager;
import com.opensymphony.xwork2.ActionContext;
import com.opensymphony.xwork2.ActionSupport;
public class XsAction extends ActionSupport{
    private int pageNow=1;
    private int pageSize=8;
```

```
    private Xsb xs;
    private XsService xsService;
    public Xsb getXs() {
        return xs;
    }
    public void setXs(Xsb xs) {
        this.xs =xs;
    }
    public XsService getXsService() {
        return xsService;
    }
    public void setXsService(XsService xsService) {
        this.xsService =xsService;
    }
    public int getPageNow() {
        return pageNow;
    }
    public void setPageNow(int pageNow) {
        this.pageNow =pageNow;
    }
    public int getPageSize() {
        return pageSize;
    }
    public void setPageSize(int pageSize) {
        this.pageSize =pageSize;
    }
    public String execute() throws Exception {
        System.out.println(this.getPageNow());
        List list=xsService.findAll(pageNow,pageSize);
        Map request= (Map)ActionContext.getContext().get("request");
        Pager page=new Pager(getPageNow(),xsService.findXsSize());
        request.put("list", list);
        request.put("page", page);
        return SUCCESS;
    }
}
```

该 Action 类也是由 Spring 来管理的，在实现添加学生信息功能时用到了专业信息的业务逻辑，配置如下：

```
<bean id="xsAction" class="org.action.XsAction">
    <property name="xsService" ref="xsService"/>
    <property name="zyService" ref="zyService"/>
</bean>
```

显示全部学生信息的页面为 xsInfo. jsp，设计如下：

```
<%@page language="java" pageEncoding="UTF-8"%>
<%@taglib uri="/struts-tags" prefix="s"%>
<html>
      <head>
      </head>
   <body bgcolor="#D9DFAA">
   <table border="1" cellspacing="1" cellpadding="8" width="700">
         <tr align="center" bgcolor="silver" >
            <th>学号</th><th>姓名</th><th>专业</th><th>总学分</th><th>
                详细信息</th>
            <th>操作</th><th>操作</th>
         </tr>
         <s:iterator value="#request.list" var="xs">
         <tr>
            <td><s:property value="#xs.xh"/></td>
            <td><s:property value="#xs.xm"/></td>
            <td><s:property value="#xs.zyb.zym"/></td>
            <td><s:property value="#xs.zxf"/></td>
            <td><a href="findXs.action?xs.xh=<s:property value="#xs.xh"/>">
                详细信息</a></td>
            <td><a href="deleteXs.action?xs.xh=<s:property value="#xs.xh"/>
                " onClick="if(!confirm('确定删除该信息吗?'))return false;
                else return true;">删除</a></td>
            <td><a href="updateXsView.action?xs.xh=<s:property value=
                "#xs.xh"/>">修改</a></td>
         </tr>
         </s:iterator>
         <tr>
            <s:set name="page" value="#request.page"></s:set>
               <s:if test="#page.hasFirst">
               <s:a href="xsInfo.action?pageNow=1">首页</s:a>
               </s:if>
               <s:if test="#page.hasPre">
               <a href="xsInfo.action?pageNow=<s:property value=
                     "#page.pageNow-1"/>">上一页</a>
               </s:if>
               <s:if test="#page.hasNext">
               <a href="xsInfo.action?pageNow=<s:property value=
                     "#page.pageNow+1"/>">下一页</a>
               </s:if>
               <s:if test="#page.hasLast">
               <a href="xsInfo.action?pageNow=<s:property value=
                     "#page.totalPage"/>">尾页</a>
```

```
                </s:if>
            </tr>
        </table>
    </body>
</html>
```

2. 分页设计

大家会注意到，在查询的结果信息中采用了分页显示技术，有首页、前一页、后一页及尾页。本项目用一个 Pager.java 类实现页面的分页效果，代码设计为：

```
package org.tool;                              //该文件放在这个包中
public class Pager {
    private int pageNow;                       //当前页数
    private int pageSize =8;                   //每页显示多少条记录
    private int totalPage;                     //一共有多少页
    private int totalSize;                     //一共多少记录
    private boolean hasFirst;                  //是否有首页
    private boolean hasPre;                    //是否有前一页
    private boolean hasNext;                   //是否有下一页
    private boolean hasLast;                   //是否有最后一页
    public Pager(int pageNow,int totalSize){
        //利用构造函数为变量赋值
        this.pageNow=pageNow;
        this.totalSize=totalSize;
    }
    public int getPageNow() {
        return pageNow;
    }
    public void setPageNow(int pageNow) {
        this.pageNow =pageNow;
    }
    public int getPageSize() {
        return pageSize;
    }
    public void setPageSize(int pageSize) {
        this.pageSize =pageSize;
    }
    public int getTotalPage() {
        //一共多少页的算法
        totalPage=getTotalSize()/getPageSize();
        if(totalSize%pageSize!=0)
            totalPage++;
        return totalPage;
    }
```

```
public void setTotalPage(int totalPage) {
    this.totalPage =totalPage;
}
public int getTotalSize() {
    return totalSize;
}
public void setTotalSize(int totalSize) {
    this.totalSize =totalSize;
}
public boolean isHasFirst() {
    //如果当前为第一页就没有首页
    if(pageNow==1)
        return false;
    else return true;
}
public void setHasFirst(boolean hasFirst) {
    this.hasFirst =hasFirst;
}
public boolean isHasPre() {
    //如果有首页就有前一页,因为有首页就不是第一页
    if(this.isHasFirst())
        return true;
    else return false;
}
public void setHasPre(boolean hasPre) {
    this.hasPre =hasPre;
}
public boolean isHasNext() {
    //如果有尾页就有下一页,因为有尾页表明不是最后一页
    if(isHasLast())
        return true;
    else return false;
}
public void setHasNext(boolean hasNext) {
    this.hasNext =hasNext;
}
public boolean isHasLast() {
    //如果不是最后一页就有尾页
    if(pageNow==this.getTotalPage())
        return false;
    else return true;
}
public void setHasLast(boolean hasLast) {
    this.hasLast =hasLast;
```

```
    }
}
```

3. 学生信息录入

单击页面左部“学生信息录入”的图片链接，出现如图 8.6 所示的录入界面。

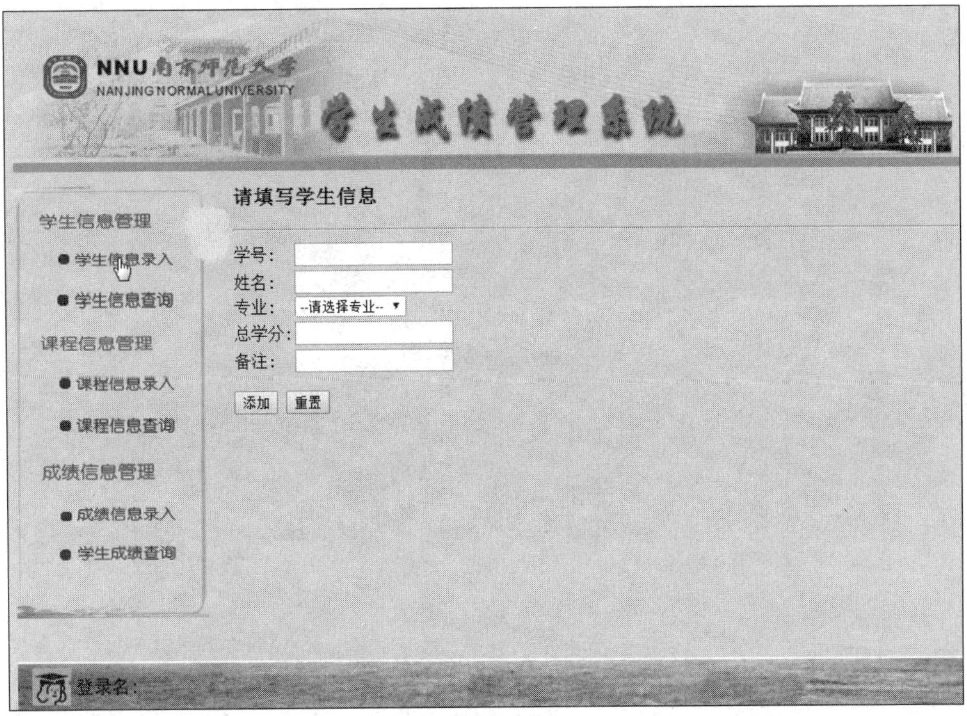

图 8.6　学生信息录入界面

在 XsAction 类中的实现方法：

```
public String addXsView()throws Exception{
    return SUCCESS;
}
```

在 XsAction 类中添加一个 List 属性，并生成其 get 和 set 方法，用来保存专业集合，这样在页面中直接调用即可，非常方便，其实现代码如下：

```
//存放专业集合
private List list;
public void setList(List list) {
    this.list =list;
}
public List getList(){
    return zyService.getAll();//返回专业的集合
}
```

该方法中主要就是获取专业的所有信息，以便在显示页面中遍历放入下拉列表中。显示页面 addXsInfo.jsp 的代码如下：

```
<%@page language="java" pageEncoding="UTF-8"%>
<%@taglib uri="/struts-tags" prefix="s"%>
<html>
    <head>
    </head>
     <script type="text/javascript" src="images/calendar.js">
     </script>
    <body bgcolor="#D9DFAA">
        <h3>
            请填写学生信息
        </h3>
        <hr width="700" align="left">
        <s:form action="addXs" method="post"
            enctype="multipart/form-data" validate="true">
            <table border="0" cellspacing="0" cellpadding="1">
                <tr>
                    <td>
                        <s:textfield name="xs.xh" label="学号" value="">
                        </s:textfield>
                    </td>
                </tr>
                <tr>
                    <td>
                        <s:textfield name="xs.xm" label="姓名" value="">
                        </s:textfield>
                    </td>
                </tr>
                <tr>
                    <s:select name="xs.zyb.id" list="list" listKey="id"
                                listValue="zym"
                     headerKey="0" headerValue="--请选择专业--" label="专业">
                     </s:select>
                </tr>
                <tr>
                    <td>
                        <s:textfield name="xs.zxf" label="总学分" value="">
                        </s:textfield>
                    </td>
                </tr>
                <tr>
                    <td>
```

```
                    <s:textfield name="xs.bz" label="备注" value="">
                    </s:textfield>
                </td>
            </tr>
        </table>
        <p>
            <input type="submit" value="添加" />
            <input type="reset" value="重置" />
    </s:form>
  </body>
</html>
```

在学生信息录入页面上填写要添加的学生的信息，然后单击“添加”按钮（如图 8.7 所示），提交给 addXs.action：

```
<!--添加学生 -->
<action name="addXs" class="xsAction" method="addXs">
    <result name="success">success.jsp</result>
    <result name="error">existXs.jsp</result>
    <result name="input">addXsInfo.jsp</result>
</action>
```

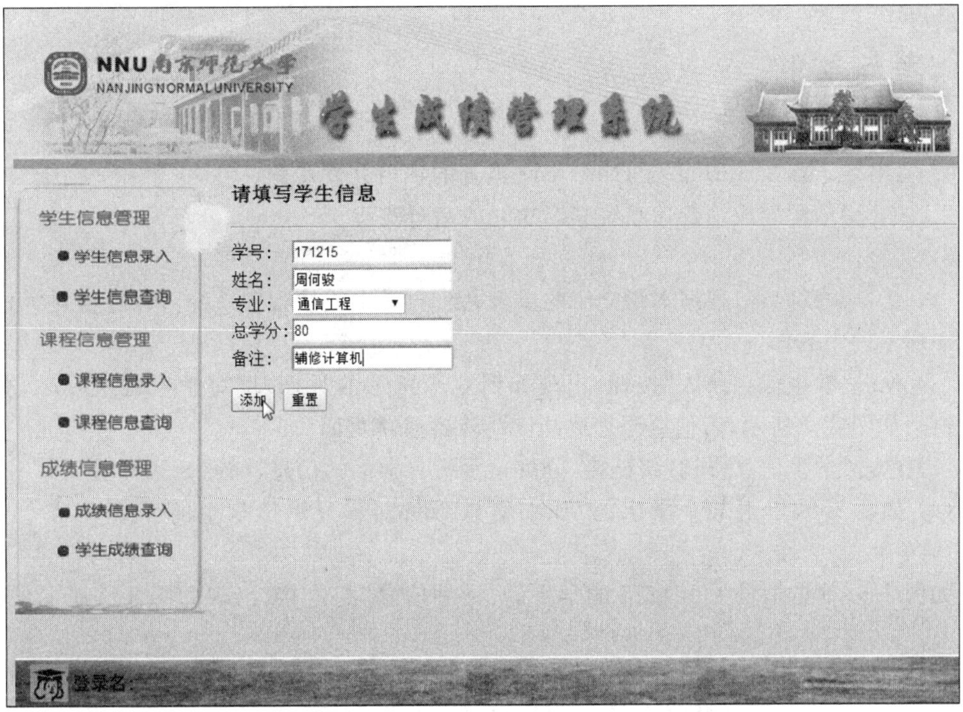

图 8.7　编辑录入学生信息

对应在 XsAction 类中方法的实现如下：

```
public String addXs() throws Exception{
    Xsb stu=new Xsb();
    String xh1=xs.getXh();
    if(xsService.find(xh1)!=null){
        return ERROR;
    }
    stu.setXh(xs.getXh());
    stu.setXm(xs.getXm());
    stu.setXb(true);
    stu.setZxf(xs.getZxf());
    stu.setBz(xs.getBz());
    stu.setZyb(zyService.getOneZy(xs.getZyb().getId()));
    xsService.save(stu);
    return SUCCESS;
}
```

以上介绍了对学生信息的两种基本操作及其实现，读者可以利用本项目实现好的接口自己动手完成学生信息的其他操作，如删除学生信息、查询某个学生的详细信息等。

除此之外，本系统还具有课程信息和成绩信息的管理功能，它们的工作机制、代码结构和实现方法与学生信息管理类同，为节省篇幅，此处不再赘述。有兴趣的读者可以仿照前述学生信息管理部分的例子实现另外两大功能以完善这个系统。

思考与实验

1. 写出 Struts 2、Spring 与 Hibernate 整合的项目开发步骤。

2. 试着写出学生成绩管理系统某个功能的运行流程。

3. 实验。

(1) 复习本章内容，根据本章介绍的步骤，完成"学生成绩管理系统"，运行项目，出现如图 8.4 所示的主界面。

(2) 单击"学生信息录入"按钮，出现如图 8.6 所示的界面，填写学生信息后，单击"添加"按钮，如图 8.7 所示，若信息添加成功则跳转到成功页面。

(3) 单击"学生信息查询"超链接，分页显示所有学生的信息，如图 8.5 所示。

(4) 如图 8.8，单击某个学生的"详细信息"超链接，显示该学生的详细情况，包括备注等。

如图 8.8，单击学号为 171215 的学生的"详细信息"超链接，出现如图 8.9 所示的详细信息页。

(5) 单击学生信息后面的"删除"超链接，显示如图 8.10 所示的界面，提示用户是否要删除该学生信息(以免误操作)。单击"确定"按钮删除该学生信息。

注意：因为删除了某个学生信息，对应的该学生的成绩也应该不存在了，所以这里不但要删除该学生信息，还要删除该学生对应的成绩信息。

学号	姓名	专业	总学分	详细信息	操作	操作
171210	李红庆	通信工程	44	详细信息	删除	修改
171215	周何骏	通信工程	80	详细信息	删除	修改
171216	孙祥欣	通信工程	42	详细信息	删除	修改
171218	孙研	通信工程	42	详细信息	删除	修改
171220	吴薇华	通信工程	42	详细信息	删除	修改
171221	刘燕敏	通信工程	42	详细信息	删除	修改
171241	罗林琳	通信工程	50	详细信息	删除	修改

图 8.8　单击“详细信息”超链接

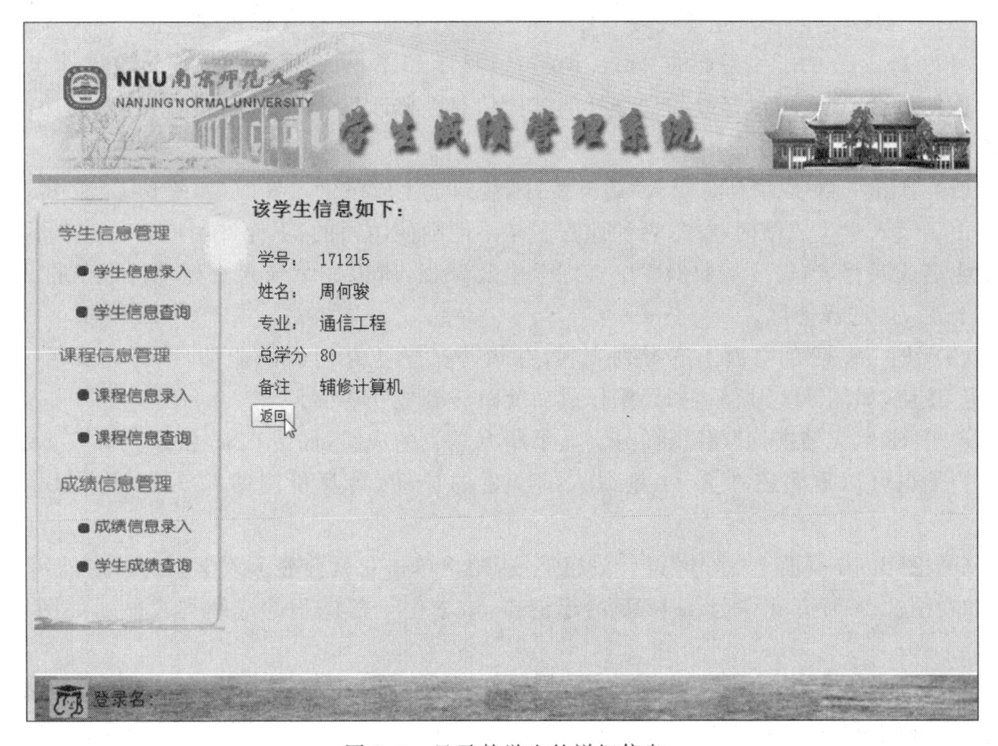

图 8.9　显示某学生的详细信息

图 8.10 删除学生信息

(6) 修改学生信息首先要跳转到修改学生信息界面，并且获得该学生的信息，例如，单击学号为 171215 的学生后面的“修改”超链接，显示如图 8.11 所示的界面。该界面包含了该学生的信息，用户可以修改除学号外的其他信息。修改后，单击“修改”按钮，若成功，跳转到修改成功页面。

(7) 单击左侧“成绩信息录入”超链接，跳转到学生成绩录入界面，如图 8.12 所示。

由于录入学生成绩时，学生名和课程名是不能随便填写的，不允许用户填写一个不存在的学生名或课程名，需要从数据库中查询学生及课程，所以成绩录入页面设计成下拉列表，如图 8.13，供选择使用。

(8) 从图 8.13 的页面上选择列表项，并填写某学生某门课的成绩，填写完成后，单击“确定”按钮，如图 8.14 所示，如果操作成功就跳转到成功界面。

单击“学生成绩查询”超链接，分页显示所有学生的成绩，如图 8.15 所示。

当然也可以看到前图 8.14 中录入的学生的成绩(计算机网络 89)，如图 8.16 框出所示。

(9) 图 8.16 页面上“学号”设计成超链接，用户单击它就会显示该学生的所有课程的成绩，如在图 8.16 中单击学号 171215 的超链接，该学生全部课程的成绩列表显示如图 8.17 所示。

与删除学生信息相同，在单击“删除”超链接时，会提示用户确认。只有用户确定删除，才会提交请求删除成绩信息。

(10) 在本项目的基础上，完成课程信息的增加、删除、修改、查找等操作。

NNU 南京师范大学
NANJING NORMAL UNIVERSITY
学生成绩管理系统
学生信息管理
学生信息录入
学生信息查询
课程信息管理
课程信息录入
课程信息查询
成绩信息管理
成绩信息录入
学生成绩查询
学号：
171215
姓名：
周何骏
专业：
通信工程
总学分：
85
备注：
辅修计算机、信息网络
修改
返回
登录名：

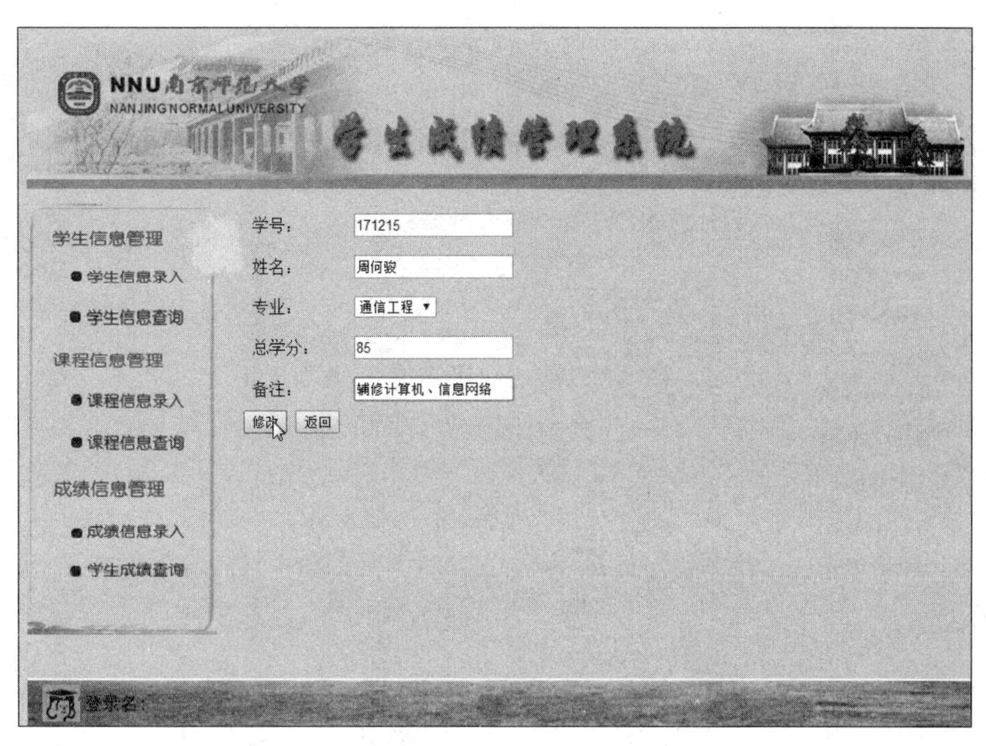

图 8.11　修改学生信息界面

NNU 南京师范大学
NANJING NORMAL UNIVERSITY
学生成绩管理系统
学生信息管理
学生信息录入
学生信息查询
课程信息管理
课程信息录入
课程信息查询
成绩信息管理
成绩信息录入
学生成绩查询
请填写要修改或增加的学生成绩信息
请选择学生：
王林
请选择课程：
计算机基础
成绩：
确定
重置
登录名：

图 8.12　学生成绩录入界面

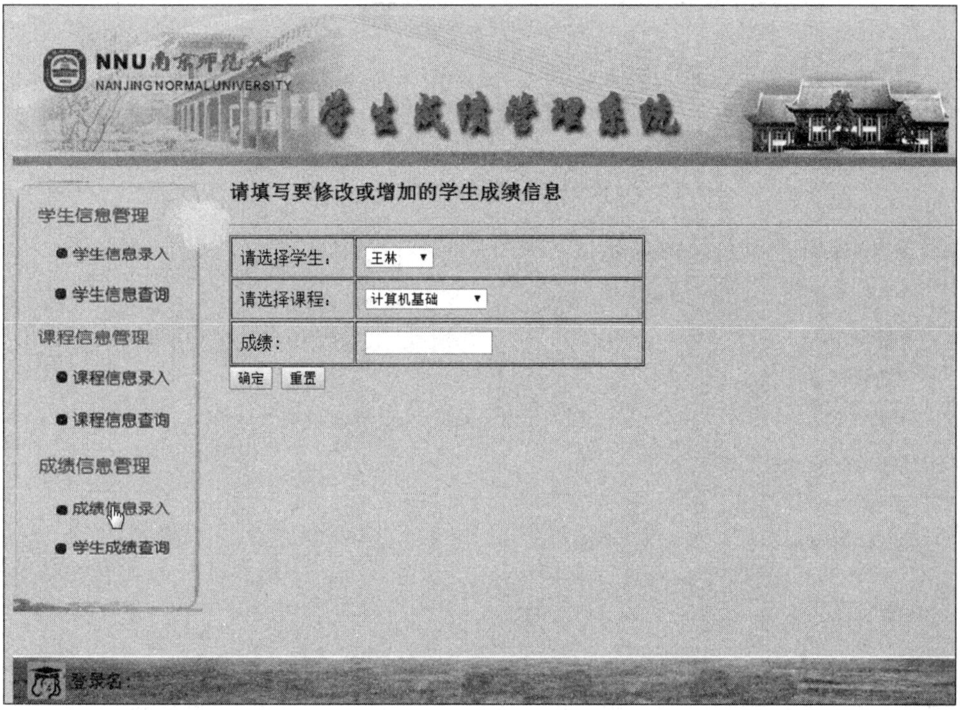

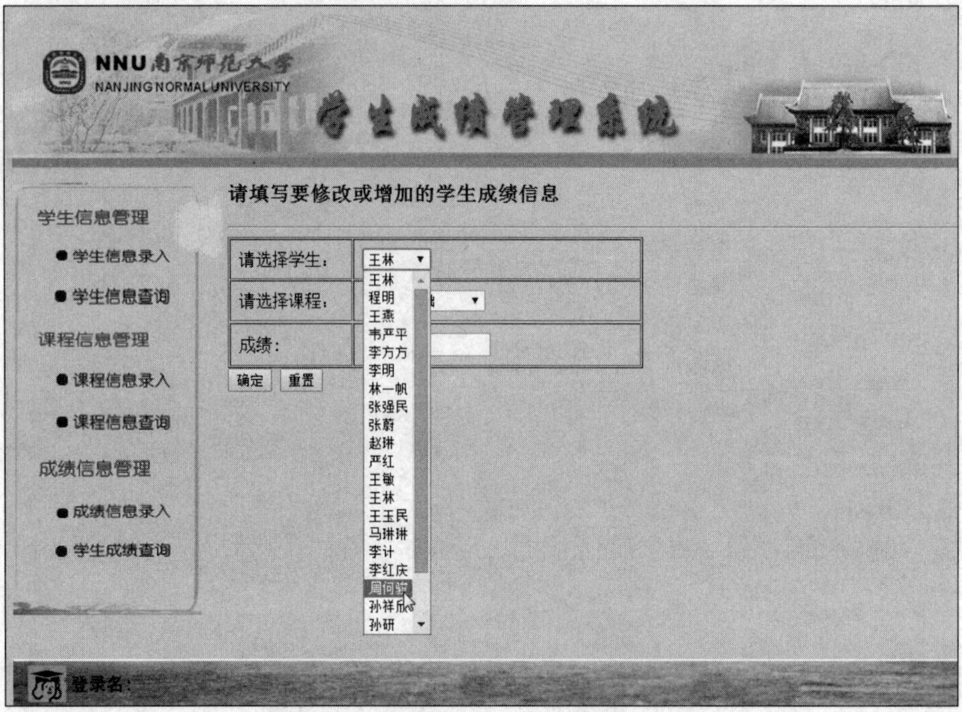

图 8.13　成绩录入页面设计成下拉列表

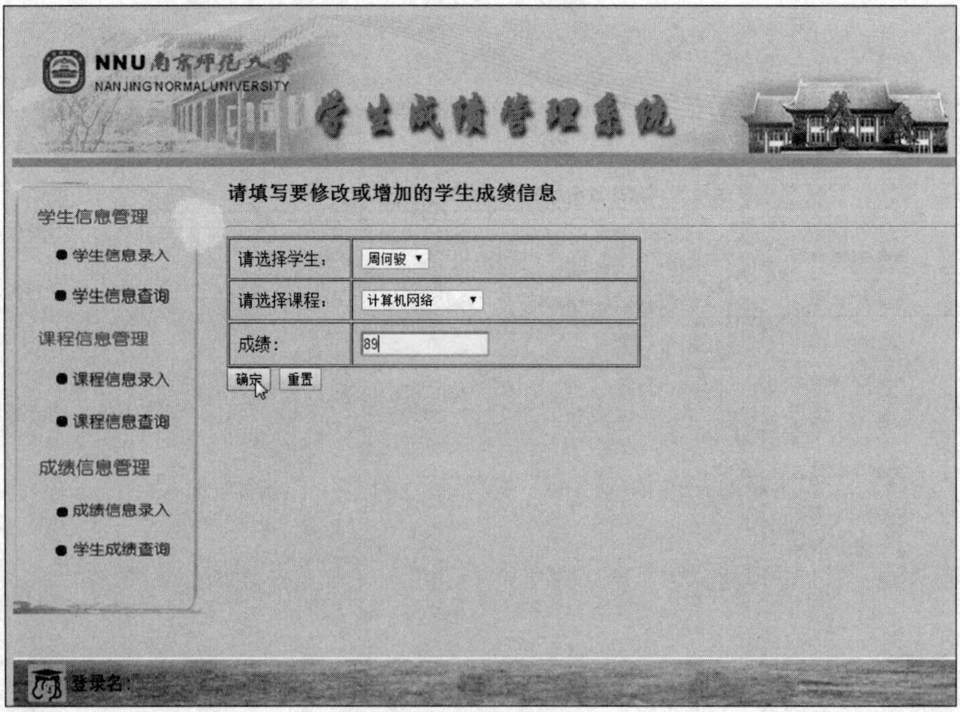

图 8.14　录入学生成绩

图 8.15　分页显示所有学生成绩的界面

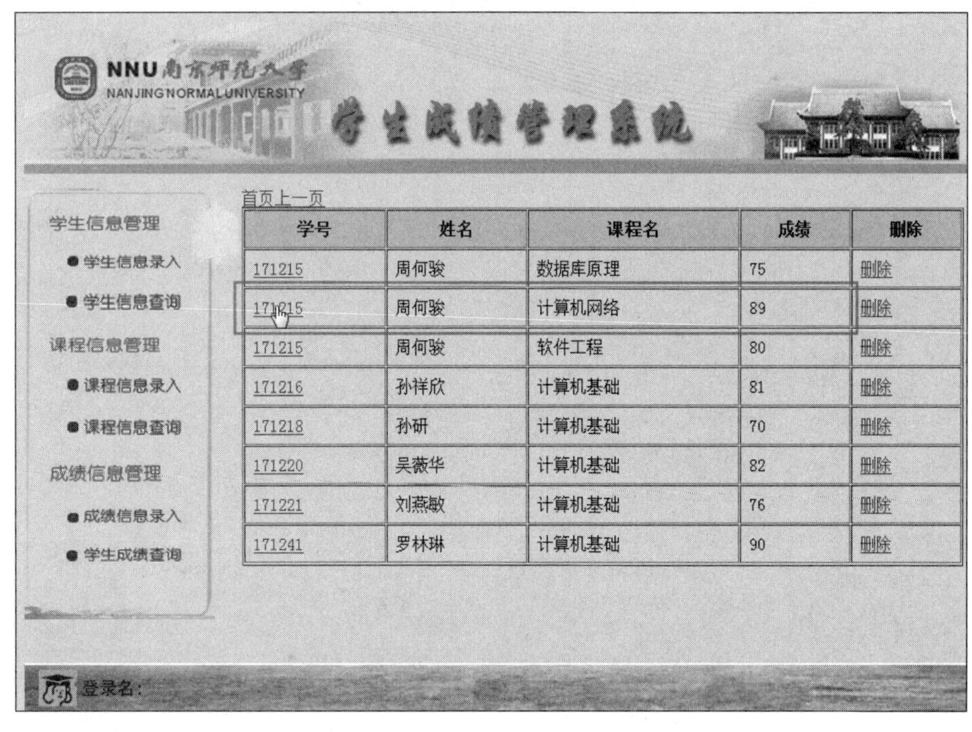

图 8.16　之前录入的成绩是有效的

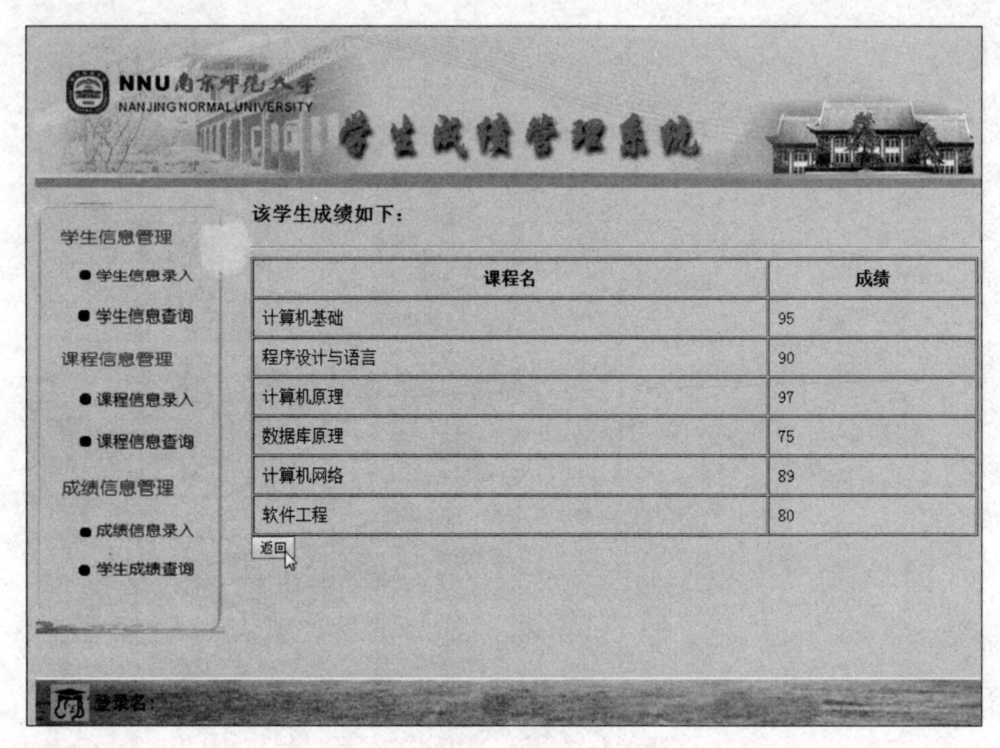

图 8.17　某学生全部课程的成绩

CHAPTER 第9章

Ajax 应用

在前面的项目中，如果要注册一个用户，需等到提交后才能判断用户名是否存在，然后告诉用户。这样用户就需要等待一个页面刷新的阶段，显然不能令人满意。Ajax 的出现正好解决了这个问题。其无刷新机制使得用户注册时能对注册名即时判断，给客户端全新的体验。

9.1 Ajax 概述

Ajax 是异步 JavaScript 和 XML(Asynchronous javascript and xml)的英文缩写。Ajax 这个名词是 Jesse James Garrett 首先提出的，而大力推广且使 Ajax 技术炙手可热的是 Google 公司。Google 公司发布的 Gmail、Google Suggest 等应用最终让人们体验到了什么是 Ajax。

Ajax 的核心理念是使用 XMLHttpRequest 对象发送异步请求。最初为 XMLHttpRequest 对象提供浏览器支持的是微软公司。早在 1998 年微软公司开发 Web 版 Outlook 时，就已经以 ActiveX 控件的方式为 XMLHttpRequest 提供了支持。

实际上，Ajax 不是一种全新的技术，而是几种技术的融合。每种技术都具有独特之处，融合在一起就形成了一个功能强大的新技术。Ajax 包括以下组成部分：

- Html/XHtml：实现页面内容的表示。
- CSS：格式化文本内容。
- DOM：对页面内容进行动态更新。
- XML：实现数据交换和格式转化。
- XMLHttpRequest 对象：实现与服务器异步通信。
- JavaScript：实现以上所有技术的融合。

现在，许多应用程序都是在 Web 上创建的。但是，Web 也成为限制 Web 应用程序发展的因素，原因是来自网络延迟的不确定性。网络连接是耗费资源的行为，程序必须序列化，通信协议沟通及路由传输等动作都很浪费时间和资源。在 Web 应用程序中，通常通过表单进行数据提交，在同步情况下，使用者发送表单之后，就只能等待服务器回应。在这段时间内，使用者无法进一步操作，如图 9.1 所示。

图中加阴影部分是发送表单之后使用者必须等待的时间，浏览器预设为使用同步方式送出请求并等待回应。

如果可以把请求与回应改为非同步进行，也就是发送请求后，浏览器不需要一直等待服务器的回应，而是让使用者对浏览器中的 Web 应用程序进行其他操作。当服务器处理请求

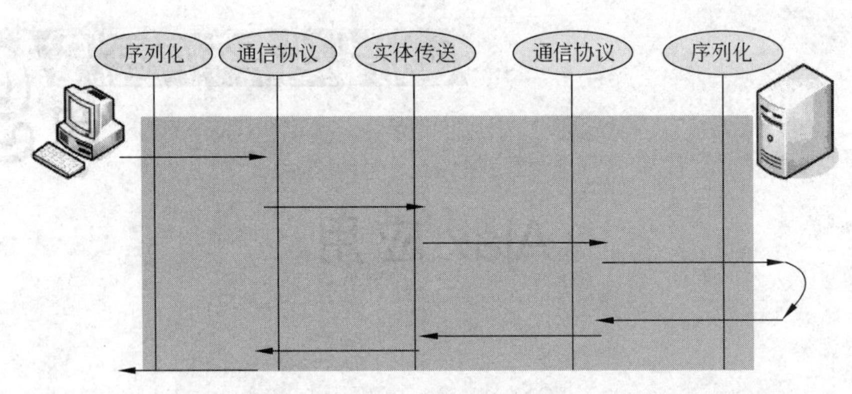

图 9.1 同步技术

并送出回应时，计算机接收到回应，再呼叫浏览器所设定的对应动作进行处理，如图 9.2 所示。

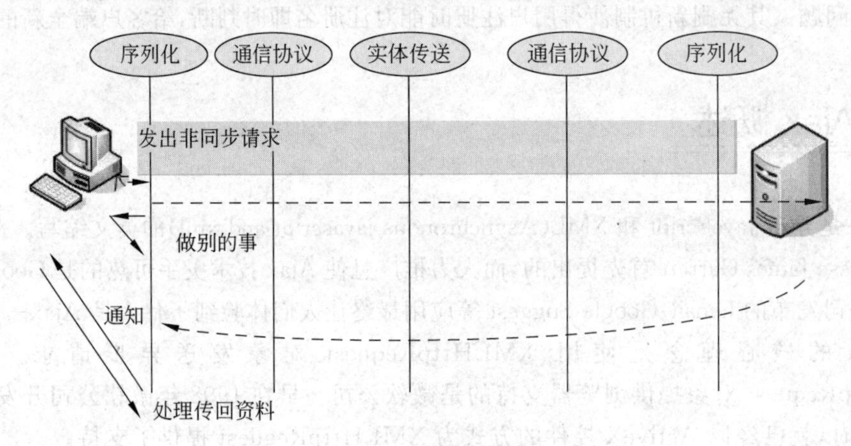

图 9.2 非同步技术

现在的问题是，谁来发送非同步请求？事实上有几种解决方案。在 Ajax 这个名词被提出之前，早就有 Iframe 的方法。

现在谈到 Ajax，着重在 XMLHttpRequest 组件，它可以通过 JavaScript 建立。其实在 Firefox、NetScape、Safari、Opera 中，这类组件叫 XMLHttpRequest；在 Internet Explorer 中，它是 Microsoft XMLHTTP 或 Msxml2. XMLHTTP 的 ActiveX 组件，不过 IE 7 中已更名为 XMLHttpRequest。

Ajax 应用程序必须是由客户端和服务器一同合作的应用程序。JavaScript 是撰写 Ajax 应用程序的客户端语言，XML 则是请求或回应时建议使用的交换信息的格式。

9.2 Ajax 基础应用

9.2.1 XMLHttpRequest 对象

在 JavaScript 中，XMLHttpRequest 对象提供客户端与 HTTP 服务器异步通信的协议。通过该协议，Ajax 可以使页面像桌面应用程序一样，只同服务器进行数据层的交换，而不用每次都刷新界面，也不用每次将数据处理工作提交给服务器来做。这样既减轻了服务器的负担，又加快了响应速度、缩短了用户等候的时间。

在 Ajax 应用程序中，如果使用的是 Mozilla、Firefox 或 Safari，可以通过 XMLHttpRequest 对象来发送非同步请求；如果使用的是 IE 6 或之前的版本，则使用 ActiveXObject 对象来发送非同步请求。为了满足各种不同浏览器的兼容性，必须先进行测试，取得 XMLHttpRequest 或 ActiveXObject，例如下面的代码：

```
var xmlHttp;
function createXMLHttpRequest(){
    if(window.XMLHttpRequest){                //如果可以取得 XMLHttpRequest
        xmlHttp=new XMLHttpRequest();         //Mozilla、Firefox、Safari
    }
    else if(window.ActiveXObject){            //如果可以取得 ActiveXObject
        xmlHttp=new ActiveXObject("Microsoft.XMLHTTP");//Internet Explorer
    }
}
```

创建了 XMLHttpRequest 对象后，通过在 JavaScript 脚本中调用 XMLHttpRequest 对象的方法(见表 9.1)和 XMLHttpRequest 对象的属性(见表 9.2)，实现 Ajax 的功能。

表 9.1　XMLHttpRequest 对象的方法

方 法 名	描　述
abort()	停止当前请求
getAllResponseHeaders()	将 HTTP 请求的所有响应首部作为键/值对返回
getResponseHeader("header")	返回指定首部的字符串值
open("method","url"[,asyncFlag[,"userName"[,"password"]]])	建立对服务器的调用，method 参数可以是 GET、POST 或 PUT，url 参数可以是相对或绝对 URL。该方法还有 3 个可选参数： asyncFlag＝是否非同步标记 username＝用户名 password＝密码
send(content)	向服务器发送请求
setRequestHeader("header","value")	把指定首部设置为所提供的值，在调用该方法之前必须先调用 open 方法

表 9.2　XMLHttpRequest 对象的属性

属 性 名	描　述
onreadystatechange	状态改变事件触发器，每个状态改变都会触发这个事件触发器
readyState	对象状态： 0＝未初始化 1＝正在加载 2＝已加载 3＝交互中 4＝完成

续表

属性名	描述
responseText	服务器的响应，字符串
responseXML	服务器的响应，XML。该对象可以解析为一个DOM对象
status	服务器返回的HTTP状态码
statusText	HTTP状态码的相应文本

Ajax利用浏览器与服务器之间的一个通道来“暗中”完成数据提交或请求。具体方法是，页面的脚本程序通过浏览器提供的空间完成数据的提交和请求，并将返回的数据由JavaScript处理后展现到页面上。整个过程由浏览器、JavaScript、JSP共同完成，Ajax就是这样一组技术的总称。不同的浏览器对Ajax有不同的支持方法，而对于Web服务器来说没有任何变化，因为浏览器和服务器之间的这个通道依然是基于HTTP请求和响应的，浏览器正常的请求和Ajax请求对于Web服务器来说没有任何区别。图9.3说明了Ajax的请求和响应过程。

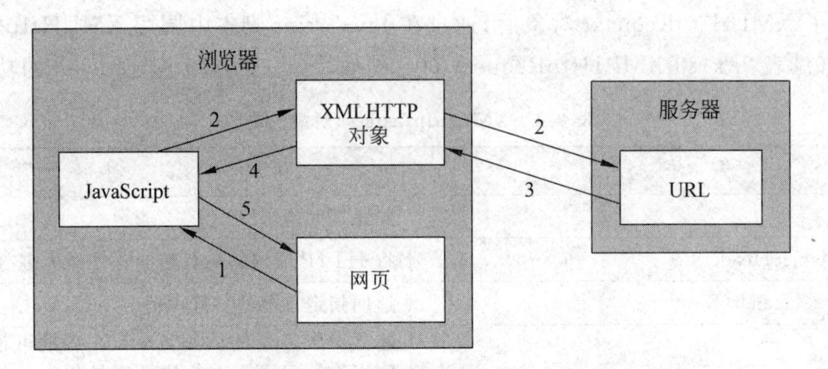

图9.3 Ajax的请求和响应过程

Ajax的请求和响应过程如下：

(1) 网页调用JavaScript程序。

(2) JavaScript利用浏览器提供的XMLHTTP对象向Web服务器发送请求。

(3) 请求的URL资源处理后返回结果给浏览器的XMLHTTP对象。

(4) XMLHTTP对象调用实现设置的处理方法。

(5) JavaScript方法解析返回的数据，利用返回的数据更新页面。

9.2.2 Ajax适用场合

Ajax虽然是一个好的技术，但它不是万能的。在适宜的场合使用Ajax，才能充分发挥它的长处，改善系统性能和用户体验，绝不可以为了技术而滥用。Ajax的特点在于异步交互、动态更新Web页面，因此它适用于交互较多、频繁读取数据的Web应用。下面列举几个Ajax常用的场合。

1. 数据验证

在填写表单内容时，有时需要保证数据的唯一性(如新用户注册时填写的用户名)，因此必须对用户输入内容进行数据验证。数据验证通常有两种方式：一种是直接填写，然后提交表单，这种方式需要将整个页面提交到服务器端进行验证，整个过程不仅消耗时间长而且给服务器造成不必要的负担；第二种是对第一种方式的改进，用户通过单击相应的验证按钮，打开新窗口查看验证结果。但是这需要新开一个浏览器窗口或对话框，还需要编写相应的专门验证页面，既耗费系统资源又耗费人力，而且如果这样的验证多了，系统还显得臃肿。如果使用 Ajax 技术，可以由 XMLHttpRequest 对象发出验证请求，根据返回的 HTTP 响应判断验证是否成功，整个过程不需要弹出新窗口，也不需要将整个页面提交到服务器端，快速而又不加重服务器负担，这种情况下，Ajax 技术是很好的选择。

2. 按需取数据

分类树或树形结构在 Web 应用系统中使用非常普遍。以前每次对分类树的操作都会引起页面刷新，用户需要等待一段刷新的时间。为此，一般不采用每次调用后台的方式，而是一次性将分类结构中的数据全部读取出来并写入数组，然后根据用户的操作需求，用 JavaScript 来控制节点的呈现，这样虽然解决了响应速度慢、需要刷新页面的问题，并且避免向服务器频繁发送请求，但是如果用户不对分类树进行操作，或者只对分类树中的一部分数据进行操作，那么读取的数据就会成为垃圾资源。在分类结构复杂、数据量庞大的情况下，这种方式的弊端就更加明显了。

Ajax 技术改进了分类树的实现机制。在初始化页面时，只获取根部分类数据并显示它们。当用户单击根部分类的某一子节点时，页面会通过 Ajax 向服务器请求当前分类所属的子分类的所有数据；如果再继续请求已经呈现的子分类的子节点，就再次向服务器请求当前子分类所属的子分类的所有数据，以此类推。页面会根据用户的操作向服务器请求它所需要的数据，这样就不会存在数据冗余，减少了数据加载量。同时，更新页面时不需要刷新所有内容，只更新需要更新的那部分内容即可，也就是所谓的局部刷新。

3. 自动更新页面

在 Web 应用中有很多数据变化十分迅速，如股市、天气预报等。在 Ajax 技术出现之前，用户为了及时了解相关的内容必须不断手动刷新页面，查看是否有新的内容变化，或者页面本身实现定时刷新的功能。这种做法显然可以达到目的，但如果有一段时间网页内容没有发生任何变化，但是用户并不知道，仍然不断地刷新页面，或用户手动刷新太久失去了耐心，放弃刷新页面，很有可能在此时有新消息出现，这样就错过了得知消息的机会。

Ajax 技术解决了这一问题。页面加载以后，通过 Ajax 引擎在后台定时向服务器发送请求，查看是否有最新的消息。如果有，则加载新的数据，并且在页面上动态更新，然后通过一定的方式通知用户。这样既避免了用户不断手动刷新页面的不便，也不会在页面定时重复刷新时造成资源浪费。

9.3 开源 Ajax 框架

对于程序员来说，需要掌握用 JavaScript 脚本来操作数据。但是，相对于 Java 语言，JavaScript 语言无论在面向对象还是数据操作等方面都很弱。

值得高兴的是，针对 Ajax 技术在 Java EE 领域出现不少解决方案，如 DWR、AjaxAnywhere、JSON-RPC-Java 等。

DWR 是开源框架，类似于 Hibernate。借助于 DWR，开发人员无须具备专业的 JavaScript 知识就可以轻松实现 Ajax，使 Ajax 应用更加“平民化”。下面通过简单的实例配置，说明怎样将 DWR 部署到项目中。

开发一个使用 DWR 的 Web 项目，步骤如下。

(1) 创建 Web 项目，命名为 AjaxDwr。

(2) 添加 DWR 的 Jar 包。

从 DWR 官方网站 http://directwebremoting.org/dwr/下载 DWR 开发包 dwr.jar (Version 2.0.9)。将它复制到项目的 WEB-INF\lib 文件夹下。这里还要把 commons-logging-1.1.1.jar(此包在 Struts 2 的 lib 目录下)也放到项目的 WEB-INF\lib 文件夹下。

(3) 修改项目的 web.xml 文件，添加 Servlet 映射。

在项目的 web.xml 文件中加入下面的代码：

```
<servlet>
    <servlet-name>dwr-invoker</servlet-name>
    <servlet-class>org.directwebremoting.servlet.DwrServlet</servlet-class>
    <init-param>
        <param-name>debug</param-name>
        <param-value>true</param-value>
    </init-param>
    <!--新加 corssDomainSessionSecurity 参数 -->
    <init-param>
        <param-name>crossDomainSessionSecurity</param-name>
        <param-value>false</param-value>
    </init-param>
</servlet>
<servlet-mapping>
    <servlet-name>dwr-invoker</servlet-name>
    <url-pattern>/dwr/*</url-pattern>
</servlet-mapping>
```

这段内容要放在 web.xml 文件的<web-app>与</web-app>之间，它告诉 Web 应用程序，以/dwr/起始的全部 URL 所指向的请求都交给 org.directwebremoting.servlet.DwrServlet 这个 Java Servlet 来处理。

(4) 创建 dwr.xml 文件。

在项目的 WEB-INF 文件夹下创建 dwr.xml 部署描述文件，其代码如下：

```
<!DOCTYPE dwr PUBLIC
    "-//GetAhead Limited//DTD Direct Web Remoting 1.0//EN"
    "http://www.getahead.ltd.uk/dwr/dwr10.dtd">
<dwr>
```

```
    <allow>
    <create creator="new" javascript="AjaxDate">
        <param name="class" value="java.util.Date"/>
    </create>
    </allow>
</dwr>
```

在上面的配置文件中，定义了可以被 DWR 创建的 Java 类 java. util. Date，并给这个类赋予一个 JavaScript 名称 AjaxDate。通过修改 dwr. xml，也可以将自定义的 Java 类公开给 JavaScript 远程调用。

在该配置文件中，creator 属性是必需的，它指定使用哪种创造器。默认情况下，create 元素的 creator 属性可有 3 种选择值：new、scripted、spring。最常用的是 new 值，它代表将使用 Java 类默认的无参数构造方法创建类的实例对象。scripted 值表示使用脚本语言来创建 Java 类对象。spring 值表示通过 Spring 框架 Bean 来创建 Java 类对象。

该配置还可以在 create 元素下加入 include 标记，指明要公开给 JavaScript 的方法。例如加入：

```
<include method="toString"/>
```

表明公开 Date 的 toString 方法。

(5) 使用 JavaScript 远程调用 Java 类方法，修改 index. jsp 文件如下：

```
<%@page language="java" pageEncoding="UTF-8"%>
<html>
<head>
    <title>DWR 应用</title>
    <script language="javascript" src="dwr/interface/AjaxDate.js"></script>
    <script language="javascript" src="dwr/engine.js"></script>
    <script language="javascript" src="dwr/util.js"></script>
    <script language="javascript">
        function doTest() {
            AjaxDate.toString(load);
        }
        <!--获取当前时间 -->
        function load(data) {
            window.alert("现在时间是: "+data);
        }
    </script>
</head>
<body>
    <input type="button" value="查询现在时间" onClick="doTest()">
</body>
</html>
```

（6）部署运行。

在浏览器地址栏输入 http://localhost:8080/AjaxDwr/index.jsp，单击“查询现在时间”按钮，弹出如图 9.4 所示的消息框。

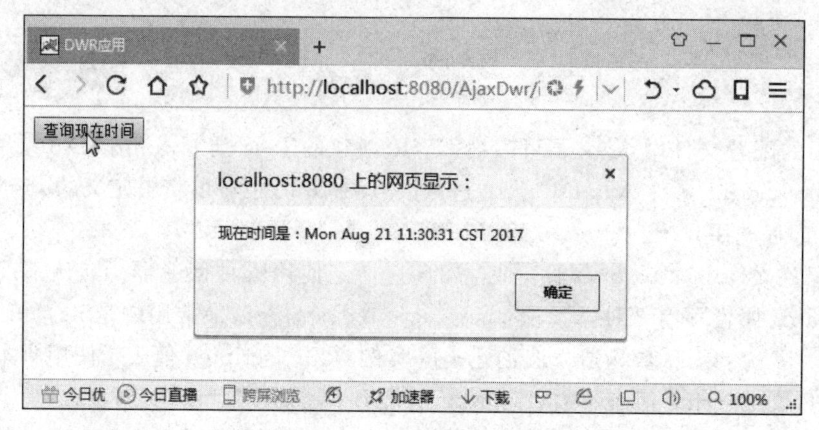

图 9.4　DWR 测试界面

通过以上实例可以看到，DWR 提供了许多功能。它允许迅速而简单地创建到服务器端 Java 对象的 Ajax 接口，只要在页面导入这些文件即可，其存放位置从上例的导入代码中也可以看出，而无须编写任何 Servlet 代码、对象序列化代码或客户端 XMLHttpRequest 代码。

DWR 的工作原理是，动态地把 Java 类生成为 JavaScript。它的代码就像 Ajax 一样，调用就像发生在浏览器端，但是实际上代码调用发生在服务器端，DWR 负责数据的传递和转换。这种从 Java 到 JavaScript 的远程调用功能的方式使 DWR 用起来有些像 RMI 或者 SOAP 的常规 RPC 机制，而且 DWR 的优点在于不需要任何的网页浏览器插件就能在网页上运行。

9.4 Ajax 应用实例

下面以一个实例具体说明 Ajax 项目的开发。开发一个 Ajax 应用的步骤如下。

（1）建立项目

打开 MyEclipse，建立 Web 项目，命名为 AjaxTest。

下面只列出文件的内容，而不说明在什么地方建立该文件，经过前面的学习，相信大家一定很清楚了，这里列出项目的目录结构，如图 9.5 所示。

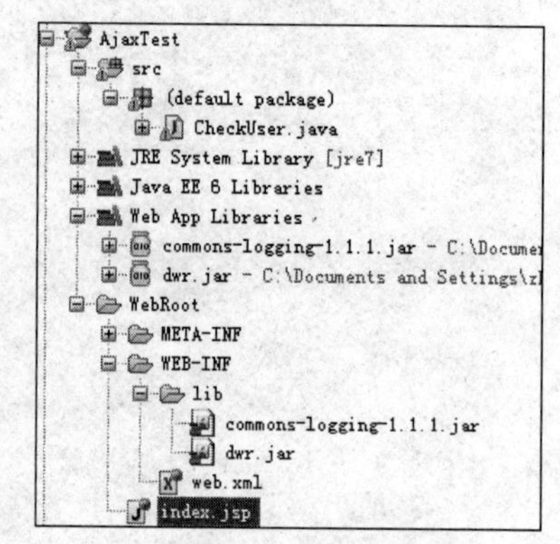

图 9.5　项目生成的目录

将 DWR 开发包 dwr.jar(Version 2.0.9)和 commons-logging-1.1.1.jar 复制到项目的 WEB-INF\lib 文件夹下。

（2）CheckUser.java

学生注册名的唯一性由一个名为 CheckUser 的

HttpServlet来实现,代码如下:

```
import java.io.IOException;
import java.io.PrintWriter;
import javax.servlet.ServletException;
import javax.servlet.http.HttpServlet;
import javax.servlet.http.HttpServletRequest;
import javax.servlet.http.HttpServletResponse;
public class CheckUser extends HttpServlet {
    public void doGet(HttpServletRequest request, HttpServletResponse response)
        throws ServletException, IOException {
        response.setContentType("text/html");
        PrintWriter out =response.getWriter();
        //为方便起见,这里假设数据库中有这些学号
        //在实际应用中应该是从数据库中查询得来的
        String [] xhs={"171110","171111","171112","171113"};
        //取得用户填写的学号
        String xh=request.getParameter("xh");
        //设置响应内容
        String responseContext="true";
        for(int i=0;i<xhs.length;i++){
            //如果有该学号,修改响应内容
            if(xh.equals(xhs[i]))
                responseContext="false";
        }
        //将处理结果返回给客户端
        out.println(responseContext);
        out.flush();
        out.close();
    }
    public void doPost(HttpServletRequest request, HttpServletResponse response)
        throws ServletException, IOException {
        doGet(request,response);
    }
}
```

(3) web.xml

在介绍 Servlet 的时候说过,有 Servlet 文件存在就要进行相应的配置。

```
<?xml version="1.0" encoding="UTF-8"?>
<web-app version="2.5"
xmlns="http://java.sun.com/xml/ns/javaee"
xmlns:xsi="http://www.w3.org/2001/XMLSchema-instance"
```

```
xsi:schemaLocation="http://java.sun.com/xml/ns/javaee
http://java.sun.com/xml/ns/javaee/web-app_2_5.xsd">
<servlet>
    <description>This is the description of my J2EE component</description>
    <display-name>This is the display name of my J2EE component</display-name>
    <servlet-name>CheckUser</servlet-name>
    <servlet-class>CheckUser</servlet-class>
</servlet>
<servlet-mapping>
    <servlet-name>CheckUser</servlet-name>
    <url-pattern>/CheckUser</url-pattern>
</servlet-mapping>
</web-app>
```

(4) index.jsp

接下来编写客户端程序，对应代码如下：

```
<%@page language="java" pageEncoding="UTF-8"%>
<html>
<head>
    <title>Ajax 应用</title>
</head>
    <script type="text/javascript">
    var xmlHttp;
    //创建 XMLHttpRequest 对象
    function createHttpRequest(){
        if(window.ActiveXObject){
            xmlHttp =new ActiveXObject("Microsoft.XMLHTTP");
        }
        else if(window.XMLHttpRequest){
            xmlHttp =new XMLHttpRequest();
        }
    }
    function beginCheck(){
        //得到用户填写的学号
        var xh=document.all.xh.value;
        //如果为空
        if(xh ==""){
            alert("对不起,请输入注册学号!");
            return;
        }
    createHttpRequest();
    //将状态触发器绑定到一个函数
    xmlHttp.onreadystatechange =processor;
```

```
    //通过get方法向指定的URL即Servlet对应URL建立服务器的调用
    xmlHttp.open("get","CheckUser?xh="+xh);
    //发送请求
    xmlHttp.send(null);
    }
    //处理状态改变函数
    function processor(){
        var responseContext;
        //如果响应完成
        if(xmlHttp.readyState ==4){
            //如果返回成功
            if(xmlHttp.status ==200){
                //取得响应内容
                responseContext =xmlHttp.responseText;
                //如果注册名检查有效
                if(responseContext.indexOf("true")!=-1){
                    alert("恭喜你,该学号有效!");
                }else{
                    alert("对不起,该学号已经被注册!");
                }
            }
        }
    }
</script>
<body>
        <form action="">
        学号:
        <!--当输入框改变是执行beginCheck()函数 -->
        <input type="text" name="xh" onchange="beginCheck()"/>
        口令:
        <input type="password" name="kl"/>
        <input type="submit" value="注册"/>
    </form>
</body>
</html>
```

(5) 运行

部署运行,可以验证实际效果。当输入已经存在的学号时,就不会刷新页面,提示该学号已经存在,如图9.6所示。

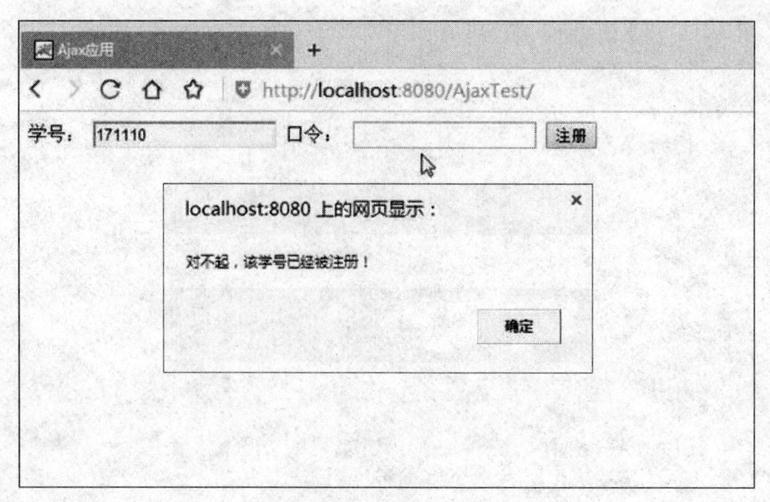

图 9.6　运行效果

思考与实验

1. 写出 Ajax 的适用场景。

2. 简述应用 DWR 框架进行项目开发的流程。

3. 实验。

(1) 根据 9.3 节的步骤，初步掌握 DWR 框架的应用，完成如图 9.4 所示的功能。

(2) 根据 9.4 节的步骤，完成 Ajax 的应用实例，思考其实现过程，完成如图 9.6 所示的学号验证功能。

CHAPTER 第10章

模块化开发：网上购书系统

前面介绍学生成绩管理系统采用 SSH2 框架的整合，它采用了分层次开发的方法。本章的综合应用实例设计一个具有代表性的网上购书系统，将采用分模块的方式来开发，使读者对 Java EE 的应用有一个比较熟练、深入的掌握，从而能够独立地开发一个 Java EE 项目。

在实际开发中分层次开发方法和分模块开发方法各有其特点。

10.1 系统分析和设计

10.1.1 网上购书系统概述

第一步明确系统需求，即系统要实现什么功能，具体的要求是什么。大部分读者都有过网上购物的经历，在购物网站可以很方便地注册、浏览商品、查询商品，购买时只需点几下鼠标即可。本章设计网上购书系统(网上书店)主界面如图 10.1 所示。

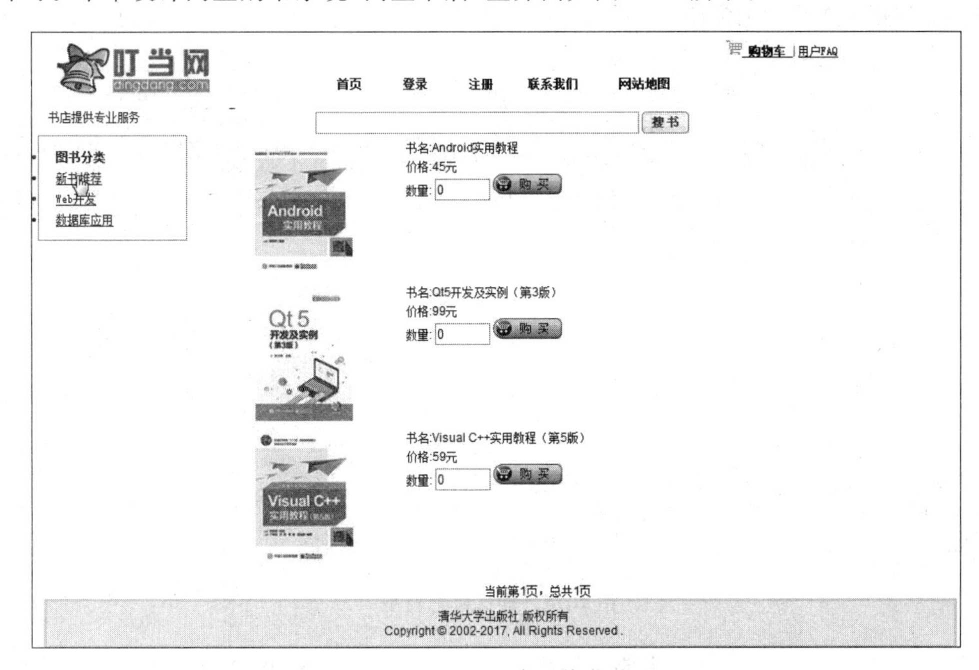

图 10.1　网上购书系统主界面

该网上购书系统功能如下：

（1）用户可以浏览图书分类和网站推荐的图书。

（2）用户可以根据分类，浏览某一类的图书列表。

（3）用户在图书浏览页面，单击“购买”按钮，把选定图书添加到购物车中。

（4）用户可以单击“购物车”超链接，查看购物车信息。

（5）用户可以单击“进入结算中心”按钮下订单，当然需要登录后才能操作。

（6）用户在注册页面，填写注册信息，确认有效注册，成为新用户。

（7）用户在登录页面，填写用户名和密码，确认正确，可以结账。

系统功能模块划分如图10.2所示。

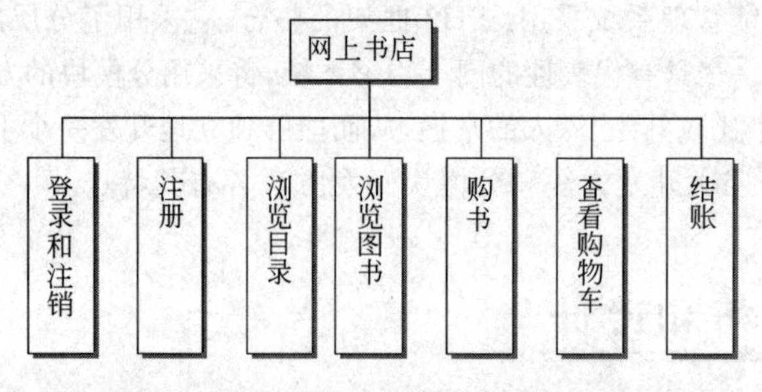

图10.2 网上购书系统功能模块划分

10.1.2 数据库设计

网上书店中有以下几个实体：用户、图书分类、图书、订单、订单项，因此系统可以设计如下的数据概念模型，如图10.3所示。

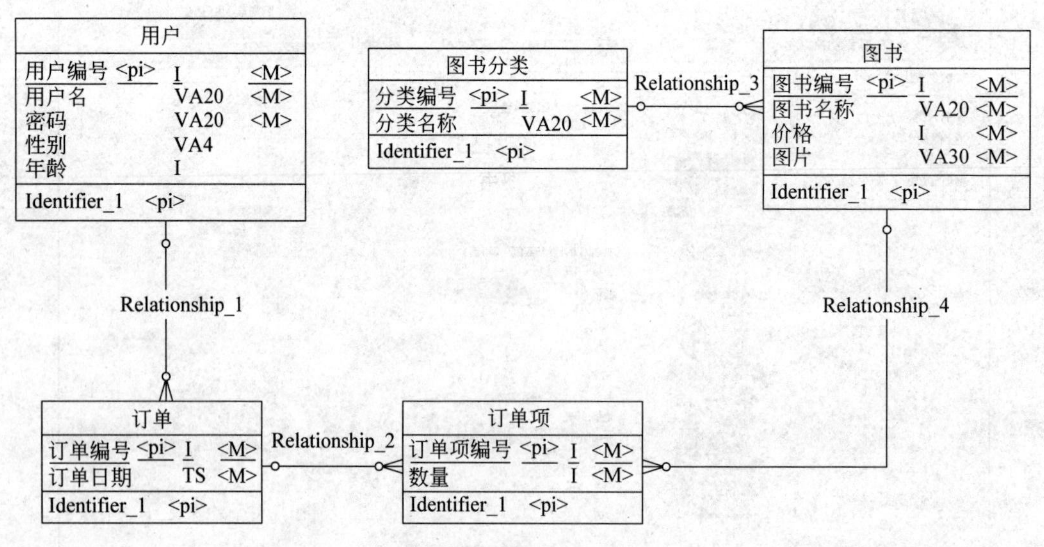

图10.3 数据概念模型

用户：代表一个用户实体，主要包括用户信息，如用户名、密码、性别、年龄等。

图书分类：代表网上书店中已有的图书种类，如计算机、少儿、生活等。

图书：代表具体图书的具体信息，如图书名、价格和封面图片等。

订单：代表用户的订单、购买信息。

订单项：代表订单中具体项，每一个订单的具体信息。

其中实体之间还可能存在对应关系。

图书分类和图书：一个图书类别中有多本图书，一本图书属于一个图书分类，是一对多的关系。

用户和订单：一个用户可以拥有多个订单，一个订单只能属于一个用户，它们之间的关系是一对多的关系，在数据库中表现为订单表中有一个用户表的外键。

订单和订单项：一个订单中包含多个订单项，一个订单项只能属于一个订单，是一对多的关系。

图书和订单项：一个订单项就是对图书的封装，订单项中除了有该图书基本信息外，还有购买它的数量等。

根据前面的分析，具体表结构如表 10.1～表 10.5 所示。

表 10.1　用户表 user

字段名称	数据类型	主键	自增	允许为空	描述
userid	int	是	增 1		标志 ID
username	varchar(20)				用户名
password	varchar(20)				密码
sex	varchar(4)			是	性别
age	int			是	年龄

表 10.2　图书分类表 catalog

字段名称	数据类型	主键	自增	允许为空	描述
catalogid	int	是	增 1		标志 ID
catalogname	varchar(20)				图书分类名

表 10.3　图书表 book

字段名称	数据类型	主键	自增	允许为空	描述
bookid	int	是	增 1		标志 ID
bookname	varchar(20)				图书名
price	int				图书价格
picture	varchar(30)				图书封面
catalogid	int				分类(外键)

表 10.4　订单表 orders

字段名称	数据类型	主键	自增	允许为空	描述
orderid	int	是	增 1		标志 ID
orderdate	timestamp				订单时间
userid	int				用户编号(外键)

表 10.5　订单项表 orderitem

字段名称	数据类型	主　键	自　增	允许为空	描　述
orderitemid	int	是	增 1		标志 ID
quantity	int				数量
orderid	int				所属订单(外键)
bookid	int				所属图书(外键)

在 MySQL 5.7 中新建数据库 bookstore，在数据库中创建上面的 5 个表，表结构建好后，读者可以给这些表添加一些数据，以备后面测试之用。笔者在测试功能时已经添加了数据，此处不再列举，读者可以根据需求自己设计、添加数据，或者也可以使用本书提供的现成数据库。

10.2　搭建系统框架

10.2.1　创建项目及源代码包

具体步骤如下：

(1) 在 MyEclipse 中创建一个新的 Web 项目，命名为 bookstore。

(2) 在项目 src 目录下创建如图 10.4 所示的包。

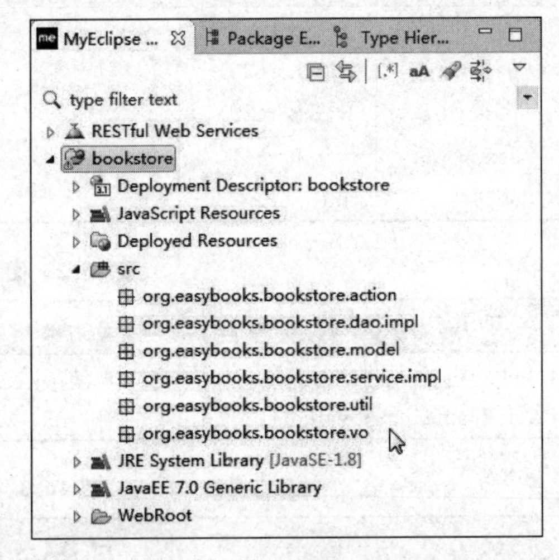

图 10.4　创建项目包

其中，org. easybooks. bookstore 下各子包放置的代码用途分别如下。

action：Struts 2 的 Action 控制模块。

dao. impl：DAO 接口定义及实现类。

model：模型包。

service. impl：业务层服务接口定义及业务逻辑实现类。

util：通用工具包。

vo：反向工程生成的值对象及其映射文件。

10.2.2　添加 SSH2 多框架

要注意添加的次序。

(1) 添加 Spring 核心容器。

(2) 添加 Hibernate 框架。

(3) 添加 Struts 2 框架。

(4) Struts 2 与 Spring 集成。

具体操作步骤同 8.2 节，在第(2)步添加了 Hibernate 后，要一并将 bookstore 中的 5 个表全都用“反向工程”法生成持久化对象及映射文件，生成项全部置于先前创建的 org.easybooks.bookstore.vo 包中，如图 10.5 所示。

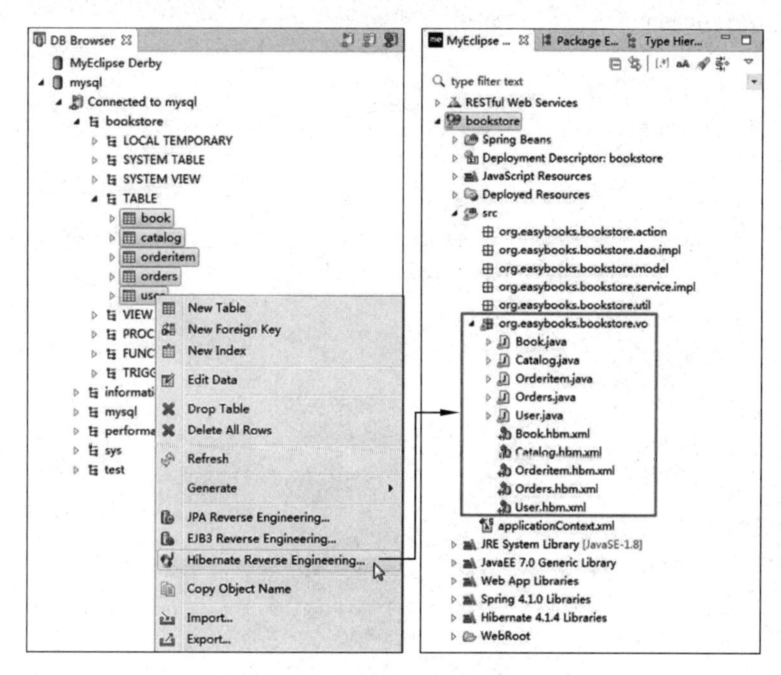

图 10.5　bookstore 中 5 个表的持久化

至此，整个网上购书系统的代码框架全都搭建完毕！以后就可以分模块地往这个框架中加入各种丰富的功能。

10.3　前端界面开发

10.3.1　页面布局

1. 定义 CSS 样式表

读者可以根据个人的喜好，布局项目的页面，或应用本书的 CSS 代码，这里列举出本例中用到的 CSS 代码。

在 WebRoot 下建立文件夹 css，在其中创建 bookstore.css 文件，编写 CSS 代码如下：

```
body {
    font-size: 12px; background: #999999; margin: 0px color:#000000
}
IMG {
    border-top-width: 0px; border-left-width: 0px; border-bottom-width:
0px; border-right-width: 0px
```

```
}
a {
    font-family: "宋体";
    color: #000000;
}
.content {
    background: #fff; margin: 0px auto; width: 972px; font-family: arial, "宋体"
}
.left {
    padding-left: 6px; float: left; width: 157px
}
.right {
    margin-left: 179px
}
.list_box {
    padding-right: 1px; padding-left: 1px; margin-bottom: 1px; padding-
bottom: 1px; width: 155px;
padding-top: 1px;
}
.list_bk {
    border-right: #9ca5cc 1px solid; padding-right: 1px; border-top: #9ca5cc
1px solid; padding-left: 1px; padding-bottom: 1px; border-left: #9ca5cc 1px
solid; padding-top: 1px; border-bottom: #9ca5cc 1px solid
}
.right_box {
    float: left
}
.foot {
    background: #fff; margin: 0px auto; width: 972px; font-family: arial, "宋体"
}
.foot_box {
    clear: both; border-right: #dfe0e8 3px solid; padding-right: 10px; border
-top: #dfe0e8 3px solid; padding-left: 10px; background: #f0f0f0; padding-
bottom: 7px; margin: 0px auto 5px; border-left: #dfe0e8 3px solid; width:
920px; color: #3d3d3c; padding-top: 7px; border-bottom: #dfe0e8 3px solid
}
.head {
    background: #fff; margin: 0px auto; width: 972px; font-family: arial, "宋体"
}
.head_left {
    float: left; width: 290px
}
.head_right {
    margin-left: 293px
```

```
}
.head_right_nei {
    float: left; width: 668px
}
.head_top {
    margin: 3px 0px 0px; color: #576976; line-height: 33px; height: 33px
}
.head_buy {
    float: right; width: 240px; color: #628fb6; margin-right: 5px
}
.head_middle {
    margin: 6px 0px; line-height: 23px; height: 23px
}
.head_bottom {
    margin: 16px 0px 0px; color: #0569ae; height: 22px
}
.title01:link {
    display: block; font-weight: bold; font-size: 13px; float: left; color:
#e6f4ff; text-decoration: none
}
.title01:visited {
    display: block; font-weight: bold; font-size: 13px; float: left; color:
#111111; text-decoration: none
}.
.title01:hover {
    text-decoration: none
}
.title01 span {
    padding-right: 7px; padding-left: 7px; padding-bottom: 0px; padding-top:
0px; letter-spacing: -1px
}

.list_title {
    padding-right: 7px; padding-left: 7px; font-weight: bold; font-size:
12px; margin-bottom: 13px; padding-bottom: 0px; color: #fff; line-height:
23px; padding-top: 0px; height: 23px
}
.list_bk ul {
    padding-right: 7px; padding-left: 7px; padding-bottom: 0px; width: 135px;
padding-top: 0px
}
.point02 li {
    padding-left: 10px; margin-bottom: 6px
}
```

```
.green14b {
    font-weight: bold; font-size: 14px; color: #5b6f1b
}
.xh5 {
    padding-right: 11px; padding-left: 11px; float: left; padding-bottom:
0px; width: 130px; padding-top: 0px; text-align: center
}
.info_bk1 {
    border-right: #dfe0e8 1px solid; padding-right: 0px; border-top: #dfe0e8
1px solid; padding-left: 0px; background: #fafcfe; padding-bottom: 13px;
margin: 0px 0px 20px 7px; border-left: #dfe0e8 1px solid; width: 761px; padding
-top: 13px; border-bottom: #dfe0e8 1px solid
}
```

CSS 样式应用非常简单，常用的有两种：一种是定义标签样式；另一种是定义类样式。标签样式如 body、img、a 等是页面中常用到的标签，在文件中定义 CSS 样式后，在页面中该标签就使用对应的样式。例如，在 CSS 定义了 a 标签的样式如下：

```
a {
    font-family: "宋体";
    color: #000000;
}
```

那么在页面中出现：

```
<a href="a.jsp">链接</a>
```

根据 a 标签定义的样式来显示“链接”两个字，字体为宋体、颜色为＃000000。

而类样式则不同，定义一个样式的类格式如下：

```
.name{
    …该类样式的属性
}
```

在页面标签中加入 class="name"属性，该标签就可以使用 CSS 中. name 定义的样式。例如：

```
<div class="name">
    …
</div>
```

表示在这个 div 块中的内容都遵循 name 样式。在定义类样式时，名称前面有“.”，而调用时则不用加。

样式表有很多属性，读者可以查阅更详细的资料。

2. 设计主界面

浏览者首先进入网上购书系统主界面，查阅图书信息。从图 10.1 可见，为了方便可视化浏览，主界面上有诸多的图片元素，对于这些图片读者可以自己设计制作或上网搜集，将它们保存在一个文件夹中。为方便读者，本书提供现成的图片集(可以到清华大学出版社网站下载本项目源代码获得项目用到的图片)，读者只须将该文件夹复制到项目\WebRoot 目录下即可。

主页面的框架由 index.jsp 实现，代码如下：

```
<%@page contentType="text/html;charset=gb2312"%>
<%@taglib prefix="s" uri="/struts-tags"%>
<!DOCTYPE HTML PUBLIC "-//W3C//DTD HTML 4.01 Transitional//EN"
"http://www.w3c.org/TR/1999/REC-html401-19991224/loose.dtd">
<html>
<head>
    <title>网上书店</title>
    <link href="css/bookstore.css" rel="stylesheet" type="text/css"/>
</head>
<body>
    <jsp:include page="head.jsp"/>
    <div class="content">
        <div class="left">
            <div class="list_box">
                <div class="list_bk">
                    <s:action name="browseCatalog" executeResult="true"/>
                </div>
            </div>
        </div>
        <div class="right">
            <div class="right_box">
                <font face="宋体"></font><font face="宋体"></font><font
                        face="宋体"></font><font face="宋体"></font>
                <div class="banner"></div>
                <div align="center">
                    <s:action name="newBook" executeResult="true"/>
                </div>
            </div>
        </div>
    </div>
    <jsp:include page="foot.jsp"/>
</body>
</html>
```

10.3.2 分块设计

1. 网页头设计

首先在主界面的上方是网页头(对应 head.jsp)，代码如下：

```
<%@page contentType="text/html;charset=gb2312"%>
<%@taglib prefix="s" uri="/struts-tags"%>
<!DOCTYPE HTML PUBLIC "-//W3C//DTD HTML 4.01 Transitional//EN"
"http://www.w3c.org/TR/1999/REC-html401-19991224/loose.dtd">
<html>
<head>
    <title>网上书店</title>
    <link href="css/bookstore.css" rel="stylesheet" type="text/css"/>
</head>
<body>
    <div class="head">
        <div class="head_left">
            <a href="#">
                <img hspace="11" src="picture/logo_dear.gif" vspace="5">
            </a>
            <br>      书店提供专业服务
        </div>
        <div class="head_right">
            <div class="head_right_nei">
                <div class="head_top">
                    <div class="head_buy">
                        <strong>
                            <a href="/bookstore/showCart.jsp">
                                <img height="15" src="picture/buy01.jpg"
                                     width="16"> 购物车
                            </a>
                        </strong>|
                        <a href="#">用户 FAQ</a>
                    </div>
                </div>
                <div class="head_middle">
                    <a class="title01" href="index.jsp">
                        <span>  首页   </span>
                    </a>
                    <s:if test="#session.user==null">
                        <a class="title01" href="login.jsp">
                            <span>  登录   </span>
                        </a>
                    </s:if>
                    <s:else>
                        <a class="title01" href="logout.action">
                            <span>  注销   </span>
                        </a>
                    </s:else>
```

```
                    <a class="title01" href="register.jsp">
                        <span>  注册   </span>
                    </a>
                    <a class="title01" href="#">
                        <span> 联系我们    </span>
                    </a>
                    <a class="title01" href="#">
                        <span> 网站地图    </span>
                    </a>
                </div>
                <div class="head_bottom">
                    <form action="searchBook.action" method="post">
                        <input type="text" name="bookname" size="50" align="
middle"/>
                            <input type="image" name="submit" src="picture/
                                search02.jpg" align="top" style="width:
                                48px; height: 22px"/>
                    </form>
                </div>
            </div>
        </div>
    </div>
</body>
</html>
```

从上段代码中注意到，该 JSP 页面上有一些超链接（登录、注册、联系我们和网站地图），这里先实现其中的“登录”和“注册”两个链接页，下面分别设计它们。

2. 登录页设计

登录页对应 login.jsp，代码为：

```
<%@page language="java" pageEncoding="utf-8"%>
<%@taglib prefix="s" uri="/struts-tags"%>
<!DOCTYPE HTML PUBLIC "-//W3C//DTD HTML 4.01 Transitional//EN"
"http://www.w3c.org/TR/1999/REC-html401-19991224/loose.dtd">
<html>
<head>
    <title>网上书店</title>
</head>
<body>
    <jsp:include page="head.jsp"></jsp:include>
    <div class="content">
        <div class="left">
            <div class="list_box">
                <div class="list_bk">
```

```
                    <s:action name="browseCatalog" executeResult="true"/>
                </div>
            </div>
        </div>
        <div class="right">
            <div class="right_box">
                <font face="宋体"></font><font face="宋体"></font><font
                    face="宋体"></font><font face="宋体"></font>
                <div class="banner"></div>
                <div class="info_bk1">
                    <div align="center">
                        <form action="login.action" method="post" name="login">
                            用户登录<br>
                            用户名:<input type="text" name="user.username"
                                size="20" id="username"/><br>
                            密     码:<input type="password"
                                name="user.password" size="21" id="username"/>
                                <br>
                            <input type="submit" value="登录"/>
                        </form>
                    </div>
                </div>
            </div>
        </div>
    </div>
    <jsp:include page="foot.jsp"></jsp:include>
</body>
</html>
```

3. 注册页设计

注册页对应 register.jsp，代码为：

```
<%@page language="java" pageEncoding="utf-8"%>
<%@taglib prefix="s" uri="/struts-tags"%>
<!DOCTYPE HTML PUBLIC "-//W3C//DTD HTML 4.01 Transitional//EN"
"http://www.w3c.org/TR/1999/REC-html401-19991224/loose.dtd">
<html>
<head>
    <title>网上书店</title>
</head>
<body>
    <jsp:include page="head.jsp"></jsp:include>
    <div class="content">
        <div class="left">
```

```
            <div class="list_box">
                <div class="list_bk">
                    <!--执行 browseCatalog 的 Action,并把结果显示在该位置,该
                        Action 的功能是显示所有的图书的类型,该功能会在后面讲述,
                        下同-->
                    <s:action name="browseCatalog" executeResult="true"/>
                </div>
            </div>
        </div>
        <div class="right">
            <div class="right_box">
                <div class="info_bk1">
                    <div align="center">
                        <form action="register.action" method="post" name=
                            "form1">
                            用户注册<br>
                            用户名:<input type="text" id="name" name=
                            "user.username" size="20"/><br>
                            密     码:<input type=
                            "password" name="user.password" size="21"/><br>
                            性     别:<input type="text"
                            name="user.sex" size="20"/><br>
                            年     龄:<input type="text"
                            name="user.age" size="20"/><br>
                            <input type="submit" value="注册"/>
                        </form>
                    </div>
                </div>
            </div>
        </div>
    </div>
    <jsp:include page="foot.jsp"></jsp:include>
</body>
</html>
```

4. 网页尾设计

foot.jsp 为整个页面的尾部,其代码非常简单,一般是版权说明等内容,如下:

```
<%@page contentType="text/html;charset=gb2312"%>
<!DOCTYPE HTML PUBLIC "-//W3C//DTD HTML 4.01 Transitional//EN"
"http://www.w3c.org/TR/1999/REC-html401-19991224/loose.dtd">
<html>
<head>
    <title>网上书店</title>
    <link href="css/bookstore.css" rel="stylesheet" type="text/css"/>
```

```
</head>
<body>
    <div class="foot">
        <div class="foot_box">
            <div align="right">
                <div align="center">
                    清华大学出版社  版权所有
                </div>
                <div align="center"></div>
                <div align="center">
                    Copyright &copy; 2002-2017, All Rights Reserved .
                </div>
            </div>
        </div>
    </div>
</body>
</html>
```

10.3.3 效果展示

现在,购书系统的前端界面已经设计出来,我们可以先运行程序看一下效果。部署项目,启动 Tomcat 服务器。

1. 主界面

在浏览器地址栏输入 http://localhost:8080/bookstore/index.jsp 按 Enter 键,显示主界面如图 10.6 所示。

图 10.6 主界面

由于此时尚未开发图书类别及展示模块,故还不能显出如图 10.1 那样的完整界面。

2. 登录页

单击"登录"链接,如图 10.7 所示,进入登录页。

若读者已经注册用户名和密码,就可以登录系统,不过现在登录功能尚未开发,只能显示前端效果,还无法真正进入系统。

3. 注册页

单击"注册"链接,进入注册页,页面上出现如图 10.8 供用户填写个人信息的表单。

只是目前系统还不对外提供注册服务。

以上测试了刚刚开发出的前端用户界面,从展示效果来看,界面设计友好,交互性强,接

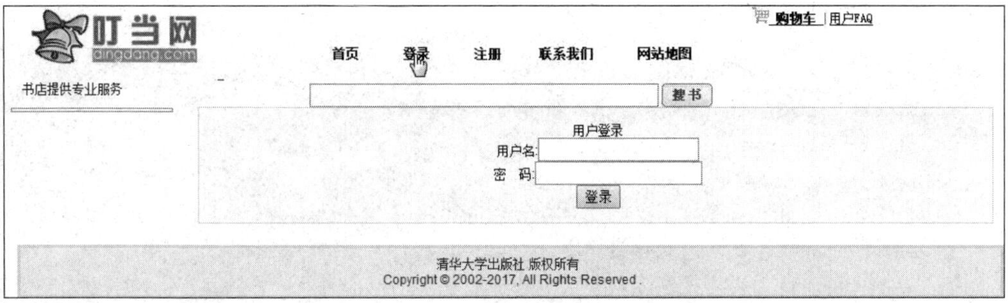

图 10.7　登录页

图 10.8　注册页

下来我们将逐一开发这个购书系统的各项丰富的功能。

10.4　注册、登录和注销

用户注册、登录和注销是网上购书系统的基本功能，用户如果想从网上书店购书，就必须有一个账号，所以注册功能是必需的，对应登录和注销功能也就不言而喻了。但上节只制作了注册登录的前端界面，还没有编写内部功能，下面就来具体实现它。

10.4.1　注册功能

1. DAO

DAO 接口 IUserDAO.java，代码如下：

```
package org.easybooks.bookstore.dao;
import org.easybooks.bookstore.vo.User;
public interface IUserDAO {
    //用户注册时，保存注册信息
    public void saveUser(User user);
}
```

创建 BaseDAO.java，代码如下：

```
package org.easybooks.bookstore.dao;
import org.hibernate.SessionFactory;
import org.hibernate.Session;
public class BaseDAO {
    private SessionFactory sessionFactory;
    public SessionFactory getSessionFactory(){
        return sessionFactory;
    }
    public void setSessionFactory(SessionFactory sessionFactory){
        this.sessionFactory=sessionFactory;
    }
    public Session getSession(){
        Session session=sessionFactory.openSession();
        return session;
    }
}
```

DAO 实现类 UserDAO.java，代码如下：

```
package org.easybooks.bookstore.dao.impl;
import java.sql.*;
import java.util.List;
import org.easybooks.bookstore.dao.*;
import org.easybooks.bookstore.vo.User;
import org.hibernate.*;
public class UserDAO extends BaseDAO implements IUserDAO{
    //保存用户的注册信息到数据库中
    public void saveUser(User user){
        Session session=getSession();
        //将 user 对象保存到数据库中
        Transaction tx=session.beginTransaction();
        session.save(user);
        tx.commit();
        session.close();
    }
}
```

2. 业务逻辑

业务逻辑接口 IUserService.java，代码如下：

```
package org.easybooks.bookstore.service;
import org.easybooks.bookstore.vo.User;
public interface IUserService {
    //保存注册信息
```

```
    public void saveUser(User user);
}
```

业务逻辑实现类 UserService. java，代码如下：

```
package org.easybooks.bookstore.service.impl;
import org.easybooks.bookstore.dao.IUserDAO;
import org.easybooks.bookstore.service.IUserService;
import org.easybooks.bookstore.vo.User;
public class UserService implements IUserService{
    private IUserDAO userDAO;
    //保存注册信息
    public void saveUser(User user){
        this.userDAO.saveUser(user);
    }
    public IUserDAO getUserDAO(){
        return userDAO;
    }
    public void setUserDAO(IUserDAO userDAO){
        this.userDAO=userDAO;
    }
}
```

在 applicationContext. xml 中进行依赖注入：

```
<?xml version="1.0" encoding="UTF-8"?>
<beans
    xmlns="http://www.springframework.org/schema/beans"
    xmlns:xsi="http://www.w3.org/2001/XMLSchema-instance"
    xmlns:p="http://www.springframework.org/schema/p"
    xsi:schemaLocation="http://www.springframework.org/schema/beans
    http://www.springframework.org/schema/beans/spring-beans-4.1.xsd
    http://www.springframework.org/schema/tx http://www.springframework.
    org/schema/tx/spring-tx.xsd" xmlns:tx="http://www.springframework.
    org/schema/tx">
    <bean id="dataSource"
        class="org.apache.commons.dbcp.BasicDataSource">
        <property name="driverClassName"
            value="com.mysql.jdbc.Driver">
        </property>
        <property name="url" value="jdbc:mysql://localhost:3306/test">
                </property>
        <property name="username" value="root"></property>
        <property name="password" value="njnu123456"></property>
    </bean>
```

```
    <bean id="sessionFactory"
        class="org.springframework.orm.hibernate4.LocalSessionFactoryBean">
        <property name="dataSource">
            <ref bean="dataSource" />
        </property>
        <property name="hibernateProperties">
            <props>
                <prop key="hibernate.dialect">
                    org.hibernate.dialect.MySQLDialect
                </prop>
            </props>
        </property>
        <property name="mappingResources">
            <list>
                <value>
                    org/easybooks/bookstore/vo/Catalog.hbm.xml
                </value>
                <value>org/easybooks/bookstore/vo/Orders.hbm.xml</value>
                <value>org/easybooks/bookstore/vo/User.hbm.xml</value>
                <value>
                    org/easybooks/bookstore/vo/Orderitem.hbm.xml
                </value>
                <value>org/easybooks/bookstore/vo/Book.hbm.xml</value></list>
        </property></bean>
    <bean id="transactionManager"
        class="org.springframework.orm.hibernate4.HibernateTransactionManager">
        <property name="sessionFactory" ref="sessionFactory" />
    </bean>
    <bean id="baseDAO" class="org.easybooks.bookstore.dao.BaseDAO">
        <property name="sessionFactory" ref="sessionFactory"/>
    </bean>
    <bean id="userDAO" class="org.easybooks.bookstore.dao.impl.UserDAO"
            parent="baseDAO"/>
    <bean id="userService" class="org.easybooks.bookstore.service.impl.
            UserService">
        <property name="userDAO" ref="userDAO"/>
    </bean>
    <tx:annotation-driven transaction-manager="transactionManager" />
</beans>
```

3. Action

首先在 struts. xml 中进行如下配置：

```
<?xml version="1.0" encoding="UTF-8" ?>
<!DOCTYPE struts PUBLIC
```

```
    "-//Apache Software Foundation//DTD Struts Configuration 2.5//EN"
    "http://struts.apache.org/dtds/struts-2.5.dtd">
<!--START SNIPPET: xworkSample -->
<struts>
    <package name="default" extends="struts-default">
        <action name="register" class="userAction" method="register">
            <result name="success">register_success.jsp</result>
        </action>
    </package>
</struts>
<!--END SNIPPET: xworkSample -->
```

UserAction.java 中方法如下：

```
package org.easybooks.bookstore.action;
import java.util.Map;

import org.easybooks.bookstore.service.IUserService;
import org.easybooks.bookstore.service.impl.UserService;
import org.easybooks.bookstore.vo.User;

import com.opensymphony.xwork2.ActionContext;
import com.opensymphony.xwork2.ActionSupport;
public class UserAction extends ActionSupport{
    //属性 user,用于接收从界面输入的用户信息
    private User user;
    //属性 userService,用于帮助 action 完成相关的操作
    protected IUserService userService;
    //用户注册,调用 Service 层的 saveUser()方法
    public String register() throws Exception{
        userService.saveUser(user);
        return SUCCESS;
    }
    //属性 user 的 getter/setter 方法
    public User getUser(){
        return this.user;
    }
    public void setUser(User user){
        this.user=user;
    }
    //属性 userService 的 getter/setter 方法
    public IUserService getUserService(){
        return this.userService;
    }
    public void setUserService(IUserService userService){
```

```
        this.userService=userService;
    }
}
```

把该 Action 类交由 Spring 管理，在 applicationContext.xml 中配置如下代码：

```
<bean id="userAction" class="org.easybooks.bookstore.action.UserAction">
    <property name="userService" ref="userService"/>
</bean>
```

4. 成功页

注册成功后跳转到成功页 register_success.jsp，代码如下：

```
<%@page language="java" pageEncoding="gb2312"%>
<%@taglib prefix="s" uri="/struts-tags" %>
<!DOCTYPE HTML PUBLIC "-//W3C//DTD HTML 4.01 Transitional//EN"
"http://www.w3c.org/TR/1999/REC-html401-19991224/loose.dtd">
<html>
<head>
    <title>网上书店</title>
    <link href="css/bookstore.css" rel="stylesheet" type="text/css">
</head>
<body>
    <jsp:include page="head.jsp"></jsp:include>
    <div class="content">
        <div class="left">
            <div class="list_box">
                <div class="list_bk"></div>
            </div>
        </div>
        <div class="right">
            <div class="right_box">
                <font face="宋体"></font><font face="宋体"></font><font
                      face="宋体"></font><font face="宋体"></font>
                <div class="banner"></div>
                <div class="info_bk1">
                    <div align="center">
                        您好!用户 <s:property value="user.username"/>欢迎您注册成功!
                        <a href="login.jsp">登录</a>
                    </div>
                </div>
            </div>
        </div>
    </div>
    <jsp:include page="foot.jsp"></jsp:include>
```

```
</body>
</html>
```

5. 测试

运行程序，在注册页上填写表单后单击“注册”按钮，如图 10.9 所示。

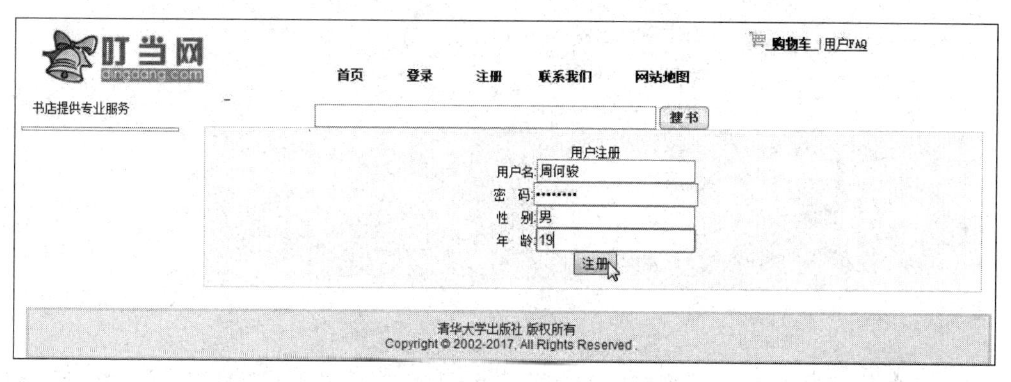

图 10.9　测试注册功能

程序跳到注册成功页，如图 10.10 所示。为了验证注册操作是否真的成功，读者可从命令行进入 MySQL，查询出 user 表中确实多了一条记录，正是刚刚注册的新用户信息，这说明注册是成功的。

```
mysql> select * from user;
+--------+----------+----------+-----+-----+
| userid | username | password | sex | age |
+--------+----------+----------+-----+-----+
|      1 | 周何骏   | 19980925 | 男  |  19 |
+--------+----------+----------+-----+-----+
1 row in set (0.00 sec)

mysql>
```

图 10.10　注册成功

10.4.2　登录和注销

有了注册功能做铺垫，完成登录功能就简单多了，只要在原程序中加入一些方法即可。

1. DAO

在 DAO 接口 IUserDAO.java 中加入如下方法：

```
public User validateUser(String username,String password);   //用户登录时，验证
                                                             //用户信息
```

在 DAO 实现类 UserDAO. java 中加入如下方法的实现：

```
//验证用户信息,如果正确,返回一个 User 实例,否则返回 null
public User validateUser(String username,String password){
    String sql="from User u where u.username=? and u.password=?";
    Session session=getSession();
    Query query=session.createQuery(sql);
    query.setParameter(0,username);
    query.setParameter(1,password);
    List users=query.list();
    if(users.size()!=0)
    {
        User user=(User)users.get(0);
        return user;
    }
    session.close();
    return null;
}
```

2. 业务逻辑

在业务逻辑接口 IUserService. java 中加入如下方法：

```
public User validateUser(String username,String password);  //验证用户信息
```

在业务逻辑实现类 UserService. java 中加入方法的实现：

```
public User validateUser(String username,String password){
    return userDAO.validateUser(username, password);
}
```

由于注册功能已经实现 DAO 及业务逻辑在 applicationContext. xml 中的依赖注入，这里不再重复，下面的 Action 类也同样已经由 Spring 管理，不再重复列举。

3. Action

方法实现完成后，就是 Action 实现了，首先在 struts. xml 中进行如下配置：

```
<action name="login" class="userAction">
    <result name="success">login_success.jsp</result>
    <result name="error">login.jsp</result>
</action>
```

由于该方法应用的是 Action 类中的默认方法 execute，所以不用配置方法名。

UserAction. java 中方法如下：

```
//用户登录,调用 Service 层的 validateUser()方法
public String execute() throws Exception{
    User u=userService.validateUser(user.getUsername(),user.getPassword());
```

```
        if(u!=null)
        {
            Map session=ActionContext.getContext().getSession();
            //保存此次会话的 u(用户账号)信息
            session.put("user", u);
            return SUCCESS;
        }
        return ERROR;
    }
```

4. 成功页

登录成功后跳转到登录成功页，从 Action 类中也可以看出，此时将用户信息保存在 session 中，而在 head.jsp 中进行判断，如果能在 session 中取到用户对象，就显示"注销"超链接。

下面看登录成功页面 login_success.jsp 的代码：

```
<%@page language="java" pageEncoding="gb2312"%>
<%@taglib prefix="s" uri="/struts-tags" %>
<!DOCTYPE HTML PUBLIC "-//W3C//DTD HTML 4.01 Transitional//EN"
"http://www.w3c.org/TR/1999/REC-html401-19991224/loose.dtd">
<html>
<head>
    <title>网上购书系统</title>
    <link href="css/bookstore.css" rel="stylesheet" type="text/css">
</head>
<body>
    <jsp:include page="head.jsp"></jsp:include>
    <div class="content">
        <div class="left">
            <div class="list_box">
                <div class="list_bk"></div>
            </div>
        </div>
        <div class="right">
            <div class="right_box">
                <font face="宋体"></font><font face="宋体"></font><font
                    face="宋体"></font><font face="宋体"></font>
                <div class="banner"></div>
                <div class="info_bk1">
                    <div align="center">
                        <s:property value="user.username"/>,欢迎登录!
                    </div>
                </div>
            </div>
```

```
        </div>
    </div>
    <jsp:include page="foot.jsp"></jsp:include>
</body>
</html>
```

5. 注销功能

注销功能非常简单，只要在 Action 类的方法中把用户对象从 session 中移除即可。

struts.xml 中的 Action 配置如下：

```
<action name="logout" class="userAction" method="logout">
    <result name="success">index.jsp</result>
</action>
```

对应在 UserAction 类中的实现如下：

```
//用户注销，去除会话中的用户账号信息即可，无须调用 Service 层
public String logout() throws Exception{
    Map session=ActionContext.getContext().getSession();
    session.remove("user");
    return SUCCESS;
}
```

6. 测试

重新部署项目，启动 Tomcat 服务器运行，输入刚才注册的用户名和密码后单击“登录”按钮，显示“欢迎登录”页，如图 10.11 所示。

图 10.11　登录成功

细心的读者会发现：登录成功后，原来的“登录”超链接就变成“注销”超链接了！（如上图鼠标手所指）此时若再单击“注销”，则返回起始页。

10.5 图书分类展示

项目运行的前端主界面前面已经测试过，当时显示的主页是不完整的：只有头部（head.jsp）和尾部（foot.jsp），而左边的图书类别（menu.jsp）以及右边的图书展示页并未显示出来，那是因为项目后端的功能尚未开发。本节着重实现图书分类、按类别显示及分页显

示图书这几个模块，在实现了它们之后，读者将会看到一个全新的漂亮的购书系统主页！

10.5.1　图书分类

1. DAO

DAO 接口 ICatalogDAO.java 如下：

```
package org.easybooks.bookstore.dao;
import java.util.List;
public interface ICatalogDAO {
    public List getAllCatalogs();              //得到所有图书类别
}
```

DAO 实现类 CatalogDAO.java 如下：

```
package org.easybooks.bookstore.dao.impl;
import java.util.List;
import org.easybooks.bookstore.dao.*;
import org.hibernate.*;
public class CatalogDAO extends BaseDAO implements ICatalogDAO{
    //得到所有的图书类别
    public List getAllCatalogs(){
        Session session=getSession();
        Query query=session.createQuery("from Catalog c");
        List catalogs=query.list();
        session.close();
        return catalogs;
    }
}
```

2. 业务逻辑

业务逻辑接口 ICatalogService.java 如下：

```
package org.easybooks.bookstore.service;
import java.util.List;
public interface ICatalogService {
    public List getAllCatalogs();              //得到所有的图书种类
}
```

业务逻辑实现类 CatalogService.java 如下：

```
package org.easybooks.bookstore.service.impl;
import java.util.List;
import org.easybooks.bookstore.dao.ICatalogDAO;
import org.easybooks.bookstore.service.ICatalogService;
```

```
public class CatalogService implements ICatalogService{
    private ICatalogDAO catalogDAO;          //属性 catalogDAO
    //得到所有图书种类
    public List getAllCatalogs(){
        return catalogDAO.getAllCatalogs();
    }
    //属性 catalogDAO 的 getter/setter 方法
    public ICatalogDAO getCatalogDAO(){
        return catalogDAO;
    }
    public void setCatalogDAO(ICatalogDAO catalogDAO){
        this.catalogDAO=catalogDAO;
    }
}
```

在 applicationContext. xml 中进行依赖注入：

```
<bean id="catalogDAO" class="org.easybooks.bookstore.dao.impl.CatalogDAO"
    parent="baseDAO"/>
<bean id="catalogService" class="org.easybooks.bookstore.service.impl.
    CatalogService">
    <property name="catalogDAO" ref="catalogDAO"/>
</bean>
```

3. Action

方法实现完成后，就是 Action 实现了，首先在 struts. xml 中进行配置：

```
<action name="browseCatalog" class="bookAction" method="browseCatalog">
    <result name="success">menu.jsp</result>
</action>
```

BookAction. java 中的方法：

```
package org.easybooks.bookstore.action;
import java.util.*;
import org.easybooks.bookstore.service.ICatalogService;
import com.opensymphony.xwork2.*;
public class BookAction extends ActionSupport{
    protected ICatalogService catalogService;  //为使用业务层而设置的属性
    protected Integer catalogid;               //分类 id
    //浏览分类目录
    public String browseCatalog() throws Exception{
        List catalogs=catalogService.getAllCatalogs();
                                               //直接调用业务层方法
```

```
        Map request= (Map)ActionContext.getContext().get("request");
        request.put("catalogs", catalogs);
        return SUCCESS;
    }
    //以下为各属性的 getter/setter 方法
    public Integer getCatalogid(){
        return this.catalogid;
    }
    public void setCatalogid(Integer catalogid){
        this.catalogid=catalogid;
    }
    public ICatalogService getCatalogService(){
        return this.catalogService;
    }
    public void setCatalogService(ICatalogService catalogService){
        this.catalogService=catalogService;
    }
}
```

把该 Action 类交由 Spring 管理，在 applicationContext.xml 中配置如下代码：

```
<bean id="bookAction" class="org.easybooks.bookstore.action.BookAction">
    <property name="catalogService" ref="catalogService"/>
</bean>
```

4. 成功页

最后是成功后跳转的成功页 menu.jsp：

```
<%@page contentType="text/html;charset=gb2312"%>
<%@taglib prefix="s" uri="/struts-tags"%>
<!DOCTYPE HTML PUBLIC "-//W3C//DTD HTML 4.01 Transitional//EN"
"http://www.w3c.org/TR/1999/REC-html401-19991224/loose.dtd">
<html>
<head>
    <title>网上购书系统</title>
    <link href="css/bookstore.css" rel="stylesheet" type="text/css"/>
</head>
<body>
    <ul class=point02>
        <li>
            <strong>图书分类</strong>
        </li>
        <s:iterator value="#request['catalogs']" var="catalog">
            <li>
```

```
                <a href="browseBook.action?catalogid=<s:property value=
                        "#catalog.catalogid"/>" target=_self>
                    <s:property value="#catalog.catalogname"/>
                </a>
            </li>
        </s:iterator>
    </ul>
</body>
</html>
```

该页面的超链接实现获取该类别图书的功能，它将在后面的功能模块中实现。

10.5.2 按类别显示图书

1. DAO

DAO 接口 IBookDAO.java 代码如下：

```
package org.easybooks.bookstore.dao;
import java.util.List;
public interface IBookDAO {
    //通过图书类别 id 号，得到相应类别的图书
    public List getBookbyCatalogid(Integer catalogid);
}
```

DAO 实现类 BookDAO.java 代码如下：

```
package org.easybooks.bookstore.dao.impl;
import java.util.List;
import org.easybooks.bookstore.dao.*;
import org.hibernate.*;
public class BookDAO extends BaseDAO implements IBookDAO{
    //实现 IBookDAO 接口的 getBookbyCatalogid()方法
    public List getBookbyCatalogid(Integer catalogid){
        Session session=getSession();
        String hql="from Book b where b.catalog.catalogid=?";
        Query query=session.createQuery(hql);
        query.setParameter(0, catalogid);
        List books=query.list();
        session.close();
        return books;
    }
}
```

2. 业务逻辑

业务逻辑接口 IBookService.java 代码如下：

```
package org.easybooks.bookstore.service;
import java.util.List;
public interface IBookService {
    //根据图书种类 id 号,得到该种类的所有图书
    public List getBookbyCatalogid(Integer catalogid);
}
```

业务逻辑实现类 BookService.java 代码如下：

```
package org.easybooks.bookstore.service.impl;
import java.util.List;
import org.easybooks.bookstore.dao.IBookDAO;
import org.easybooks.bookstore.service.IBookService;
public class BookService implements IBookService{
    private IBookDAO bookDAO;            //为了使用 DAO 组件而设置的属性
    //根据图书种类 id 号,得到该种类的所有图书
    public List getBookbyCatalogid(Integer catalogid){
        return bookDAO.getBookbyCatalogid(catalogid);
    }
    //属性 bookDAO 的 getter/setter 方法
    public IBookDAO getBookDAO() {
        return bookDAO;
    }
    public void setBookDAO(IBookDAO bookDAO) {
        this.bookDAO=bookDAO;
    }
}
```

在 applicationContext.xml 中进行依赖注入：

```
<bean id="bookDAO" class="org.easybooks.bookstore.dao.impl.BookDAO" parent=
        "baseDAO"/>
<bean id="bookService" class="org.easybooks.bookstore.service.impl.
        BookService">
    <property name="bookDAO" ref="bookDAO"/>
</bean>
<!--修改 -->
<bean id="bookAction" class="org.easybooks.bookstore.action.BookAction">
    <property name="catalogService" ref="catalogService"/>
    <property name="bookService" ref="bookService"/>
</bean>
```

3. Action

方法实现完成后，就是 Action 实现了，首先在 struts.xml 中进行配置：

```
<action name="browseBook" class="bookAction" method="browseBook">
    <result name="success">browseBook.jsp</result>
</action>
```

在 BookAction.java 中加入方法及属性：

```
package org.easybooks.bookstore.action;
import java.util.*;
import org.easybooks.bookstore.service.ICatalogService;
import org.easybooks.bookstore.service.IBookService;
import com.opensymphony.xwork2.*;
public class BookAction extends ActionSupport{
    protected ICatalogService catalogService;
    protected IBookService bookService;
    protected Integer catalogid;
    public String browseCatalog() throws Exception{
        …
    }
    public String browseBook() throws Exception{
        List books=bookService.getBookbyCatalogid(catalogid);
        Map request=(Map)ActionContext.getContext().get("request");
        request.put("books", books);
        return SUCCESS;
    }
    …
    //bookService 的 getter/setter 方法
    public IBookService getBookService(){
        return bookService;
    }
    public void setBookService(IBookService bookService){
        this.bookService=bookService;
    }
}
```

4. 成功页

最后是成功后跳转的成功界面 browseBook.jsp：

```
<%@page contentType="text/html;charset=gb2312" %>
<%@taglib prefix="s" uri="/struts-tags" %>
<!DOCTYPE HTML PUBLIC "-//W3C//DTD HTML 4.01 Transitional//EN"
"http://www.w3c.org/TR/1999/REC-html401-19991224/loose.dtd">
<html>
<head>
    <title>网上书店</title>
    <link href="css/bookstore.css" rel="stylesheet" type="text/css"/>
```

```
</head>
<body>
    <jsp:include page="head.jsp"/>
    <div class="content">
        <div class="left">
            <div class="list_box">
                <div class="list_bk">
                    <s:action name="browseCatalog" executeResult="true"/>
                </div>
            </div>
        </div>
        <div class="right">
            <div class="right_box">
                <s:iterator value="#request['books']" var="book">
                    <table width="600" border="0">
                        <tr>
                            <td width="200" align="center">
                                <img src="/bookstore/picture/<s:property value=
                                    "#book.picture "/>" width="100"/>
                            </td>
                            <td valign="top" width="400">
                                <table>
                                    <tr>
                                        <td>
                                            书名:<s:property value="#book.
                                                bookname"/><br>
                                        </td>
                                    </tr>
                                    <tr>
                                        <td>
                                            价格:<s:property value="#book.
                                                price"/>元
                                                         
                                                      
                                                     
                                                         
                                                      
                                                     
                                                         
                                                      
                                                     
                                            <img src="/bookstore/picture/
                                                buy.gif"/>
                                        </td>
```

```
                                        </tr>
                                    </table>
                                </td>
                            </tr>
                        </table>
                    </s:iterator>
                </div>
            </div>
        </div>
        <jsp:include page="foot.jsp"/>
    </body>
</html>
```

10.5.3 分页显示图书

1. 分页功能

由于一种类别的图书可能比较多，所以要采用分页显示方式。把 Pager 类放在该项目 org. easybooks. bookstore. util 包中，在 Action 类中导入该类就可以直接应用了。

实现 Pager. java 类的代码如下：

```
package org.easybooks.bookstore.util;
public class Pager {
    private int currentPage;        //当前页面
    private int pageSize=3;         //每页的记录数,此处赋了一个初始值,每页显示 3 条
    private int totalSize;          //总的记录数
    private int totalPage;          //总的页数,由总的记录数除以每页的记录数得到:
                                    //totalSize/pageSize

    private boolean hasFirst;       //是否有第一页
    private boolean hasPrevious;    //是否有上一页
    private boolean hasNext;        //是否有下一页
    private boolean hasLast;        //是否有最后一页
    //构造函数,传递当前页、总的记录数
    public Pager(int currentPage,int totalSize){
        this.currentPage=currentPage;
        this.totalSize=totalSize;
    }
    //属性 currentPage 的 getter/setter 方法
    public int getCurrentPage() {
        return currentPage;
    }
    public void setCurrentPage(int currentPage) {
        this.currentPage=currentPage;
```

```
}
//属性 pageSize 的 getter/setter 方法
public int getPageSize() {
    return pageSize;
}
public void setPageSize(int pageSize) {
    this.pageSize=pageSize;
}
//属性 totalSize 的 getter/setter 方法
public int getTotalSize() {
    return totalSize;
}
public void setTotalSize(int totalSize) {
    this.totalSize=totalSize;
}
//属性 totalPage 的 getter/setter 方法
public int getTotalPage() {
    //所有的页数可以通过总的记录数除以每页的数目求得
    totalPage=totalSize/pageSize;
    if(totalSize%pageSize!=0)
        totalPage++;
    return totalPage;
}
public void setTotalPage(int totalPage) {
    this.totalPage=totalPage;
}
//判断当前页是否为 1,若是,则没有"首页"
public boolean isHasFirst() {
    if(currentPage==1){
        return false;
    }
    return true;
}
public void setHasFirst(boolean hasFirst) {
    this.hasFirst=hasFirst;
}
//判断有没有"上一页"
public boolean isHasPrevious() {
    //如果"首页"存在,就一定有"上一页"
    if(isHasFirst())
        return true;
    else
        return false;
}
```

```
    public void setHasPrevious(boolean hasPrevious) {
        this.hasPrevious=hasPrevious;
    }
    //判断有没有"下一页"
    public boolean isHasNext() {
        //如果有"尾页"存在,就一定有"下一页"
        if(isHasLast())
            return true;
        else
            return false;
    }
    public void setHasNext(boolean hasNext) {
        this.hasNext=hasNext;
    }
    //判断有没有"尾页"
    public boolean isHasLast() {
        //如果当前页等于总页数,说明它已经是最后一页了,没有"尾页"
        if(currentPage==getTotalPage())
            return false;
        else
            return true;
    }
    public void setHasLast(boolean hasLast) {
        this.hasLast=hasLast;
    }
}
```

Pager 类专门控制前端页面分页，属于表示层代码。

2. DAO

在此，主要涉及的是 IBookDAO 接口和 BookDAO 类，在其中增加方法定义和实现即可。

IBookDAO.java 的代码如下：

```
package org.easybooks.bookstore.dao;
import java.util.List;
public interface IBookDAO {
    public List getBookbyCatalogid(Integer catalogid);
    public List getBookbyCatalogidPaging(Integer catalogid,int currentPage,
            int pageSize);
    public int getTotalbyCatalog(Integer catalogid);
}
```

IBookDAO 接口定义了 getBookbyCatalogidPaging 方法，通过图书的目录 id，得到分页的图书。BookDAO 要对应实现以上接口中新定义的两个方法。

BookDAO.java 的代码如下：

```
package org.easybooks.bookstore.dao.impl;
import java.util.List;
import org.easybooks.bookstore.dao.*;
import org.hibernate.*;
public class BookDAO extends BaseDAO implements IBookDAO{
    …
    public List getBookbyCatalogidPaging(Integer catalogid,int currentPage,
            int pageSize){
        Session session=getSession();
        Query query=session.createQuery("from Book b where b.catalog.
                catalogid=?");
        query.setParameter(0, catalogid);
        //确定起始游标的位置
        int startRow=(currentPage-1)*pageSize;
        query.setFirstResult(startRow);
        query.setMaxResults(pageSize);
        List books=query.list();
        session.close();
        return books;
    }
    public int getTotalbyCatalog(Integer catalogid){
        Session session=getSession();
        Query query=session.createQuery("from Book b where b.catalog.
                catalogid=?");
        query.setParameter(0,catalogid);
        List books=query.list();
        int totalSize=books.size();
        session.close();
        return totalSize;
    }
}
```

3. 业务逻辑

IBookService.java 的代码如下：

```
package org.easybooks.bookstore.service;
import java.util.List;
public interface IBookService {
    public List getBookbyCatalogid(Integer catalogid);
    public List getBookbyCatalogidPaging(Integer catalogid,int currentPage,
            int pageSize);
    public int getTotalbyCatalog(Integer catalogid);
}
```

BookService. java 的代码如下：

```
package org.easybooks.bookstore.service.impl;
import java.util.List;
import org.easybooks.bookstore.dao.IBookDAO;
import org.easybooks.bookstore.service.IBookService;
public class BookService implements IBookService{
    private IBookDAO bookDAO;          //属性 bookDAO
    public List getBookbyCatalogid(Integer catalogid){
        return bookDAO.getBookbyCatalogid(catalogid);
    }
    //根据图书种类 id 得到分页图书
    public List getBookbyCatalogidPaging(Integer catalogid,int currentPage,
            int pageSize){
        return bookDAO.getBookbyCatalogidPaging(catalogid, currentPage,
                pageSize);
    }
    //根据图书种类得到该类图书的数目
    public int getTotalbyCatalog(Integer catalogid){
        return bookDAO.getTotalbyCatalog(catalogid);
    }
    //属性 bookDAO 的 getter/setter 方法
    public IBookDAO getBookDAO() {
        return bookDAO;
    }
    public void setBookDAO(IBookDAO bookDAO) {
        this.bookDAO=bookDAO;
    }
}
```

这里，业务逻辑的封装方式也是一样的，定义、实现与 DAO 接口中同名的方法并调用 DAO 接口的功能就可以了。

4. Action

在 struts. xml 中进行配置：

```
<action name="browseBookPaging" class="bookAction" method="browseBookPaging">
    <result name="success">browseBookPaging.jsp</result>
</action>
```

在 BookAction. java 中添加 browseBookPaging 方法用于分页显示图书：

```
package org.easybooks.bookstore.action;
import java.util.*;
import org.easybooks.bookstore.service.ICatalogService;
import org.easybooks.bookstore.service.IBookService;
```

```
import com.opensymphony.xwork2.*;
import org.easybooks.bookstore.util.Pager;
public class BookAction extends ActionSupport{
    protected ICatalogService catalogService;
    protected IBookService bookService;
    protected Integer catalogid;
    private Integer currentPage=1;
    ...
    //分页显示图书
    public String browseBookPaging() throws Exception{
        int totalSize=bookService.getTotalbyCatalog(catalogid);
        Pager pager=new Pager(currentPage,totalSize);
        List books=bookService.getBookbyCatalogidPaging(catalogid,
            currentPage, pager.getPageSize());
        Map request=(Map)ActionContext.getContext().get("request");
        request.put("books", books);
        request.put("pager",pager);
        return SUCCESS;
    }
    ...
    //增加 currentPage 属性的 getter/setter 方法
    public Integer getCurrentPage() {
        return currentPage;
    }
    public void setCurrentPage(Integer currentPage) {
        this.currentPage=currentPage;
    }
}
```

applicationContext.xml 不需要配置，前面已经配置好了。

5. 成功页

最后是成功后跳转的成功界面 browseBookPaging.jsp：

```
<%@page contentType="text/html;charset=gb2312" %>
<%@taglib prefix="s" uri="/struts-tags" %>
<!DOCTYPE HTML PUBLIC "-//W3C//DTD HTML 4.01 Transitional//EN"
"http://www.w3c.org/TR/1999/REC-html401-19991224/loose.dtd">
<html>
<head>
    <title>网上书店</title>
    <link href="css/bookstore.css" rel="stylesheet" type="text/css"/>
</head>
<body>
    <jsp:include page="head.jsp"/>
```

```
<div class="content">
    <div class="left">
        <div class="list_box">
            <div class="list_bk">
                <s:action name="browseCatalog" executeResult="true"/>
            </div>
        </div>
    </div>
    <div class="right">
        <div class="right_box">
            <s:iterator value="#request['books']" var="book">
                <table width="600" border="0">
                    <tr>
                        <td width="200" align="center">
                            <img src="/bookstore/picture/<s:property value=
                                "#book.picture "/>" width="100"/>
                        </td>
                        <td valign="top" width="400">
                            <table>
                                <tr>
                                    <td>
                                        书名:<s:property value="#book.
                                            bookname"/><br>
                                    </td>
                                </tr>
                                <tr>
                                    <td>
                                        价格:<s:property value="#book.
                                            price"/>元
                                                     
                                                     
                                                 
                                                     
                                                     
                                                 
                                                     
                                                     
                                                 
                                        <img src="/bookstore/picture/
                                                buy.gif"/>
                                    </td>
                                </tr>
                            </table>
                        </td>
```

```
            </tr>
        </table>
    </s:iterator>
                         
               
                         
               
                         
               
                         
               
                         
               
                         
              
    <s:set value="#request.pager" var="pager"/>
    <s:if test="#pager.hasFirst">
        <a href="browseBookPaging.action?currentPage=1">首页</a>
    </s:if>
    <s:if test="#pager.hasPrevious">
            <a href="browseBookPaging.action?currentPage=<s:
                    property value="#pager.currentPage-1"/>">
            上一页
        </a>
    </s:if>
    <s:if test="#pager.hasNext">
            <a href="browseBookPaging.action?currentPage=<s:
                    property value="#pager.currentPage+1"/>">
            下一页
        </a>
    </s:if>
    <s:if test="#pager.hasLast">
            <a href="browseBookPaging.action?currentPage=<s:
                    property value="#pager.totalPage"/>">
            尾页
        </a>
    </s:if>
    <br>
                         
               
                         
               
                         
               
```

```
                                     
                           
                                     
                           
                                     
                           
                当前第<s:property value="#pager.currentPage"/>页,总共<s:
                    property value="#pager.totalPage"/>页
            </div>
        </div>
    </div>
    <jsp:include page="foot.jsp"/>
</body>
</html>
```

修改 menu.jsp,代码如下：

```
<s:iterator value="#request['catalogs']" var="catalog">
    <li>
        <a href="browseBookPaging.action?catalogid=<s:property value=
                "#catalog.catalogid"/>" target=_self>
            <s:property value="#catalog.catalogname"/>
        </a>
    </li>
</s:iterator>
```

当用户单击图书分类下的链接时，会触发 browseBookPaging.action，跳转到的是 browseBookPaging.jsp 页，可见在一个 Java EE 系统中，数据的表示层显示方式与后台程序是分离的，在 Struts 2 的控制下，程序执行结果的数据内容可以在不同风格的页面上呈现出来。

10.5.4 页面展示效果

重新部署运行项目，打开主页如图 10.12 所示。

图 10.12 主页上的图书分类

左边是“图书分类”栏，单击其下的超链接，就会在右边显示对应类别的图书。例如，单击图书类别为“Web 开发”的图书，出现下图 10.13 所示的页面，页面上显示了所有库存的 Web 开发类书籍。

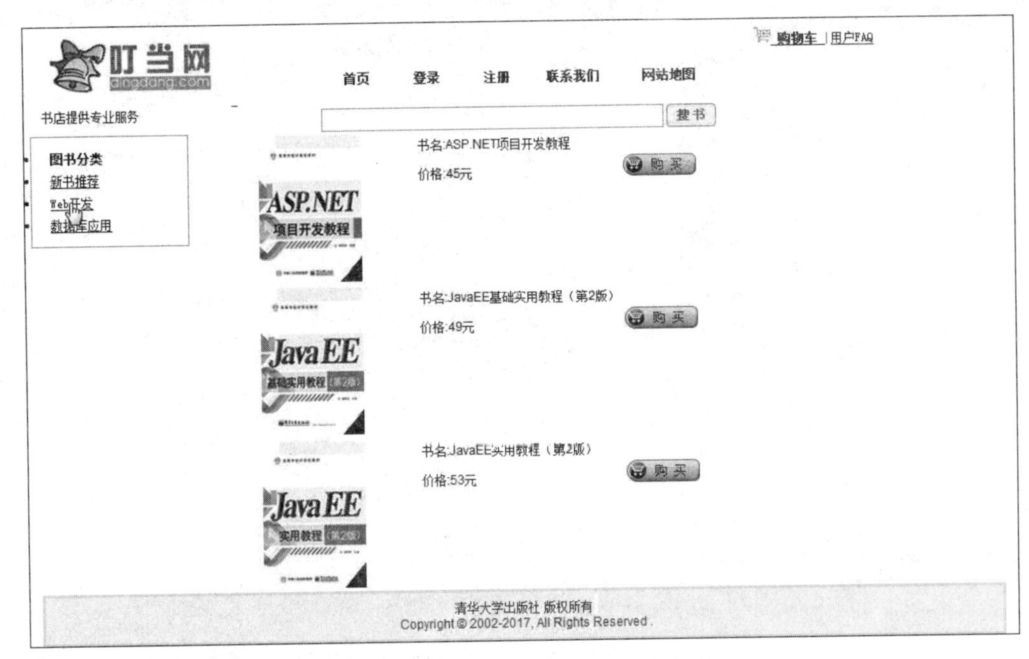

图 10.13　显示所有的 Web 开发类书籍

本程序设计为每页显示 3 本书，若是一页显示不下，会自动分页显示，例如，库存数据库应用类图书共 5 本，分两页显示，如图 10.14 所示。

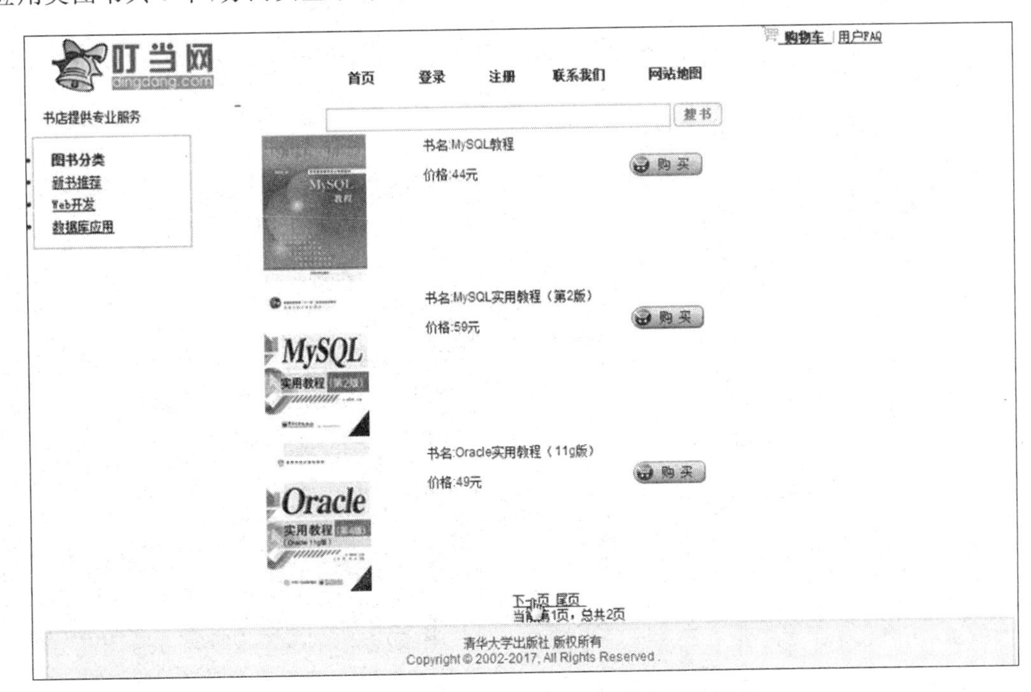

图 10.14　分页显示所有的数据库应用类图书

图 10.14(续)

10.6 图书查询

在图 10.12 的主页上，不只有登录、注销、注册功能，在它们的下面，还有图书搜索查询功能，如在搜书输入框中输入书名关键字，就会显示符合条件的图书信息。

下面按步骤列举代码实现。

在 DAO 接口 IBookDAO.java 中加入如下方法：

```
public List getRequiredBookbyHql(String hql);          //搜索图书
```

在 DAO 实现类 BookDAO.java 代码如下：

```
package org.easybooks.bookstore.dao.impl;
import java.util.List;
import org.easybooks.bookstore.dao.*;
import org.hibernate.*;
public class BookDAO extends BaseDAO implements IBookDAO{
    …
    public List getRequiredBookbyHql(String hql) {
        Session session=getSession();
        Query query=session.createQuery(hql);
        List books=query.list();
        return books;
    }
}
```

在业务逻辑接口 IBookService.java 中加入如下方法：

```
public List getRequiredBookbyHql(String hql);
```

业务逻辑实现类 BookService.java 代码如下：

```
package org.easybooks.bookstore.service.impl;
import java.util.List;
import org.easybooks.bookstore.dao.IBookDAO;
import org.easybooks.bookstore.service.IBookService;
public class BookService implements IBookService{
    private IBookDAO bookDAO;
    …
    public List getRequiredBookbyHql(String hql) {
        return bookDAO.getRequiredBookbyHql(hql);
    }
    …
}
```

已经在 applicationContext.xml 中进行依赖注入的配置，这里不再重复。

方法实现完成后，就是 Action 实现了，首先在 struts.xml 中进行配置：

```
<action name="searchBook" class="bookAction" method="searchBook">
    <result name="success">searchBook_result.jsp</result>
</action>
```

在 BookAction.java 中加入如下方法：

```
package org.easybooks.bookstore.action;
…
public class BookAction extends ActionSupport{
    protected ICatalogService catalogService;
    protected IBookService bookService;
    protected Integer catalogid;
    private Integer currentPage=1;
    private String bookname;          //根据输入的书名或部分书名查询
    …
    //搜索图书
    public String searchBook() throws Exception {
        StringBuffer hql=new StringBuffer("from Book b ");
        if(bookname!=null&&bookname.length()!=0)
            hql.append("where b.bookname like '%"+bookname+"%'");
        List books=bookService.getRequiredBookbyHql(hql.toString());
        Map request= (Map)ActionContext.getContext().get("request");
        request.put("books",books);
        return SUCCESS;
    }
    …
```

```
    //属性 bookname 的 getter/setter 方法
    public String getBookname() {
        return bookname;
    }
    public void setBookname(String bookname) {
        this.bookname=bookname;
    }
}
```

最后是成功后跳转的界面 searchBook_result.jsp，如果找到就显示出图书信息，否则在页面输出“对不起，没有合适的图书！”。

```
<%@page contentType="text/html;charset=gb2312" %>
<%@taglib prefix="s" uri="/struts-tags" %>
<!DOCTYPE HTML PUBLIC "-//W3C//DTD HTML 4.01 Transitional//EN"
"http://www.w3c.org/TR/1999/REC-html401-19991224/loose.dtd">
<html>
<head>
    <title>网上书店</title>
    <link href="css/bookstore.css" rel="stylesheet" type="text/css"/>
</head>
<body>
    <jsp:include page="head.jsp"/>
    <div class="content">
        <div class="left">
            <div class="list_box">
                <div class="list_bk">
                    <s:action name="browseCatalog" executeResult="true"/>
                </div>
            </div>
        </div>
        <div class="right">
            <div class="right_box">
                <s:set var="books" value="#request.books"/>
                <s:if test="#books.size!=0">
                                    
                      
                                    
                      
                    <font color="blue"><h3>所有符合条件的图书</h3></font><br>
                    <s:iterator value="#books" var="book">
                        <table width="600" border="0">
                            <tr>
                                <td width="200" align="center">
```

```
                        <img src="/bookstore/picture/<s:property
                            value="#book.picture"/>" width="100">
                    </td>
                    <td valign="top" width="400">
                        <table>
                            <tr>
                                <td>
                                    书名:<s:property value="#book.
                                        bookname"/><br>
                                </td>
                            </tr>
                            <tr>
                                <td>
                                    价格:<s:property value="#book.
                                        price"/>元
                                         
                                         
                                         
                                         
                                         
                                         
                                         
                                         
                                         
                                </td>
                            </tr>
                        </table>
                    </td>
                </tr>
            </table>
        </s:iterator>
    </s:if>
    <s:else>
        对不起,没有合适的图书!
    </s:else>
    </div>
  </div>
 </div>
 <jsp:include page="foot.jsp"/>
</body>
</html>
```

部署运行程序，在搜书框中输入Qt，单击“搜书”按钮，就会出现如图10.15所示的界面。

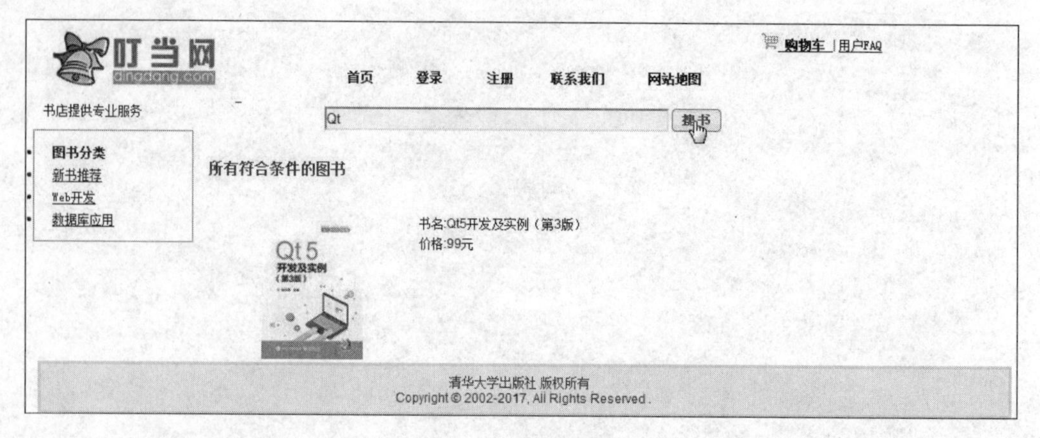

图 10.15　查询图书

10.7 购物车

10.7.1 添加图书到购物车

首先，创建一个购物车模型，把一些关于购物车的方法封装进去，以便需要用到时直接调用，方便维护及扩展。在 org.easybooks.bookstore.model 包中创建 Cart.java：

```
package org.easybooks.bookstore.model;
import java.util.*;
import org.easybooks.bookstore.vo.*;
public class Cart {
    protected Map<Integer,Orderitem> items;      //属性 item
    //构造函数
    public Cart(){
        if(items==null)
            items=new HashMap<Integer,Orderitem>();
    }
    //添加图书到购物车
    public void addBook(Integer bookid,Orderitem orderitem){
        //是否存在,如果存在,更改数量
        //如果不存在的话,添加到集合
        if(items.containsKey("bookid")){
            Orderitem _orderitem=items.get(bookid);
            orderitem.setQuantity(_orderitem.getOrderitemid()+orderitem.
                    getQuantity());
            items.put(bookid, _orderitem);
        }
        else{
```

```
            items.put(bookid,orderitem);
        }
    }
    //更新购物车的购买书籍数量
    public void updateCart(Integer bookid,int quantity){
        Orderitem orderitem=items.get(bookid);
        orderitem.setQuantity(quantity);
        items.put(bookid, orderitem);
    }
    //计算总价格
    public int getTotalPrice(){
        int totalPrice=0;
        for(Iterator it=items.values().iterator();it.hasNext();){
            Orderitem orderitem=(Orderitem)it.next();
            Book book=orderitem.getBook();
            int quantity=orderitem.getQuantity();
            totalPrice+=book.getPrice() * quantity;
        }
        return totalPrice;
    }

    public Map<Integer, Orderitem>getItems() {
        return items;
    }
    public void setItems(Map<Integer, Orderitem>items) {
        this.items=items;
    }
}
```

购物车模型创建完成后，就可以用之前的思路，完成该模块。首先把想购买的书籍添加到购物车，需要先找到该书籍，可以根据 id 号找到图书的信息。

下面是具体实现。

在 DAO 接口 IBookDAO.java 中加入如下方法：

```
public Book getBookbyId(Integer bookid);          //根据图书号得到图书
```

该方法在 DAO 实现类 BookDAO.java 中的代码如下：

```
public Book getBookbyId(Integer bookid){
    Session session=getSession();
    //Hibernate 返回 Book 类的持久对象
    Book book=(Book)session.get(Book.class,bookid);
    session.close();
    return book;
}
```

在业务逻辑接口 IBookService. java 中加入如下方法：

```
public Book getBookbyId(Integer bookid);          //根据 bookid 得到图书信息
```

该方法在业务逻辑实现类 BookService. java 中的代码如下：

```
public Book getBookbyId(Integer bookid){
    return bookDAO.getBookbyId(bookid);
}
```

已经在 applicationContext. xml 中进行依赖注入的配置，这里不再重复。

方法实现完成后，就是 Action 实现了，首先在 struts. xml 中进行如下配置：

```
<action name="addToCart" class="shoppingAction" method="addToCart">
    <result name="success">addToCart_success.jsp</result>
</action>
```

新建 ShoppingAction. java，其方法实现如下：

```
package org.easybooks.bookstore.action;
import java.util.Map;
import org.easybooks.bookstore.model.Cart;
import org.easybooks.bookstore.service.IBookService;
import org.easybooks.bookstore.vo.*;
import com.opensymphony.xwork2.*;
public class ShoppingAction extends ActionSupport{
    private int quantity;
    private Integer bookid;
    private IBookService bookService;
    //添加到购物车
    public String addToCart() throws Exception{
        Book book=bookService.getBookbyId(bookid);
        Orderitem orderitem=new Orderitem();
        orderitem.setBook(book);
        orderitem.setQuantity(quantity);
        Map session=ActionContext.getContext().getSession();
        Cart cart=(Cart)session.get("cart");
        if(cart==null){
            cart=new Cart();
        }
        cart.addBook(bookid, orderitem);
        session.put("cart",cart);
        return SUCCESS;
    }
    //属性 bookid 的 getter/setter 方法
    public Integer getBookid() {
```

```
        return bookid;
    }
    public void setBookid(Integer bookid) {
        this.bookid=bookid;
    }
    //属性 quantity 的 getter/setter 方法
    public int getQuantity() {
        return quantity;
    }
    public void setQuantity(int quantity) {
        this.quantity=quantity;
    }
    //属性 bookService 的 getter/setter 方法
    public IBookService getBookService() {
        return bookService;
    }
    public void setBookService(IBookService bookService) {
        this.bookService=bookService;
    }
}
```

把该 Action 类交由 Spring 管理，在 applicationContext.xml 中配置如下代码：

```
<bean id="shoppingAction" class="org.easybooks.bookstore.action.
ShoppingAction">
    <property name="bookService" ref="bookService"/>
</bean>
```

修改 browseBookPaging.jsp，代码如下：

```
<%@page contentType="text/html;charset=gb2312" %>
<%@taglib prefix="s" uri="/struts-tags" %>
<!DOCTYPE HTML PUBLIC "-//W3C//DTD HTML 4.01 Transitional//EN"
"http://www.w3c.org/TR/1999/REC-html401-19991224/loose.dtd">
<html>
<head>
    <title>网上书店</title>
    <link href="css/bookstore.css" rel="stylesheet" type="text/css"/>
</head>
<body>
    <jsp:include page="head.jsp"/>
    <div class="content">
        …
        <div class="right">
```

```
            <div class="right_box">
                <s:iterator value="#request['books']" var="book">
                    <table width="600" border="0">
                        <tr>
                            <td width="200" align="center">
                                <img src="/bookstore/picture/<s:property value
                                    ="#book. picture "/>" width="100"/>
                            </td>
                            <td valign="top" width="400">
                                <table>
                                    …
                                    <tr>
                                        <td>
                                            价格:<s:property value="#book.
                                                price"/>元
                                            …
                                        <form action="addToCart.action"
                                            method="post">
                                        数量:
                                        <input type="text" name="quantity"
                                            value="0" size="4"/>
                                        <input type="hidden" name="bookid" value=
                                            "<s:property value="#book.bookid"/>">
                                        <input type="image" name="submit" src=
                                            "/bookstore/picture/buy.gif"/>
                                        </form>
                                        </td>
                                    </tr>
                                </table>
                            </td>
                        </tr>
                    </table>
                </s:iterator>
                …
            </div>
        </div>
    </div>
    <jsp:include page="foot.jsp"/>
</body>
</html>
```

经这样修改后，也许读者已经发现，在显示图书页面“数量：”的下面有这样的代码：

```
<input type="hidden" name="bookid" value="<s:property value="#book.bookid"/>">
```

这是写在页面的一个隐藏表单，在界面上不显示，但是可以传值到后台，也就是 Action 类，该表单中存放的是当前书籍的 ID，所以单击“购买”按钮时，就可以在 Action 类中取出该值。然后根据 ID 得到该图书对象，并响应用户的操作，将对应的图书放入购物车。

最后是成功后跳转的页面 addToCart_success. jsp，代码如下：

```
<%@page contentType="text/html;charset=gb2312" %>
<%@taglib prefix="s" uri="/struts-tags" %>
<!DOCTYPE HTML PUBLIC "-//W3C//DTD HTML 4.01 Transitional//EN"
"http://www.w3c.org/TR/1999/REC-html401-19991224/loose.dtd">
<html>
<head>
    <title>网上书店</title>
    <link href="css/bookstore.css" rel="stylesheet" type="text/css"/>
</head>
<body>
    <jsp:include page="head.jsp"/>
    <div class="content">
        <div class="left">
            <div class="list_box">
                <div class="list_bk">
                    <s:action name="browseCatalog" executeResult="true"/>
                </div>
            </div>
        </div>
        <div class="right">
            <div class="right_box">
                <font face="宋体">图书添加成功!</font>
                <form action="browseBookPaging.action" method="post">
                    <input type="hidden" value="<s:property value="#session
                            ['catalogid']"/>">
                    <input type="image" name="submit" src="/bookstore/
                            picture/continue.gif"/>
                </form>
                <a href="#"><img src="/bookstore/picture/count.gif"/></a>
            </div>
        </div>
    </div>
    <jsp:include page="foot.jsp"/>
</body>
</html>
```

该页面有一个表单，表单上按钮的功能是返回继续购买。可以看出，它转至显示指定类别图书模块，这里就不再重复列举了。

在主界面上，无论是单击图书分类下超链接还是输入关键字查询出来的图书都可以通过填写数量后单击“购买”按钮，把图书添加到购物车中。例如，在图书分类下单击“新书推荐"超链接，填写某书的数量后单击"购买"按钮，就把它添加到了购物车中，如图 10.16 所示。

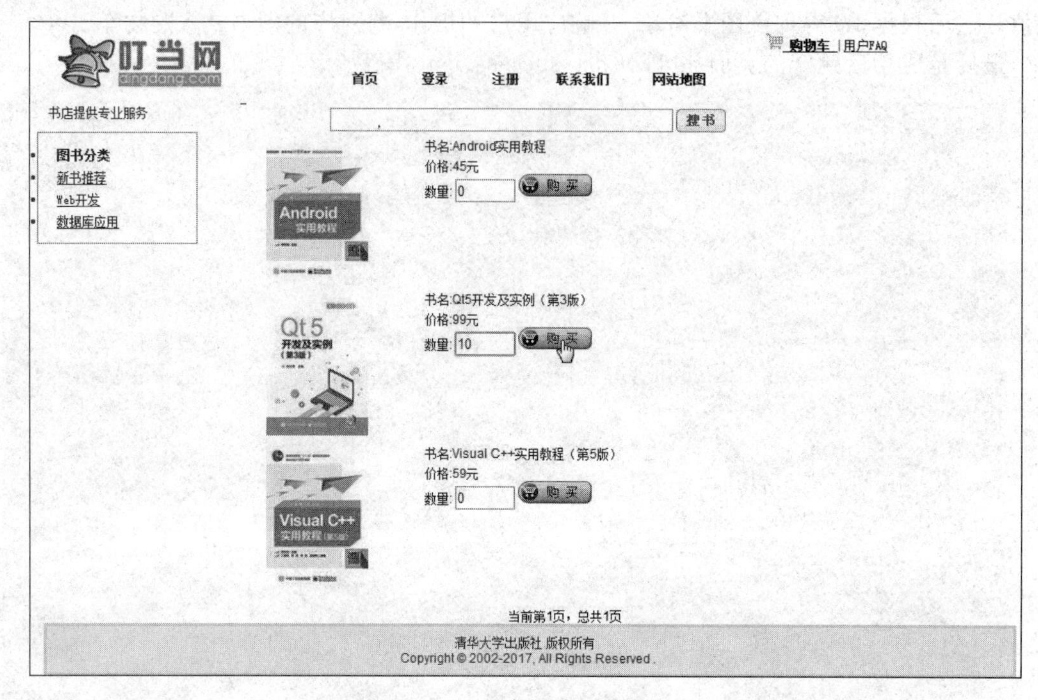

图 10.16 添加图书到购物车

修改 BookAction.java，代码如下：

```
package org.easybooks.bookstore.action;
…
public class BookAction extends ActionSupport{
    …
    public String browseBookPaging() throws Exception{
        int totalSize=bookService.getTotalbyCatalog(catalogid);
        Pager pager=new Pager(currentPage,totalSize);
        List books=bookService.getBookbyCatalogidPaging(catalogid,
            currentPage, pager.getPageSize());
        Map request=(Map)ActionContext.getContext().get("request");
        request.put("books", books);
        request.put("pager",pager);
        //购物车要返回时，需要记住返回的地址
        Map session=ActionContext.getContext().getSession();
        request.put("catalogid",catalogid);
        return SUCCESS;
    }
    …
}
```

添加成功后，用户单击  继续购物 按钮启动 browseBookPaging.action 模块，又返回分页显示的图书页，可以继续选购图书，如图 10.17 所示。

图 10.17 继续购书

10.7.2 显示购物车

在购书系统主页右上角有一个“购物车”超链接（如图 10.18 所示），单击可查看购物车中的所有书籍，如果购物车中没有书，则会显示“对不起，您还没有选购任何书籍”。作为测试，这里我们买 3 种图书：《Android 实用教程》20 本（45 元/本）、《Qt5 开发及实例（第 3 版）》10 本（99 元/本）、《Visual C++ 实用教程（第 5 版）》5 本（59 元/本），然后单击“购物车”超链接，显示购书情况，如图 10.18 所示。

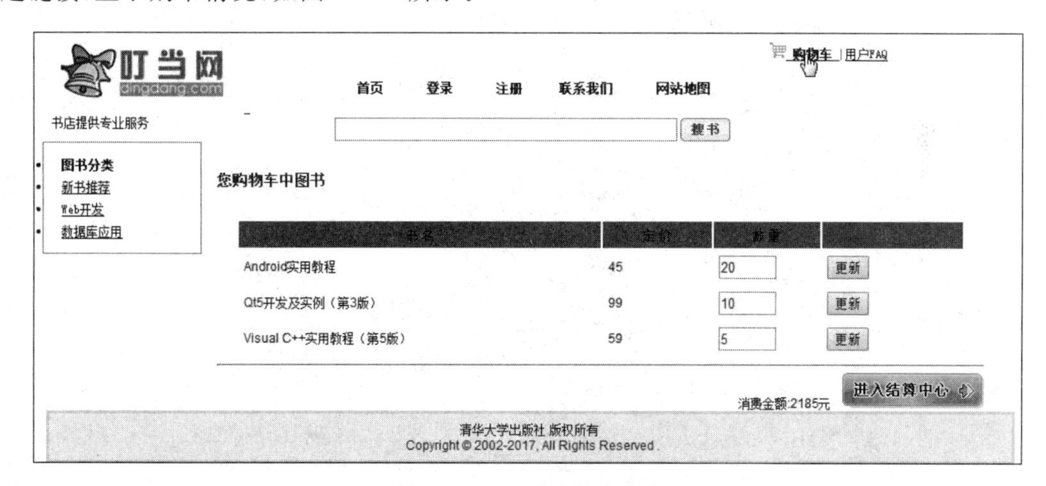

图 10.18 显示购物车信息

如图 10.18 所示，系统清晰地显示出购书列表，并计算出当前总的消费金额为 2185 元（45×20+99×10+59×5），读者不妨自己验算一下是否正确。

该页面 showCart.jsp 代码实现如下：

```
<%@page contentType="text/html;charset=gb2312" %>
<%@taglib prefix="s" uri="/struts-tags" %>
<!DOCTYPE HTML PUBLIC "-//W3C//DTD HTML 4.01 Transitional//EN"
"http://www.w3c.org/TR/1999/REC-html401-19991224/loose.dtd">
```

```
<html>
<head>
    <title>网上购书系统</title>
    <link href="css/bookstore.css" rel="stylesheet" type="text/css"/>
</head>
<body>
    <jsp:include page="head.jsp"/>
    <div class="content">
        <div class="left">
            <div class="list_box">
                <div class="list_bk">
                    <s:action name="browseCatalog" executeResult="true"/>
                </div>
            </div>
        </div>
        <div class="right">
            <div class="right_box">
                <s:set var="items" value="#session.cart.items"/>
                <s:if test="#items.size !=0">
                             
                       
                             
                       
                   <font color="blue"><h3>您购物车中图书</h3></font><br/>
                <table id="tb" cellSpacing="2" cellPadding="5" width="95%"
                     align="center" border="0">
                  <tr>
                  <td bgcolor="rgb(238,238,238)" align="center" width="50%"
                      height="12">书 名</td>
                  <td bgcolor="rgb(238,238,238)" align="center" width="15%" >
                            定 价</td>
                  <td bgcolor="rgb(238,238,238)" align="center" width="15%">
                            数 量</td>
                  <td bgcolor="rgb(238,238,238)" align="center" width="20%">
                                <font color="gray">操 作</font>
                            </td>
                        </tr>
                     <form action="updateCart.action" method="post">
                        <s:iterator value="#items">
                            <tr>
                                <td>
                            <s:property value="value.book.bookname"/>
                                </td>
                                <td>
```

```
                    <s:property value="value.book.price"/>
                      </td>
                      <td>
                        <input type="text" name="quantity"
                        value="<s:property value="value.
                        quantity"/>" size="4"/>
                        <input type="hidden" name="bookid"
                        value="<s:property value="value.book.
                        bookid"/>"/>
                      </td>
                      <td>
                        <input type="submit" value="更新"/>
                      </td>
                    </tr>
                  </s:iterator>
                </form>
                </table>
              <hr/>
                    
            
                    
            
                    
            
                    
            
                    
            
                    
            
                    
            
                    
            
                    
            
                    
            
                    
            
                    
            
                    
            
```

```
        消费金额:<s:property value="#session.cart.totalPrice"/>元  
                  
                    <a href="checkout.action"><img src="/bookstore/picture/
                            count.gif"/></a>
                </s:if>
                <s:else>
                    对不起,您还没有选购图书!
                </s:else>
            </div>
        </div>
    </div>
    <jsp:include page="foot.jsp"/>
</body>
</html>
```

在该页面中，可以更新购买书籍的数量，该功能在购物车类的模型中已经实现，只要在Action类中调用方法就可以了。

在struts.xml中Action配置如下：

```
<action name="updateCart" class="shoppingAction" method="updateCart">
    <result name="success">showCart.jsp</result>
</action>
```

ShoppingAction类的实现如下：

```
public String updateCart() throws Exception{
    Map session=ActionContext.getContext().getSession();
    Cart cart=(Cart)session.get("cart");
    cart.updateCart(bookid, quantity);    //直接调用购物车模型中的方法实现修改图书数量
    session.put("cart", cart);
    return SUCCESS;
}
```

10.8 结账

图10.18界面上有“进入结算中心”按钮，单击它进入结账功能模块。在该模块中，首先验证用户是否已经登录，如果没有登录，就跳转到登录界面，让用户登录；如果用户已经登录，就把订单项添加到订单中，并保存该订单，如图10.19所示。

DAO接口IOrderDAO.java：

```
package org.easybooks.bookstore.dao;
import org.easybooks.bookstore.vo.Orders;
public interface IOrderDAO {
```

```
    public Orders saveOrder(Orders order);
}
```

图 10.19　订单添加成功界面

DAO 实现类 OrderDAO. java：

```
package org.easybooks.bookstore.dao.impl;
import org.easybooks.bookstore.dao.*;
import org.easybooks.bookstore.vo.Orders;
import org.hibernate.*;
public class OrderDAO extends BaseDAO implements IOrderDAO{
    //保存购物信息
    public Orders saveOrder(Orders order) {
        Session session =getSession();
        Transaction tx =session.beginTransaction();
        session.save(order);
        tx.commit();
        session.close();
        return order;
    }
}
```

业务逻辑接口 IOrderService. java：

```
package org.easybooks.bookstore.service;
import org.easybooks.bookstore.vo.Orders;
public interface IOrderService {
    public Orders saveOrder(Orders order);           //保存购物信息
}
```

业务逻辑实现类 OrderService. java：

```
package org.easybooks.bookstore.service.impl;
import org.easybooks.bookstore.dao.IOrderDAO;
import org.easybooks.bookstore.service.IOrderService;
import org.easybooks.bookstore.vo.Orders;
```

```
public class OrderService implements IOrderService{
    private IOrderDAO orderDAO;                              //属性 orderDAO
    //属性 orderDAO 的 setter 方法
    public void setOrderDAO(IOrderDAO orderDAO) {
        this.orderDAO=orderDAO;
    }
    //保存购物信息
    public Orders saveOrder(Orders order) {
        return orderDAO.saveOrder(order);
    }
}
```

在 applicationContext.xml 中进行依赖注入：

```
<bean id="orderDAO" class="org.easybooks.bookstore.dao.impl.OrderDAO"
      parent="baseDAO"/>
<bean id="orderService" class="org.easybooks.bookstore.service.impl.
      OrderService">
    <property name="orderDAO" ref="orderDAO"/>
</bean>
```

方法实现完成后，就是 Action 实现了，首先在 struts.xml 中进行如下配置：

```
<action name="checkout" class="shoppingAction" method="checkout">
    <result name="success">checkout_success.jsp</result>
    <result name="error">login.jsp</result>
</action>
```

在 ShoppingAction.java 中实现如下方法：

```
public String checkout() throws Exception{
    Map session=ActionContext.getContext().getSession();
    User user=(User)session.get("user");
    Cart cart=(Cart)session.get("cart");
    if(user==null || cart ==null)
        return ActionSupport.ERROR;               //如果没有登录，返回登录界面
    Orders order=new Orders();
    order.setOrderdate(new Date());
    order.setUser(user);
    for(Iterator it=cart.getItems().values().iterator();it.hasNext();){
        Orderitem orderitem=(Orderitem)it.next();
        orderitem.setOrders(order);
        order.getOrderitems().add(orderitem);
    }
    orderService.saveOrder(order);
```

```
    Map request= (Map)ActionContext.getContext().get("request");
    request.put("order",order);
    return SUCCESS;
}
```

由于该方法调用了 IOrderService 对象，故需要在该 Action 中加入如下属性及方法：

```
private IOrderService orderService;
public IOrderService getOrderService() {
    return orderService;
}
public void setOrderService(IOrderService orderService) {
    this.orderService=orderService;
}
```

必须在 applicationContext. xml 的 id 为 shoppingAction 的 Bean 中加入如下属性：

```
<bean id="shoppingAction" class="org.easybooks.bookstore.action.ShoppingAction">
    <property name="bookService" ref="bookService"/>
    <property name="orderService" ref="orderService"/>
</bean>
```

最后是结账成功后跳转的成功界面 checkout_success. jsp，代码如下：

```
<%@page contentType="text/html;charset=gb2312" %>
<%@taglib prefix="s" uri="/struts-tags" %>
<!DOCTYPE HTML PUBLIC "-//W3C//DTD HTML 4.01 Transitional//EN"
"http://www.w3c.org/TR/1999/REC-html401-19991224/loose.dtd">
<html>
<head>
    <title>网上书店</title>
    <link href="css/bookstore.css" rel="stylesheet" type="text/css"/>
</head>
<body>
    <jsp:include page="head.jsp"/>
    <div class="content">
        <div class="left">
            <div class="list_box">
                <div class="list_bk">
                    <s:action name="browseCatalog" executeResult="true"/>
                </div>
            </div>
        </div>
        <div class="right">
            <div class="right_box">
```

```
            <font face="宋体"></font><font face="宋体"></font><font
                face="宋体"></font><font face="宋体"></font>
            <div class="info_bk1">
                <div align="center">
                    <h3>订单添加成功!</h3>
                        <s:property value="#session.user.username"/>,您的
                                    订单已经下达,订单号为
                        <s:property value="#request.order.orderid"/>,我们
                                    会在3日内寄送图书给您!
                    <br><br>
                    <a href="logout.action">退出登录</a>
                </div>
            </div>
        </div>
    </div>
  </div>
  <jsp:include page="foot.jsp"/>
</body>
</html>
```

单击“退出登录”按钮，交给 logout.action，退出登录，该功能前面已经实现，不再重复列举。

10.9 Ajax 为注册添加验证

本例通过 Ajax 实现注册用户名的验证功能，当注册用户填写完用户名后失去焦点，填写其他信息时，即时验证信息。本例采用 DWR 应用框架来完成。

1. 配置 web.xml

配置 web.xml，在 web.xml 中加入如下代码：

```
<!--开始 DWR 配置 -->
  <servlet>
      <servlet-name>dwr</servlet-name>
      <servlet-class>org.directwebremoting.servlet.DwrServlet</servlet-
              class>
      <init-param>
          <param-name>debug</param-name>
          <param-value>true</param-value>
      </init-param>
      <init-param>
          <param-name>crossDomainSessionSecurity</param-name>
          <param-value>false</param-value>
```

```
        </init-param>
        <load-on-startup>1</load-on-startup>
    </servlet>
    <servlet-mapping>
        <servlet-name>dwr</servlet-name>
        <url-pattern>/dwr/*</url-pattern>
    </servlet-mapping>
<!--结束 DWR 配置 -->
```

2. 编写实现的方法

在 IUserDAO.java 中加入如下方法：

```
public boolean exitUser(String username);
```

在 UserDAO.java 中实现该方法：

```
public boolean exitUser(String username){
    Session session=getSession();
    String hql="from User u where u.username=? ";
    Query query=session.createQuery(hql);
    query.setParameter(0,username);
    List users=query.list();
    if(users.size()!=0){
        User user=(User)users.get(0);
        return true;
    }
    session.close();
    return false;
}
```

在 IUserService.java 中加入如下方法：

```
public boolean exitUser(String username);
```

在 UserService.java 中实现该方法：

```
public boolean exitUser(String username){
    return userDAO.exitUser(username);
}
```

3. 配置 dwr.xml

在 WEB-INF 文件夹下建立 dwr.xml 文件，代码如下：

```
<!DOCTYPE dwr PUBLIC
"-//GetAhead Limited//DTD Direct Web Remoting 1.0//EN"
"http://www.getahead.ltd.uk/dwr/dwr10.dtd">
```

```
<dwr>
    <allow>
        <create javascript="UserDAOAjax" creator="spring">
            <param name="beanName" value="userService"/>
            <include method="exitUser"/>
        </create>
    </allow>
</dwr>
```

4. 在 register.jsp 中调用

在 register.jsp 中加入下面的 JavaScript 代码：

```
<%@page language="java" pageEncoding="utf-8"%>
<%@taglib prefix="s" uri="/struts-tags"%>
<!DOCTYPE HTML PUBLIC "-//W3C//DTD HTML 4.01 Transitional//EN"
"http://www.w3c.org/TR/1999/REC-html401-19991224/loose.dtd">
<html>
<head>
    <title>网上书店</title>
    <script type="text/javascript" src="dwr/engine.js"></script>
    <script type="text/javascript" src="dwr/util.js"></script>
    <script type="text/javascript" src="dwr/interface/UserDAOAjax.js">
        </script>
    <script type="text/javascript">
        function show(boolean){
            if(boolean){
                alert("用户已经存在!");
            }
        }
        function validate(){
            var name=form1.name.value;
            if(name==""){
                alert("用户名不能为空!");
                return;
            }
            UserDAOAjax.exitUser(name,show);
        }
    </script>
</head>
<body>
    <jsp:include page="head.jsp"/>
    <div class="content">
        <div class="right">
            <div class="right_box">
```

```
                <div class="info_bk1">
                    <div align="center">
                        <form action="register.action" method="post" name=
                            "form1">
                            用户注册<br>
                                用户名:<input type="text" id="name" name="user.
                                username" onblur="validate()" size="20"/><br>
                                密     码:<input type=
                                "password" name="user.password" size="21"/><br>
                                性     别:<input type=
                                "text" name="user.sex" size="20"/><br>
                                年     龄:<input type=
                                "text" name="user.age" size="20"/><br>
                            <input type="submit" value="注册"/>
                        </form>
                    </div>
                </div>
            </div>
        </div>
    </div>
    <jsp:include page="foot.jsp"/>
</body>
</html>
```

读者可以自己进行测试，如果在注册界面上故意不填写用户名，会弹出如图 10.20 所示的消息框。

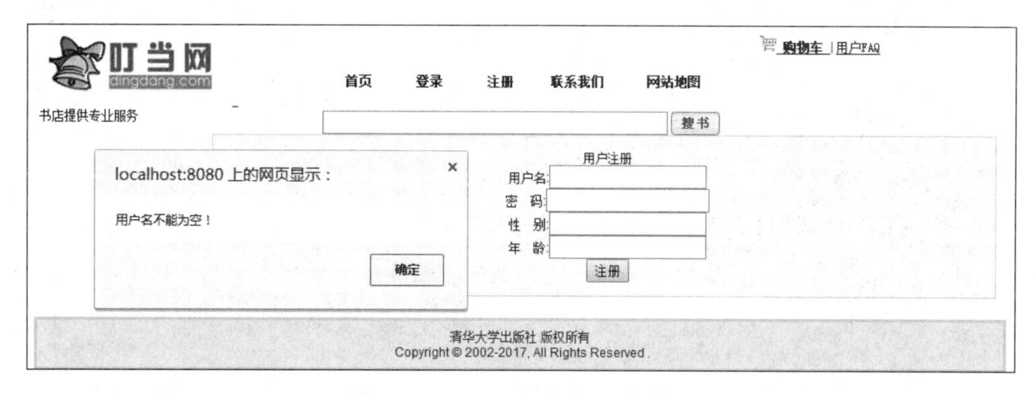

图 10.20 Ajax 实时验证页面输入

思考与实验

1. 将本章的“网上购书系统”与前第 8 章的“学生成绩管理系统”相比较，体会分模块开发方法与分层次开发方法各自的特点。

2. 通过“网上购书系统”的开发，了解一个实际的 Java EE 软件项目究竟是如何做出来的，从而更好地认识需求分析在软件设计中的重要地位。

3. 按照本章的指导，试着实现这个网上购书系统，并按照不同模块的需求测试其功能。

APPENDIX

附录A

MySQL学生成绩管理系统数据库

创建学生成绩数据库，命名为XSCJ。数据库包含以下基本表。

A.1 学生信息表

1. 学生信息表结构

创建学生信息表，表名为XSB，表结构如表A.1所示。

表A.1 学生信息表(XSB)结构

项目名	列名	数据类型	可空	默认值	说明
学号	XH	定长字符串型(char6)	×	无	主键
姓名	XM	定长字符串型(char8)	×	无	
性别	XB	位型(bit)	×	无	值约束：1/0 1表示男，0表示女
出生时间	CSSJ	日期时间型(datetime)	√	无	
专业Id	ZY_ID	int型	×	无	
总学分	ZXF	整数型(int)	√	0	0≤总学分<160
备注	BZ	不定长字符串型(varchar500)	√	无	
照片	ZP	image	√	无	

2. 学生信息表样本数据

学生信息表样本数据(照片列除外)如表A.2所示。

表A.2 学生信息表样本数据表

学号	姓名	性别	出生时间	专业	总学分	备注
171101	王林	男	1999-2-10	1	50	
171102	程明	男	2000-2-01	1	50	
171103	王燕	女	1998-10-06	1	50	

续表

学号	姓名	性别	出生时间	专业	总学分	备　注
171104	韦严平	男	1999-8-26	1	50	
171106	李方方	男	1999-11-20	1	50	
171107	李明	男	1999-5-01	1	54	提前修完《数据结构》,并获学分
171108	林一帆	男	1998-8-05	1	52	已提前修完一门课
171109	张强民	男	1998-8-11	1	50	
171110	张蔚	女	2000-7-22	1	50	三好生
171111	赵琳	女	1999-3-18	1	50	
171113	严红	女	1998-8-11	1	48	有一门功课不及格,待补考
171201	王敏	男	1998-6-10	2	42	
171202	王林	男	1998-1-29	2	40	有一门功课不及格,待补考
171203	王玉民	男	1999-3-26	2	42	
171204	马琳琳	女	1998-2-10	2	42	
171206	李计	男	1998-9-20	2	42	
171210	李红庆	男	1998-5-01	2	44	已提前修完一门课,并获得学分
171216	孙祥欣	男	1998-3-09	2	42	
171218	孙研	男	1999-10-09	2	42	
171220	吴薇华	女	1999-3-18	2	42	
171221	刘燕敏	女	1998-11-12	2	42	
171241	罗林琳	女	1999-1-30	2	50	转专业学习

A.2 课程信息表

1. 课程信息表结构

创建课程信息表,表名为KCB,表结构如表A.3所示。

表A.3 课程信息表(KCB)结构

项目名	列名	数据类型	可空	默认值	说　明
课程号	KCH	定长字符型(char3)	×	无	主键
课程名	KCM	定长字符型(char12)	√	无	
开学学期	KXXQ	整数型(smallint)	√	无	只能为1～8
学时	XS	整数型(int)	√	0	
学分	XF	整数型(int)	√	0	

2. 课程信息表样本数据

课程信息表样本数据如表A.4所示。

表A.4 课程信息表样本数据表

课程号	课程名	开学学期	学时	学分
101	计算机基础	1	80	5
102	程序设计与语言	2	68	4

续表

课程号	课程名	开学学期	学时	学分
206	离散数学	4	68	4
208	数据结构	5	68	4
210	计算机原理	5	85	5
209	操作系统	6	68	4
212	数据库原理	7	68	4
301	计算机网络	7	51	3
302	软件工程	7	51	3

A.3 学生成绩表

1. 学生成绩表结构

创建学生成绩表，表名为CJB，表结构如表A.5所示。

表A.5 学生成绩表(CJB)结构

项目名	列名	数据类型	可空	默认值	说明
学号	XH	定长字符型(char6)	×	无	主键
课程号	KCH	定长字符型(char3)	×	无	主键
成绩	CJ	整型(int)	√	0	
学分	XF	整型(int)	√		

2. 学生成绩信息表样本数据

学生成绩信息表样本数据如表A.6所示。

表A.6 学生成绩信息表样本数据表

学号	课程号	成绩	学号	课程号	成绩	学号	课程号	成绩
171101	101	80	171107	101	78	171111	206	76
171101	102	78	171107	102	80	171113	101	63
171101	206	76	171107	206	68	171113	102	79
171103	101	62	171108	101	85	171113	206	60
171103	102	70	171108	102	64	171201	101	80
171103	206	81	171108	206	87	171202	101	65
171104	101	90	171109	101	66	171203	101	87
171104	102	84	171109	102	83	171204	101	91
171104	206	65	171109	206	70	171210	101	76
171102	102	78	171110	101	95	171216	101	81
171102	206	78	171110	102	90	171218	101	70
171106	101	65	171110	206	89	171220	101	82
171106	102	71	171111	101	91	171221	101	76
171106	206	80	171111	102	70	171241	101	90

A.4 专业表

1. 专业表结构

创建专业信息表，表名为ZYB，表结构如表A.7所示。

表A.7 专业信息表(ZYB)结构

项目名	列名	数据类型	可空	默认值	说明
Id	ID	int		增1	主键
专业名	ZYM	定长字符型(char12)			
人数	RS	整型(int)	√	0	
辅导员	FDY	定长字符型(char8)	√		

2. 专业信息表样本数据

专业信息表样本数据如表A.8所示。

表A.8 专业信息表样本数据表

专业	人数	辅导员	专业	人数	辅导员
计算机	150	黄日升	通信工程	131	赵红

A.5 登录表

1. 登录表结构

创建登录表，表名为DLB，表结构如表A.9所示。

表A.9 登录表(DLB)结构

项目名	列名	数据类型	可空	默认值	说明
标志	ID	整数型(int)	×		主键，是标志
登录号	XH	定长字符型(char6)	×	无	与XSB表学号关联
口令	KL	定长字符型(char20)	√	无	可以加密，长度为8～20

2. 登录表样本数据

登录表样本数据可以根据情况设置。

A.6 连接表

1. 连接表结构

创建连接表，表名为XS_KCB，表结构如表A.10所示。

表 A.10 连接表(XS_KCB)结构

项目名	列名	数据类型	可空	默认值	说明
学号	XH	定长字符串型(varchar6)			主键
课程号	KCH	定长字符串型(varchar3)			主键

2. 连接表样本数据

连接表样本数据如表 A.11 所示。

表 A.11 连接表样本数据表

学号	课程号	学号	课程号
171101	101	171104	102
171101	102	171104	206
171101	206	171102	102
171103	101	171102	206
171103	102	171106	101
171103	206	171106	102
171104	101	171106	206